Telegraph und Telephon

in Bayern.

Telegraph und Telephon

in Bayern.

Ein Handbuch

zum Gebrauch für Staats- und Gemeinde-Behörden,
Beamte und die Geschäftswelt.

Bearbeitet von

Michael Schormaier und Joseph Baumann.

Mit 60 in den Text gedruckten Abbildungen und einer Karte des
kgl. bayerischen Eisenbahn- und Telegraphennetzes.

Dritte Auflage.

München 1892.

Druck und Kommissionsverlag von R. Oldenbourg.

Sr. Excellenz dem Staatsminister des kgl. Hauses und des
Äufsern

Herrn Krafft Freiherrn von Crailsheim

ehrfurchtsvollst

gewidmet

von den Verfassern.

Vorwort.

Das vorliegende Werk sollte dem ursprünglichen Plane nach einem Mangel abhelfen, welcher sich den Verfassern als den langjährigen Leitern des technischen und administrativen Telegraphenunterrichtswesens für die Ausbildung der bayerischen Verkehrsbeamten immer fühlbarer machte. Es sollte zunächst einen Leitfaden für die Vorträge und Übungen der Telegraphenunterrichtskurse, wie sie am Sitze der Generaldirektion der kgl. bayerischen Verkehrsanstalten abgehalten werden, bilden und den gesamten Lehrstoff, über dessen Beherrschung von den Aspiranten des bayerischen Verkehrsdienstes vor der Zulassung zur Praxis der Nachweis gefordert wird, umfassen. Den wesentlichen Inhalt der Vorträge den Studierenden der Unterrichtskurse in zuverlässiger Weise fixiert an die Hand geben zu können, schien ferner um so wünschenswerter, als die infolge der neuerlichen Reorganisation der kgl. bayerischen Verkehrsanstalten angeordneten Prüfungen auch den Beamten des praktischen Dienstes wiederholtes und gründlicheres Zurückgehen auf früher erworbene Kenntnisse auferlegen.

Im Verlaufe der Arbeit wollte es jedoch den Verfassern scheinen, als ob sich der Rahmen des Werkchens, ohne mäßige Grenzen zu überschreiten, derart erweitern ließe, daß es einerseits auch dem Verkehrsdienste ferner stehenden Interessenten ein Bild der Entwickelung und des Standes der Telegraphentechnik in Bayern vermitteln, anderseits in eingehenden, zusammenfassenden Erläuterungen zur Telegraphenordnung die gesamten administrativen Beziehungen zwischen Telegraphenverwaltung und dem den Telegraphen benutzenden Publikum veranschaulichen könnte. Dieser Erweiterung kam der Umstand zu statten, daß die Darstellung auch für den ursprünglichen Zweck bislang sich ausschließlich auf die elementare Form beschränken muß, wodurch auch der rein technische Teil dem Verständnis weiterer Kreise vielleicht so weit nahe gebracht werden konnte, als sich dies bei völligem Ausschluß der mathematischen Darstellungsmittel billigerweise erwarten läßt. Aus dem Leitfaden ist so ein kurzgefaßtes Handbuch geworden mit all den Aufschlüssen über technische und administrative Einrichtungen,

soweit sie allgemein zugänglich und für das Verständnis der Betriebs-
und Benutzungsbedingungen des Telegraphen unerläfslich sind.

Indem wir wünschen, es möge das Werk damit eine allgemeine
Brauchbarkeit für Bureau und Comptoir gewonnen haben, bitten
wir alle, welche im Gebrauche an irgend einer Stelle eine Ergänzung
oder Erweiterung unserer Angaben für wünschenswert finden, uns
gefällig Mitteilungen zukommen zu lassen. Wir werden dieselben
gegebenenfalls für eine neue Auflage dankbarst verwerten.

München, im Januar 1886.   Die Verfasser.

Vorwort zur zweiten Auflage.

Seit dem Erscheinen der ersten Auflage von 1886 ist der internationale Telegraphen-Vertrag, Berliner Revision, in Kraft getreten,
die Neuorganisation der bayerischen Verkehrsanstalten erfolgt, und
die Anlage und der Betrieb der Telephone in Bayern so ausgedehnt
und erweitert worden, dafs die notwendig gewordene neue Auflage
des Handbuches schon aus diesen Rücksichten vielfache Abänderungen und Erweiterungen erfahren mufste.

Bezüglich des Gesamtinhaltes der hiermit der Öffentlichkeit über-
gebenen und freundlicher Aufnahme empfohlenen zweiten Auflage des
Handbuches wird auf das nachstehende Inhaltsverzeichnis hingewiesen.

München, im Oktober 1889.   Die Verfasser.

Vorwort zur dritten Auflage.

Die vorliegende dritte Auflage des Handbuches weist gegenüber
der vorhergegangenen eine Reihe einschneidender Änderungen auf.
Im technischen Teil wurde der Abschnitt über Feldtelegraphie,
welcher nur für beschränkte Kreise von Interesse war, beseitigt, um
Raum für Vervollständigungen und Erweiterungen an anderen Stellen
zu gewinnen. Wenn der Gestaltung des Apparatenwesens in der
Telephonie nicht in allen Punkten bis auf den neuesten Standpunkt
nachgegangen ist, so hat dies seinen Grund darin, dafs sich dieser
Teil der technischen Einrichtungen in einem Übergangsstadium befindet, bei welchem sich nicht voraussehen läfst, was als länger-
dauernde Betriebsmittel übrig bleiben wird.

Der administrative Teil wurde völlig neu bearbeitet, wozu die
Pariser Übereinkunft vom Jahre 1890 mit ihren Folgen sowie die
interne Entwicklung des Betriebsdienstes drängten.

München, im März 1892.   Die Verfasser.

Inhaltsverzeichnis.

Erstes Kapitel.

Einleitung.

1. Alle Körper sind in höherem oder geringerem Grade elektrisch. Elektricität.
Da der Mensch eines Organs entbehrt, elektrische Zustände unmittelbar wahrzunehmen, hat man sich gewöhnt, einen Körper erst dann elektrisch zu nennen, wenn jener Zustand einen gewissen Grad erreicht hat, welcher durch mechanische, optische, akustische oder thermische Wirkungen des elektrisierten Körpers auf seine Umgebung allgemein wahrnehmbar wird.

2.. Reibt man ein Glasstück an einem Harzstück und trennt dieselben, so ziehen sie sich gegenseitig an. Reibt man ein zweites Glasstück mit einem zweiten Harzstück und nähert das erste Glasstück dem zweiten oder das erste Harzstück dem zweiten Harzstück, so stofsen sich dieselben ab. Man sagt, die Glasstücke und Harzstücke sind durch die Reibung elektrisch geworden, und nennt die Ursache der Anziehung bezw. Abstofsung der geriebenen Stücke Elektricität.

Die Griechen bezeichneten mit Elektron das fossile Harz, welches wir Bernstein nennen und an welchem sie zuerst die anziehende Wirkung zwischen dem geriebenen Harzstück und dem reibenden Glasstücke beobachteten.

3. Da die geriebenen Glasstücke sich gegenseitig abstofsen, dagegen die Harzstücke anziehen, so unterscheidet man zwei elektrische Zustände, jenen, welchen das Glas durch die Reibung annimmt und jenen, welchen das Harz annimmt.

4. Alle elektrischen Körper, sie mögen auf welche Art immer Positive und negative Elektricität.
elektrisiert worden sein, sind entweder glaselektrisch oder harzelektrisch. Man ist übereingekommen, die Glaselektricität positiv (+), die Harzelektricität negativ (—) zu nennen.

5. Die beiden Arten der Elektricität entstehen immer gleichzeitig Reibungselektricität.
und in gleichen Mengen. Während durch die Reibung auf dem Glasstück eine gewisse Menge positiver Elektricität erzeugt wird,

entsteht zu gleicher Zeit genau die gleiche Menge negativer Elektricität auf dem Harzstücke. Man nennt die durch Reibung erzeugte Elektricität »Reibungselektricität«, jedoch nur in Bezug auf ihre Entstehungsart, denn obwohl es noch zahlreiche andere Arten der Elektricitätserzeugung gibt, ist die erzeugte Elektricität in allen Fällen dieselbe.

Leiter und Isolatoren, Widerstand.

6. Berührt man einen elektrischen Körper mit einem andern weniger elektrischen Körper, so geht ein Theil der auf dem ersten Körper befindlichen Elektricität auf den zweiten über. Die Geschwindigkeit, mit welcher dieser Übergang stattfindet, ist nach der Natur der sich berührenden Körper verschieden und hängt ab von dem Widerstand, welchen dieselben der Bewegung der Elektricität entgegensetzen. Körper, bei welchen dieser Widerstand gering ist, nennt man gute Leiter, jene, bei welchen derselbe grofs ist, schlechte Leiter der Elektricität oder Isolatoren. Wie es nun keinen Körper gibt, welcher der Bewegung der Elektricität keinen Widerstand entgegensetzt, so gibt es auch keinen Körper, welcher derselben einen unendlich grofsen darbietet, d. h. welcher die Elektricität überhaupt nicht leitet. Zwischen den bestleitenden und den schlechtestleitenden Körpern gibt es alle möglichen Abstufungen der Leitungsfähigkeit.

7. Im folgenden ist eine Anzahl von Körpern so aneinandergereiht, dafs der nachstehende eine gröfsere Leitungsfähigkeit aufweist als der vorstehende: Trockne Luft, Hartgummi (Ebonit), Paraffin, Kautschuk, Guttapercha, Harz, Schwefel, Siegellack, Glas, Seide, Wolle, trockenes Papier, Porzellan, trockenes Holz, Salzlösungen, Säuren, Holzkohlen und Coaks, Quecksilber, Blei, Zinn, Eisen, Platin, Zink, Gold, Kupfer, Silber.

8. Werden zwei Isolatoren mit einander gerieben, so wird nach 4 stets der eine positiv, der andere negativ elektrisch; während aber Glas, mit Seide oder Flanell gerieben, positiv elektrisch wird, wird es, mit Katzenfell gerieben, negativ elektrisch. Das Vorzeichen der entstehenden Elektricität hängt daher nicht ausschliefslich von der Substanz, sondern von besonderen Beziehungen der sich berührenden Körper ab. Im folgenden sind mehrere Körper derart gereiht, dafs der vorstehende, mit einem nachfolgenden gerieben, positiv elektrisch wird:

Katzenfell, Glas, Elfenbein, Seide, Bergkrystall, die Hand, Holz, Schwefel, Flanell, Baumwolle, Schellack, Kautschuk, Harz, Guttapercha, Metalle, Schiefsbaumwolle.

Körper, welche in dieser Reihe weit voneinander abstehen, zeigen, miteinander gerieben, immer dieselbe Art der Elektrisierung. Bei Körpern, welche in der Reihe benachbart sind, können jedoch

unbedeutende Unterschiede in der Zusammensetzung, Oberflächen-
beschaffenheit und der Temperatur die Stellung derselben in der
Reihenfolge ändern. Keine Verschiedenheit zwischen zwei Isolatoren
ist so gering, daſs sie durch Reibung nicht elektrisch würden.

9. Die Geschwindigkeit, mit welcher die Elektricität von dem
einen der sich berührenden Körper auf den andern übergeht, und
die endliche Verteilung der Elektricität auf den beiden Körpern
erreicht wird, hängt jedoch nicht allein von der Leitungsfähigkeit
derselben, sondern auch von dem Grade der Verschiedenheit der
Elektrisierung und von der Natur der umgebenden Körper ab. Die
endgültige Verteilung der Elektricität auf den beiden Körpern ist
nur durch die Form und Gröſse der sich berührenden Körper und
durch ihre Umgebung bedingt.

10. Der gröſste Körper, mit welchem wir einen andern elektrisierten Körper verbinden können, ist die Erde. Nimmt man an,
die Erde sei unelektrisch vor der Verbindung mit dem elektrisierten
Körper gewesen, und bedenkt ferner, daſs jeder Körper, den wir
mit unsern Hilfsmitteln elektrisieren können, unendlich klein ist im
Vergleich mit der Erde, so wird der Körper nach Verbindung mit
der Erde ebenfalls unelektrisch erscheinen. Man sagt, man habe
die Elektricität des Körpers zur Erde abgeleitet. Der Vorgang läſst
sich folgendermaſsen annähernd versinnlichen. Ein Wasserbecken,
z. B. das Hochreservoir einer städtischen Wasserleitung, sei in einer
bestimmten Höhe über dem Spiegel des Meeres angebracht. Vom
Boden des Reservoirs bis zum Spiegel des Meeres reiche eine Röhre,
welche in der Ebene des Meerwassers durch einen Hahn abgeschlossen
ist. Reservoir und Röhre seien mit Wasser gefüllt. Das Wasser
in letzteren stellt die Elektricität dar, das Meer die Erde. Wird
der Hahn geöffnet, so strömt das Wasser aus dem Reservoir durch
die Röhre in das Meer. Weil nun die Wassermenge des Meeres
im Vergleiche zu jener, welche in Reservoir und Röhre enthalten
war, unendlich groſs ist, so wird der Spiegel des Meeres durch das
einflieſsende Wasser nur um eine unendlich kleine Gröſse gehoben
werden, d. h. die Röhre wird leer erscheinen, wie jener elektrische
Körper, welcher mit der Erde verbunden wurde und damit an die
Erde seine Elektricität bis auf einen unmeſsbar kleinen Theil
abgegeben hat, unelektrisch erscheint.

11. Wird der elektrische Zustand eines Körpers durch irgend ein
Mittel geändert, so wird hierdurch der elektrische Zustand sämtlicher ihn umgebenden Körper geändert und damit eine Bewegung
der Elektricität auf denselben verursacht. Diese Änderungen lassen
sich am leichtesten an solchen Körpern beobachten, welche der

Bewegung der Elektricität am wenigsten Widerstand leisten, d. h. an Metallen.

12. Zu solchen Beobachtungen dient das Elektroskop (Fig. 1). Eine etwa 8 cm lange und 12 cm weite Röhre aus Messingblech ist vorne und hinten durch Glasplatten abgeschlossen. In die oben

eingesetzte Muffe aus Messingblech ist eine bis ins Innere reichende und über die Muffe herausragende lackierte Glasröhre eingekittet. Durch letztere führt ein senkrechter Messingdraht. An dem unteren Ende desselben sind zwei ungefähr 3 mm breite und 3 cm lange Blättchen von echtem Blattgold nebeneinander angeklebt. Das obere Ende des Drahtes trägt einen Metallknopf.

Fig. 1.

13. Berührt man diesen Knopf mit einer elektrisierten Glasstange, so geht ein Teil der Glaselektricität auf den Knopf und vermittelst des Drahtes auf die Goldblättchen über. Die letzteren werden hierdurch beide mit Glaselektricität geladen und stofsen sich daher ab. Die beiden Goldblättchen drehen sich um ihren Aufhängepunkt am Draht und stehen scherenförmig auseinander.

14. Ladet man von zwei gleichen Goldblatt-Elektroskopen das eine mit Glaselektricität, das andere mit Harzelektricität derart, dafs die Goldblättchen an beiden Elektroskopen gleichweit auseinanderstehen, und verbindet die Knöpfe der beiden Elektroskope hierauf durch einen Draht, so fallen im Augenblick der Berührung die beiden Blättchenpaare zusammen, d. h. die beiden Elektroskope sind unelektrisch geworden. Man schliefst hieraus, dafs gleiche Mengen verschiedener Elektricitäten durch ihre Vereinigung wirkungslos werden.

15. Nähert man dem Knopf eines unelektrischen Elektroskops einen glaselektrischen Stab, ohne jedoch beide in Berührung zu bringen, so gehen die Goldblättchen ebenfalls auseinander. Es zeigt sich jedoch, dafs der Knopf des Elektroskops mit Harzelektricität und die Blättchen mit Glaselektricität geladen sind. Man sagt, das Elektroskop sei durch Influenz elektrisch geworden. Entfernt man den ersten Körper wieder, so fallen die Blättchen wieder zusammen. Man hat aus dieser Erscheinung den Schlufs gezogen, dafs jeder Körper im unelektrischen Zustand positive und negative Elektricität in gleichen Mengen enthalten müsse. Die Elektricitäten wurden durch die Annäherung des Glasstabs auf dem Elektroskop nur

anders verteilt, indem die Glaselektricität in die Goldblättchen getrieben, die Harzelektricität an die Oberfläche des Knopfes gezogen wurde. Sobald der Stab entfernt wird, hört die durch denselben bewirkte Spannung der beiden Elektricitäten im Elektroskop auf, die letzteren vereinigen sich wieder, das Elektroskop erscheint unelektrisch.

16. Durch jede Änderung in der Verteilung der Electricität auf den uns umgebenden Körpern wird zugleich Arbeit verbraucht und Arbeit geleistet. Die Annäherung des elektrisierten Glasstabs an das Elektroskop und die hierdurch bewirkte Trennung der Goldblättchen hat zum mindesten ebensoviel Arbeit erfordert, als durch das Zusammenfallen der letzteren bei Entfernung des Glasstabs geleistet wird.

17. Zwei Mengen positiver und negativer Elektricität ziehen sich mit einer Kraft an, welche diesen Mengen direkt und dem Quadrat der Entfernung, in welchen beide Mengen aufeinander wirken, umgekehrt proportional ist. Die Abstofsung gleicher Elektricitäten folgt demselben Gesetze. (Coulombs Gesetz.)   *Coulombs Gesetz.*

18. Um zur Beschreibung einiger Apparate, welche gestatten, in bequemer Weise Reibungs- und Influenzelektricität zu erzeugen und zu beobachten, übergehen zu können, ist es nötig, noch einen Unterschied in dem Verhalten von Leitern und Isolatoren zu betonen. Während nämlich die Elektricität auf Leitern für den Gleichgewichtszustand, d. h. für jene Elektricitätsverteilung, bei welcher keine Bewegung der Elektricität mehr stattfindet, stets sich ausschliefslich an der Oberfläche des elektrisierten Körpers befindet, dringt die Elektricität bei der Elektrisierung von Isolatoren bis zur Erreichung des Gleichgewichts stets mehr oder minder tief in den elektrisierten Körper ein.

19. Eine Scheibe S (Fig. 2) von gut isolierendem Glase ist an einer Glasachse befestigt, die in zwei Lagern auf einem Holzgestell ruht und mittels einer Kurbel gedreht werden kann. Einander gegenüber, in der Ebene der Scheibe

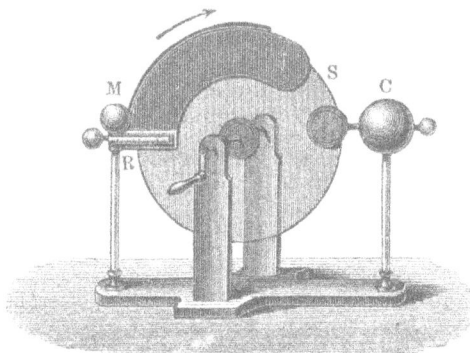

*Die Reibungs-
elektrisier-
maschine.*

Fig. 2.

auf dem Grundbrette, stehen zwei Glasstäbe, deren einer die Metallkugel C trägt. Letztere ist mit zwei parallelen Holzringen, welche

die Scheibe S umfassen, versehen. In die Holzringe sind auf der
der Scheibe zugewendeten Seite Rinnen eingedreht, die mit Staniol
beklebt werden, und aus denen feine Messingspitzen oder Nähnadeln,
die Saugkämme, gegen die Scheibe hervorragen. Auf der andern
Seite trägt die Kugel C an einem kurzen Messingstabe eine kleine
Messingkugel. Der andere Glasstab trägt das Reibzeug R, bestehend
aus zwei schmalen, um ein Scharnier in der Horizontalebene drehbaren, der Scheibe parallelen Holzbrettchen, welche auf der Seite
der Scheibe mit Wollenzeug und darauf mit weichem Leder beklebt
sind. Das Leder wird mit etwas völlig wasserfreiem Fett (Schweine-
schmalz) und sodann mit feinem geriebenen Spiegelamalgam oder
Kienmayerschem Amalgam (1 Teil Zinn, 1 Teil Zink, 2 Teile Quecksilber) eingerieben. Mit dem Reibzeuge ist die Kugel M verbunden.
Am Reibzeuge ist ein Ebonitstab befestigt, welcher sich ungefähr
120° über den Rand der Scheibe hinbiegt, und von welchem zwei
aufsen lackierte Stücke Seidenzeug herabhängen, die beiderseits die
Scheibe bis nahe zum Sauger bedecken. Wird die Scheibe im Sinne
des Pfeils gedreht, so ladet sich das Reibzeug R und damit M
negativ, die Scheibe positiv. Letztere gibt die positive Elektricität
an die Saugkämme und die damit verbundene Kugel C ab.

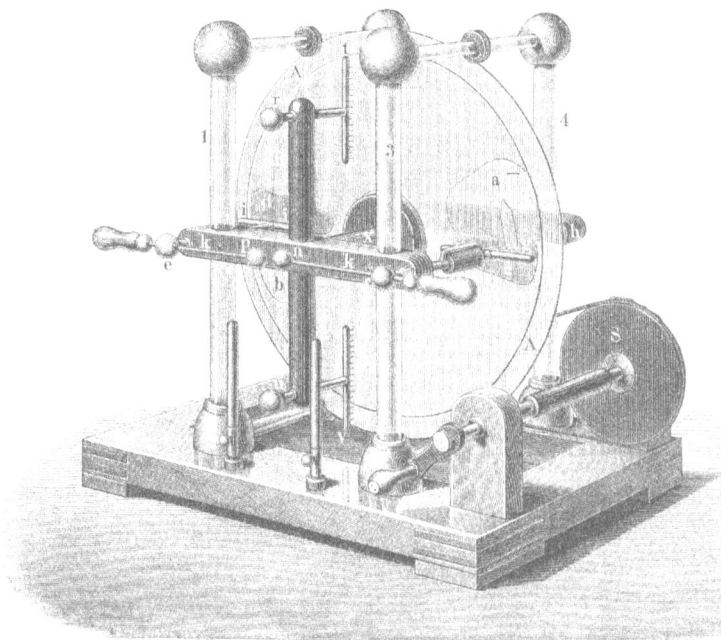

Fig. 3.

20. Die Holtz'sche Influenzmaschine besteht aus zwei Glas-
scheiben, von welchen die eine A (Fig. 3) feststeht, während die

andere *B* drehbar ist. *g g* sind Messingkämme mit Saugspritzen *ii*, welche von den mit Messingknöpfen *ef* versehenen Haltern getragen werden. Die Messingknöpfe sind durchbohrt. In den Bohrungen sind Messingstäbe verschiebbar, deren innere Enden Messingkugeln und deren äussere Horngriffe tragen. Unterhalb der Saugspitzen, bezw. oberhalb sind in der festen Scheibe eiförmige Öffnungen *a b* angebracht. Gegenüber den Saugspitzen sind an der äusseren Seite der festen Scheibe die Papierstücke *cd* aufgeklebt mit über den Rand der Ausschnitte ragenden Spitzen,

Die zwei Kämme mit den Spitzen *r tt* und *uvv* stecken in einem senkrechten Hartgummistab. *tt* wird mit *gg*, *vv* mit *ii* metallisch verbunden.

Beim Gebrauch berühren sich zunächst *p* und *n*. Die eine Papierbelegung z. B. *c* wird negativ geladen, die andere mit der Hand zum Boden abgeleitet. Wird nun die bewegliche Scheibe gedreht und werden *p* und *n* auseinandergezogen, so geht ein Funkenstrom zwischen den beiden Messingkugeln über, was sich folgendermafsen erklärt: Die Belegung *c* zieht positive Elektricität (durch Influenz) in die Spitzen *gg*, welche auf die vordere Seite der beweglichen Scheibe strömt. Die negative wird in den Messinghalter abgestossen. Auch die äufsere Seite der beweglichen Scheibe wird positiv elektrisch.

Die Ladung der beweglichen Scheibe wird hauptsächlich durch die feste Scheibe festgehalten, indem auf der Oberfläche derselben eine entgegengesetzte Ladung induciert wird, welche die erstere anzieht. Kommt nun die positiv geladene Stelle der Scheibe in die Nähe des zweiten Kammes *ii* und der zweiten Papierspitze, so strömt durch Influenz negative Elektricität aus den Messingspitzen auf die äufsere Fläche, aus der Papierspitze auf die innere. Die positive Ladung der Scheibe nimmt ab. Die bei der Drehung vorbeistreichenden und positiv geladenen Stellen der beweglichen Scheibe wirken immerfort inducierend auf die Papierbelegung, welche immer stärker positiv wird, indem sie ihre negative Elektricität an die Scheibe abgibt. Schliefslich wird ihre Ladung und ihre Influenz auf den Kamm so stark, dafs die Spitzen nicht nur die Ladung der Scheibe vernichten, sondern dieselbe ihrerseits laden. Die positive Elektricität wird in den Messinghalter gestofsen.

Kommt nun jetzt die geladene Scheibe wieder zwischen die erste Papierspitze *gg*, so wirkt sie auf die bereits geladene Papierbelegung und den Kamm. Von Papier und Kamm strömt ihr positive Elektricität zu und vernichtet die negative Ladung. Das hierdurch noch stärker geladene Papier wirkt wieder durch Influenz auf den Kamm, so daſs die bewegliche Scheibe durch Überströmen positiver Elektricität aus den Spitzen wieder geladen wird. Der ganze Vorgang wiederholt sich bei jeder Umdrehung und steigert sich fortwährend. Trennt man p und n, so geht ein Funkenstrom positiver Elektricität von links nach rechts über.

Kondensator. 21. Beklebt man eine Glasplatte zu beiden Seiten mit Zinnfolie, so dass die beiden Belegungen nirgends mit einander in metallischer Berührung stehen, und bringt die eine Belegung mit einem beispielsweise positiv geladenen Körper in Berührung, so strömt positive Elektricität auf die Belegung. Die andere Belegung wird auf ihrer inneren Seite durch Influenz negativ, auf ihrer äuſseren positiv elektrisch. Leitet man die positive Elektricität der letzteren Belegung zum Boden ab und entfernt den berührenden Körper von der andern Belegung, so behält die letztere eine positive, die andere eine negative Ladung. Beide Ladungen verschwinden, sobald man die beiden Belegungen etwa mit einem Draht verbindet.

Die beschriebene Anordnung heiſst Kondensator. Die Ladung eines Kondensators ist um so gröſser, je stärker elektrisch der ladende Körper, je gröſser die beiden Belegungen, je geringer deren Abstand ist. Sie ist ferner unter sonst gleichen Umständen für Luft als Isolation zwischen den Belegungen 1, für Glas 1,9, für Schellack 1,95, für Glimmer 4,0, für Guttapercha 4,2. Das Verhältnis von Ladung zur ladenden elektrischen Kraft heiſst Kapazität des Kondensators.

Galvanische Elektricität. 22. Stellt man ein Stück Zink und ein Stück Kupfer in ein mit Wasser gefülltes Glas, so daſs ein Teil beider Metallstücke aus dem Wasser hervorragt, so zeigt sich, daſs das hervorragende Ende des Zinkstabes glaselektrisch, jenes des Kupferstabes harzelektrisch ist.

Man nennt die auf diese Art entstandene Elektricität »galvanische Elektricität« nach dem Arzte Luigi Galvani, dessen Frau im Jahre 1789 in Bologna diese Art der Elektricitätserzeugung entdeckte.

Thermo-elektricität. 23. Sind zwei Stäbe aus Wismut und aus Antimon aneinander gelötet, und wird die Lötstelle erhitzt, so wird das Ende des Antimonstückes harzelektrisch, das Ende des Wismutstabes glaselektrisch.

Man nennt die auf diese Art entstandene Elektricität »Thermo-elektricität«, weil dieselbe durch den Temperaturunterschied zwischen der erhitzten Lötstelle und den Stabenden erzielt wurde. Diese Art der Elektricitätserzeugung wurde im Jahre 1821 von Seebeck in Berlin entdeckt. Seebeck hat die bekanntesten Metalle in folgende

Spannungsreihe gebracht: + Antimon, Eisen, Zink, Silber, Gold, Zinn, Blei, Quecksilber, Kupfer, Platin, Wismut —.

24. Wenn man einen Turmalinkrystall erhitzt, so wird das eine *Pyroelektricität* Ende desselben positiv, das andere negativ elektrisch.

Man nennt die auf diese Art entstandene Elektricität »Pyroelektricität« — durch Feuer enstanden. Diese Art der Elektricitätserzeugung wurde von G. Hankel im Jahre 1840 in Leipzig entdeckt.

25. In der Natur findet sich ein Mineral, welches aus den *Magnetismus* Sauerstoff-Eisenverbindungen Eisenoxyd *(Fe$_2$ O$_3$)* und Eisenoxydul *(Fe O)* besteht und die Eigenschaft besitzt, gewöhnliches Eisen anzuziehen. Man nennt dieses Mineral Magneteisenstein und dessen Eigenschaft, gewöhnliches Eisen anzuziehen, Magnetismus. Das Wort rührt von der kleinasiatischen, altjonischen Stadt Magnesia her, wo magnetische Eisenerze zuerst gefunden worden sein sollen.

26. Jeder Magnet weist zwei Punkte auf, in welchen dessen *Pole. Achse* Kraft konzentriert zu sein scheint. Man nennt diese Punkte die *des Magneten.* Pole und deren Verbindungslinie die Achse des Magneten.

27. Man nennt die Umgebung eines Magneten und eines jeden *Magnetisches* Körpers, auf welchem sich Elektricität in Bewegung befindet, ein *Feld.* magnetisches Feld.

28. Ein freibeweglicher im Mittelpunkte seiner Achse unterstützter *Magnetische* Magnet stellt sich so ein, dafs der eine Pol nach Norden, der andere *Kraftlinien* nach Süden zeigt. Der eine Pol heifst der Nordpol, der andere. der Südpol des Magneten. Gleichnamige Pole stofsen sich ab, ungleichnamige ziehen sich an. Nord- und Südmagnetismus entstehen wie die Elektricitäten stets gleichzeitig und in gleichen Mengen. Denkt man sich einen nordmagnetischen Punkt freibeweglich in der Nähe des Nordpols eines Magneten, so wird derselbe abgestofsen und bewegt sich in einer bestimmten Linie fort bis zu dem Südpol des Magneten. Diese Linie gibt die Richtung der magnetischen Kraft des Feldes an und heifst eine Kraftlinie. Denkt man sich die von jedem Punkte des einen Pols des Magneten zum andern gehende Kraftlinie röhrenförmig von bestimmtem gleichen Querschnitt, so gibt die Anzahl dieser Linien an jedem Teile des magnetischen Feldes die Stärke der magnetischen Kraft an dieser Stelle an.

29. Bewegt man einen Körper in einem magnetischen Felde *Induktion.* derart, dafs die Bahn desselben die Kraftlinien des Feldes schneidet, so findet eine Bewegung von Elektricität auf demselben statt.

Man nennt die Wechselwirkung zwischen dem bewegten Körper und dem magnetischen Felde »Induktion«. Die Elektricitätserzeugung vermittelst Induktion wurde von Faraday im Jahre 1831 entdeckt.

Elektromoto-
rische Kraft.
30. Man nennt jede Ursache, vermöge welcher sich Elektricität auf einem Körper bewegt, eine elektromotorische Kraft.

Elektrischer
Strom.
31 Man nennt jede Bewegung der Elektricität auf einem Körper einen elektrischen Strom.

Ohmsches
Gesetz.
32. Der elektrische Strom zwischen zwei Punkten ist um so stärker, je gröfser die Elektricitätsmenge ist, welche in der Zeiteinheit von dem einen zu dem andern Punkte des Körpers übergeführt wird. Diese Menge ist um so gröfser, je gröfser die elektromotorische Kraft und je geringer der Widerstand zwischen den beiden Punkten ist. Diese Beziehungen zwischen Stromstärke, elektromotorischer Kraft und Widerstand heifsen das Ohmsche Ge-

Volt.
setz. Die Einheit der elektromotorischen Kraft heifst Volt, die

Ampère.
der Stromstärke Ampere, und die Einheit der Elektricitätsmenge, d. h. jener Menge, welche einen Widerstand von 1 Ohm vermöge einer elektromotorischen Kraft von 1 Volt in einer Sekunde durch-

Coulomb.
fliefst, heist Coulomb.

$$A = \frac{V}{\Omega}$$

Ohm stellte sein Gesetz im Jahre 1827 auf. Die Bezeichnungen für die Einheiten der in den elektrischen und magnetischen Erscheinungen vorkommenden Gröfsen, wie sie hier und im folgenden gebraucht werden, rühren von dem internationalen elektrischen Kongrefs zu Paris vom Jahre 1881 her.

Elektricitäts-
anwendung.
33. Alle praktischen Anwendungen der Elektricität beruhen auf der Verwertung verhältnismäfsig starker elektrischer Ströme. Dabei findet unter allen Umständen eine sog. Arbeitsübertragung statt. In der Telegraphie, Telephonie und elektrischen Arbeitsübertragung im engeren Sinne wird die Elektricität an dem einen Ort erzeugt und deren durch die Empfangsapparate und -maschinen vermittelten mechanische Wirkungen an dem entfernten Orte benutzt. In der Galvanoplastik wird die Elektricität in den Elementen oder elektrischen Maschinen erzeugt, um in dem galvanischen Bade unmittelbar zur Leistung von chemischer Arbeit verwendet zu werden. Bei der elektrischen Beleuchtung wird die in der Maschine erzeugte Elektricität in den Lampen zur Wärme- und damit zur Lichterzeugung verwendet. Überall sind Entstehungsort und Verwendungsort der Elektricität mehr oder minder von einander entfernt. Die grössten Entfernungen verwenden Telegraphie und Telephonie.

34. Alle praktischen Verwendungen der Elektricität erfordern ferner, dafs die an dem einen Ort erzeugte Elektricität sofort an dem andern Orte zur Wirkung komme. Dies ist aber offenbar nur möglich, wenn sich die Elektricität auf dem ganzen Körper, in

welchem der Strom verwendet werden soll, leicht bewegen kann,
d. h es muſs einmal die Elektricitätsquelle die Elektricität leicht
an den Erzeugungsort und Verbindungsort verbindenden Körper
und letzterer sie an den Verwendungsapparat abgeben, mit andern
Worten, sämtliche Teile der Strombahn müssen gute Leiter der
Elektricität sein.

35. Es ergibt sich hieraus leicht, daſs von den verschiedenen
Arten der Elektricitätserregung für praktische Zwecke nur in Betracht kommen: die in 11 aufgeführte Änderung des elektrischen
Zustandes eines Metalls in der Nähe eines andern Metalls; die in
22 aufgeführte durch chemische Einwirkung von Flüssigkeiten auf
Metalle; die in 23 aufgeführte Wirkung der Wärme auf Metalle und
die in 29 aufgeführte Bewegung von Metallen in einem magnetischen Felde.

36. Wir haben gesehen, daſs durch jede Änderung des elektrischen Zustandes eines Körpers sowohl Arbeit geleistet als auch
verbraucht wird, und zwar in gleichen Mengen. Bei allen praktischen
Anwendungen der Elektricität handelt es sich darum, daſs von der
an dem einen Ort zur Erzeugung der Elektricität aufgewendeten
Arbeit ein möglichst groſser Teil an dem entfernten Ort in dem
Verwendungsapparat zur Wirkung komme. Wie es aber überhaupt
keine Arbeitsübertragung ohne Verlust geben kann, so ist auch bei
der Verwendung des elektrischen Stroms die zur Erzeugung desselben
aufzuwendende Arbeit immer gröſser als die im Verwendungsapparat
wieder gewonnene Arbeit. Die zwei wichtigsten Ursachen dieses
Verlustes bestehen darin, daſs einmal jeder Strom seine Strombahn
erwärmt, und daſs der Stromleiter nicht vollkommen von der Erde,
welche, wie erwähnt, immer weniger elektrisch ist als irgend ein
Punkt der Strombahn, isoliert werden kann. Die Erwärmung des
Leiters ist um so gröſser, je gröſser der Widerstand des Leiters und
je gröſser die Stromstärke ist. Der Übergang von Elektricität zur
Erde ist um so gröſser, je gröſser die verwendete elektromotorische
Kraft und je gröſser die Leitungsfähigkeit der den Stromleiter berührenden Körper ist.

37. Man verwendet daher als Verbindungsstücke des die Elek- Isolation.
tricität erzeugenden und des die Elektricität verwendenden Teils
der Strombahn die bestleitenden Körper, d. h. die Metalle, und
bringt den Leiter auf seine ganze Ausdehnung nur mit Körpern
von geringer Leitungsfähigkeit, als Luft, Porzellan, Glas, Seide,
Holz, Paraffin, Öl, Kautschuk, Guttapercha, Hartgummi etc. in
Berührung.

38. Der elektrische Widerstand der Körper ist ein sehr verschiedener und hängt von einer Reihe von Umständen ab, welche auf die molekulare Beschaffenheit derselben von Einfluſs sind. Der Widerstand der Metalle wird durch Temperaturerhöhung vermehrt, und zwar derart, daſs der Widerstand für jeden Grad Temperaturerhöhung in nahezu unveränderlichem Verhältnis wächst; der Widerstand von Kohle (Retortenkohle, Graphit, Holzkohle), Selen, Paraffin, Guttapercha, Kautschuk, Glas, Porzellan, der Säure- und Salzlösungen nimmt bei Erhöhung der Temperatur ab. Es beträgt die Widerstandszunahme für 1 ° C. für Aluminium 0,388 %, Blei 0,387 %, Eisendraht 0,48 %, Kupfer 0,38 %, Nickelin 0,028 %—0,019 %, Platin 0,243 %, Neusilber 0,036 %, Quecksilber 0,091 %, Zink 0,365 %.

39. Die Einheit des Widerstandes ist der Widerstand einer Quecksilbersäule von 1 qmm Querschnitt und 106 cm Länge, und heiſst ein Ohm. Eine ab und zu noch verwendete Widerstandseinheit wird gebildet durch eine Quecksilbersäule von 1 qmm Querschnitt und 1 m Länge. Diese Einheit heiſst von ihrem Erfinder Siemens - Einheit.

$$1\ \Omega\ = 1{,}06\ \mathrm{S\,E.}$$
$$1\ \mathrm{S\,E} = 0{,}9434\ \Omega.$$

40. Als Stromleiter werden die Metalle hauptsächlich in der Form von Drähten angewendet.

Bezeichnet w den Widerstand in Ω (Ohm), c den Widerstandskoeffizienten (Widerstand eines m von 1 qmm Querschnitt), l die Länge des Drahts in Metern, q den Querschnitt des Drahts in qmm, so ist $w = c\,\dfrac{l}{q}\ \Omega.$

Metall	Widerstands- koefficient bei 0° in Ω	Widerstands- zunahme in % pro 1° Celsius
Blei gepreſst . . .	0,1964	0,387
Eisen geglüht . .	0,0973	0,650
Kupfer	0,0160	0,380
Neusilber . . .	0,267	0,034
Nickelin	0,412	0,028—0,022
Platin geglüht . .	0,0907	—
Quecksilber . . .	0,9434	0,0907
Silber hart . . .	0,01631	0,377
Silber gepreſst . .	0,0563	0,365

(F. Uppenborn, Kalender für Elektrotechniker.)

41. Wir haben gesehen, daſs ein Zinkstab und ein Kupferstab, welche sich in einem Glase mit Wasser gegenüberstehen, elektrisch

werden. Verbindet man das Zink mit dem Knopf eines Elektroskops und beobachtet die Entfernung der Goldblättchen, ersetzt hierauf das Kupfer durch einen Bleistab und verbindet wieder das Zink mit dem Elektroskop, so zeigt sich, daſs in dem zweiten Fall die Gold= blättchen sich nicht so weit voneinander entfernen, als im ersten, d. h. das Zink wurde weniger elektrisch als im ersten Fall. Stellt man dem Zink im Wasserglase die Metalle in folgender Reihenfolge gegenüber und beobachtet die Ausschläge am Elektroskop, so zeigt sich, daſs dieselben immer gröſser werden:

Zink,	Wismut,
Blei,	Kupfer,
Zinn,	Silber,
Eisen,	Gold.
Antimon,	

42. Zwei Metalle werden um so stärker elektrisch, je weiter sie in dieser Reihe voneinander entfernt sind. Man sagt, das Zink sei unter diesen Metallen das elektropositivste und das Gold das elektro-negativste Metall. Es muſs darauf aufmerksam gemacht werden, daſs ein Metall um so elektropositiver ist, je leichter es eine Ver-bindung mit Sauerstoff einzugehen vermag.

43. Ersetzt man das Wasser in dem Glase durch eine andere Flüssigkeit, so gestaltet sich die eben besprochene Reihe anders, d. h. der Grad der elektrischen Erregung ist nicht nur davon abhängig, welche Metalle durch die Flüssigkeit miteinander in Berührung gebracht werden, sondern auch von der Beschaffenheit der Flüssig-keit bedingt. Man nennt diese Gegenüberstellungen zweier Metalle in Flüssigkeiten galvanische Elemente. *Galvanische Elemente.*

44. Verbindet man das eine Metall des in Rede stehenden Apparates vermittelst eines kurzen Drahtstückes mit einem empfind-lichen Elektroskop, ferner das zweite Metall ebenfalls mit einem zweiten gleichen Elektroskop, so zeigen die Elektroskope, wie aus 5 erwartet werden muſs, gleiche Ausschläge an. Verbindet man nun die beiden Metalle einen Augenblick durch ein Drahtstück und untersucht dieselben nach Entfernung des letzteren von neuem, so zeigt sich, daſs die Metalle nicht unelektrisch geworden sind, trotz-dem sich die gleichen Mengen positiver und negativer Elektricität durch den Draht vereinigt haben, sondern den ursprünglichen Grad der Elektrisierung besitzen. Es muſs also zwischen der Flüssigkeit und den Metallen eine Ursache bestehen, vermöge welcher die durch das Drahtstück zur Vereinigung gebrachten Elektricitätsmengen wieder ersetzt wurden. Man nennt diese Ursache elektromoto-rische Kraft des Elements und den Vorgang der kontinuierlichen *Strom-wirkungen im Element.*

Vereinigung der beiden entgegengesetzten Elektricitäten, wie er bei anhaltender Verbindung der beiden Metalle stattfindet, im engeren Sinne den elektrischen Strom.

45. Kehren wir zu der Zusammenstellung Zink — Kupfer in Wasser zurück. Hat man die beiden Metalle längere Zeit miteinander verbunden und so einen länger dauernden elektrischen Strom erzeugt und untersucht die beiden Metalle unmittelbar, nachdem man die Strombildung unterbrochen hat, so zeigen sich folgende Erscheinungen:

1. Die elektromotorische Kraft des Elements hat abgenommen;
2. das Gewicht des ins Wasser eintauchenden Teils des Zinkstabs hat abgenommen;
3. die Oberfläche des ins Wasser tauchenden Teils des Zinkstabs hat sich mit Gasbläschen überzogen.

46. Bei näherer Untersuchung ergibt sich, dafs durch den Strom am Zink Sauerstoff, am Kupfer Wasserstoff ausgeschieden wurde, und zwar in solchen Mengen, wie sie der Zusammensetzung des Wassers entsprechen, d. h. dafs Wasser zersetzt wurde.

47. Der am Zink auftretende Sauerstoff verbindet sich mit ersterem zu Zinkoxyd. Das Zink verhält sich zu dem Zinkoxyd ähnlich wie zwei gleiche Mengen Wasser, welche sich in verschiedener Höhe vom Meeresspiegel befinden. Die höhergelegene Menge (das Zink) leistet beim Ablassen (Oxydieren) zur tiefer gelegenen (Zinkoxyd) eine gewisse Arbeit, welche der höherliegenden Wassermenge (Zinkmenge) und der Höhendifferenz derselben (chemischen Differenz zwischen Zink und Zinkoxyd) entspricht. Dieser Übergang des Zinks in Zinkoxyd ist nun in dem besprochenen galvanischen Elemente die Quelle, aus welcher die zur Erzeugung des elektrischen Stroms nötige Arbeit geschöpft wird. Die in einer Zeiteinheit verzehrte Zinkmenge ist daher genau der in derselben Zeit erzeugten Elektricitätsmenge proportional.

48. In jedem galvanischen Elemente sind chemische Vorgänge die Ursachen der Strombildung.

49. Es gibt kein Element, dessen elektromotorische Kraft durch die Strombildung nicht dauernd oder vorübergehend geändert würde.

Polarisation. 		50. Man hat die wichtigste Ursache dieser Erscheinung in dem Auftreten von Gasen an den negativen Metallen und den zwischen Gasen und Metallen auftretenden elektromotorischen Kräften, welche den strombildenden elektromotorischen Kräften entgegenwirken, gefunden und dieselbe mit galvanischer Polarisation bezeichnet.

Galvanische Batterie. 		51. Verbindet man das positive Metall eines galvanischen Elementes mit dem negativen eines zweiten und untersucht die frei bleibenden Metalle, so ergibt sich, dafs die Enden derselben doppelt so stark elektrisch sind, als die Enden des einzelnen Elements. Man kann durch Aneinanderfügen einer entsprechenden Anzahl von Elementen die Enden einer so entstehenden Batterie so stark elektrisch machen, dafs die an den Enden aufgehäuften Elektricitäten selbst sehr grofse Widerstände zu überwinden vermögen.

52. Jedes galvanische Element kann nur so lange Elektricität liefern, als die im Elemente gegenseitig wirksamen Körper sich in einem solchen chemischen Zustande befinden, dafs die den Strom veranlassenden chemischen Veränderungen Arbeit liefern.

53. Unterstützt man den Mittelpunkt der Achse eines stabförmigen *Magnetische Deklination.* Magneten derart, dafs sich derselbe frei um diesen Stützpunkt bewegen kann, so stellt sich die Achse in eine Richtung ein, welche für verschiedene Orte der Erde mehr oder minder, nie aber bedeutend von der Richtung des Meridians des betreffenden Orts abweicht. Diese Richtung nennt man den magnetischen Meridian des Orts, und den Winkel, welchen die Ebene dieses Meridians mit dem geographischen Meridian einschliefst, die Deklination des Orts. Jenen Pol des Magneten, welcher nach Norden zeigt, nennt man den Nordpol, den andern den Südpol des Magneten.

54. Legt man durch den Mittelpunkt der Achse des freischwingen- *Magnetische Inklination.* den Magneten eine horizontale Ebene, so beobachtet man, dafs die Achse des Magneten für jeden Punkt eines magnetischen Meridians mit jener Ebene einen andern Winkel einschliefst. Dieser Winkel heifst die magnetische Inklination des Beobachtungsorts.

55. Alle jene Punkte der Erde, an welchen die Achse eines *Magnetischer Äquator.* Magneten in die durch den Mittelpunkt derselben gelegte horizontale Ebene fällt, liegen auf einem Hauptkreis, welcher der magnetische Äquator heifst. Für die beiden magnetischen Pole der Erde steht die Achse des freischwingenden Magneten auf der erwähnten horizontalen Ebene senkrecht.

56. Man nennt die Kraft, mit welcher die Achse eines und *Magnetisches Feld der Erde.* desselben Magneten an den verschiedenen Punkten der Erde eingestellt wird, die Intensität des magnetischen Feldes der Erde an jenen Punkten und unterscheidet die beiden Komponenten dieser Kraft durch die Bezeichnungen: Horizontalintensität und Vertikalintensität. Es ist nicht bekannt, ob das magnetische Feld elektrischen Strömen, welche in der Richtung der Breitengrade die Erde umfliefsen, oder dem Vorhandensein magnetischer Massen im Erdinnern seine Entstehung verdankt.

57. Alle Körper sind mehr oder minder magnetisch. Der Mensch *Magnetisierbarkeit.* entbehrt gewöhnlich für den Magnetismus wie für die Elektricität

eines Organs, die Wirkungen desselben unmittelbar wahrzunehmen, weshalb man einen Körper erst dann magnetisch zu nennen pflegt, wenn jene Wirkungen stark genug sind, daſs sie durch unmittelbar und allgemein wahrnehmbare Erscheinungen beobachtet werden können.

58. Während wir im Stande sind, fast alle Körper von den geringsten bis zu sehr beträchtlichen Graden zu elektrisieren, gibt es nur sehr wenige Körper, welche wir durch die uns bisher zu Gebote stehenden Mittel in einigermaſsen erheblichem Grade magnetisieren können. Diese Körper sind: das Eisen, der Stahl, das Kobalt und das Nickel. Doch ist die Magnetisierbarkeit der beiden letzten Metalle gegenüber jener der beiden ersten schon so beträchtlich geringer, daſs man in allen praktischen Anwendungen des Magnetismus sich ausschlieſslich der beiden ersten Körper bedient.

Sättigungspunkt. 59. Die Magnetisierung eines Körpers nimmt unter Steigerung der magnetisierenden Kräfte nicht proportional der letzteren zu. Sie erreicht vielmehr bald ein Maximum, über welches hinaus eine beliebige Steigerung der magnetisierenden Kraft keine merkliche Zunahme der Magnetisierung mehr bewirken kann. Man sagt, der Körper habe seinen magnetischen Sättigungspunkt erreicht.

60. Um Eisen oder Stahl zu magnetisieren, bedient man sich der magnetischen Induktion, indem man das zu magnetisierende Eisen- oder Stahlstück in das Feld eines andern Magneten oder in das magnetische Feld eines elektrischen Stromes bringt.

Remanenter Magnetismus. 61. Während nun weiches Eisen unter dem Einfluſs eines magnetischen Feldes leicht und rasch, je nach der Intensität des magnetischen Feldes, bis zu hohem Grade magnetisch wird, aber auch fast ebenso leicht und rasch den angenommenen Magnetismus wieder verliert, wenn es dem Einfluſs des inducierenden magnetischen Feldes entzogen wird, läſst sich der Stahl nur langsam und schwer magnetisieren, vermag jedoch den einmal angenommenen Magnetismus unter günstigen Umständen sehr lange zu bewahren, auch wenn der Einfluſs des magnetisierenden Feldes aufgehört hat zu wirken. Man nennt den in einem Körper infolge der Magnetisierung nach Entfernung der magnetisierenden Kraft zurückbleibenden Magnetismus »remanenten Magnetismus«.

62. Auf die Magnetisierbarkeit von Eisen und Stahl und den remanenten Magnetismus dieser Körper sind Härte, Dichte, chemische Zusammensetzung von weitgehendem Einfluſs, und jede Änderung dieser Eigenschaften bei einem magnetischen Eisen- oder Stahlstück verursacht zugleich eine Änderung des Magnetismus der Stücke.

63. Die in der Praxis vorkommenden Verwendungen des Magnetismus beruhen der weitaus gröfsten Zahl nach auf der Eigenschaft des weichen Eisens, beträchtlichen Magnetismus rasch anzunehmen und wieder zu verlieren, auf der Thatsache, dafs auf einem elektricitätsleitenden Körper ein Strom entsteht, sobald dieser Körper in einem magnetischen Felde so bewegt wird, dafs er Kraftlinien schneidet, und ferner auf den Wechselwirkungen zweier magnetischer Felder aufeinander, namentlich auf den Wechselwirkungen eines durch einen permanenten Stahlmagnet erzeugten und eines durch einen elektrischen Strom erzeugten magnetischen Feldes.

64. Die erstgenannte Eigenschaft des weichen Eisens findet ihre wichtigste Anwendung in der elektrischen Landtelegraphie, die zweite Thatsache in der Erzeugung starker Ströme für die elektrische Beleuchtung und Elektrometallurgie, während auf den letztgenannten Beziehungen die sog elektrische Arbeitsübertragung im engeren Sinne, die Telephonie, die Kabeltelegraphie und die Konstruktion jener Instrumente beruht, welche zur Beobachtung elektrischer Ströme am häufigsten angewendet und Galvanoskope, Galvanometer, Ampèremeter, Voltmeter etc. genannt werden.

Anwendungen des Magnetismus.

65. Verbindet man ein positiv elektrisches Metall mit einem negativ elektrischen Metall durch einen Metalldraht, so findet, wie wir gesehen haben, eine Vereinigung der beiden Elektricitäten statt, welche wir elektrischen Strom nennen. Man hat sich gewöhnt, die Richtung, in welcher sich die positive Elektricität in dem Metalldraht bewegt, als Stromrichtung zu betrachten. Verbindet man die Pole eines Zn Cu - Elementes durch einen Metalldraht, so sagt man, der Strom gehe vom Kupfer durch den Draht zum Zink und vom Zink durch die Flüssigkeit zum Kupfer.

Stromrichtung.

66. Denkt man sich in einem Stromleiter in der Richtung des Stroms eine menschliche Figur so schwimmend, dafs der Strom zu deren Füfsen ein- und zu deren Haupte austritt, so entsteht zur Rechten derselben ein magnetischer Nordpol, zur Linken ein magnetischer Südpol. Wird dieser Draht über einer beweglichen Magnetnadel und parallel mit deren Achse so geführt, dafs der Nordpol dem Gesichte der schwimmenden Figur, der Südpol den Füfsen derselben zugewendet ist, so wird der Nordpol zur Linken, der Südpol zur Rechten der Figur ausweichen, gerade so als habe man über dem beweglichen Magnete einen festen angebracht, dessen Achse senkrecht zur Strombahn steht und rechts der Figur einen Nordpol und links derselben einen Südpol zeigt. Die Ablenkung der Magnetnadel durch den Strom wurde von Örsted in Kopenhagen im Jahre 1819 entdeckt.

Ablenkung der Magnetnadel durch den Strom.

Zusammenhang
elektro-magne-
tischer Änder-
ungen

67. Wir haben früher gesehen, daſs jede Änderung des elektrischen Zustandes eines Körpers eine Änderung des elektrischen
Zustandes seiner Umgebung zur Folge hat, und daſs jede derartige
Änderung nur unter Bewegung von Elektricität, d. h. nur durch
elektrische Ströme auf allen beteiligten Körpern zu stande kommen
kann. Da ferner jeder elektrische Strom ein seiner Stärke entsprechendes magnetisches Feld erzeugt, so ist jede Änderung des
elektrischen Zustandes einer Körpergruppe auch mit einer Änderung
des magnetischen Zustandes der Umgebung der fraglichen Körper
verbunden. Umgekehrt verursacht jede Änderung des magnetischen
Zustandes eines Raumes auf den in letzterem befindlichen Körpern
eine Elektricitätsbewegung; diese letztere dauert aber wie oben nur
so lange, als sich der magnetische Zustand des Raumes ändert.

68 Die Richtung der Elektricitätsbewegung läſst sich für jeden
beteiligten Körper — gleichgültig, welcher Ursache dieselbe ihre
Entstehung verdankt — aus der in 66 angeführten Thatsache und
folgender Regel bestimmen. Jede Änderung des elektrischen oder
magnetischen Zustandes eines Körpers bewirkt auf den Körpern
der Umgebung elektrische Ströme, deren Richtung derart ist, daſs
sie dem Zustandekommen der fraglichen Zustandsänderung entgegen-
wirken.

Galvanische
Induktion

69. Zur Erläuterung dieser Regel müssen einige Spezialfälle
einer eingehenden Betrachtung unterzogen werden. Man habe zwei
parallele und in einer Vertikalebene übereinandergespannte, von
einander durch Luft getrennte Drähte und einen positiv elektrischen
Metallkörper. Verbindet man das eine Ende des unteren der Drähte
metallisch mit dem elektrischen Körper, so geht von letzterem
positive Elektricität zum Draht über und schreitet bis zum andern
Ende desselben vor, so lange bis Draht und Metallkörper an allen
Punkten gleich stark elektrisch sind. Zu gleicher Zeit schreitet in
derselben Richtung, wie aus 15 leicht ersichtlich, auf dem zweiten
Draht negative Elektricität vor, so lange bis die Bewegung der
positiven Elektricität auf dem ersten Draht beendet ist, d i., während
auf dem ersten Draht ein Strom entsteht, entsteht auf dem zweiten
ein Strom von entgegengesetzter Richtung. Dieser Strom heiſst
Induktionsstrom. Berücksichtigt man die magnetischen Wirkungen
dieser Ströme, so entspricht dem Vorschreiten der positiven Elektricität auf dem einen Draht ein Vorschreiten eines magnetischen
Nordpols in der Richtung des positiven Stromes, dem Vorschreiten
der negativen Elektricität auf dem zweiten Draht eine Bewegung
eines magnetischen Nordpols in entgegengesetzter Richtung. Es ist,
als ob sich zwei magnetische Nordpole einander näherten. Die

abstofsende Wirkung, welche zwei gleichnamige magnetische Pole aufeinander ausüben, bestätigt die Regel in 67, dafs der auf dem zweiten
Draht durch die Elektricitätsbewegung auf dem ersten Draht entstehende Strom jener Elektricitätsbewegung entgegenwirkt. Ist der
positiv elektrische Körper der positive Pol eines konstanten galvanischen Elements, und wird der negative desselben sowie das entfernte
Ende des Drahts zur Erde abgeleitet, so dafs ein geschlossener
Stromkreis entsteht, und werden ferner die beiden Enden des zweiten
oberen Drahts ebenfalls zur Erde verbunden, so dauert der in
letzterem bei Verbindung des unteren Drahts mit dem Element entstehende Induktionsstrom so lange, bis der Strom im unteren Draht
die der elektromotorischen Kraft des Elements und dem Widerstand
des Stromkreises entsprechende Stärke erreicht hat. Da die Zeit,
welche hierzu erforderlich ist, meist sehr gering ist, so ist auch die
Dauer des inducierten Stromes in der Regel eine sehr kurze. Jede
Zunahme der Stromstärke im ersten Draht wirkt auf den zweiten
wie eine erneute Bewegung positiver Elektricität in der Richtung
des Stroms, jede Abnahme wie die Bewegung von negativer Elektricität auf dem ersten Draht in gleichem Sinne. Es entsteht demnach bei Zunahme des Stroms im ersten Draht wie beim Auftreten
desselben im zweiten Draht ein Strom von entgegengesetzter Richtung, bei Abnahme oder Verschwinden des Stroms im ersten Draht
im zweiten ein Strom, welcher dem im ersten Draht bestehenden
Strom gleichgerichtet ist.

70. Es sei gegeben: ein feststehender kreisförmig gebogener
Draht und ein beweglicher Magnetstab. Die Achse des Magnetstabs
stehe senkrecht auf der Ebene des Kreises und gehe durch den
Mittelpunkt desselben. Wird nun der Stab in der hierdurch bestimmten Richtung bewegt, d. h. dem Kreise genähert oder von
demselben entfernt, so entstehen während der Bewegung in dem
Drahtkreise Ströme, welche diese Bewegung zu hindern suchen.
Wird der Magnet z. B. mit dem Nordpol gegen den Kreis gewendet
diesem genähert, so entsteht ein Strom, welcher einen Nordpol dem
sich nähernden Magneten zuwendet. Bei gleichbleibender Geschwindigkeit und entsprechender Länge des Magneten, d. h. entsprechender
Entfernung der Pole desselben, nimmt der Strom im Drahtkreis mit
der Annäherung des Magneten zu, bis der Nordpol im Mittelpunkt
des Kreises angelangt ist. Hierauf nimmt die Stromstärke durch
den Einflufs des sich nähernden Südpols ab, bis der Mittelpunkt
der Magnetachse im Mittelpunkt des Kreises angekommen ist.
Bewegt sich nun der Magnet in gleichem Sinne und mit gleicher
Geschwindigkeit weiter, so tritt in dem Augenblick, in welchem der

Mittelpunkt der Magnetachse die Ebene des Kreises verläfst, eine
Umkehrung der Stromrichtung im Drahtkreis ein. Der neue Strom
nimmt an Stärke zu, bis der Südpol am Mittelpunkt des Kreises
angelangt ist, und nimmt hierauf bei der Weiterbewegung ab.
Bleiben Drahtkreis und Magnet unbeweglich, ändert sich dagegen
der Magnetismus des letzteren, so bewirkt eine Verstärkung des
Magnetismus im Drahtkreis einen Strom im selben Sinne, wie eine
Annäherung zwischen Drahtkreis und Magnet, eine Verminderung
des Magnetismus einen Strom in dem Sinne, wie eine Vergröfserung
des Abstandes zwischen Magnet und Drahtkreis verursacht hätte.
Wird anderseits in dem Drahtkreis von einer konstanten Elektricitätsquelle ein Strom erzeugt, so wird der Magnetismus des Magneten
je nach der Richtung des Stromes geschwächt oder verstärkt. In
gleicher Weise wirkt jede Änderung in der Stärke des im Drahtkreis
bestehenden Stroms. Alle diese Änderungen hängen, wie leicht
ersichtlich, nach der Regel in 67 zusammen.

71. Es ist leicht zu übersehen, dafs diese Regel nichts anderes
enthält als den Ausdruck des Gesetzes der Gleichheit von Wirkung
und Gegenwirkung. Es kann eben, wie schon in 11 angedeutet,
auch in elektrischer Beziehung ein Körper keine Veränderung erleiden, ohne dafs zugleich eine gleichwertige Veränderung in der
Umgebung desselben stattfände.

72. Die mächtigsten elektrischen und magnetischen Zustandsänderungen, welche wir beobachten können, kommen in der Atmosphäre und auf der Oberfläche der Erde vor.

Gewitter und
Nordlicht-
erscheinungen. 73. Die wichtigsten Erscheinungen derart sind die elektrischen
Vorgänge bei Gewittern und Nordlichtern, ferner die Änderungen
der Intensität des magnetischen Feldes der Erde.

74. Die Ursachen dieser Zustandsänderungen sind noch wenig
bekannt. Der elektrische Unterschied zwischen Erde und Wolken
läfst sich zu Zeiten von Gewittern auf viele Tausend Volt schätzen.
Da von allen uns bekannten Mitteln, elektrische Unterschiede zwischen
zwei Körpern herzustellen, nur jene, welche auf Reibung beruhen,
annähernd ähnliche Gröfsen erzielen lassen, so steht zu vermuten,
dafs die in Gewittern auftretenden Elektrisierungen der Luft auf
ähnliche Weise zu stande kommen.

75. Die Mittel, welche in neuerer Zeit gestatten, eine dem Nord-
licht ähnliche Erscheinung künstlich herzustellen, scheinen darauf
hinzudeuten, dafs diese Naturerscheinung auf einem Übergang von
Elektricität von der Erde zur Luft beruht.

76. Dieser Umstand, sowie die innigen Beziehungen, welche
zwischen Nordlichtern und den Änderungen der Intensität des

magnetischen Feldes der Erde bestehen, ferner die Thatsache, daſs man zwischen zwei verschiedenen Punkten eines Parallelkreises der Erde stets einen elektrischen Strom beobachten kann, führten zu der Vermutung, daſs das magnetische Feld der Erde durch die Summe der annähernd in Parallelkreisen dieselbe umflieſsenden elektrischen Ströme erzeugt wird. Ob und welchen Anteil an der Stärke desselben der Eisengehalt der Erde hat, läſst sich nicht vermuten.

77. Die Fortpflanzung elektrischer und magnetischer Wirkungen durch den Raum ist an keinen der bisherigen quantitativen Forschung zugänglichen materiellen Träger gebunden. Man nimmt an, daſs sie wie jene des Lichts durch den Äther erfolge. Elektrische und magnetische Wirkungen pflanzen sich im Raum mit der Geschwindigkeit des Lichts, d. h. zu ca. 300,000 km in der Sekunde, fort.

Fortpflanzung elektrischer und magnetischer Wirkungen.

78. Es erübrigt noch, über den Zusammenhang elektrischer Vorgänge mit solchen Erscheinungen, welche unmittelbar durch unsere Sinne wahrgenommen werden können, einiges anzudeuten.

79. Es können sämtliche Bewegungsformen der Materie, welche durch unsere Sinne wahrgenommen werden können, vermittelst Elektricität erzeugt werden. Es läſst sich jedoch in keinem Falle ausscheiden, in welchem Betrage die Bewegungen der verschiedenen Dichtigkeitszustände der Materie — Äther, Atom, Molekül, Gas, Flüssigkeit, fester Körper — zu der Schluſswirkung der sinnlichen Wahrnehmung elektrischer Erscheinungen Anteil haben.

80. Betrachten wir die Reihenfolge, in welcher in der Entdeckungsgeschichte der elektrischen Erscheinungen der Zusammenhang der Wahrnehmungen der einzelnen Sinne mit elektrischen Ursachen nach und nach aufgedeckt uud technisch verwertet wurde. Die ersten Beobachtungen, welche zur Annahme einer unseren Sinnen nicht unmittelbar wahrnehmbaren Naturkraft führten, reichen in das Altertum zurück und beschränken sich auf die Anziehung oder Abstoſsung, welche zwischen elektrischen oder magnetischen Körpern stattfindet. Die Benutzung der Wirkung des magnetischen Feldes der Erde auf einen freischwingenden Magneten ist die älteste, bis zum Beginn der abendländischen Kultur zurückreichende Verwertung in der Konstruktion der von Chinesen schon 500 v. Chr. verwendeten Kompasse. Um 1600 n. Chr. wird in England das Wort Elektricität erfunden und Anfang des 18. Jahrhunderts die Entdeckung gemacht, daſs die verschiedenen Körper eine verschiedene Fähigkeit haben, die Elektricität zu leiten Diese Beobachtung bleibt die weitaus wichtigste bis zur Entdeckung der Elektricitätserregung bei Berührung verschiedener Metalle gegen Ende des vorigen Jahrhunderts.

Historischer Rückblick.

Die Anwendung dieser Entdeckung zur Konstruktion der galvanischen Elemente mit Beginn unseres Jahrhunderts ermöglicht der
Forschung und Technik eine Fülle von Entdeckungen neuer Erscheinungen und Verwertungen derselben, gegen welche die Errungenschaften der gesamten Vorzeit von verschwindendem Umfang
erscheinen. Die verhältnismäfsig beträchtlichen Elektricitätsmengen,
mit welchen man nun plötzlich zu arbeiten lernte, führten in rascher
Folge zur Entdeckung der magnetischen, thermischen, chemischen
und mechanischen Wirkungen des elektrischen Stromes, sowie der
Gesetze, nach welchen die einzelnen Erscheinungen in ihren Gröfsen-
verhältnissen zusammenhängen. Die Reihe der gefundenen Beziehungen zwischen Elektricität und Magnetismus wurde durch die
Entdeckung der Wirkung eines elektrischen Stromes auf eine frei-
schwingende Magnetnadel eröffnet. Fast unmittelbar erfolgte die Beobachtung, dafs jene Wirkung darauf beruhe, dafs jeder elektrische
Strom selbst ein magnetisches Feld schaffe. Diese Thatsache, in
Verbindung mit der Eigenschaft des Eisens, unter Wirkung eines
magnetischen Feldes auf kürzere oder längere Zeit magnetisch zu
werden, wird zur Grundlage der ersten praktischen Verwertung der
Elektricität in der Telegraphie und später der Telephonie und
elektrischen Übertragung mechanischer Arbeit. Beinahe gleichzeitig
mit dem Gesetze der Erhaltung der Energie wird eine Reihe der
glänzendsten Bestätigungen durch die Beobachtung entdeckt, dafs
jede Änderung des elektrischen oder magnetischen Zustandes eines
Körpers eine Änderung des elektrischen oder magnetischen Zustandes
seiner Umgebung veranlafst. Es war damit die Möglichkeit gegeben
elektrische Ströme durch mechanische Arbeit zu erzeugen, d. h. die
Grundlage der modernen Elektrotechnik gefunden.

81. Schon im Beginn des 18. Jahrhunderts wurde vermutet, dafs
der bei künstlich veranlafsten Elektricitätsübergängen durch die Luft
auftretende Funke und Schall in der Natur in Blitz und Donner
wieder zu erkennen sei. Diese Vermutung wurde zur Gewifsheit,
als man Anfang unseres Jahrhunderts durch Verwendung der
galvanischen Elemente einerseits und durch mächtige Elektrisier-
maschinen anderseits Wärme-, Licht- und Schallwirkungen von
ähnlicher Gröfsenordnung, wie sie in den Wirkungen des Blitzes
beobachtet werden, erzeugen lernte. Die Entdeckung der Eigenschaft des elektrischen Stromes, seine Bahn nach Mafsgabe des
Widerstandes derselben zu erwärmen, wurde in der Beobachtung des
elektrischen Lichtbogens zwischen Kohlenspitzen am Anfang unseres
Jahrhunderts zum Ausgangspunkt der elektrischen Beleuchtung.
Die chemischen Wirkungen, welche in den galvanischen Elementen

als Bedingung der Elektricitätsbewegung erkannt wurden, führten
weiter zu der Entdeckung, daſs der elektrische Strom beim Passieren
gewisser zusammengesetzter Körper diese in einfachere zersetze.
Diese Thatsache machte elektrische Erscheinungen auch der Wahrnehmung durch Geruch und Geschmack zugänglich; in der Technik
bildet sie die Grundlage der Elektrometallurgie und der Galvanoplastik.

82. Lange bevor man gelernt hatte, elektrische Spannungs-
unterschiede zu erzeugen und zu beobachten, war eine Wirkung
der Elektricität auf den menschlichen Körper bekannt, welche auftritt, wenn ein Mensch vom Blitze getroffen wird. Diese Wirkung
ist meist eine höchst verderbliche. Es ist nicht aufgeklärt, welcher
Art die Veränderungen im menschlichen Organismus sind, welche
dessen Schädigung bedingen. Es scheint, daſs diese Veränderungen
erst bei einem bestimmten, für jeden Organismus verschiedenen
Betrage des Stroms, welcher den Körper durchflieſst, auftreten.
Unter diesem Betrage liegende Stromstärken hat man vielfach versucht, für Heilzwecke zu verwenden, ohne daſs es gelungen wäre,
aufzuklären, welche Veränderung im Körper der Strom hervorruft
und inwiefern dieselben die Heilwirkung herbeiführen oder unter-
stützen können. Daſs der Magnetismus auf den menschlichen
Körper wirken kann, ist erst in neuerer Zeit festgestellt worden.
Die Erforschung dieser Wirkungen ist weder zu einer Erklärung
noch zu einer allgemeineren Verwendung fortgeschritten. Daſs
elektrische und magnetische Zustandsänderungen im Haushalte des
menschlichen Körpers eine bedeutende Rolle spielen, ist zweifellos.

83. Es ist interessant zu beobachten, wie Erkenntnis und Entwickelung der Anwendungen der elektrischen Erscheinungen von
den Sinnen: Gefühl, Gehör, Gesicht, welche gewissermaſsen unsere
mechanischen Beziehungen zur Aufsenwelt vermitteln, zu den Sinnen,
welche unseren vegetativen Beziehungen zu derselben vorstehen,
fortzuschreiten scheint.

84. Betrachtet man die hohe Vollendung, welche im einzelnen
die Anwendungen der Elektricität der ersten Art in unserem Jahrhundert erreicht haben und zu erreichen offenbar berufen sind, mit
den geringen Anfängen der Anwendungen der zweiten Art, so wird
es wahrscheinlich, daſs der Hauptanteil an Erkenntnis und Verwertung neuer elektrischer Wirkungen in der Zukunft den Er-
forschern des menschlichen Organismus zufallen wird.

Zweites Kapitel.

Die Stromquellen.

85. In der Telegraphie und Telephonie kommen zur Erzeugung des Stroms ausschließlich galvanische Elemente, worunter auch die sog. Accumulatoren zu rechnen sind, elektrische Maschinen und Transformatoren der Elektricität in Verwendung. Für die Beurteilung der Frage, welche Stromquelle in einem gegebenen Falle am zweckmäßigsten zu verwenden sei, sind die Verwendungsarten des Stroms und die Widerstandsverhältnisse des Stromkreises in erster Linie maßgebend. Handelt es sich darum, in einem Stromkreise von geringem Nutzwiderstand eine dauernde gleichmäßige, möglichst hohe Stromstärke zu haben, wie dies bei Verwendung des elektrischen Stroms zu chemischen Wirkungen in größerem Maßstabe der Fall ist, so kommt es darauf an, daß die Stromquelle eine möglichst hohe konstante elektromotorische Kraft und einen möglichst geringen, mit der Stromerzeugung sich nicht erhöhenden Widerstand habe. Ist der Nutzwiderstand verhältnismäßig groß, wie in längeren oberirdischen Telegraphenleitungen, und wird ebenfalls eine konstante Stromstärke dauernd in der Leitung verlangt, so kommt für die Stromquellen hohe konstante elektromotorische Kraft in erster Linie in Betracht, während die Bedeutung des Widerstands derselben eben wegen der Höhe des Widerstandes der Nutzleitung zurücktritt. Bei unterirdischen und unterseeischen Telegraphenlinien, bei welchen es nötig ist, verhältnismäßig geringe Elektricitätsmengen in Bewegung zu bringen, wegen der geringen Fortpflanzungsgeschwindigkeit elektrischer Zustandsänderungen in Kabeln jedoch ein möglichst rascher Übergang der Elektricität von der Quelle zum Leiter anzustreben ist, muß der Widerstand der Elektricitätsquelle möglichst klein, die elektromotorische Kraft möglichst konstant sein. In den Elementen für Transmitterstromkreise bei der Telephonie, in welchen es sich um eine möglichst große Stromstärke in einer Nutzleitung von meist geringem ·Widerstand jedoch ·auf verhältnismäßig kurze Zeit handelt, sind hohe elektro-

motorische Kraft und geringer Widerstand in erster Linie erforderlich, während die Konstanz von elektromotorischer Kraft und Widerstand nur insofern von Bedeutung ist, als sie eben auf die gewöhnlich
kurze Benutzungsdauer keine beträchtliche Einbuße erleiden darf.
Elektrische Maschinen werden in Deutschland in Telegraphie und
Telephonie bisher nur zur Auslösung von Bewegungsmechanismen
oder zur Erzeugung einfacher akustischer oder optischer Signale verwendet. Die Transformatoren finden in der Telephonie in der Gestalt von Induktionsrollen eine ausgebreitete Verwendung.

A. Die galvanischen Elemente.

86. Die galvanischen Elemente lassen sich in 3 Hauptgruppen
einteilen: Die galvani-
schen Elemente.

    1. in Elemente mit e i n e r Flüssigkeit;

    2. in Elemente mit mehreren Flüssigkeiten;

    3. in sog. regenerierbare Elemente oder Accumulatoren.

Bei allen praktisch in ausgedehnterem Maße verwendeten
Elementen der ersten und zweiten Gruppe ist als positives Metall
das Zink, das in unserer Reihe in 41 obenan steht, angewendet,
dem Kupfer, Kohle oder Platin als zweites Metall gegenübersteht.
In den Elementen der dritten Gruppe finden Blei, Zink und Kupfer
bislang die meiste Anwendung.

87. Bevor auf die genaue Beschreibung der gebräuchlichsten Allgemeines.
Elementkonstruktionen eingegangen werden kann, ist es nötig, die
in 41—52 gegebenen allgemeinen Sätze weiter auszuführen und
die Forderungen festzulegen, welche die Praxis an die galvanischen
Elemente im allgemeinen stellen muß. Betrachten wir die Vorgänge, welche in einem Element aus Zink-Kupfer und mit Schwefelsäure angesäuertem Wasser eintreten, wenn die Pole durch ein
Galvanometer von kleinem Widerstande verbunden werden. Das
Galvanometer zeigt einen Strom an, dessen Stärke rasch abnimmt.
Diese Abnahme entspringt zwei Ursachen: erstens einer Abnahme
der elektromotorischen Kraft, zweitens einer Zunahme des Widerstandes des Elements. Die Abnahme der elektromotorischen Kraft
rührt daher, daß unter der Wirkung des Stroms der Sauerstoff der
Schwefelsäure sich mit dem Zink verbindet, und so der Gehalt der
Lösung an Schwefelsäure und damit der Angriff auf das Zink abnimmt,
anderseits am Kupfer gasförmiger Wasserstoff auftritt, dessen Berührung mit dem Kupfer einerseits und der Lösung anderseits zu einer
elektromotorischen Kraft Veranlassung gibt. welche der elektromotorischen Kraft des Elements entgegenwirkt und sich von dieser
abzieht. Die Zunahme des Widerstandes rührt hauptsächlich davon

her, dafs der am Kupfer auftretende gasförmige, schlechtleitende Wasserstoff die Berührungsfläche zwischen Flüssigkeit und Kupfer verkleinert. Man bezeichnet die mit dem Auftreten des Wasserstoffs am Kupfer verbundenen Ursachen der Stromabnahme mit dem zusammenfassenden Namen der Polarisation.

Polarisation.

88. Da der stromschwächende Einflufs der Polarisation viel rascher wächst, als jener der Abnahme des Säuregehalts der Lösung, so sind die Mittel, welche die Beseitigung der Polarisation bezwecken, für die Konstruktion der galvanischen Elemente in erster Linie von Wichtigkeit. Diese Mittel sind teils mechanischer, teils chemischer Art. Hebt man die polarisierte Kupferelektrode unseres Elements aus der Flüssigkeit in die atmosphärische Luft und senkt sie nach kurzem wieder ein, so zeigt das Galvanometer die ursprüngliche Stromstärke. Die Gasblasen am Kupfer wurden durch das Herausheben beseitigt. Jede Bewegung der Flüssigkeit oder der Kupferelektrode begünstigt das Aufsteigen der Wasserstoffblasen und vermindert so die Wirkung der Polarisation.

89. Bei den in der Praxis verwendeten Elementen kommt nur die Beseitigung der Polarisation durch chemische Mittel in Betracht. Diese beruhen alle darauf, dafs der an der Kupferelektrode auftretende Wasserstoff im Augenblicke der Entwickelung mit einem Bestandteil der Lösung zu einer löslichen Verbindung zusammentritt. In der weitaus überwiegenden Anzahl von Elementen ist· es der Sauerstoff, welcher sich mit dem Wasserstoff an der negativen Elektrode zu Wasser verbindet. Bei der lebhaften oxydierenden Einwirkung, welche entstehender Wasserstoff ausübt, genügt es meist, die negative Elektrode mit sauerstoffreichen Verbindungen zu umgeben; die Wirkung des entstehenden Wasserstoffs reicht sogar hin, aus Metallsalzlösungen das Metall abzuscheiden und den Wasserstoff an dessen Stelle zu setzen.

90. Die zur Verhinderung der Polarisation verwendeten Sauerstoffverbindungen sind entweder flüssige, in Wasser lösliche, oder feste, in Wasser unlösliche Körper. Die ersteren sind Säuren oder Metallsalze, die letzteren Metalloxyde oder Superoxyde.

91. Da sowohl Säuren als Metallsalzlösungen in Berührung mit Zink das letztere angreifen, ist es bei Verwendung dieser Depolarisatoren nötig, das Andringen derselben zum Zink zu verhindern. Es entstehen so die Elemente mit zwei Flüssigkeiten, während die Metalloxyde und Superoxyde meist in Verbindung mit einer Flüssigkeit verwendet werden.

Das Leclanché-Element.

92. Das praktisch wichtigste Element dieser letzteren Gruppe ist das Leclanché-Element. Im Leclanché-Element stehen sich

Zink und Kohle in einer Salmiaklösung ($NH_4\,Cl + H_2O$) gegenüber.
Als depolarisierender Körper ist an der Kohle Braunstein (Mangan-
superoxyd $Mn\,O_2$) verwendet.   Die gegenwärtig in Bayern übliche
Form des Leclanché-Elements ist die in Fig. 4 dargestellte.   In einem

viereckigen Glasgefäſse
von 9 cm Höhe und 14 cm
Breite stehen die durch
zwei Gummibänder zu-
sammengehaltenen festen
Teile.   Ein cylindrischer
Zinkstab von 1 cm Durch-
messer und 15 cm Länge
wird durch einen Por-
zellanstab von der zweiten
Elektrode entfernt ge-
halten.   Letztere besteht
aus einer Kohlenplatte,
an welche beiderseits zwei
kürzere Platten aus einem
Gemisch von 40 Teilen
Braunstein(Mangansuper-

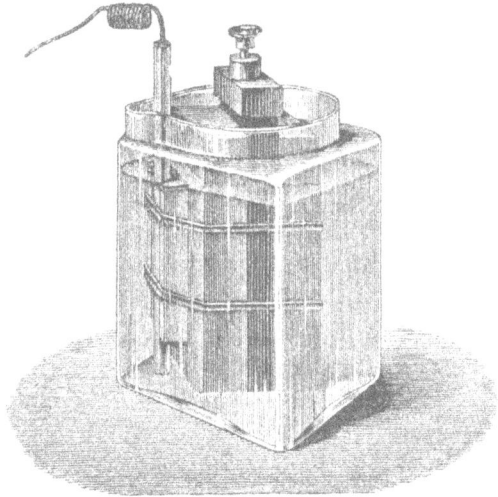

Fig. 4.

oxyd), 55 Teilen Kohle und 5 Teilen Gummi durch die Gummiringe angepreſst werden.   Diese Bestandteile werden bei einer Temperatur von 100° C. unter einem Druck von 300 Atmosphären zu
Platten geformt.   Die Salmiaklösung (50 g) füllt das Glas ungefähr
bis zu zwei Drittel.   Die elektromotorische Kraft eines so zusammen-
gestellten Elements beträgt im Anfang 1,48 Volt, der Widerstand 1,1 Ohm.   Neben hoher elektromotorischer Kraft und geringem Widerstand bei mäſsigen Dimensionen sind die folgenden
Eigenschaften für die praktische Verwendung des Elements von
Wichtigkeit.   Das Zink wird von der Salmiaklösung nur wenig an-
gegriffen, so lange das Element keinen Strom zu erzeugen hat.
Das Element entwickelt weder in Ruhe noch in Thätigkeit schäd-
liche Dämpfe, die Flüssigkeit gefriert auch bei starker Kälte nicht.
Es bedarf bei entsprechender Anwendung auf längere Zeit nach
dem Ansetzen keiner Nachsicht.   Für das Verständnis der Wirkungsweise und der Regeln für die Unterhaltung des Elements ist es
nötig, die Anordnung der verschiedenen Teile im einzelnen zu erörtern.   Damit der Angriff des Zinks während der Ruhe des Elements möglichst klein ausfalle, muſs der verwendete Salmiak so rein
als möglich sein und darf namentlich keine Metallsalze enthalten,
da dieselben mit dem Zink und der Salmiaklösung ein geschlossenes

Element bilden und einen nutzlosen Verbrauch von Zink und
Salmiaklösung verursachen würden. Aus gleichem Grunde müfste
man chemisch reines Zink zur Herstellung der Zinkstäbe verwenden.
Es genügt jedoch, die Zinkstäbe zu amalgamieren, um sie vor dem
Angriff durch die in galvanischen Elementen am Zinkpol verwendeten
Flüssigkeiten zu schützen. Die Salmiaklösung mufs gesättigt sein,
da sich durch die Stromerzeugung im Elemente Salze bilden, welche
sich leichter in einer gesättigten Lösung als in einer verdünnten
lösen, in letzterer an den Zinkstab ansetzen und damit den Widerstand des Elements vermehren würden. Anderseits mufs man sich
aber auch vor einem Überschufs an Salmiak hüten, da letzterer
leicht am Zink auskrystallisieren und in gleicher Weise den Widerstand des Elements erhöhen würde. Die Amalgamierung des Zinkstabs trägt auch dazu bei, das Anschiefsen von Krystallen am Stab
zu verhindern. Zu gleichem Zweck wird der Zinkstab an seinem
oberen Ende mit einem Farbanstrich versehen, und das Glas an
seinem Rande auf 1—2 cm mit Paraffin überzogen. Die Dauer des
Elements hängt bei geeigneter Behandlung hauptsächlich von der
Stärke der Beanspruchung ab. Weder der Zinkstab noch die Braunsteinplatten können, wie leicht einzusehen ist, vollständig ausgenutzt
werden. Die Zinkreste behalten den Wert alten Metalls, die erschöpften
Braunsteinplatten sind wertlos. Die Kohlenplatte, welche keine
chemische Veränderung erleidet, wird nach längerem Gebrauche in
Wasser ausgelaugt und ist hierauf wieder verwendbar. Das Element
wird am besten in einem kühlen, nicht zu trockenen Raum, in
welchem die Verdunstung der Flüssigkeit nicht zu rasch vor sich
geht, aufgestellt und soviel als möglich vor Erschütterungen und
Platzwechseln bewahrt. Die chemischen Vorgänge, welche sich im
Leclanché-Element bei der Stromerzeugung abspielen, sind noch
nicht genau bekannt. Nach Leclanchés eigener Angabe wäre der
Gang im wesentlichen folgender: Das Zink verbindet sich mit dem
Chlor des Salmiak zu löslichem Chlorzink, der Wasserstoff des
Salmiaks, welcher bei der Strombildung an der Kohle ausgeschieden
wird, verbindet sich mit dem Sauerstoff des Braunsteins zu Wasser,
in dem letzterer zu Mangansesquioxyd reduciert wird. Aus der
Zersetzung des Salmiaks wird aufserdem Ammoniakgas frei. Bei
der Verwendungsart des Leclanché-Elements geht jedoch die Entwickelung von Ammoniak so langsam und in so geringen Mengen
vor sich, dafs das Austreten des Gases in die umgebende Luft kaum
wahrnehmbar ist. Die chemischen Vorgänge, wie sie eben beschrieben wurden, sind jedoch nicht die einzigen, welche bei der
Stromerzeugung im Leclanché-Element auftreten. Es würde jedoch

zu weit führen, hier näher darauf einzugehen, und es möge nur noch die den einfachen Vorgang versinnlichende Formel hier folgen:

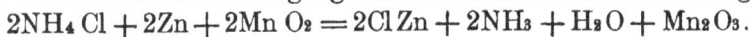

$$2NH_4Cl + 2Zn + 2MnO_2 = 2ClZn + 2NH_3 + H_2O + Mn_2O_3.$$

Das Leclanché-Element findet eine ausgedehnte Verwendung zum Betrieb von Haustelegraphen, Telegraphenlinien und in der Telephonie zum Betriebe der Läutwerke und der Mikrophone.

93. **Das Daniell-Element.** Wir wenden uns nun zu jenem Element, welches den Ausgang der Konstruktionen gebildet hat, in welchen die Polarisation der negativen Elektrode durch Verwendung von Metallsalzlösungen verhindert ist. Die außerordentliche Verbreitung, welche Abarten dieses Elements in der Telegraphie gefunden haben, und die Wichtigkeit, welche der Zusammenhang der Erscheinungen für Unterhaltung und Kosten des Telegraphenbetriebs hat, erfordern eine eingehende Beschreibung zunächst der vervollkommneten Form, wie sie für die Zwecke des Laboratoriums häufig verwendet wird, dann der wichtigsten Konstruktionen, die im Telegraphenbetriebe Anwendung gefunden haben. In einem cylindrischen Glasgefäße (Fig. 5) befindet sich ein aufgeschlitzter Zinkcylinder Z, in dessen Inneres ein cylindrisches, unten mit Boden versehenes, oben offenes Gefäß aus unglasiertem Porzellan C eingesetzt ist. In letzterem ist die Kupferelektrode untergebracht. Das Zink taucht in mit Schwefelsäure angesäuertes Wasser, das Kupfer in eine gesättigte Lösung von Kupfervitriol ($CuSO_4 + 5H_2O$). Die beiden Flüssigkeiten am Zink

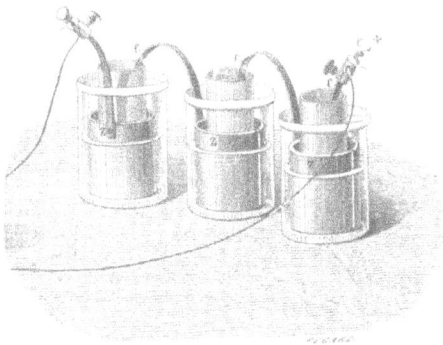

Fig. 5.

und am Kupfer stehen durch die Poren des Porzellangefäßes miteinander in Verbindung. Werden die Pole des Elements miteinander verbunden, so bildet die Schwefelsäure das Zinkvitriol ($ZnSO_4$), welches sich in dem umgebenden Wasser löst. Die zwei Atome Wasserstoff, welche hierdurch am Kupfer auftreten mußten, verdrängen unter Bildung von Schwefelsäure aus dem am Kupfer anliegenden Kupfervitriol ein Atom Kupfer, welches sich an der Kupferelektrode absetzt. Letztere wird demnach durch die Wirkung des Stroms nicht nur nicht polarisiert, sondern durch die Ablagerung chemisch reinen Kupfers verbessert. Es ergibt sich hieraus, daß der beschriebene Vorgang so lange andauern kann, als metallisches Zink und Kupfervitriol im Elemente vorhanden sind.

Da durch die Strombildung keine neuen elektromotorischen Kräfte
auftreten, so bleibt die elektromotorische Kraft des Elements, so
lange es wirkungsfähig ist, konstant und schwankt je nach den verwendeten Materialien zwischen 0,993 und 1,097 Volt. Während
nun die elektromotorische Kraft nur wenig von der Temperatur und
den durch die Strombildung bedingten Änderungen in der Konzentration der die beiden Elektroden umgebenden Salzlösungen be-
einflußt wird, unterliegt der Widerstand des Elements durch diese
Änderungen fortwährenden Schwankungen. Der Widerstand der
Lösung am Zink nimmt mit fortschreitender Bildung von Zinkvitriol
bis zu einem gewissen Konzentrationsgrade ab, dann wieder zu,
dagegen nimmt der Widerstand der Kupfervitriollösung mit der
Verdünnung zu. Bezüglich der für die Zusammenstellung des Elements zu verwendenden Materialien ist folgendes zu bemerken.
Das Zink soll möglichst wenig fremde Einmischungen enthalten —
die Verwendung chemisch reinen Zinks ist infolge des hohen Preises
desselben ausgeschlossen — und in gewalzter Form verwendet
werden, da der Guß immer Hohlräume im Innern entstehen läßt,
welche eine zu rasche Zersetzung begünstigen. In gleicher Weise
müssen Kupfervitriol und Kupferpol möglichst rein verwendet
werden. Namentlich darf das Kupfervitriol keine Beimengung von
anderen Metallsalzen, insbesondere von Eisenvitriol aufweisen. Sehr
wichtig für die Dauer der Wirksamkeit des Elements ist die Güte
der Thonzelle. Die Porosität derselben muß einerseits der Bedingung entsprechen, daß die Kupfervitriollösung nicht zu rasch zur
äußeren Flüssigkeit und so zum Zink durchdringt, anderseits daß
der Widerstand des Elements durch die Zwischenstellung der Zelle
nicht zu groß wird. Enthält ferner der Thon der Zelle metallische
Einsprengungen, so lagert sich in den Poren und an der Innenfläche
Kupfer aus der Lösung ab, wodurch zwar zunächst der Widerstand
des Elements vermindert, bei fortschreitender Ablagerung jedoch die
Cirkulation der Flüssigkeiten unmöglich gemacht, und die Haltbarkeit
der Zelle herabgesetzt wird. Auch bei den besten Thonzellen dringt
jedoch ein Teil der Kupfervitriollösung zum Zink durch, wo sie,
ohne zur Strombildung beizutragen, sich unter Ablagerung metallischen Kupfers auf dem Zink in Zinkvitriol umwandelt. Diese
Umwandlung findet um so energischer statt, und der nutzlose Verbrauch an Kupfervitriol ist demnach um so größer, je konzentrierter
die Kupfervitriollösung ist, wenn sie mit dem Zink in Berührung
tritt. Da bei der Benutzung des Elements der Strom dem Übergang
des Kupfervitriols aus der Zelle zum Zink entgegenwirkt, so ist der

Kupfervitriolverbrauch fast ebenso grofs, wenn das Element in Ruhe ist, als wenn es zur Stromerzeugung verwendet wird.

94. Bei allen in der Praxis häufiger angewendeten Abänderungen des Daniell-Elements ist die Thonzelle unterdrückt. Die Trennung der Flüssigkeiten ist lediglich durch den Gewichtsunterschied derselben bewirkt. Die leichtere Zinkvitriollösung ruht auf der schwereren Kupfervitriollösung. Zu dem Vorteil, dafs man hierdurch der für eine gröfsere Anzahl von Elementen sehr mifslichen Unterhaltung der Thonzellen überhoben ist, kommt der weitere, dafs der Übergang von Kupfervitriol zum Zink und somit der für die Strombildung nutzlose Kupfervitriolverbrauch geringer wird, ein Vorzug, welcher bei den Elementen ohne Zellen in verschiedenen Konstruktionen durch mehr oder minder wirksame Mittel die Diffusion zu verhindern, noch erhöht ist.

95. Man pflegt die in Deutschland üblichen Formen des Daniell-Elements ohne Thonzellen mit dem Namen Meidinger-Elemente zusammenzufassen. Das in Bayern übliche Modell besteht aus einem 17 cm hohen cylindrischen Glase mit 9,5 cm innerem Durchmesser. In den Rand des Glases ist ein Zinkcylinder von 7 cm innerem und 8,5 cm äufserem Durchmesser und 6 cm Höhe vermittelst dreier am Cylinder angegossener Zinkpratzen eingehängt. Innerhalb des Zinkcylinders reicht ein mit Guttapercha umprefster Kupferdraht, dessen Ende an ein mit zwei aufgebogenen Enden versehenes Kupferblech angelötet ist, bis zum Boden des Glases. Das Kupferblech steht auf dem Boden auf. Die Guttapercha, welche den Kupferdraht umgibt, hat den Zweck, dessen Zersetzung an der Übergangsstelle zwischen Kupfervitriol- und Zinkvitriollösung zu verhindern. *(Randnotiz: Meidinger-Element.)*

96. Für das Ansetzen und die Unterhaltung der Elemente gelten folgende Regeln *). Nachdem der Zinkcylinder eingehängt, wird das Glas bis auf 1 cm unter den oberen Rand des Zinkcylinders mit Wasser oder besser mit einer Mischung aus 9 Teilen Wasser und 1 Teil konzentrierter Zinkvitriollösung, die man in allen Fällen, wo es sich nur um ein Umfüllen bereits abgenutzter Elemente handelt, zur Verfügung hat, gefüllt. Beim Zurichten dieser Mischung trübt sich das Wasser infolge seines Gehaltes an kohlensaurem Kalk, welcher zur Bildung von kohlensaurem Zink und schwefelsaurem Kalk Veranlassung gibt. Letzterer, eine in Wasser unlösliche Verbindung, gibt dem Wasser eine milchartige Färbung und sinkt nach einiger Zeit zu Boden des Gefäfses. Die ganze Erscheinung *(Randnotiz: Ansetzen und Unterhaltung der Meidinger-Elemente.)*

---

*) Siehe amtliche Anweisung zur Zusammensetzung und Unterhaltung der Meidinger-Batterie vom Oktober 1886.

stört in keiner Weise die Wirksamkeit des Elements. Es wird
nun vermittelst einer Pipette konzentrierte Lösung von Kupfervitriol so lange auf dem Boden des Gefäfses ausgebreitet, bis das
Niveau der Flüssigkeit einen halben Centimeter über den oberen
Zinkrand gestiegen ist. Stehen weder Zinkvitriollösung noch eine
Pipette zur Verfügung, so verfährt man beim Ansetzen neuer Elemente einfach so: Man gibt in das Glas 60—70 g Kupfervitriol-
krystalle, füllt dasselbe mit Wasser und verbindet die beiden Pole
des Elements. Die im Wasser vorhandenen geringen Mengen Säure
bewirken zunächst durch die entstehende Stromentwickelung die
Bildung von Zinkvitriol am Zinkpol, welches in Lösung gehend den
anfangs unbrauchbar hohen Widerstand der Flüssigkeit vermindert.
Es genügt meist, das Element 24 Stunden in kurzem Schlufs zu
halten, um dessen Widerstand auf seinen normalen Wert herunter-
zubringen. Da die Trennung der Flüssigkeiten in diesen Elementen
lediglich durch die Wirkung der Schwere aufrecht erhalten wird,
ist es für die Praxis in erster Linie von Wichtigkeit, die Elemente
vor jeder Erschütterung zu bewahren. Als Aufstellungsort mufs ein
kühler, nicht zu trockner Raum gewählt werden, in welchem jedoch
die Temperatur nie unter den Gefrierpunkt sinken darf. Stehen
nur Bureauräumlichkeiten für die Batterie zur Verfügung, so erfordert
die raschere Verdunstung der Flüssigkeit in den Elementen eine
häufigere Ergänzung derselben, da die Strombildung und Verdunstung die Zinkvitriollösung allzusehr konzentrieren, den Widerstand des Elements erhöhen, die Übereinanderlagerung der Flüssigkeiten bei dem hohen Gewicht konzentrierter Zinkvitriollösung
stören und endlich das Auskrystallisieren von Zinkvitriol am Glas
und an den Elektroden veranlassen würden. Sinkt daher der Stand
der Flüssigkeit im Glasgefäfs, so mufs durch behutsames Zugiefsen
von Wasser diesen Folgen der Flüssigkeitsabnahme entgegengewirkt
werden. Jede Erschütterung hat übrigens aufser der Störung des
Gleichgewichts in der Lagerung der Flüssigkeiten die Folge, dafs
über das Niveau der Zinkvitriollösung hervorragende Teile der
Elektroden und des Glasgefäfses von letzterer benetzt werden. Indem
die Flüssigkeit an diesen benetzten Stellen eintrocknet, treten an
denselben Zinkvitriolkrystalle auf, welche durch ihre Kapilaritäts-
wirkung neue Flüssigkeit aus dem Gefäfse in die Höhe ziehen,
welche verdunstend zur vermehrten Ausscheidung von Zinkvitriolkrystallen Veranlassung gibt. Man sucht dem Emporsteigen von
Zinkvitriolkrystallen dadurch zu steuern, dafs man den Rand des
Glasgefäfses auf 1—1,5 cm und die aus der Flüssigkeit hervorragenden Teile des Zinkcylinders mit einem Anstrich — Gummi-

arabicum für das Glas, Ölfarbe für den Zinkcylinder, häufig auch schwarze Farbe für beide — versieht. Nach einer bestimmten Gebrauchsdauer (6—10 Monate) tritt jedoch selbstverständlich ein Punkt ein, wo, trotzdem das Element keinerlei Erschütterung erlitten hat und die Flüssigkeit in normaler Höhe im Glasgefäfse steht, eine Ausscheidung von Zinkvitriolkrystallen infolge der zunehmenden Konzentration der Lösung stattfindet. Es mufs in diesem Falle ein Teil der Zinkvitriollösung vorsichtig abgezogen und durch Wasser ersetzt werden

97. Wir haben gesehen, dafs auch bei den Elementen ohne Thonzelle ein Übergang von Kupfervitriollösung zum Zink und somit ein für die Strombildung nutzloser Verbrauch an Kupfervitriol nicht ganz vermieden werden kann. Alle Mittel, diesen Verbrauch zu verringern, sind für die Verwendbarkeit dieser Elemente von höchster Wichtigkeit, da dieser wertlose Verbrauch an Kupfervitriol einer der bedeutendsten Faktoren in den Unterhaltungskosten bildet. Das wirksamste dieser Mittel besteht in der sorgfältigen Unterhaltung der Elemente, hier in der richtigen Zufuhr des Kupfervitriols. Da elektromotorische Kraft und Widerstand des Elements nicht wesentlich von dem Konzentrationsgrad der Kupfervitriollösung abhängen, so empfiehlt es sich, die Lösung so verdünnt als möglich zu halten und Kupfervitriol nur eben in dem Mafse nachzuführen, als dies durch die vom Elemente verlangte Stromentwickelung bedingt ist. In je kürzeren Zwischenräumen und in je geringeren Mengen man daher des Element mit Kupfervitriol beschickt, um so geringer wird der nutzlose Verbrauch an solchem durch Diffusion zum Zink ausfallen. Ein Element, das in einer Ruhestrombatterie für Telegraphenbetrieb unter der Wirkung eines Stroms von 0,02 Ampère ständig arbeitet, setzt im Tage $0,02 . 24 . 60 . 60 . 0,3281 = 566,957$ mg oder etwa $^3/_5$ g Kupfer an der Kupferelektrode ab. Die zur Strombildung nötige Menge Kupfervitriol ist daher:

$$\frac{25,4}{100} . x = 566,957 \qquad x = \frac{566,957 . 100}{25,4} = 2232,2 \text{ mg.}$$

Man sieht hieraus, dafs es genügt, alle acht Tage ein Stückchen Kupfervitriol von der Gröfse einer Walnufs in jedes Element einzulegen. Es versteht sich, dafs dies mit solcher Vorsicht geschehen mufs, dafs die Flüssigkeiten so wenig als möglich aufgerüttelt werden.

In der Praxis wird für den Betrieb der Arbeitsstromleitungen auf je 70 Ohm des gesamten Widerstandes, welcher vom Strom durchflossen wird, mindestens 1 Element genommen, wobei die im

Stromkreis befindlichen Apparatsätze mit je 600 Ohm in Rechnung gestellt werden.

Die Ruhestromleitungen erhalten für je 5 km Leitungslänge 1 Element und für jeden Apparatensatz 9 Elemente.

Die Meidinger-Elemente im Reichstelegraphengebiete und in Würtemberg. 98. Die in dem Reichstelegraphengebiet und in Württemberg verwendeten Elemente unterscheiden sich von dem eben beschriebenen der bayerischen Telegraphenverwaltung im wesentlichen nur in der Anordnung der positiven Elektrode. Der Zinkcylinder der württembergischen Form ruht auf dem Rand des 8 cm hohen und 8,5 cm weiten Glases. Auf dem Boden des Glases ist ein 16 cm langer und 5 cm breiter Bleistreifen gelegt, dessen Enden rechtwinkelig so umgebogen sind, dafs dieselben mindestens etwa 2,5 cm vom untern Rande des Zinkcylinders abstehen. Statt des Kupferwinkels ist in dem Reichstelegraphengebiet eine Bleiplatte angewendet, welche nach kurzem Gebrauch sich mit Kupfer überzieht, so dafs hierdurch an der ursprünglichen Zusammenstellung der elektromotorisch wirksamen Metalle keine Änderung geschaffen ist. Dagegen zeigt die Bleiplatte in Verbindung mit einem kräftigen Rohr, welches zur Verbindungsklemme führt, gegenüber dem Kupferwinkel eine erhöhte Standfestigkeit.

Kohlfürst-Element. 99. Ein durch aufserordentlich geringen Kupfervitriolverbrauch sich auszeichnendes Element wurde von Kohlfürst konstruiert und hat im Eisenbahnbetriebsdienst in Österreich weitere Verbreitung gefunden. Es dürfte als die beste gegenwärtige Form des Daniell-Elements ohne Thonzelle für die Bedürfnisse der Telegraphie zu betrachten sein. Auch in diesem Element ist es die Wirkung der Schwere, welche die beiden Flüssigkeiten getrennt hält. Um jedoch

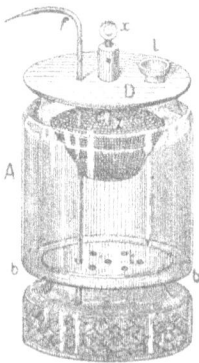

Fig. 6.

den Übertritt der Kupfervitriollösung zum Zink soviel als möglich zu hindern, ist an der Trennungsfläche der beiden Flüssigkeiten eine unglasierte Thonscheibe eingelegt (Fig. 6). Letztere ruht auf einer Einschnürung b des cylindrischen Glasgefäfses A und ist zur Verminderung des Widerstandes mit kleinen Löchern durchsetzt. Eine Bleispirale, welche sich am Boden ausbreitet, bildet das negative Metall. An diese ist ein mit Guttapercha umprefster Kupferdraht f angelötet, welcher durch die Flüssigkeiten und den Deckel D führt und den positiven Pol des Elements bildet. Um die Abnutzung des Zinks so gleichmäfsig als möglich zu gestalten und damit die Menge des Abfallmetalls möglichst zu verringern, ist das Zink aus zwei mit der Basis aneinanderstofsenden

abgestumpften Kegeln gebildet, deren oberer die Polklemme trägt.
L ist eine Luftöffnung.

100. Es ist schließlich noch die allen Daniell-Elementen ‚ohne
Thonzellen gemeinsame Eigenschaft hervorzuheben, daß ihre elektro-
motorische Kraft anfangs etwas größer ist als die von Elementen mit
Thonzellen. Ferner ist zu erwähnen: da die um das Zink verwendete
Flüssigkeit meist eine Lösung von Zinkvitriol ist, welche das Zink
nicht angreift, wie die Schwefelsäure im Element der ursprünglichen
Zusammensetzung, ist es für die Elemente ohne Thonzelle vorteil-
hafter, das Zink nicht zu amalgamieren.

101. In den letzten Jahren ist für telegraphische und telepho- Trocken-
elemente
nische Zwecke der Gebrauch von sog. Trockenelementen sehr in
Aufnahme gekommen. Der Ausdruck Trockenelemente ist wenig zu-
treffend, da es kein galvanisches Element ohne Elektrolyten geben
kann. Die Salzlösung in den sog. Trockenelementen ist lediglich
ähnlich wie das Wasser in einem Schwamme an einen an der
Elektricitätserzeugung nicht beteiligten Körper gebunden und in
eine mehr oder minder konsistente gallertartige Masse übergeführt.
Die Trockenelemente des Handels gehören meist dem Leclanché-
Typus an und unterscheiden sich hauptsächlich durch die Mittel
zur Bindung der Salmiaklösung. Außerdem ist vielfach das Zink
gleichzeitig als Gefäß des ganzen Elements ausgebildet und in Form
cylindrischer oder rechteckiger Blechhülsen verwendet. Die Elemente
dieser Ausführung erheischen keinerlei Unterhaltung und können
bei mäßiger Beanspruchung mehrere Jahre im Gebrauch stehen.
Dagegen kann selbstverständlich ein bequemer Ersatz der abgenutzten
Teile nicht stattfinden.

102. Da die wirksamsten Elemente, welche aus den uns gegen- Schaltung der
Elemente und
Batterien
wärtig zu Gebote stehenden Materialien zusammengestellt werden
können, nur eine elektromotorische Kraft von wenig über 2 Volt
aufweisen, wird es in der Telegraphie und Telephonie häufig nötig,
um die zum Betriebe der Empfangsapparate erforderliche Stromstärke in der Leitung zu erzielen, die elektromotorische Kraft mehrerer Elemente zu vereinigen. Zu diesem Zwecke genügt es, wie
wir gesehen haben, den positiven Pol des einen Elements an den
negativen des nächsten Elements und so fort anzulegen, um eine
Batterie zu erhalten, deren elektromotorische Kraft nahezu die
Summe der elektromotorischen Kräfte der einzelnen Elemente ist.
Dies Mittel, die Stromstärke in einem gegebenen Stromkreise zu
erhöhen, ist selbstverständlich um so wirksamer, je größer der Widerstand des übrigen Teils des Stromkreises im Vergleich zum Widerstand
der Batterie ist. Ist letzterer groß im Vergleich zu dem Wider-

stand des übrigen Teils des Stromkreises, so nimmt die Stromstärke in letzteren bei Vermehrung der elektromotorischen Kraft
durch Hinzufügen neuer Elemente nur langsam zu. Handelt es sich
also darum, aus einer Anzahl von Elementen, welche hauptsächlich
mit Rücksicht auf die erstgenannte Verwendungsart gebaut sind, eine
Batterie zu bilden, welche in einem verhältnismäfsig geringen äufseren
Widerstand eine gegebene Stromstärke zu erzeugen hat, so müssen
die Elemente einzeln zu Gruppen zusammengefafst werden. Dadurch,
dafs man die sämtlichen positiven Pole einer Gruppe und ebenso
alle negativen Pole unter sich verbindet, wird die Gruppe gewissermafsen zu einem einzigen Element von der elektromotorischen Kraft
des einzelnen Elements. Der Widerstand desselben ist aber der
Anzahl der zur Gruppe vereinigten Einzelelemente entsprechend
verringert. Soll z. B. in einem Nutzwiderstand von 1 Ohm ein
Strom von 1 Ampère vermittelst Elementen, deren Widerstand
10 Ohm und deren elektromotorische Kraft 1 Volt beträgt, erzeugt
werden, so wäre dies durch einfaches Aneinanderfügen einer beliebig
grofsen Anzahl von Elementen überhaupt nicht möglich, da der
Bruch $\dfrac{1 \cdot x}{10 \cdot x + 1}$ niemals gleich 1 werden kann. Bildet man dagegen 2 Gruppen zu je 20 Elementen, so erhält man eine Batterie,
deren elektromotorische Kraft gleich 2 Volt, deren Widerstand
$= \dfrac{2 \cdot 10}{20} = 1$ Ohm beträgt, so dafs die Stromstärke im angenommenen Stromkreis $\dfrac{2}{1 + 1} = 1$ Ampère, wie verlangt, aufweist.

103. Es läfst sich beweisen, dafs man zum mindesten 40 Elemente
und in der angegebenen Weise zusammenstellen mufs, um unter
unseren Annahmen die verlangte Stromstärke zu erhalten. Hieraus
folgt die Regel: Man erhält in einem Stromkreise von gegebenem
Nutzwiderstand dann die gröfste Stromstärke mit der geringsten
Anzahl von Elementen, wenn man die Elemente so zur Batterie
gruppiert, dafs deren Widerstand gleich dem Nutzwiderstand wird.
Diese Bemerkungen über Batterieschaltungen mögen genügen, da
in der Telegraphie und Telephonie der Nutzwiderstand in den weitaus meisten Fällen den Batteriewiderstand derart übertrifft, dafs die
einfache Hintereinanderschaltung der Elemente die vorteilhafteste
Anordnung der Batterie bleibt.

Tabelle.   104. Zum Schlusse der Ausführungen über die galvanischen
Elemente möge noch eine kurze Zusammenstellung namentlich
neuerer Elemente mit Angabe der elektromotorischen Kraft und des
Widerstandes folgen. Der letztere Wert bezieht sich natürlich nur

auf die Abmessungen der Elemente, wie sie denselben von den Fabrikanten für den Handel gewöhnlich gegeben werden.

Name des Elements nach dem Erfinder	Zusammensetzung	Elektromotorische Kraft des offenen Elements in Volt	Widerstand in Ohm
Grove	amalgamiertes Zink in verd. Schwefelsäure, Platin in rauchender Salpetersäure	1,93	ca. 0,7
Leclanché . . .	amalgamiertes Zink in Salmiaklösung, Kohle und Braunstein	1,35	0,5—2
Bunsen . . .	amalgamiertes Zink in verdünnter Schwefelsäure, Kohle in rauchender Salpetersäure	1,88	0,24
Daniell	Zink in verdünnter Schwefelsäure, Thonzelle in Kupfervitriollösung	1,07	—
Meidinger . .	Zink in Zinkvitriol- od. Bittersalzlösung, Kupfer in Kupfervitriollösung	0,8—0,9	—
Niaudet . . .	Zink in 25%iger Kochsalzlösung, Kohle in Chlorkalk	1,63	5
De Lalande und Chaperon . .	Zink in Kalilauge, Eisen oder Kupfer mit Kupferoxyd bedeckt	1,0	0,03—1,2
Dun	Zink und Kohlencylinder, gefüllt mit Kohlenstücken und übermangansaurem Kali und Ätzkalilösung	1.8	0,09—0,12
Pollack . . .	Zink und grofse Kohlencylinder in Salmiaklösung	0,932	1,016
Accumulatoren	Blei, verdünnte Schwefelsäure, Bleisuperoxyd	2,0	

B. Die Accumulatoren.

105. Bringt man in ein mit Schwefelsäure angesäuertes Wasser enthaltendes Glasgefäfs zwei Bleiplatten, welche nach Art der Elektroden in einem galvanischen Elemente einander gegenüberstehen, und leitet durch diese Zusammenstellung einen elektrischen Strom, so wird an der mit dem positiven Pol der Stromquelle verbundenen Bleiplatte Sauerstoff, an der mit dem negativen Pol verbundenen Wasserstoff ausgeschieden. Der Sauerstoff oxydiert das Blei, der Wasserstoff tritt gasförmig an der andern Platte auf. Trennt man hierauf die Stromquelle von den Bleiplatten und verbindet letztere durch ein Galvanometer, so zeigt dies einen von der mit Wasserstoff beladenen zur oxydierten Bleiplatte gehenden, d. h. einen dem erst eingeleiteten

entgegengesetzten Strom. Der eingeleitete Strom hat somit die
ursprünglich elektromotorisch unwirksame Zusammenstellung in ein
galvanisches Element verwandelt Die elektromotorische Kraft desselben beträgt unmittelbar nach der Trennung von der ursprünglichen
Stromquelle etwas über 2 Volt und nimmt bei geöffnetem Stromkreise langsam, in kurzem Schlufs rasch ab. Die Gesamtmenge
an elektrischer Energie, welche das sekundäre Element abgeben
kann, ist in der beschriebenen Anordnung im Vergleich zu der
eingeleiteten elektrischen Energie gering, erreicht jedoch in den
vollkommeneren Formen der Sekundärelemente bis 80 % der von
der primären Elektricitätsquelle abgegebenen elektrischen Energie.
Man hat sich gewöhnt, den Strom, welcher die beiden Bleiplatten
elektromotorisch wirksam macht, den » Ladungsstrom « und den
sekundären Strom den » Entladungsstrom «, das Element selbst » Accumulator « zu nennen.

106. Um die Herstellungsdauer des Accumulators abzukürzen,
werden die Bleiplatten in den in der Praxis verwendeten Modellen
des Sekundärelements mit Bleioxyd bedeckt, einem pulverförmigen
Körper, welcher durch den Ladungsstrom in Bleisuperoxyd und
anderseits ¦in Blei umgewandelt wird Um das Bleioxyd an den
Platten festzuhalten,. werden verschiedene Mittel angewendet. In
dem vielverbreiteten Faure - Sellon - Volckmar - Accumulator bestehen
die bez. Platten aus Bleigittern, deren Zwischenräume mit Bleioxyd
gefüllt werden. Die Füllung wird in die Hohlräume der Platte ein-
geprefst. Bei der Ladung werden die Platten der Stromwirkung
so lange ausgesetzt, bis sich an der einen Platte die gesamte Menge
Bleioxyd in Bleisuperoxyd, an der andern in metallisches Blei umgewandelt hat.

Accumulatoren
in der Tele-
graphie

107. Erst in jüngster Zeit hat die Reichs-Telegraphenverwaltung
von den Accumulatoren für telegraphische Zwecke, zuerst im Haupt-
Telegraphenamt in Berlin, ausgedehnteren Gebrauch gemacht. Diese
Accumulatoren unterscheiden sich von den in der Beleuchtungs-
technik üblichen Formen im wesentlichen nur durch die Gröfse.
Ein Modell des Reichspostamts besteht aus einem Standglas von
rechteckigem Querschnitt, 21 cm Höhe, 13 cm Breite und 4,5 cm
lichter Weite. Das Glas ist durch einen aus Harzmasse geformten
Deckel abgeschlossen. An einem innen am Deckel angebrachten
Ansatz sind die zwei negativen Platten befestigt. Die Platten greifen
mit Fortsätzen durch den Deckel, welche vereinigt den einen Pol
bilden. Zwischen den erwähnten Platten hängt die positive, welche
durch den Deckelansatz ebenfalls über den Glasabschlufs hinaus-
reicht und die Verbindung zu anderen Elementen ermöglicht.

Die Platten sind 9 cm breit, 15,3 cm hoch, 4 mm stark. Der Abstand der Platten beträgt 11 mm unter sich, 20 mm vom Boden des Gefäfses. Die Ladung geschieht entweder durch den Strom öffentlicher Elektricitätswerke oder durch Kupfervitriolelemente.

Der Anwendung der Accumulatoren in Telegraphie und Telephonie steht eine grofse Zukunft bevor.

108. Ohne weiter auf Einzelheiten der Konstruktion und Verwendung von Accumulatoren einzugehen, wollen wir hier nur noch einige allgemeine Bemerkungen über die Dauer der Verwendbarkeit der galvanischen Elemente anfügen, welche durch den Anschlufs an die Betrachtung der Wirkungsweise der Accumulatoren vielleicht die Behandlung der chemisch wirkenden Stromquellen vorteilhaft abschliefsen können. Jedes galvanische Element ist eine Arbeitsmaschine, in welcher die Elektricität der bewegliche, z. B. dem Dampf einer Dampfmaschine entsprechende Teil, die chemische Wirkung, ähnlich der Wärmewirkung des Feuerungsmaterials der Dampfmaschine, die Ursache der Bewegung ist, die Gröfse der Bewegung selbst durch die bewegte Masse — Elektricität, Dampf — und die Druckdifferenz, welche zwischen den Enden der Bahn des beweglichen Teils besteht, dargestellt wird. Die Arbeit, welche ein galvanisches Element leisten kann, hängt daher einmal davon ab, welche elektrische Differenz die verwendeten Materialien an den Enden zu erzeugen vermögen (Wärmemenge, welche die Gewichtseinheit Feuerungsmaterial abgeben kann), dann von der Menge (Anzahl der Gewichtseinheiten Feuerungsmaterial) jener Materialien, welche durch die Stromerzeugung eine Herabsetzung ihrer Fähigkeit, Energie abzugeben, erfahren. Wie in dem Feuerungsmaterial der Dampfmaschine geschieht in den galvanischen Elementen diese Herabsetzung meist durch Oxydation. Wie in der Dampfmaschine nach jedem Kolbenhub die Spannung sinkt und zur Wiederherstellung der ursprünglichen Spannung eine bestimmte Wärmemenge vom Feuerungsmaterial zum Kesselwasser übertreten mufs, so erfordert das galvanische Element für jede Einheit der Elektricitätsmenge, welche einen Querschnitt des Stromkreises passiert, das Antreten einer Einheit Sauerstoff zum Zink.

C. Die elektrischen Maschinen und Thermoelemente.

109. Die zum Telegraphen- und Telephonbetriebe verwendeten elektrischen Maschinen beruhen auf der in 29 aufgeführten Thatsache, dafs ein elektrischer Strom in einem Leiter jedesmal dann auftritt, wenn sich derselbe in einem magnetischen Felde so bewegt, dafs

Die elektrischen Maschinen und Thermoelemente.

der Leiter die Kraftlinien des Feldes schneidet. Ein ⊐ förmig
gebogenes Drahtstück R sei auf einer in der Papierebene
stehenden und die gemeinsame Achse M und M' inmitten des
Zwischenraums zwischen den. Polen N und S schneidenden Achse
befestigt. Liegt die Ebene des drehbaren Drahtstücks horizontal,
so befinden sich sämtliche Punkte desselben an der Stelle geringster
Intensität des magnetischen Feldes, die sie einnehmen können.
Wird nun die Achse gedreht, so daſs sich das obere Drahtstück
dem Nordpol, das untere dem Südpol nähert, so entsteht in dem
Drahtrechteck ein Strom von der durch die Pfeile angedeuteten
Richtung. Dieser Strom nimmt bei gleichbleibender Drehgeschwindigkeit an Stärke zu, bis die Ebene des Drahtrahmens vertikal steht,
dann wieder ab und verschwindet, wenn diese Ebene wieder in die
horizontale Lage zurückgekehrt ist. Wird der Drahtrahmen in
gleichem Sinne weitergedreht, so entsteht gleicherweise ein Strom,
dessen Richtung jedoch die entgegengesetzte des durch die erste
halbe Umdrehung erzeugten Stroms ist. Bei jeder ganzen Umdrehung des Rahmens werden daher zwei einander entgegengesetzte
Stromstöſse erzeugt, deren Stärke von der Intensität des magnetischen
Feldes, der Drehgeschwindigkeit und dem Widerstande des bewegten
Drahtrahmens abhängt.

Nach dem in Fig. 7 dargestellten Schema sind die zum Betriebe von Klingelwerken in der Telephonie häufig verwendeten
Magnetinduktoren, sowie die im
Eisenbahnbetriebsdienst noch in
ausgedehntem Gebrauche stehenden Induktoren für den Betrieb
der Siemensschen Magnetzeiger-
telegraphen gebaut. Das magnetische Feld wird in diesen Apparaten durch eine gröſsere oder
kleinere Anzahl von Hufeisenmagneten m, wie Fig. 8 zeigt, gebildet.

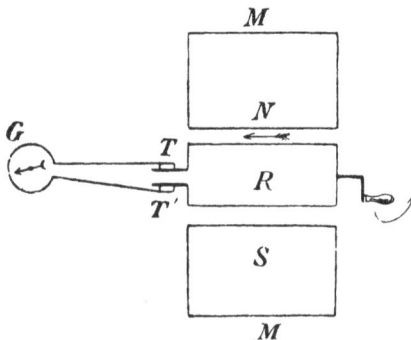

Fig. 7.

Die Drehachse des inducierten
Drahtrahmens ist bei den Induktoren für Klingelwerke meist horizontal,
bei den Siemensschen Zeigertelegrapheninduktoren vertikal angeordnet.
Der Anker dieser Maschinen — der Drahtrahmen unseres Schemas —
ist aus einem Eisencylinder J gebildet, in welchem der Achse des Cylinders parallel zwei Rinnen eingearbeitet sind, welche den zu inducierenden Draht aufzunehmen haben. Dieser bildet eine Rolle, deren Enden
mit den Enden des Nutzwiderstandes verbunden sind. Aufser zu

den angegebenen Zwecken werden Siemenssche Magnetinduktoren in Bayern zum Auslösen der Läutewerke in dem für den Eisenbahnbetriebsdienst in ausgedehntem Gebrauche stehenden Signalsystem Frischen verwendet. In den Maschinen dieser Anwendung ist jedoch die einfache unveränderliche Verbindung der Enden des Ankerdrahts mit dem äußeren Schließungsbogen, durch welche bei jeder halben Umdrehung des Ankers der Strom seine Richtung ändert, durch eine Einrichtung ersetzt, vermittelst welcher nach jeder halben Umdrehung des Ankers die Verbindungen zwischen Ankerdrahtenden und den Enden des äußeren Schließungsbogens vertauscht werden. Hierdurch entstehen in letzterem Stromstöße von einer Richtung, wie dies zum Betriebe der Elektromagnete der Auslösevorrichtungen in den Läutebuden nötig ist. Die nähere Beschreibung der in Fig. 8

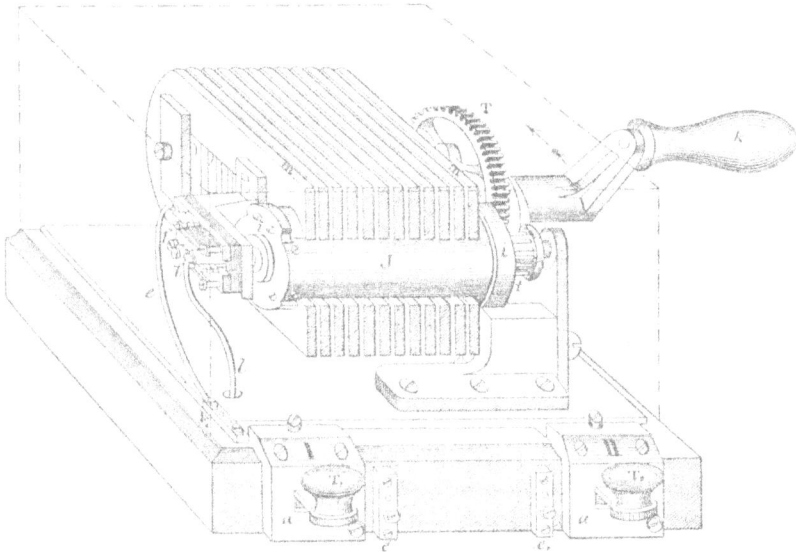

Fig. 8.

dargestellten Maschine erfolgt gelegentlich der Besprechung des Frischenschen Signalsystems. Die elektromotorische Kraft der bei der Telegraphie und Telephonie verwendeten magnetelektrischen Maschinen dieser Art bewegt sich unter gewöhnlichen Betriebsbedingungen auf 15—50 V.

110. Man hat in neuerer Zeit mehrfach versucht, die Batterien, wie sie bisher vorzüglich zum Telegraphenbetriebe verwendet waren, durch elektrische Maschinen zu ersetzen. Da die Verwendung elektrischer Maschinen für Ämter eines bedeutenden Telegraphen- und Telephonverkehrs, namentlich in der Verbindung mit Accumulatoren, von immer größerer Bedeutung zu werden verspricht, so

Dynamomaschinen im Telegraphen betrieb.

mag hier der Typus der Gleichstrommaschine, die sog. Gramme-
maschine, eine das Wesentliche ihrer Wirkungsweise enthaltende
Darstellung erfahren. Zwischen den Magnetpolen N und S rotiert
um eine zur Papierebene senkrechte Achse ein Eisenring (Fig. 9) $M\,M'$.
Auf demselben ist eine Anzahl von Drahtrollen $R\,R$ aufgewickelt.

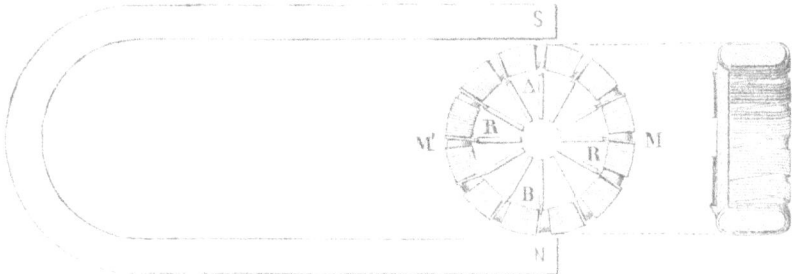

Fig. 9.

Jedes vordere Ende einer Rolle ist mit dem hinteren der nächst-
folgenden verbunden. Von jeder Verbindungsstelle führt ein Draht
$A\,B$ zu einem mit der Drehachse fest verbundenen Metallstück.
Alle diese Metallstücke sind voneinander isoliert und rings um die
Achse zu einem mit letzterer sich drehenden Cylinder vereinigt.
An diesem Cylinder schleifen zwei feststehende Metallfedern, an
welche die Enden des Leitungsdrahtes, in welchem der von der
Maschine erzeugte Strom zur Wirkung kommen soll, angelegt sind.
Wird der Ring gedreht, so entstehen in den einzelnen Rollen elektromotorische Kräfte, welche je nach der Drehrichtung der Wickelung
der Rollen die positive Elektricität zu der einen oder andern der
beiden Schleiffedern treiben und so in den die Schleiffedern verbindenden äufseren Teil des Stromkreises einen Strom von entsprechender Richtung entsenden. In den praktischen Ausführungen
der Maschine werden die Magnetpole meist durch Elektromagnete
gebildet, welche durch den von der Maschine selbst gelieferten Strom
erregt werden. Die Bewickelung der Magnete bildet dann entweder
ein Stück des die beiden Schleiffedern verbindenden Teils des
äufseren Stromkreises, oder eine eigene Verbindung der Schleiffedern,
so dafs bei der ersten Anordnung der ganze von den Schleiffedern
ausgehende Strom, bei der zweiten nur ein Teil desselben die Bewickelung der Elektromagnete durchfliefst. Die Verwendung von
Elektromagneten in der angeführten Art ist dadurch ermöglicht,
dafs die Eisenkerne stets auch ohne erregenden Strom etwas
magnetisch sind, bei beginnender Drehung des Rings daher zunächst
ein schwacher Strom entsteht, der, die Eisenkerne umfliefsend,
deren Magnetismus und damit die inducierende Wirkung auf die

Ringbewickelung, d. h. die Stromstärke im Kreise erhöht. Diese
gegenseitige Verstärkung von Strom und Magnetismus der Elektromagnete dauert — die nötige Umdrehungsgeschwindigkeit vorausgesetzt — so lange fort, bis die Magnete gesättigt sind. Durch
Vereinigung der beiden erwähnten Arten der Erregung der Elektromagnete, d h. indem man die Bewickelung derselben teils durch
eine Abzweigung von den Enden der Ringbewickelung, teils durch
ein Stück des den Gesamtstrom führenden äußeren Teils des

Fig. 10

Stromkreises bildet, kann man die Wirkungsweise der Maschine
jener eines konstanten galvanischen Elements ähnlich, d. h. die elektromotorische Kraft der Maschine von dem Widerstand des äußeren
Teils des Stromkreises, in gewissen Grenzen unabhängig machen.

111. Da speziell für den Ersatz der Batterien im Telegraphenbetrieb eigene Dynamomaschinen bislang nicht gebaut wurden und
man sich in den bezüglichen Versuchen damit begnügt hat, die
eine oder andere für gewisse Zwecke bewährte Konstruktion

anzuwenden, so kann es sich hier nicht um ein genaueres Eingehen auf die aufserordentlich zahlreichen Formen dynamo-elektrischer Maschinen, wie sie für die verschiedensten Zwecke gegenwärtig verwendet werden, handeln, es wird vielmehr genügen, in einem bewährten Muster ein Beispiel der praktischen Ausführung der dargelegten Prinzipien vorzuführen. Fig. 10 zeigt eine von Gramme in Paris, dem Erfinder des Ringinduktors, gebaute Dynamomaschine. Die Elektromagnete sind plattenförmig und rechts und links in die gufseisernen Gestellwände eingelassen. Vermittelst der linksseitigen Riemenscheibe wird der genau in die kreisförmigen Höhlungen der Elektromagnetpolschuhe einpassende Ringinduktor in Umdrehung versetzt. Rechts von den Polschuhen der Elektromagnete sind die einzelnen Rollen des Rings vermittelst Kupferblechen mit den zugehörigen Stücken des Stromsammlers, an welchem die aus Kupferblech gebildeten einander diametral gegenüberstehenden Bürsten zur Stromabnahme gleiten, verbunden An den Polschuhen sind vorne die Klemmen angebracht, an welche einerseits die Drahtenden der Maschine befestigt sind, anderseits die Enden des äufseren Teils des Stromkreises angelegt werden.

Schmiervorrichtungen für die Achsenlager, Vorkehrungen zum Befestigen der Gestellwände auf dem Fundament, endlich eine Einrichtung zum Verstellen der Bürsten vollenden den einfachen Apparat.

Thermo-elemente. 112. In der letzten Zeit ist durch wesentliche Verbesserungen der Thermoelemente, deren Wirksamkeit auf der in 23 beschriebenen Erscheinung beruht, die Möglichkeit der praktischen Verwendung derselben näher gerückt. Die beiden thermoelektrisch am weitesten von einander entfernten Metalle Wismut und Antimon sind in mehr oder minder grofser Anzahl hintereinander verbunden, so dafs die durch Erwärmung der Lötstellen auftretenden elektromotorischen Kräfte sich summieren, ebeso wie die hintereinander geschalteten Elemente einer galvanischen Batterie. Da die elektromotorische Kraft bei Temperaturunterschieden, welche noch praktisch anwendbar sind, ziemlich gering ist, werden 50—100 Elemente nötig, um einige Volt Spannungsunterschied an den Klemmen der Batterie zu erhalten.

Die aufserordentlich bequeme Handhabung — die Batterie ist mit dem Anzünden einer Gasfeuerung gebrauchsfertig — läfst trotzdem eine ausgedehntere Verwendung erwarten.

D. Die Transformatoren.

Trans-formatoren 113. Die Transformatoren der Elektricität beruhen auf der Verwendung der galvanischen Induktion. Sie dienen dazu, die elektrische Energie von einem Schliefsungsbogen, dem inducierenden, auf einen

zweiten, den inducierten, in welchem erst die Verwendung des elektrischen Stroms stattfindet, zu übertragen. Die beiden Schliefsungsbogen sind meist so angeordnet, dafs durch die Übertragung der elektrischen Energie die beiden Faktoren derselben, Stromstärke und
Spannung, in dem inducierten Stromkreise in einem andern Verhältnisse zu einander stehen als im inducierenden. Handelt es sich
z. B. in der elektrischen Beleuchtungspraxis darum, von weit entfernten
Arbeitsquellen u. s. w. her einen Stadtbezirk zu beleuchten, so werden
zwei von einander elektrisch getrennte Schliefsungsbogen so angeordnet,
dafs der inducierende von der entfernten Maschine, der Leitung und
der inducierenden Bewickelung des Transformators gebildet wird und

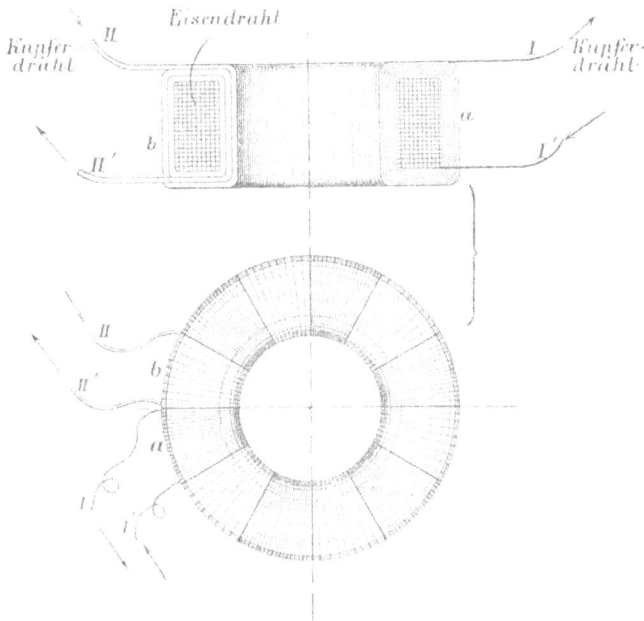

Fig 11

Ströme von hoher Spannung, aber geringer Intensität führt, während
der inducierte Schliefsungsbogen, die zweite Bewickelung des Transformators, auf welche die erste die elektrische Energie der Maschinenschliefsung überträgt und die Lampen der Beleuchtungsanlage enthält.
In diesem Falle werden die Ströme der primären Schliefsung
(Maschinenschliefsung) aus solchen von hoher Spannung und geringer
Intensität durch den Transformator in solche von geringer Spannung
und hoher Intensität in der Lampenschliefsung transformiert. Der
umgekehrte Vorgang findet in den Transformatoren statt, welche in
der Telephonie in Verbindung mit dem Mikrophon verwendet werden.
Hier wird die inducierende Schliefsung von dem Mikrophon, der

Batterie und der inducierenden Wickelung des Transformators (Induktionsrolle) gebildet, und die Ströme derselben von hoher Stromstärke und geringer Spannung durch die inducierte Wirkung des Transformators in solche von geringer Stärke und hoher Spannung in der inducierten Schließsung, welche außer dem Transformator die Leitung und die Telephone enthält, umgewandelt.

In Transformatoren, durch welche Umwandlungen der ersten Art bewirkt werden sollen, besteht die inducierende Wickelung aus einer großen Anzahl von Windungen dünnen Drahtes, während die inducierte aus einer kleineren Anzahl von Windungen dicken Drahtes besteht. Das umgekehrte Verhältnis besteht für die Transformatoren, welche dem zweiten der oben besprochenen Zwecke dienen sollen.

114. Nur um ein Bild einer der wichtigsten Formen zu geben, teilen wir in umstehender Fig. 11 die Konstruktion des Transformators mit, wie er von Zipernowsky, Déri und Blathy für Beleuchtungszwecke in letzter Zeit gebaut wurde, und bemerken, daß die Transformatoren für die Telephonie meist nur aus einfachen, cylindrischen Rollen mit doppelter Drahtbewickelung, der dünne Draht außen, der dicke innen, bestehen und im Innern einen aus dünnen Eisendrähten bestehenden Kern enthalten.

Drittes Kapitel.

Die Arten der Stromverwendung.

115. Sämtliche in der Telegraphie und Telephonie vorkommenden Allgemeines. Arten der Stromverwendung beruhen auf der Schnelligkeit, mit welcher sich Änderungen des elektrischen Zustandes auf Metallen fortpflanzen, und auf den mechanischen oder chemischen Wirkungen der bewegten Elekricität.

116. Wir haben in 9 gesehen, daſs die Schnelligkeit, mit welcher die Elektricität von einem elektrischen Metallkörper auf einen zweiten unelektrischen übergeht, um so gröſser ist, je stärker elektrisch der erstere und je gröſser die Leitungsfähigkeit der sich berührenden beiden Metalle ist. In Wirklichkeit nun hat man es nie mit der einfachen Berührung zweier Metallkörper zu thun, da beide sich berührenden Metalle rings von fremden Körpern, Luft, flüssigen oder festen Körpern, umschlossen sind. So ist eine oberirdische Telegraphen- oder Telephonleitung von mehr oder minder feuchter Luft umgeben und liegt an den Stützpunkten an dem Körper der Isolierglocken an; bei unterirdischen Leitungen ist der eigentliche Leiter auf seiner ganzen Oberfläche mit einer festen Isoliermasse umpreſst und letztere wieder in ihrer ganzen äuſseren Oberfläche mit der Erde oder dem Wasser in Berührung. Diese Umstände beeinflussen die Geschwindigkeit und Art der Fortpflanzung elektrischer Zustandsänderungen auf Drahtleitungen um so mehr, je gröſser die Oberfläche im Vergleiche zum Querschnitt derselben ist, je besser die anliegenden Körper leiten und je benachbarter und je leitungsfähiger endlich die leitenden Körper in der Umgebung der Drahtleitung sind. Unter den in der Praxis vorkommenden Leitungen zeigen die Wirkungen dieser Umstände hauptsächlich die unterirdischen und unterseeischen Telegraphenkabel. Während in der oberirdischen aus blankem Draht hergestellten Telegraphenleitung,

welche mit dem wesentlichen Teil ihrer Oberfläche nur mit schlecht
leitender Luft in Berührung und von dem leitungsfähigsten Körper,
der Erde, immerhin 5—6 m entfernt bleibt, die Fortpflanzung einer
meſsbaren elektrischen Zustandsänderung selbst bei beträchtlicher
Länge der Leitung nur eben noch meſsbare Bruchteile einer Sekunde
erfordert, zeigt das amerikanische Ende eines transatlantischen Kabels
auch an dem empfindlichsten Instrument 0,2 Sekunden, nachdem·
in England die Batterie an die Leitung gelegt wurde, noch keinerlei
Wirkung.

117   Neben der Zeit, innerhalb welcher sich elektrische Zustandsänderungen auf den Leitungen fortpflanzen, kommt bei den
Anwendungen des elektrischen Stroms auf Telegraphie und Telephonie noch die Frage in Betracht: wie lange braucht der Strom
in einem gegebenen Falle, bis er am Ende der Leitung diejenige
Intensität erreicht, welche zum Betriebe der am Ende befindlichen
Empfangsapparate unerläſslich notwendig ist? Betrachten wir die
Vorgänge während des Telegraphierens auf einer längeren oberirdischen Leitung, deren eines Ende mit der Erde verbunden ist,
und deren anderes abwechselnd mit einer Batterie verbunden und
von derselben getrennt werden kann. Schaltet man an den Enden
der Leitung und an mehreren Punkten inzwischen Galvanometer
ein und verbindet nun die Leitung mit der Batterie, so beobachtet
man folgendes: Zunächst schlägt das Galvanometer am Batterieende
aus, hierauf das nächste und zuletzt jenes am zweiten Ende der
Leitung. An den Galvanometern, welche in die der Batterie zunächst
gelegene Leitungshälfte eingeschaltet sind, nimmt der Nadelausschlag,
nachdem er eine bestimmte Gröſse erreicht hat, wieder bis zu einer
gewissen Grenze ab. Die übrigen Galvanometerausschläge nehmen
bis zu dieser Grenze zu, so daſs sämtliche Galvanometer nach einiger
Zeit dieselben Ausschläge zeigen. Diese Erscheinungen beweisen,
daſs nicht nur die Fortpflanzung der elektrischen Erregung an sich
einer bestimmten Zeit bedarf, sondern daſs auch eine gewisse Zeit
erforderlich ist, bis der Strom an allen Punkten der Leitung die
der elektromotorischen Kraft der Batterie und dem Widerstand des
Kreises entsprechende Stärke erreicht. Bei einer gewöhnlichen
Telegraphenleitung aus 4 mm starkem Eisendraht und von 500 km
Länge beträgt diese Zeit je nach den Witterungsverhältnissen
zwischen 0,014 und 0,022 Sekunden.

118. Diese Umstände geben die Erklärung zu der folgenden,
für den Betrieb langer Telegraphenlinien wichtigen Erscheinung
Man habe eine lange Leitung am einen Ende mit dem positiven
Pol einer Batterie, deren negativer zur Erde abgeleitet ist, verbunden.

Das andere Ende der Leitung sei durch ein Galvanometer zur Erde geführt. Nach kurzem zeigt das Galvanometer einen stetigen Strom an. Trennt man nun die Batterie von der Leitung und verbindet letztere sofort mit einem zur Erde abgeleiteten Galvanometer, so zeigt auch dies einen von der Leitung zur Erde gehenden Strom an. Das Galvanometer am andern Ende der Leitung gibt ferner einen Strom an länger, als die Verbindung der Leitung mit der Batterie am andern Ende anhält. Mit dem Augenblick also, in welchem die Leitung am Batterieende durch das Galvanometer zur Erde geführt wurde, fand in der Leitung eine Bewegung der Elektricität in zwei entgegengesetzten Richtungen von der Leitung zur Erde statt. Es muſs noch einmal darauf hingewiesen werden, daſs diese gleichzeitige Bewegung der Elektricität in zwei verschiedenen Richtungen in einem und demselben linearen Leiter ihre Erklärung in dem Umstande findet, daſs sich elektrische Zustandsänderungen nur mit endlicher Geschwindigkeit fortpflanzen. Welche Wirkung diese Erscheinungen auf den telegraphischen oder telephonischen Verkehr zwischen den Endpunkten einer langen Leitung üben müssen, wird sofort klar, wenn man bedenkt, daſs dieser Verkehr eine abwechselnde Benutzung der Leitung durch die eine, dann durch die andere Endstation bedingt. Diese Erscheinungen sagen für den Verkehr: die Wirkung des entstehenden Stroms auf den Empfangsapparat der entfernten Station ist noch nicht zu Ende, wenn am Batterieende die Leitung von der Batterie wieder getrennt wird. Anderseits ist in diesem Augenblick der Trennung die Leitung auch noch nicht bereit, eine gleichwertige Entgegnung der entfernten Station aufzunehmen. Die Zeit, bis dieser Augenblick eintritt, ist um so gröſser, je gröſser die Kapazität der Leitung, je gröſser deren Widerstand und je gröſser die ins Spiel gebrachte Elektricitätsmenge ist. Diese Zeit ist bei langen unterirdischen Telegraphenkabeln so beträchtlich, daſs es nicht angeht, zwischen zwei Stromentsendungen so lange zu warten, bis die Leitung von den Wirkungen der ersten wieder befreit ist. Für den Betrieb längerer oberirdischer Telegraphenlinien kommt diese Zeit nicht wesentlich in Betracht, hindert aber für die bislang üblichen Apparate die Benutzung solcher Leitungen für den telephonischen Verkehr in höherem oder geringerem Grade. Der sehr beträchtliche Kapazitätsunterschied oberirdischer und unterirdischer Leitungen erklärt demnach die Verschiedenheit der für den oberirdischen und unterirdischen Betrieb verwendeten Telegraphenapparate und deren Leistungsfähigkeit für gleiche Zeiten, sowie die Unmöglichkeit, auf längeren, unterirdischen Leitungen eine telephonische Verständigung zwischen den Endpunkten der Leitungen zu erzielen.

119. Es ist hier nicht der Ort, auf die eigentümlichen Betriebs-
verhältnisse langer unterirdischer Telegraphenleitungen einzugehen.
Wir müssen uns vielmehr auf die Betrachtung der verschiedenen
Arten der Stromverwendung, wie sie für oberirdische Leitungen
und solche Strecken unterirdischer Leitungen, deren Betrieb die Anwendung der für die oberirdischen Leitungen üblichen Formen von
Apparaten gestattet, beschränken. Diese Verwendungsarten beruhen
fast ausschließlich auf der magnetischen Wirkung des elektrischen
Stroms und unterscheiden sich hauptsächlich nur durch die Dauer
und Stärke des zur Bildung eines Zeichens verwendeten Stroms.

120. *I* und *II* (Fig. ·12) seien die durch die Leitung *L* verbundenen Stationen. *T T'*
seien zwei bewegliche
Metallhebel, in deren
Achse die Enden der Lei-
tung einmünden und ver-
mittelst welcher diese
Enden abwechselnd mit
den Batterien *B B'* und
den Erdleitungen *E E'* verbunden werden können.
M und *M'* sind Elektromagnete mit beweglichen

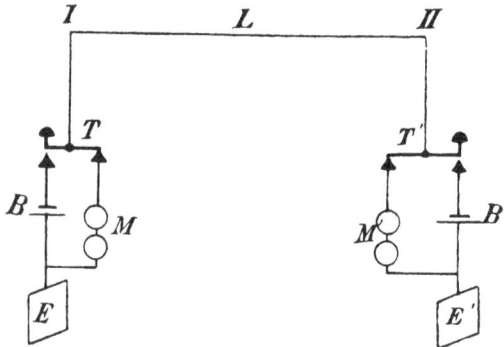

Fig. 12.

Ankern. Will *I* nach *II* telegraphieren, so wird in *I* der Hebel *T*
niedergedrückt und dadurch die Batterie *B* mit der Leitung *L* verbunden, der Empfangsapparat der Station *I* von derselben getrennt.
In die Leitung tritt ein Strom,
welcher in *II* über *T'*, den Empfangsapparat *M'* und über *E'*
zur Erde abfließt. Der Elektromagnet *M'* der Station *II* wird
erregt, der Anker desselben angezogen, so lange in *I* der Hebel
niedergedrückt bleibt. Wird in
I der Hebel in seine Anfangslage
zurückgebracht, so werden Kern
und Anker des Elektromagneten
in *II* wieder unmagnetisch, und
der Anker kehrt durch die Wirk-

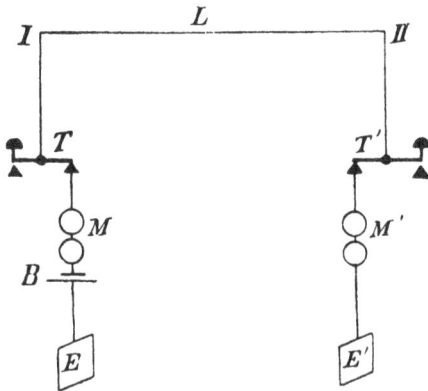

Fig. 13.

ung einer Feder in seine ursprüngliche Lage zurück. Genau derselbe
Vorgang findet umgekehrt statt, wenn *II* nach *I* telegraphieren will.
Sind Stromquelle, Hebel, Leitung und Elektromagnet in der in Fig. 11

angegebenen Weise miteinander verbunden, so sagt man, die Leitung L werde im Arbeitsstrom betrieben, weil in die Leitung nur so lange Strom gesendet wird, als zur Bildung des in der entfernten Station gewünschten Zeichens nötig ist.

121. Werden die Verbindungen geordnet, wie in Fig. 13 dargestellt ist, dann sind Leitung und die Elektromagnete der beiden Stationen so lange vom Strom der Batterie B durchflossen, als die beiden Hebel T' und T'' in der gezeichneten Stellung verbleiben. Die Anker der Elektromagnete sind ständig angezogen, und die Bildung der Zeichen geschieht nun nicht, wie im vorigen Fall durch Stromeinführung, sondern dadurch, dafs der bestehende Strom durch Senken des einen oder andern der beiden Hebel so lange unterbrochen wird, als die Bildung des gewünschten Zeichens beansprucht. Man sagt, die Leitung werde im Ruhestrom betrieben, weil der Strom die Leitung ständig durchfliefst, so lange der Hebel und damit die Empfangsapparate in Ruhe bleiben. Ruhestrom.

122. In Fig. 14 seien S und S'' zwei Magnete, über deren einem Pol eine Drahtspule gewickelt ist. M und M' seien beweg- Telephon.
liche Anker aus weichem Eisen in beliebiger Form. Wird der Anker in I derart in Bewegung gesetzt, dafs sich das magnetische Feld in I ändert, so werden, wie nach 65 leicht verständlich, in der Drahtspule in I und in der Leitung und Draht-

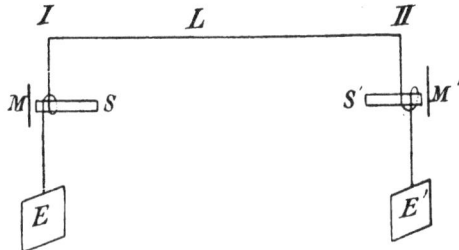

Fig. 14.

spule in II jenen Bewegungen entsprechende Ströme induciert, welche in II eine veränderte Anziehung zwischen dem Anker M' und dem Magnete in II und damit eine Bewegung des ersteren veranlassen.

123. Auf diesen 3 Verbindungsmethoden beruhen sämtliche in der Telegraphie und Telephonie verwerteten Arten der Stromverwendung. Die beiden ersten finden hauptsächlich in der Telegraphie, die letzte in der Telephonie Anwendung.

124. Die verschiedenen Arten nun, wie diese Methoden der Stromverwendung in den Empfangsapparaten zur Bildung der telegraphischen Zeichen benutzt werden, unterscheiden sich in erster Linie durch die Zeit, welche zur Herstellung der einzelnen die Schriftsprache zusammensetzenden Zeichen aufgewendet wird. Die einfachste und jetzt noch am meisten verwendete Art der Zeichenbildung, wie sie von dem Erfinder des ersten Schreibtelegraphenapparats S. F. B. Morse angegeben wurde, besteht darin, dafs man

den beweglichen Anker der Elektromagnete unmittelbar hierzu benutzt, indem man durch dessen Bewegungen die Dauer jeder Stromeinführung oder Stromunterbrechung auf einem am Anker vorbei-
gehenden Papierstreifen aufzeichnen läfst.

Morsealphabet.   **125.** Man verwendet zur Bildung der Buchstaben des Morse-
alphabets zwei Elemente: den Strich und den Punkt. Bei gleichmäfsiger Bewegungsgeschwindigkeit des Papierstreifens erfordert der
Strich das Dreifache der zur Herstellung des Punktes nötigen Dauer
des Druckes des Elektromagnetankers auf den Papierstreifen. Aus
diesen Elementen lassen sich bilden zwei Buchstaben mit je einem
Element · e — t, vier Buchstaben mit je zwei Elementen ·· i
— — m — · a — · · n, acht Buchstaben mit je drei Elementen · · · s
— — — o · — · r — · · k · — — w — — · g · · — u — · · d,
sechzehn Buchstaben mit je vier Elementen · · · · h — — — — ch
· — — — j · · — — $ü$ · · · — v — · · · b — — · · z — — — · $ö$
· — · — $ä$ · — · · l · · — · f — · · — x — · — — y — — · — q
· — — · p — · — · c, im ganzen dreifsig Zeichen, wovon vier zur
Bildung von Doppelbuchstaben verwendet werden. Man sieht hieraus,
dafs die Erzeugung der verschiedenen Buchstaben nach dieser Methode eine sehr verschiedene Zeit beansprucht. So erfordert die
Herstellung des ch das zwölffache der Herstellungsdauer des e.
Dieser Übelstand kommt jedoch gegenüber der aufserordentlichen
Einfachheit der Apparate sowie der hohen Betriebssicherheit, welche
diese Art der Stromverwendung und Zeichenbildung gestattet, für
den Betrieb eines grofsen Teils der bestehenden Telegraphenanlagen nur wenig in Betracht, so dafs es erklärlich erscheint, dafs
die heutigen Apparate für diesen Betrieb von der ursprünglichen
und einfachsten Gestalt, die von dem Erfinder M o r s e denselben gegeben wurde, nicht wesentlich abweichen.

Estienne-
Apparat.   **126.** Um die Morseschrift gedrängter zu gestalten, werden
im Estienne-Apparat die Striche und Punkte nicht horizontal,
sondern vertikal nebeneinander gestellt; z. B. das Wort »München«

· · | · | · | | | · · | ·

Zur Erzeugung der Striche wird die eine Stromrichtung, zur
Herstellung der Punkte die andere verwendet. Der Apparat wurde
versuchsweise im Reichspostgebiete in beschränktem Mafse in Gebrauch genommen.

     127. In den Ländern des stärksten telegraphischen Verkehrs
ist man allgemein davon abgekommen, die Morsezeichen auf Papierstreifen aufzeichnen zu lassen. Die Aufnahme der Zeichen geschieht
hier einfach durch das Gehör, indem der durch den Anschlag des

Ankers bei der Erregung der Elektromagneten erzeugte Schall zur
Aufnahme dient. Diese Form der Empfangsapparate heifst Klopfer.

128. Obwohl man die Wahl der Zeichen für die einzelnen Hughes.
Buchstaben so getroffen hat, dafs die häufiger vorkommenden auch
die geringere Zeit zur Herstellung erfordern (e z. B. nur einen
Punkt), so ist doch für den Betrieb langer Leitungen, welche Orte
eines lebhaften Verkehrs mit einander verbinden, diese Art der
Zeichenbildung zu zeitraubend. Man hat daher den Betrieb vielfach
so eingerichtet, dafs der Strom nicht mehr unmittelbar zur Zeichenbildung benutzt, diese vielmehr einem eigenen Mechanismus übertragen wird, dessen Wirksamkeit zur Zeichenherstellung durch
den Strom nur eingeleitet wird. Diese Anordnung ermöglicht es,

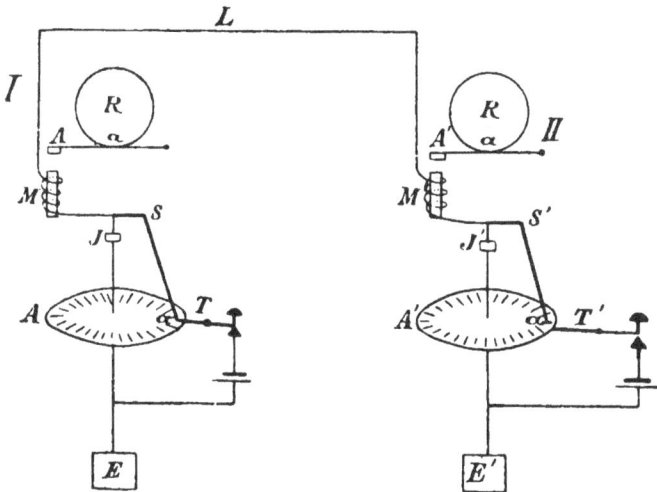

Fig. 15.

für die Übermittelung eines jeden Buchstabens oder Zeichens
immer die gleiche Stromwirkung, von bestimmter, für jede Zeichenbildung gleicher Dauer und Stärke, die nur von der Konstruktion
des elektrischen Teils der Empfangsapparate abhängig sind, zu verwenden. Der mechanische Teil der Zeichenbildung ist meist so
eingerichtet, dafs der übermittelte Buchstabe in Typen auf einen
Papierstreifen gedrückt wird. Wird jedoch zur Bildung der verschiedenen Buchstaben immer nur eine gleichlange und gleichstarke
Stromwirkung benutzt, wie dies z. B. bei dem Typendruckapparat,
der in Europa die weiteste Verbreitung gefunden hat, dem Instrument
von Hughes, der Fall ist, so ist eine vollkommene Ausnutzung
der Linie, welche nur dadurch erreicht werden kann, dafs die einzelnen Stromentsendungen eine der Kapazität der Leitung und der
Empfindlichkeit der Empfangsapparate entsprechende und unter

sich gleiche Dauer aufweisen, nicht möglich, wie dies leicht an der
Fig. 15, welche die Stromverwendung im Hughes-Apparat darstellt,
ersichtlich ist.

S und S' sind zwei Metallhebel, welche sich synchron über eine
Scheibe um eine vertikale Achse drehen, d. h., wenn das Ende
des einen Hebels über a oder f u. s. f. steht, so steht das Ende des
zweiten Hebels gleichfalls über demselben Buchstaben der zweiten
Scheibe. Wird nun z. B. in I die Taste in der gezeichneten Stellung
niedergedrückt, so geht ein Strom von der Batterie durch den
Taster zu a, durch den beweglichen Hebel S zum Elektromagneten M
in die Leitung, in II zum Elektromagneten M' und zur Erde.
Der Anker des Elektromagneten löst den Druckmechanismus aus,
welcher in diesem Augenblick den Buchstaben a druckt. Dieser
selbe Buchstabe kann aber erst wieder übermittelt werden, wenn die
Hebel der beiden Stationen eine volle Umdrehung vollendet haben.
Es ist somit die ganze Zeit, welche zur Rückkehr der Hebel nach a
erforderlich ist, für die Benutzung der Linie zum Telegraphieren
verloren.

Baudot.   129. Dieser Übelstand ist in der Art, wie bei dem in Frankreich in ausgedehntem Gebrauch stehenden Typendruckapparat von
Baudot der Strom zur Zeichenbildung verwendet wird, vermieden.
Baudot benutzt zur Herstellung eines jeden Zeichens fünf Stromstöfse. Diese Stromstöfse haben alle gleiche Dauer und gleiche
Stärke und folgen sich in gleichen Zwischenräumen. Um aus fünf
solchen Strömen die nötigen Kombinationen bilden zu können, ist
noch die Richtung des Stroms als zeichenbildendes Element beigezogen. Aus fünf Strömen und zwei Richtungen lassen sich
$2^5 = 32$ Kombinationen herstellen, welche Zahl für die Buchstaben des
Alphabets und die zum Betrieb nötigen konventionellen Zeichen genügt.

Telephon.   130. Die vollkommenste Ausnutzung der Leitung findet jedoch
in der für die Telephonie üblichen Art der Stromverwendung statt.
Während in den beschriebenen Stromverwendungsarten der Telegraphie die Bewegungen des Ankers nur das Mittel zur Herstellung
konventioneller Zeichen bilden, stellen in der Telephonie die Bewegungen des Ankers selbst die zu übermittelnden Zeichen dar.

131. Der ganze Hergang bei der elektrischen Schallübertragung
durch das Telephon läfst sich in folgende Abschnitte zerlegen:

1. Die Schallwellen der Luft treffen auf den Anker M in I
   (Fig. 14) und setzen denselben in Schwingungen.
2. Jede Schwingung verursacht eine Veränderung der Intensität
   des magnetischen Feldes, in welchem sich die Drahtspule
   befindet.

3. Jede Änderung des magnetischen Feldes erzeugt in der Spule einen Induktionsstrom.

4. Die den Änderungen des magnetischen Feldes entsprechenden Induktionsströme der Spule bei Station I gehen durch die Leitung der Spule der Station II.

5. Diese von der Spule S' aufgenommenen Induktionsströme ändern die Intensität des magnetischen Feldes in II.

6. Diese Änderungen der Intensität des magnetischen Feldes in II verursachen den Schwingungen des Ankers M entsprechende Schwingungen des Ankers M'.

7. Die Schwingungen des Ankers M' erzeugen den Schallwellen in I entsprechende Schallwellen der Luft in II.

132. Meist wird jedoch in der Telephonie das magnetische Feld des Magneten nur für den Empfangsapparat, für den strom- erzeugenden Apparat dagegen das magnetische Feld eines elektrischen Stroms benutzt. Dies geschieht in folgender Weise (Fig. 16): Eine

Telephon und Mikrophon.

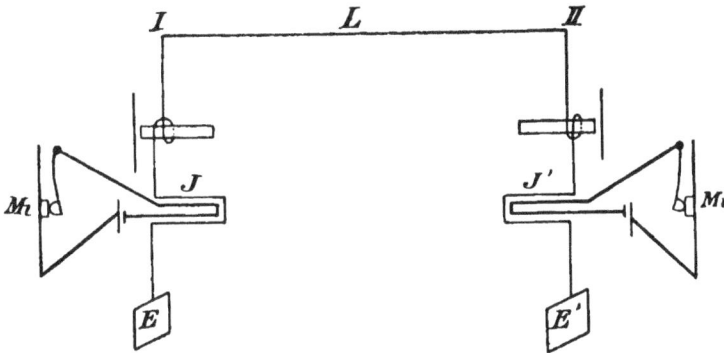

Fig. 16.

Batterie ist mit einer Mebrane, welche den Anker des Magneten in der Verbindung (Fig. 14) vertritt und zwei lose aneinanderliegende Kohlenstückchen Mi, das sog. Mikrophon, trägt, und mit einer Drahtrolle verbunden. Über letztere ist eine zweite Rolle gewunden, deren eines Ende mit der Erde, deren anderes mit der Leitung ver- bunden ist. Die auf die Membrane treffenden Schallwellen der Luft setzen die anliegenden Kohlenstückchen in Schwingungen. Es ändert sich hierdurch, den Bewegungen der Membrane entsprechend, der Wider- stand der Berührungsstelle der beiden Kohlenstücke und damit die Stromstärke im Schließungskreise der Batterie. Durch jede Änderung der Stromstärke wird aber die Intensität des magnetischen Feldes, in welchem sich die Spule J befindet, geändert, und werden so in letzterer den Bewegungen der Membrane entsprechende Ströme

induciert, welche durch die Leitung und die Spule des Magneten in
II zur Erde gehend den Anker in bekannter Weise in Schwingungen
versetzen. Während bei der Verwendung des Magnettelephons als
Sender und Empfänger die hohen Töne bei der Übertragung
gegenüber den tiefen bevorzugt werden, können die Maſse für die
in Fig. 16 gegebene Verbindung so gewählt werden, daſs alle Töne
nahezu gleichmäſsig gut übertragen werden. Bei der direkten Stromerzeugung durch die Bewegung des Ankers in der Verbindung
Fig. 14 gestattet die geringe lebendige Kraft der Luftwellen jedoch
nur geringe elektromotorische Kräfte in der Spule des Magneten zu
erzeugen Man hat daher überall, wo es sich um den telephonischen
Verkehr zwischen weiter entfernten Orten handelt, zu der Verbindung Fig 16 gegriffen, in welcher die elektromotorische Kraft der
Spule nicht unmittelbar von der lebendigen Kraft der Schallwellen,
sondern hauptsächlich von den Stromschwankungen des Mikrophon-
kreises und den Abmessungen der beiden Spulen abhängig ist.

133. Obwohl die bisher beschriebenen Verwendungsarten des
elektrischen Stroms für die Zwecke der Telegraphie und Telephonie,
die für den Betrieb oberirdischer Leitungen zum gewöhnlichen Verkehr fast ausschlieſslich angewendeten sind, mögen der Vollständigkeit halber hier noch die Verwendung der chemischen Wirkungen
des elektrischen Stroms zur Telegraphie und die Art des elektrischen
Betriebes langer Unterseekabel in ihren Grundzügen Erwähnung
finden.

Kopiertele-
graphen
134. Wir haben gesehen, daſs ein elektrischer Strom beim Durchgang durch einen nichtmetallischen flüssigen Leiter den letzteren zersetzt. Tränkt man Papier mit einer Lösung von Ferrocyankali und
salpetersaurem Ammoniak und leitet durch die feuchte Stelle einen
Strom, so zersetzt sich die Lösung an der Eintrittsstelle des Stroms,
und es bildet sich an derselben ein Flecken aus Berlinerblau. Wird
das Papier zwischen den stromleitenden Metallstiften fortbewegt, so
kann man durch abwechselndes Schlieſsen und Öffnen des Stromkreises eine Schrift herstellen, wie sie der Anker des Elektromagneten
des Morse-Apparates erzeugt.

135. Man kann mit Hilfe dieser Wirkung des elektrischen Stroms
jedoch auch gewöhnliche Schrift und Zeichnungen telegraphisch
übertragen, indem man an der Abgangsstation auf eine mit der
Linie verbundene Metallplatte vermittelst einer isolierenden Masse
die zu übertragende Schrift oder Zeichnung aufträgt und über dieselbe in enger Zickzacklinie den Linienpol der Batterie wegbewegt,
an der Empfangsstation synchron einen zweiten Metallstift über ein
nach obiger Angabe getränktes Papier hinführt, welcher in jedem

Augenblick, wo durch das Hingleiten des Stifts der Abgangsstation über einen Teil der Schrift oder Zeichnung der Strom der Leitung unterbrochen wird, sich auf das Papier der Empfangsstation senkt und dadurch einen Lokalstrom schliefst, welcher auf dem Papier ein der Dauer der Unterbrechung und damit der Gröfse des zu übertragenden Stücks Schrift oder Zeichnung entsprechendes Stück blauer Linie erzeugt. Diese Art der Stromverwendung hat bei der Schwierigkeit, den Synchronismus der korrespondierenden Teile der beiden Stationen zu erhalten, und bei der geringen Geschwindigkeit der Übertragung, welche erreicht werden kann, in der Praxis bisher keinen Eingang finden können.

136. Es erübrigt noch, die Art der Stromverwendnng für den Betrieb langer Kabeltelegraphenleitungen in wenigen Zügen zu skizzieren. Es wurde schon darauf hingewiesen, welchen Einflufs die gegenüber oberirdischen Luftleitungen hohe Kapazität langer Kabelleitungen auf die Geschwindigkeit der Fortpflanzung elektrischer Zustandsänderungen in denselben hat, und in welcher Beziehung diese Geschwindigkeit zu der ins Spiel gebrachten Elektricitätsmenge steht. Der wesentliche Unterschied nun zwischen dem Betrieb oberirdischer Luftleitungen und langer Kabelleitungen besteht darin, dafs für letztere eben im Interesse der Geschwindigkeit der Zeichenübermittelung viel geringere Elektricitätsmengen verwendet werden müssen als für erstere, wodurch die Stromquellen und die Empfangsapparate ganz erhebliche Unterschiede gegenüber den zum Betriebe oberirdischer Leitungen verwendeten Formen aufweisen müssen. Die geringen Stromstärken erfordern Empfangsapparate von sehr beträchtlicher Empfindlichkeit. Würden nun die Empfangsapparate in der beim Betrieb oberirdischer Leitungen üblichen Art an das Leitungsende gelegt, so würde eben diese Empfindlichkeit Schwierigkeiten für die Zeichenübermittelung bilden, da die Empfangsapparate auch durch die langen Leitungen, deren Enden weit voneinander entfernte Punkte der Erde verbinden, stets in abwechselnder Richtung und Stärke durchfliefsenden Erdströme beeinflufst würden. Da diese Ströme vielfach von derselben Gröfsenordnung sind wie die Telegraphierströme, so würden dieselben die Zeichenabnahme von den Empfangsapparaten stören. Die Enden der Leitung werden daher nicht durch Stromquelle einerseits und Empfangsapparat andererseits direkt mit der Erde, sondern mit der einen Belegung je eines Kondensators verbunden, dessen andere Belegung durch Stromquelle abwechselnd, bezw. Empfangsapparat ständig zur Erde geführt ist. Jede Verbindung der Stromquelle mit der zugehörigen Kondensatorbelegung bewirkt eine Elektricitätsbewegung auf den

mit dem Kabel verbundenen Belegungen der beiden Kondensatoren und damit auf der durch den Empfangsapparat an Erde gelegten zweiten Belegung des Kondensators der Empfangsstation. Auch für die Apparate der Kabeltelegraphie werden die magnetischen Wirkungen des Stroms zur Zeichenbildung verwendet. Gewöhnlich sind es sehr empfindliche Galvanometer mit feststehenden Rollen und beweglichen Magneten, oder mit feststehenden Magneten und beweglicher Rolle. In der ersten Konstruktion werden die Bewegungen der Nadel meist durch Spiegel und nur vorübergehend, in der letzteren die Bewegungen der Rolle durch einen feinen, mit der Rolle zusammenhängenden Hebel durch Farbe dauernd sichtbar gemacht. Als Zeichen bedient man sich der Morse-Schrift, in welcher Punkte und Striche, wie aus obigem erklärlich, nicht durch die verschiedene Dauer der Verbindung der Leitung mit der Stromquelle, sondern durch die Richtung der einzelnen Stromstöfse gekennzeichnet werden. Für die Kabelleitungen in Deutschland sind Morse- und Hughesapparate mit einigen Abweichungen gegen die Formen des oberirdischen Betriebs in Gebrauch Wir kommen auf diese Abweichungen zurück.

Viertes Kapitel.

Die Leitung.

137. Die Leitung ist jener Teil des Stromkreises, welcher den Übergang der elektrischen Wirkungen von der Erzeugungsstelle der Elektricität zur Verwendungsstelle zu vermitteln hat. Sie ist entweder oberirdisch oder unterirdisch und im ersteren Fall meist aus Eisen, Stahl, Phosphor- oder Siliciumbronzedraht, in letzterem immer aus Kupferdraht hergestellt.

138. Telegraphenleitungen werden in der Regel aus Eisendraht von 2,7—7 mm Durchmesser hergestellt. Für Telephonleitungen findet 2 mm starker Gufsstahldraht, ferner Phosphor- und Siliciumbronzedraht von 0,8—1,25 mm die meiste Anwendung.

Für den zu oberirdischen Telegraphen- und Telephonleitungen zu verwendenden Draht kommen hauptsächlich der Preis, der elektrische Leitungswiderstand, das magnetische Verhalten der Materie, die mechanische Festigkeit und der Widerstand, welchen das Material den Atmosphärilien entgegensetzt, in Betracht. Je nach dem einzelnen Fall der Verwendung tritt die eine oder andere Eigenschaft mehr oder minder entscheidend in den Vordergrund. Für gewöhnliche Telegraphenleitungen geben der niedrige Preis und die mechanischen Eigenschaften des Materials meist für die Verwendung des Eisendrahts den Ausschlag. Für lange Telegraphenleitungen, welche mit automatischer Stromgebung betrieben werden, hindern die magnetischen Eigenschaften des Eisens, die der Leistungsfähigkeit der Apparate entsprechende Telegraphiegeschwindigkeit zu erreichen, ferner tritt der Preis des Materials mit Rücksicht auf die hohe Ausnutzung der Leitung, welche durch den automatischen Betrieb ermöglicht ist, zurück, weshalb für derartige Leitungen Silicium- oder Phosphorbronze verwendet wird.

Für die kurzen Telephonleitungen in Städten, bei welchen oft sehr erhebliche Spannungen zu überwinden sind, wird zur Verminderung der Stützpunkte für die Leitung namentlich die mechanische Festigkeit des Drahtes wertvoll. Es hat denn auch für städtische Telephonnetze der Stahldraht eine ausgedehnte Verwendung gefunden. Eisen und Stahl können dagegen ihrer magnetischen Eigenschaften und des hohen Widerstandes halber für längere Telephonleitungen nicht verwendet werden, weshalb für den Betrieb solcher Leitungen ausschließlich Silicium- oder Phosphorbronze in Betracht kommt. Wenn die übrigen Umstände für einen Fall die Wahl zwischen Eisen- und Stahldraht oder einer der Bronzearten lassen, so behält der Bronzedraht den Vorteil, den Einflüssen der Atmosphärilien, welche namentlich da, wo Verbrennungsprodukte schwefelhaltiger Kohlen aus Fabrikskaminen und den Lokomotivfeuerungen in Bahnhöfen die Luft verunreinigen, eine starke Abnutzung des Drahtes verursachen, besser zu widerstehen. Die letztere Eigenschaft theilt der Kupferdraht mit den Bronzedrähten, doch genügt die geringe mechanische Festigkeit des Kupferdrahtes selten zu einer ausgiebigeren Anwendung. Durch Legierung des Kupfers mit einigen Prozenten Silicium, Phosphor, Mangan, Chrom entstehen die sogen. Bronzen; der aus diesem Material hergestellte Draht vereinigt je nach der Zusammensetzung der Bronzen hohe elektrische Leitungsfähigkeit mit beträchtlicher mechanischer Festigkeit. Diese beiden Eigenschaften, welche verhältnismäßig geringen Drahtdurchmesser und infolgedessen geringe Gewichtsmengen anzuwenden gestatten, bewirken, daß die Anwendung des Bronzedrahts trotz des höheren Preises auch für städtische Telephonanlagen nahezu ausschließlich in Aufnahme kommt.

Eisen- und Stahldraht muß gegen Verrosten, welches eine Verminderung des Metallquerschnitts und damit der Leitungsfähigkeit und der Festigkeit bewirkt, geschützt werden, wozu meist ein dünner Zinküberzug verwendet wird. Da das Verzinken eine ziemlich kostspielige Sache ist ($^2/_3$—$^3/_4$ des Anschaffungspreises), begnügt man sich häufig damit, den Leitungsdraht vor der Verwendung in heißes Leinöl zu tauchen.

Wir fügen hier einige Angaben über die elektrischen und mechanischen Eigenschaften der am häufigsten verwendeten Drahtsorten an. Selbstverständlich gelten die Zahlen für Leitungswiderstand und absolute Festigkeit nur annähernd, da dieselben in ziemlich weiten Grenzen von der Zusammensetzung des Materials und den Vorgängen bei der Fabrikation abhängen.

Eisen- und Stahldraht von Felten und Guilleaume in Mülheim a. Rhein.

Drahtsorte	Bruchfestigkeit in kg.			Widerstand in Ohm für 1 kg bei 15° C.		
	4 mm	2,5 mm	2 mm	4 mm	2,5 mm	2 mm
Verzinkter schwedischer Hammereisendraht weich	452	176	113	8,2	21,1	32,8
hart	628	245	157			
Verzinkter deutscher Holzkohleneisendraht weich	502	196	126	9,7	24,8	37,6
hart	690	270	173			
Verzinkter Siemens-Martin-Flußeisendraht weich	528	206	132	10,0	26,0	40,7
hart	816	319	204			
Verzinkter Patentgußstahldraht weich	1193	466	298	12,9	33,1	51,6
hart	1758	686	440	14,3	36,6	57,0

Der Draht muß sich an ein und derselben Stelle dreimal zu einer Öse zusammenziehen lassen, ohne zu brechen oder zu spalten. Derselbe muß auf eine freie Länge von 15 cm folgende Anzahl von Torsionen aushalten, ohne zu brechen:

Draht von 5 mm Durchmesser 13 Drehungen,
» » 4 mm » 14 »
» » 2,5 und 2 mm Durchmesser 20 Drehungen.

Die Torsionen geschehen zu je 15 in einer Sekunde.

Die Verzinkung muß 5 Eintauchungen von je 1 Minute Dauer in konzentrierter Lösung von Kupfervitriol aushalten, ohne völlig zu verschwinden.

Für die internationalen Telegraphenleitungen besteht die Vorschrift, daß der Widerstand des Drahts 7,5 Ω per Kilometer nicht überschreite.

Lazare Weillers Patent-Siliciumbronzedraht.

Drahtsorte	Bruchfestigkeit in kg				Widerstand in Ohm pro kg bei 0° C.			
	0,8 mm	1,0 mm	2,0 mm	3,0 mm	0,8 mm	1,0 mm	2,0 mm	3,0 mm
Telegraphendraht A	—	35,34	141,37	318,08	—	21,28	5,31	2,36
Telegraphendraht B	—	44,37	177,50	399,37	—	25,70	6,42	2,85
Telephondraht A	41,46	64,79	259,17	—	73,40	48,98	12,24	—
Gew. Telephondraht	37,69	58,90	235,61	—	101,50	65,00	16,20	—
Telephondraht B (für ungewöhnlich grofse Spannweiten)	56,54	88,20	353,42	—	153,00	97,45	24,48	—

In der Reichstelegraphenverwaltung gelten hinsichtlich der Anforderungen, welche an den zu Telephonanlagen zu verwendenden Bronzedraht zu stellen sind, die folgenden Bestimmungen: Biegungen im rechten Winkel müssen aushalten der 3 und 2 mm starke Draht 6, der 1,5 mm starke 9, der 1,2 mm starke 11. Die Bruchfestigkeit des 3 mm starken Drahts mufs 350 kg,

2 » » » » 157 kg,
1,5 » » » » 120 kg,
1,2 » » » » 78 kg betragen. Der Widerstand

darf für 3 mm Draht 2,8 Ω,

2 » » 6,2 »
1,5 » » 16,0 »
1,2 » » 25,2 » auf den Kilometer bei 15° C. nicht

überschreiten.

Die oberirdische Leitung.

139. Die Drahtleitung wird durch die Stützpunkte (Stangen, Baum-, Mauer-, Dachträger) aufgenommen. Zwischen Träger und

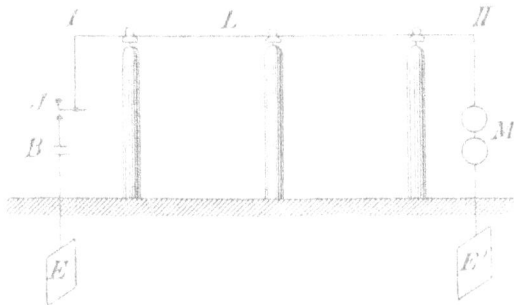

Fig. 17.

Leitung sind die Isolatoren angebracht, welche die Drahtleitung von den Stützpunkten und damit von der Erde isolieren.

Fig. 17 gibt eine schematische Darstellung einer oberirdischen Leitung mit Stromquelle und Sender an dem einen Ende, Empfangs-

apparat an dem andern Ende und Erdverbindung an beiden Enden.
Der Strom geht bei Niederdrücken des Tasters *I* vom positiven Pol
der Batterie *B* (Kupfer, Kohle) durch den Leitungsdraht *L* zum
Empfangsapparat *M* (Telegraphenapparat, Klingelwerk u. s. w.) zu
den Platten *E'* und *E* und von hier zum negativen Pol der Batterie.
Damit der Widerstand zwischen *E'* und *E* möglichst klein werde,
ist es nötig, dafs die Platten senkrecht auf die Leitungsrichtung
stehen und durch eine entsprechend grofse Oberfläche mit feuchtem
Erdreich oder einer gröfseren Wassermasse herrühren. Die Platten
sind von Zink-, Kupfer-, verzinktem oder verzinntem Eisenblech
und ungefähr 2 qm grofs. Für städtische Telephonanlagen werden
die Bodenleitungen häufig in vorzüglicher Weise durch Verbindung
mit dem Wasserleitungsnetz hergestellt. Der Widerstand der Bodenverbindungen darf wenige Ohm nicht übersteigen. Der gesamte
Widerstand des Stromkreises setzt sich demnach zusammen aus den
Widerständen der Stromquelle *B*, der Leitung *L*, des Empfangsapparates *M* und der beiden Bodenverbindungen.

Der von *B* über *I* gehende Strom kommt selbst bei gut-
angelegten Telegraphenleitungen nicht in seiner vollen Stärke in *M*
der Station *II* an.

Dies hat seinen Grund darin, dafs die Isolatoren und die Stangen
oder sonstigen Stützpunkte die Drahtleitung nicht vollkommen von
der Erde isolieren, sondern stets einen gröfseren oder geringeren
Teil des Stroms vor der Ankunft in *II* zur Erde ableiten. Die
Gröfse des Stromverlustes hängt ab von der elektromotorischen Kraft
der Batterie *B*, der Qualität und Anzahl der Isolatoren, dem Widerstand der Leitung und den Witterungsverhältnissen. Der Verlust
ist um so gröfser, je gröfser die elektromotorische Kraft von *B*, je
beträchtlicher die Anzahl der Isolatoren und je geringer deren Qualität und je höher der Widerstand des Drahtmaterials ist. Die Witterungsverhältnisse haben auf die Isolatoren der Leitung und damit auf den
Stromverlust nur insofern Einflufs, als durch dieselben die isolierende
Wirkung von Isolatoren und Stangen geändert werden kann. Der
gröfste Stromverlust infolge der Witterung tritt ein, wenn durch
dieselbe die ganze Oberfläche der Isolatoren und Stangen auf längere
Zeit nafs gehalten wird. Schwere Nebel, feiner Regen und nasses
Schneegestöber, welche den Niederschlägen auch in das Innere der
Isolierglocken einzudringen gestatten, sind die Ursachen der bedeu-
tendsten Ableitungen.

Der Umstand, dafs eine Telegraphenleitung nie vollkommen
isoliert werden kann, bewirkt, dafs der berechnete Widerstand einer

bestimmten Drahtlänge immer gröfser ist, als der Widerstand einer gleich langen Leitung desselben Materials.

140. Der Widerstand einer Leitung, deren Enden unmittelbar mit der Erde verbunden sind, heifst der Leitungswiderstand, der Widerstand einer Leitung, deren eines Ende von der Erde isoliert ist, heifst der Isolationswiderstand. Eine Leitung ist um so brauchbarer, je gröfser der Unterschied zwischen dem Leitungs- und Isolationswiderstand derselben ist. Leitungswiderstand sowie Isolationswiderstand einer Leitung dürfen für den Betrieb der Telegraphen- und Telephonapparate nur innerhalb enger Grenzen schwanken. Bis zu welchem Grade diese Forderung bei einer Leitung erfüllt sei, hängt von der Sorgfalt der Herstellung und Unterhaltung und der Güte der verwendeten Materialien ab.

141. Als Isolatoren werden gegenwärtig fast ausschliefslich doppelmantelige Porzellanglocken von sehr verschiedenen Formen angewendet. In Bayern ist die in Fig. 18 dargestellte Ausführung vielfach verwendet. In allen findet das Bestreben Ausdruck, die Leitung durch den Körper und über die Oberfläche möglichst gering und so den Durchmesser möglichst klein und den Theil der Erzeugenden von dem Berührungspunkt a des Drahtes mit dem Isolator zu dem Berührungspunkt b des Tragstifts mit dem Körper des Isolators möglichst lang zu machen Die Oberfläche der Porzellanisolatoren wird glasiert. Die Güte und Kontinuität der Glasierung ist für die Wirksamkeit der Isolatoren von hoher Wichtigkeit, da von der Glätte der Oberfläche hauptsächlich die Eigenschaft, dafs sich die Feuchtigkeit nicht in einer zusammenhängenden Schichte, sondern nur in Tropfen ansetzen kann, anhaftender Staub aber vom Regen leicht abgewaschen wird, von der Sorgfalt der Glasierung die Dauerhaftigkeit derselben abhängt. Das Gewicht der in Bayern verwendeten Isolatoren schwankt zwischen 700 g für die grofsen, 305 g für die mittleren und 265 g für die kleineren Glocken.

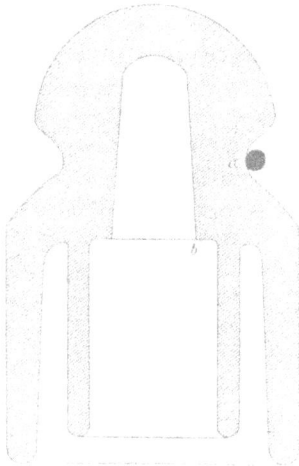

Fig. 18.

142. Für hohe Spannungen genügt jedoch auch die doppelmantelige Isolierglocke nicht. Es werden daher in letzter Zeit vielfach sog. Flüssigkeitsisolatoren angewendet. Dieselben bestehen in ihren einfachsten Form in Porzellanglocken, derer Rand nach

innen zu einer Rinne aufgebogen ist, welche mit einer isolierenden Flüssigkeit, meist einem Öle angefüllt wird. Diese Ölrinne verhindert es bei schlechtem Wetter, dafs sich eine Feuchtigkeitsschichte vom Draht bis zum Tragstift im Innern der Glocke fortsetze.

143. Für lange Überlandlinien werden meist **Holzstangen**, seltener eiserne Tragstangen als Stützpunkte verwendet. In Städten und hauptsächlich für städtische Telephonanlagen werden die Stützpunkte, welche in diesen Fällen häufig eine sehr beträchtliche Anzahl einzelner Leitungen aufzunehmen haben, meist aus Winkel-, ⌐⌐-, T- und Bandeisen zusammengestellt und in der Regel an den Giebeln oder Dächern von Gebäuden angebracht. Die wesentlichsten Anforderungen, welche an die Stützpunkte gestellt werden müssen, sind: genügende Standfestigkeit und Dauerhaftigkeit.

Die Stützpunkte

144. Zu Telegraphenstangen werden gewöhnlich folgende Hölzer verwendet: Tanne (pinus picea, abies pectinata, picea vulgaris). Fichte, auch Rot- oder Schwarztanne (pinus abies, abies excelsa), Föhre (pinus silvestris), Lärche (pinus larix), Kastanie (castanea vesca).

Die Telegraphenstangen

In Bayern kommen ausschliefslich Fichten- und Föhrenstämme zur Verwendung. Die Länge derselben schwankt zwischen 7 und 10 m, wobei der untere Durchmesser mindestens 15 cm, der obere je nach der Länge der Stange zwischen 12 und 13 cm beträgt. Für die Lieferung von Telegraphenstangen werden im wesentlichen meist folgende Bedingungen gestellt.

Die Stämme müssen sogenannte Erdstämme sein, d. h. aus demjenigen Teile des Baumes geschnitten werden, welcher unweit der Wurzel steht. Meist müssen die Stämme vollkommen und sauber entrindet an die vereinbarten Lagerplätze geliefert werden. Am oberen Ende der entrindeten Stange mufs der Durchmesser mindestens 12—13 cm betragen. Die Stangen müssen gerade stehen, möglichst astfrei und völlig gesund sein. Sie müssen in geschlossenen Beständen auf trockenem Boden gewachsen und im November, Dezember oder Januar gefällt sein.

145. Vor der Verwendung müssen die Stämme gut ausgetrocknet werden, da sonst die Zersetzung des Baumsaftes eine rasche Zerstörung der Stange bewirkt. Meist begnügt man sich jedoch nicht damit, sondern unterwirft die Hölzer, um sie widerstandsfähiger gegen die Wirkung der Atmosphärilien zu machen, noch einer eigenen Behandlung mit fäulnisverhindernden Stoffen. Man tränkt die Stangen mit Quecksilbersublimat, Kupfervitriol, oder Kreosot. Die Imprägnierung mit Kupfervitriol ist gegenwärtig die üblichere

Imprägnierung.

Art der Konservierung der Telegraphenstangen und wird meist nach der Methode Dr. Boucherie's angewendet. Ein Bottich ist auf einem Holzgestell in einer Höhe von 6—7 m über dem Erdboden aufgestellt. Derselbe enthält die Imprägnierungslösung, welche aus 1 kg Kupfervitriol auf 50 l Wasser besteht. Ein Rohr mündet einerseits in den Boden des Bottichs, anderseits ungefähr in 1 m Höhe über dem Erdboden in ein Röhrensystem, von welchem aus die Zuleitung der Imprägnierungsflüssigkeit zu den Stammenden der Stangen geschieht. Die Flüssigkeit dringt infolge des Drucks der über dem Stammende lastenden Säule in das Stammende der Stangen ein und tritt unter Mitführung des Baumsaftes am Zopfende der Stange aus. Eine vollständige Imprägnierung des Splints (der Kern nimmt keine Imprägnierungsflüssigkeit an) erfordert je nach der Druckhöhe des Reservoirs und Sorgfalt der Ausführung einen Zeitraum von 10—14 Tagen. Nach der Imprägnierung werden die Stangen geschält und luftig und trocken gelagert. Die Hölzer werden aus den gesundesten gewählt und im Frühling oder im Herbst gefällt und unmittelbar nach dem Fällen, so lange der Saft noch dünnflüssig ist, imprägniert. Das Kupfervitriol muſs frei sein von freier Säure und Eisen. Das zur Herstellung der Lösung verwendete Wasser muſs rein und namentlich kalkfrei sein. Neben der beschriebenen wird auch die Imprägnierung mit Quecksilbersublimat (Hg Cl₂) angewendet. Die gut ausgetrockneten Stangen werden in eine Sublimatlösung gelegt und 8 bis 10 Tage deren Einwirkung ausgesetzt, hierauf herausgenommen und getrocknet.

    Die Dauer der imprägnierten Tragstangen beträgt je nach der Beschaffenheit des Bodens, in welchen sie gesetzt werden, und der Güte der Imprägnierung durchschnittlich ungefähr 15—16 Jahre gegen 6—8 Jahre Brauchbarkeit der unimprägnierten Stangen.

Der Linienbau.   146. Die Zusammenfügung von Drahtleitung, Isolatoren und Stützpunkten zur Linie bildet die Aufgabe des Linienbaues. Nach Ermittelung der Trace, für welche Eisenbahnen und Straſsenzüge an erster Stelle in Betracht kommen, werden die Baumaterialien auf die Strecke verteilt. Hierauf wird mit dem Einsetzen der Tragstangen begonnen. Dieselben werden mit dem dicken Ende je nach der Anzahl der Leitungen, welche sie aufzunehmen haben, und nach dem Erdreich, in welches sie zu stehen kommen, 1—1,5 m eingegraben und festgestampft. Der Abstand der einzelnen Stangen unter sich beträgt in geraden Strecken zwischen 60 und 100 m. In Kurven sind die Entfernungen je nach dem Krümmungsradius kleiner. In der geraden Strecke werden die Stangen von der Draht-

leitung bei ruhigem Wetter nur auf Druck beansprucht. Bei aus-
reichender Befestigung der Stangen im Boden genügt deren Festigkeit
auch für die durch den Winddruck veranlaſsten Beanspruchungen
auf Biegung. In Kurven jedoch erfordert das Bestreben der Drahtleitung, den Bogen der Kurve zur Sehne zu verkürzen, Verankerungen
oder Verstrebungen der einzelnen Stangen. Nachdem die Stangen
aufgestellt sind, werden die eisernen Träger, an welchen die Isolatoren
aufgegipst sind, befestigt. Diese Träger sind entweder Vierkante
mit Gewinde, welche unmittelbar an die Stangen angeschraubt
werden, oder sie werden durch Winkeleisen gebildet, an deren
horizontale Schenkel eigene Tragstifte als Isolatorenträger befestigt
sind. Bei Verwendung von Stangen, welche mit Kupfervitriol imprägniert sind, werden die Befestigungsstücke verzinkt und die
Schraubengänge gefettet. Die auf Winkeleisen aufgesetzten Isolatoren
müssen mit ihrem unteren Rande soweit von dem horizontalen
Winkelschenkel abstehen, daſs sich nicht Schnee im Zwischenraum
auf längere Zeit festsetzt und die Isolation gefährdet. Die einfachen
Isolatorenträger werden durch einen Theerüberzug, gröſsere Eisen-
teile, wie z. B. Winkel- und T-Eisen, durch einen festhaftenden Anstrich gegen die oxydierenden Wirkungen der Atmosphäre geschützt.
Nach Befestigung der Isolatorenträger an den Stangen beginnt das
Drahtspannen. Der zwischen zwei Stützen gespannte Draht bildet
eine Kettenlinie, deren Pfeil von der Festigkeit und dem Gewicht
des Drahtmaterials, der Entfernung der Stützpunkte und der für die
höchsten Temperaturunterschiede gewählten, geringsten Sicherheit
gegen Zerreissen abhängt. Ist der Draht zwischen zwei Stützpunkten
mit der dem Material und der Temperatur der Ausführungszeit entsprechenden Einsenkung vermittelst Flaschenzug gespannt, so wird er
mit Bindedrähten (1,5 mm starke verzinkte Eisendrähte), welche um den
Hals der Isolatoren und um den Draht geschlungen werden, befestigt.

147. Besondere Sorgfalt erheischen jene Stellen der Draht-   Drahtleitung, an welchen zwei Drahtenden zusammengefügt sind, die sog. kuppelungen
Lötstellen, damit dieselben die nämliche Festigkeit und Leitungsfähigkeit erhalten wie der übrige Teil der Drahtleitung. Die Verbindungsstellen werden meist in der Weise gebildet, daſs man die
zu verbindenden Drahtenden auf eine Länge von 5—6 cm nebeneinander legt, in fest aneinanderliegenden Spiralen mit Glockenbinde-
draht umwickelt und die ganze Stelle mit Lot überzieht. Damit
die Umwickelung nach keiner Stelle abrutschen kann, werden die
Enden der zu überbindenden Drahtstücke zu kurzen Haken umgebogen. Die Fig 18 und 19 zeigen die Herstellung der gewöhnlichen sog. Britanniakuppelung.

Bei der Herstellung von Telephonleitungen aus Broncedraht in Städten ist die Anfertigung der Drahtkuppelung mittels Verlöten mit zahlreichen Übelständen verbunden. Dieselben zu vermeiden,

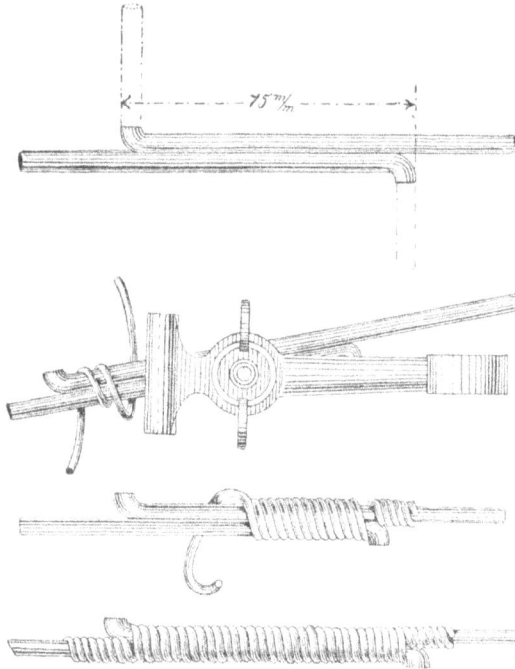

Fig 19

gestattet die von Baumann angegebene Kuppelung. Die beiden Drahtenden werden in gewöhnlicher Weise zusammengewickelt, über den Bund ein Bleiröhrchen geschoben und vermittelst einer Formzange in die in Fig. 20 u. 21 dargestellte Gestalt gepreſst

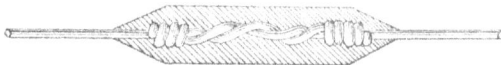

Fig 20

Fig. 21

148. Damit sich die verschiedenen Leitungen desselben Gestänges durch die Schwingungen, welche sie durch die Einwirkungen des Windes erleiden, nicht verschlingen, ist es nötig, daſs die einzelnen Drähte stets, parallel zu einander gehalten, einen Abstand von mindestens 40 cm von einander aufweisen und von demselben Kaliber seien. Linien mit Drähten verschiedenen Kalibers oder verschiedenen

Materials bedürfen daher besonderer Sorgfalt in der Regulierung des Durchhangs.

Bei gleicher Entfernung der Drähte verwickeln sich übereinander gespannte Drähte leichter als nebeneinander gespannte. Wenn man daher eine gröſsere Anzahl von Drähten an derselben Stange in mehreren horizontalen Reihen anzubringen hat, ordnet man die Isolatoren so an, daſs jede Querreihe zwei Drähte mehr oder weniger als die benachbarten enthält und nie zwei Drähte zweier benachbarten Reihen in einer Vertikalebene liegen. Bei einer Anzahl von 13 Stangen pro Kilometer empfiehlt sich eine geringste horizontale Entfernung der Drähte von 30 cm, eine geringste vertikale von 40 cm. Bei Telephonanlagen erfordern die Induktionswirkungen eine geringste Entfernung der Drähte von 40 cm in beiden Richtungen. Zur Vermeidung von Irrtümern und Erleichterung der Auffindung von Fehlern ist es von Wichtigkeit, daſs bei Linien mit einer gröſseren Anzahl von Drähten der nämliche Draht immer die nämliche Stelle im Leitungsprofil beibehalte.

149. Um die an den Enden der Leitung befindlichen Einrich- Blitzableiter. tungen gegen elektrische Entladungen, welche durch die atmosphärische Elektricität bei Gewittern durch die Leitungen stattfinden können, zu schützen, werden die Stützpunkte von Telegraphen- und Telephonleitungen häufig mit besonderen Erdverbindungen versehen. Dieselben vermindern selbstverständlich die Isolierung der Leitungen, gewähren aber auſser dem angestrebten Schutz der Endpunkte der Leitung noch den Vorteil, daſs sie störende Stromübergänge von einer Leitung zur andern verhindern. Meist wird der Bodendraht bei Holzstangen bis zum obersten Querträger hinaufgeführt. Für die Wirksamkeit der Bodendrähte ist die Verbindung mit dem Boden in erster Linie von Wichtigkeit.

150. Zum Schutze der Stationseinrichtungen gegen atmosphärische Elektricitätsentladungen, welche in die Leitungen geraten, werden häufig an den Enden der Luftleitung beim letzten Träger des Leitungsdrahtes noch besondere Blitzschutzvorrichtungen angebracht. Eine solche zeigt Fig. 22. Während vom Isolator nach aufwärts durch eine die Mauer durchdringende Hartgummi- oder Porzellanröhre die Leitung ins Innere des Stationsgebäudes zu den Apparaten fortgeführt ist, zweigt ein starker Kupferdraht zu der Blitzschutzvorrichtung nach unten ab. Letztere besteht aus einer Hartgummiglocke G, welche im Innern eine kreisförmige Messingplatte enthält, an welche ein nach unten reichender Stift befestigt ist. An letzteren ist der Kupferdraht a festgeklemmt. Eine zweite Messingplatte, welche der ersteren mit einem kleinen Luftzwischenraum

elektrisch isoliert gegenübersteht, ist mit dem Bolzen zur Befestigung der Glocke in metallischer Verbindung. Bei *h* wird ein Bodendraht eingeklemmt, so dafs die zweite Bodenplatte mit der Erde in Verbindung steht Eine von der Leitung kommende Entladung durchschlägt die dünne Luftschicht zwischen den Platten und wird schon vor dem Eintritt in die Station zum Boden abgeleitet.

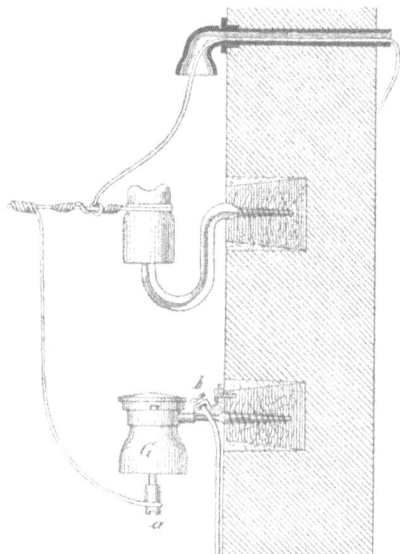

Tönen der Leitungen

151. Die Benutzung von bewohnten Gebäuden als Stützpunkte für Telegraphen- oder Telephonleitungen macht häufig der Umstand beschwerlich, dafs die Drähte bei Wind oder raschen Temperaturwechseln in ein die nächste Umgebung in hohem Grade belästigendes Tönen geraten. Zur Vermeidung dieses Übelstandes werden

Fig. 22.

verschiedene Mittel angewendet, als: Verringerung der Spannung der Drähte, Gummizwischenlagen zwischen Draht und Isolator, Umwickelung der beiden Leitungsstücke zu den Seiten des Isolators mit Drahtstücken etc. Das Wirksamste scheint darin zu bestehen, den Anschlufs der Leitung an den Isolator vermittelst Drahtspiralfedern zu bewerkstelligen.

Kabel.

152. Die unterirdischen Telegraphen- und Telephonleitungen werden gegenwärtig vorzugsweise in der Form von Kabeln ausgeführt. Die wesentlichen Bestandteile eines Kabels sind die Leitung resp. Leitungen, die Isolation und die Schutzhülle. Die Leitungen bestehen aus dem leistungsfähigsten Kupfer, das Material und die Verwendungsart von Isolation und Schutzhülle sind je nach den äufseren Umständen, unter welchen das Kabel zu verlegen ist und zu arbeiten

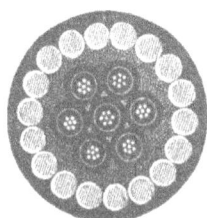

Fig 23.

hat, verschieden. Für lange unterirdische und unterseeische Telegraphenkabel ist das vorzugsweise in Betracht kommende Isolationsmaterial die Guttapercha.

153. Fig. 23 gibt den Querdurchschnitt der für die langen unterirdischen Telegraphenverbindungen in Bayern und im Reichstelegraphengebiet verwendeten Kabelkonstruktion. Das Kabel enthält

sieben Litzen. Jede Litze besteht aus sieben 0,6 mm starken, zusammengedrehten Kupferdrähten und ist folgendermafsen mit Isolationsmaterial umgeben: Die Litze ist zunächst mit einer Lage Chatterton-Compound — einer Mischung aus Guttapercha, Holzteer und Harz, welche sich leicht ohne Zersetzung schmelzen läfst und im geschmolzenen Zustande sich innig mit der Guttapercha verbindet — umschlossen, hierauf folgt eine Schichte Guttapercha, dieser eine zweite Lage Chatterton-Compound und letzterer wieder eine Lage Guttapercha. Das aus den sieben so isolierten Leitungen gebildete Bündel ist mit einer gemeinschaftlichen Lage von geteertem Hanf überzogen. Das Ganze ist mit einer Bespinnung aus 18 verzinkten Eisendrähten von 3,8 mm Durchmesser derart umgeben, dafs jeder Draht auf 23—26 cm Kabellänge einen Umgang macht. Das so gebildete Kabel wird asphaltiert, mit 1,5 mm dickem Garne umsponnen und mit einer Schicht von Clark-Compound — einer Mischung von Asphalt, Teer und Quarz — umgeben. Jene Stellen des Kabels für bedeutende Linien, welche auf dem Grund von Flüssen oder unruhigen Küstenwässern zu verlegen sind, tragen auf der erwähnten Drahthülle eine zweite Bespinnung aus 12 verzinkten Eisendrähten von 8,6 mm Durchmesser. Die einzelnen Guttapercha-Adern zeigen 5,2 mm äufseren Durchmesser.

Solche Kabel verbinden im Reichs-Telegraphengebiet alle bedeutenden Waffen-, See-, Handels- und Verkehrsplätze des Reichs unter sich und mit Berlin. Die Herstellung dieses unterirdischen Telegraphennetzes erforderte einen Kostenaufwand von über 30 Millionen Mark. Der Isolationswiderstand der äufseren Leitungen dieser Kabel schwankt für die verschiedenen Linien zwischen 448,7 und 3935,3 Millionen Ohm pro Kilometer und für eine Temperatur von 15° Celsius. Der Widerstand der Kupferadern beträgt für dieselbe Temperatur und Länge zwischen 6,59 und 8,38 Ohm, die Kapazität 0,19 und 0,25 Mikrofarad.

Die Landkabel werden gewöhnlich 1,0—1,5 m tief in den Boden versenkt. Für die Verlegung gröfserer Längen werden im Reichs-Telegraphengebiet fliegende Abteilungen gebildet, deren jede die von ihr zu verlegenden Kabelstücke auf besonderen Wagen, von welchen das Kabel bei dem Verlegen abrollt, und die zur Herstellung der Verbindungsstellen — die Kabel werden nur in' Längen von je 1 km angefertigt — und der Vornahme der nötigen Messungen erforderlichen Werkzeuge und Apparate, sowie die erforderliche Anzahl von Arbeitern und Ingenieuren mit sich führt. Eine viel erhöhtere Sorgfalt erfordert die Verbindung zweier Kabelstücke gegenüber der Vereinigung der Enden zweier oberirdischer Leitungsstücke. Ohne

weiter auf Einzelheiten der Anfertigung solcher Lötstellen einzugehen, soll hier nur bemerkt werden, daſs die Forderungen, welche
an dieselbe zu stellen sind, sich dahin zusammenfassen lassen, daſs
sich die Lötstelle elektrisch und mechanisch von einem gleich-
langen Stück des zusammenhängenden Kabels nicht wesentlich
unterscheiden darf. Das. von der Reichs-Telegraphenverwaltung
ausgeführte unterirdische Kabelnetz hat bislang vorzügliche Dienste
geleistet und gewährt für den Telegraphenverkehr der verbundenen
Städte eine Sicherheit des Betriebs gegenüber den oberirdischen
Leitungen, welche den beträchtlichen Kostenaufwand, bedenkt man
namentlich die Bedeutung, welche die Sicherheit der Leitung gegen
die Einflüsse des Wetters im Mobilisierungsfalle erreichen kann,
vollauf rechtfertigt.

154. Im Jahre 1891 wurde in Bayern das erste längere unterirdische Kabel der beschriebenen Art behufs telegraphischer Verbindung zwischen München und Berlin verlegt. Die bayerische Abteilung München-Grenze bei Hof hat eine Länge von 328 km und
ist im wesentlichen in den Staatsstraſsen eingebettet. Das Kabel
ist zum Anschluſs von Telegraphenapparaten eingeführt in München,
Ingolstadt, Nürnberg, Bayreuth, Hof, zum Zweck der Untersuchung
in Störungsfällen in Pfaffenhofen, Beilngries, Neumarkt, Gräfenberg,
Pegnitz, Berneck, Münchberg. Die auſserdem in Bayern angewendeten
unterirdischen Telegraphenkabel beschränken sich auf verhältnis-
mäſsig geringe Strecken für den Festungstelegraphendienst und zum
Anschluſs von Luftleitungen an die Telegraphenbureaus in Städten.
Auſserdem stehen Kabel im Bodensee zur Verbindung von Lindau
und St. Gallen, im Starnbergersee, im Tegernsee und im Rhein bei
Worms im Betrieb.

155. Man hat in jüngster Zeit die Kosten unterirdischer Telegraphenkabel dadurch herabzudrücken gesucht, daſs man die kostspielige Guttapercha durch ein billigeres Isolationsmaterial ersetzte
und die Anfertigung der Kabel vereinfachte. In Kabeln dieser Art
besteht die Isoliermasse meist aus einer Mischung von harzartigen
Substanzen, in welche die mit einem paraffingetränkten Faserstoff
überzogenen einzelnen Leitungsadern eingebettet sind. Da die verwendeten Materialien unter dem Einfluſs der Feuchtigkeit zerstört
würden, ist das Leitungsbündel mit einem einfachen oder doppelten
Bleimantel umgeben. Auf letzteren ist häufig noch ein asphaltiertes
Juteband aufgewickelt. Da jede Verletzung der Bleiumhüllung,
welche das Eindringen von Feuchtigkeit zum Kabelinnern ermöglichen würde, sofort einen bedeutenden Isolationsfehler verursacht,
erfordert die Verlegung und Sicherung derartiger Kabel eine erhöhte

Vorsicht. In jedem Fall ist jedoch einer der Hauptvorteile der unterirdischen Leitungsführung, die fast vollkommene Betriebssicherheit, bei Verwendung solcher Kabel billigerer Ausführung bis zu einem beträchtlichen Grade aufgegeben.

156. Man hat in letzter Zeit versucht, die Unannehmlichkeiten, welche in städtischen Telephonanlagen bei oberirdischer Leitungsführung durch die zunehmende Anzahl der Leitungen erwachsen, durch Verwendung sog. Telephonluftkabel zu vermindern. Für die Kabel zu diesem Zweck sind außer den Anforderungen an die Isolation noch besonders geringes Gewicht und Verhinderung der Inductionswirkungen von einer Ader auf die andere desselben Kabels wegen der Empfindlichkeit der Telephonempfänger anzustreben. Das im Münchener Telephonnetz verwendete Luftkabel hat folgende Konstruktion. Um eine zweidrähtige Kupferdrahtlitze von ca. 3 mm Durchmesser des Drahts sind 27 Leitungsadern in konzentrischen Ringen verseilt.

Das so gebildete Seil ist mit einem paraffinierten Juteband umsponnen, um welches ein Bleimantel von 1,9 mm Dicke gepreßt ist. Auf diesen Bleimantel folgt eine Asphaltschicht, über welche ein zweiter Bleimantel angeordnet ist. Auf letzteren ist eine Juteumhüllung aus weißem Band aufgebracht. Das ganze Kabel hat einen Durchmesser von 20 mm und ein Gewicht von 1,4 kg pro Meter. Die einzelnen Adern bestehen aus 0,8 mm starkem Kupferdraht, welcher mit einer Umspinnung von paraffinierter Jute versehen ist. Zur Verringerung der Induktionswirkungen ist jede Ader über der Juteumspinnung mit einem metallischen Überzug, welcher aus 5 mm breiten, abwechselnd rot und blau gefärbten Stanniolstreifen gebildet ist, versehen. Da die Zugfestigkeit des so konstruierten Kabels nicht hinreicht, größere Strecken frei zu überspannen, werden zwischen den Stützpunkten der Kabelleitung eigene Tragseile aus Gußstahldraht gespannt, an welche das Kabel vermittelst Eisen- oder Stahlblechhaken, die in Zwischenräumen von 1—1,5 m einander folgen, eingehängt wird. Die Kabel sind noch zu kurze Zeit in Verwendung, als daß über deren Brauchbarkeit ein endgültiges Urtheil abgegeben werden könnte. Bei Anwendung der für die oberirdischen Luftleitungen bisher hauptsächlich benutzten telephonischen Sender- und Empfängerapparate läßt sich eine Herabminderung der Wirksamkeit derselben durch die Verwendung längerer Luftkabel jedoch nicht mehr bezweifeln.

157. Die Telephonluftkabel haben in ihrer gegenwärtigen Gestalt eine Reihe schwerwiegender Nachtheile, welche eine ausgedehntere Verwendung verhindern. Die Unmöglichkeit, die Zahl der

Telephon-Luftkabel.

Unterirdische Telephonkabel.

oberirdischen Telephonleitungen in gröfseren Städten zu vermehren,
anderseits die aufserordentliche Zunahme von Starkstromanlagen
für elektrische Beleuchtung u. s. w. in den Städten, deren schäd-
licher Einfluſs auf die Telephonleitungen oft nur durch metallische
Rückleitung beseitigt werden kann, zwingen vielfach zu unterirdischer
Anlage der Telephonleitungen. In Bayern sind bis jetzt unterirdische
Telephonkabel nur in geringer Ausdehnung im Gebrauch. Die
Konstruktion der Kabel unterscheidet sich von den Luftkabeln im
wesentlichen nur durch eine kräftige Umhüllung durch Eisendrähte.

Fünftes Kapitel.

Apparatenlehre.

a) Staatstelegraphen.

I. Das Morse-Apparatsystem.

1. Morse-Schreibapparat.

158. Der von Morse im Jahre 1837 konstruierte Schreibapparat Morseapparat.
wird in der bayerischen Telegraphenverwaltung unter verschiedenen
Formen verwendet und beruht auf folgendem Prinzip. Der durch
den Zeichengeber, Schlüssel oder Taster genannt, auf kürzere oder
längere Zeit geschlossene Batteriestrom erregt im Empfangsapparate
den Elektromagneten, der den Anker anzieht und das Ende des
Ankerhebels an einen durch ein Uhrwerk gleichmäßig fortbewegten
Papierstreifen andrückt. Je nach der Dauer des Stromschlusses
zeichnet das Hebelende auf das Papier Striche oder Punkte, aus
denen das Morse-Alphabet zusammengesetzt ist.

159. Alle Schreibapparate haben den elektromagnetischen
Teil, welcher durch den elektrischen Strom in Thätigkeit gesetzt
wird, und die Schreibvorrichtung nebst Laufwerk, den mechanischen Teil, welcher die Hervorbringung der Zeichen in farbiger
Schrift auf dem Papierstreifen, sowie die gleichmäßige Fortbewegung
der letzteren bewirkt, miteinander gemein.

Da es genügt, die Zusammensetzung einer Gattung von Farb-
schreibern genau zu kennen, um auch bei abweichenden Bauarten
sich zurecht zu finden, so werden in folgendem nur die bei den
meisten bayerischen Staatstelegraphenstationen gebrauchten Morse-
Schreibapparate aus der Telegraphenbauanstalt von M. Hipp in
Neuchâtel (Schweiz), aus der eidgenössischen Telegraphenwerkstätte
von G. Hasler und A. Escher in Bern und von dem Mechaniker
H. G. Wetzer in Pfrondten (Bayern) beschrieben werden. In den
Figuren 24 und 25 sind die beiden ersteren Apparate dargestellt.

a) Elektromagnet mit Anker.

160. Die zwei Elektromagnetrollen (mit weichen cylindrischen Eisenkernen von 8,5 mm Durchmesser und 9 cm Höhe)
bestehen je aus zwei Holzscheiben, zwischen welche mit Seide über-
sponnener Kupferdraht in dichten Lagen aufgewickelt ist. Der zu
den Elektromagnetrollen verwendete isolierte Kupferdraht ist von
verschiedener Stärke und Länge, je nachdem der Elektromagnet in

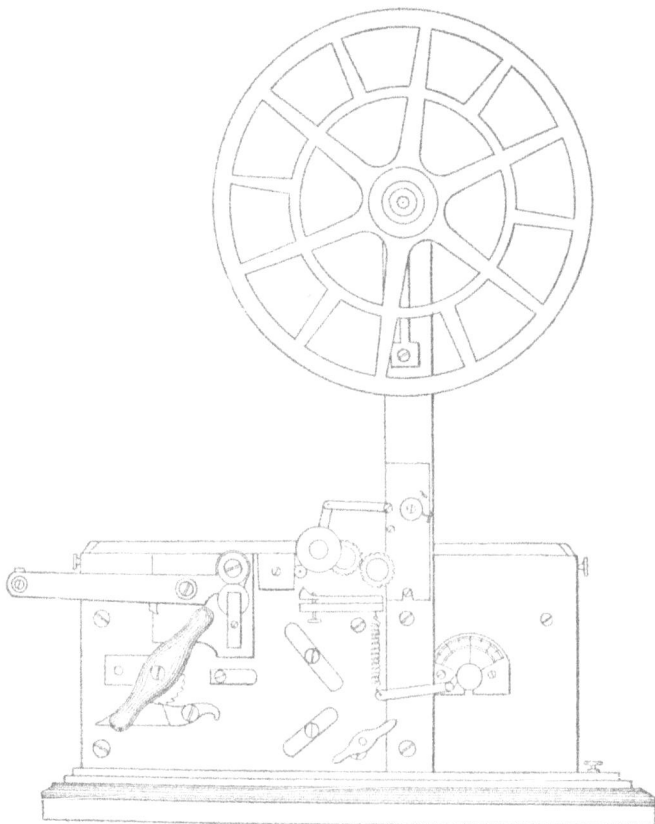

Fig. 24.

die Ortsleitung geschaltet ist und durch ein Relais in Thätigkeit
kommt, oder als Direktschreiber in der Hauptleitung wirkt. In
ersterem Falle ist 0,5 mm starker Umwindungsdraht mit etwa
10 Ohm Widerstand und 2000 Umwindungen, in letzterem 0,1 mm
starker Draht mit durchschnittlich 300 Ohm Widerstand und 8500
Umwindungen verwendet.

Bei den Schreibapparaten von Hipp (Fig. 24) befindet sich der
Hufeisen-Elektromagnet verdeckt zwischen den Gestellwänden, bei

denen von Hasler und Wetzer ist er offen. Zum Schutze gegen
Beschädigungen sind die Drahtrollen mit lackirtem leichten Leder
überzogen. Die Eisenkerne der letzteren Apparate haben flache
Ansätze, sog. Polschuhe.

Der bewegliche Eisen-Anker befindet sich über den Polen des 2. Anker.
Elektromagneten in angemessener Entfernung von diesem und ist
entweder plattenförmig oder er besteht aus einem runden, hohlen
Eisenstabe, welcher oben aufgeschlitzt ist, um durch die Resonanz
der Eisenröhre einen lauteren, das Gehörlesen erleichternden Anschlag zu erzielen. Bei der Bauart von Wetzer ist der hohle Anker
zu beiden Seiten schräg abgeschnitten, so daſs die längste Fläche
gegen die Polschuhe gerichtet ist.

Der Ankerhebel (Schreibhebel) ist um eine horizontale Achse 3. Ankerhebel.
drehbar und trägt an einem Ende den aufgeschraubten Anker.
Dieser Messinghebel ist entweder zwei- oder dreiarmig und hat bei
den Apparaten von Hipp ein Schneidachsenlager. Wird der Morse-
Schreibapparat als Direktschreiber in einer Ruhestromleitung benutzt, so wird der gebrochene Ankerhebel angewendet, welcher aus
zwei beweglichen Teilen besteht. Auſserdem gibt es noch viele
andere Vorrichtungen, um den Morse-Apparat für Arbeits- und auch
für Ruhestrom benutzen zu können.

Es handelt sich nicht allein darum, daſs der Anker angezogen 4. Spannfeder.
wird, sobald der Elektromagnet erregt wird, sondern auch darum,
daſs er wieder abgerissen wird, wenn der Strom im Elektromagnet
aufhört. Dies wird durch eine Abreiſsfeder erzielt, welche
als Gegenkraft gegen die Anziehungskraft des Elektromagneten
auf den Anker wirkt. Die Spannung dieser Feder muſs leicht
vergröſsert oder vermindert werden können. So lange im Elektromagneten kein Strom wirkt, muſs die Abreiſsfeder so gespannt
sein, daſs der Anker mit einem Hebelarme von den Polen abgezogen ist.

Bei der Bauart von Hipp wird die Abreiſsfeder durch eine
exzentrische Schraube gespannt und nachgelassen; letztere drückt
gegen einen Hebel, an dessen Ende die messingene Abreiſsfeder ein-
gehakt ist, welche mit ihrem oberen Ende an dem Ankerhebel befestigt ist.

Bei den Apparaten von Hasler und Wetzer sind zwei gegeneinander wirkende Spannfedern angebracht, die eine unter dem
Ankerhebel, die zweite in einem Messingrohre über demselben. Die
obere Feder muſs in der Ruhelage des Apparats stärker gespannt
sein als die untere und den Anker nach oben von den Polen des

Elektromagneten abgezogen halten, während die untere als Regulierfeder zu dienen hat.

5. Ruhepunkt.

Der Ruhepunkt oder die Rückschlagschraube ist die obere
Messingschraube, an welche der Ankerhebel durch die Spannfeder gezogen wird, so lange eine magnetische Anziehung auf den Anker nicht
einwirkt.

6 Anschlag-
punkt.

Der Anschlagpunkt oder die untere Messingschraube wird
von dem Ankerhebel getroffen, sobald der Anker von dem Elektromagneten angezogen wird. Die Bewegung des Ankerhebels ist also

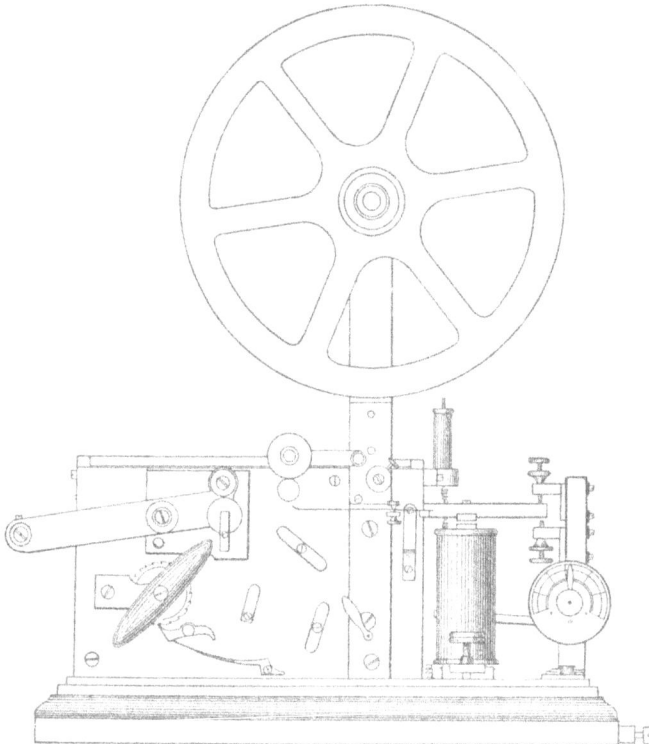

Fig. 25.

durch diese beiden Schrauben begrenzt. Dieselben werden durch
Gegenmuttern oder Prefsschrauben festgelegt. Durch Höher oder
Tieferstellen der beiden Anschlagschrauben gegeneinander wird der
Spielraum des Ankerhebels vergröfsert oder verringert.

Bei der Bauart von Hipp sind die beiden Anschlagschrauben
an der Rückseite der Apparaten-Gestellwand, bei den Apparaten von
Hasler (Fig. 25) und Wetzer hinter dem offenen Elektromagneten
an einem eigenen Messingständer angebracht.

Die Stellschraube für den Elektromagneten bewirkt eine Hebung oder Senkung der Elektromagneten oder der Eisenkerne desselben und damit eine Veränderung des Abstandes der Polschuhe von dem Anker. Diese Stellschraube drückt auf einen federnden Hebel, welcher in einen Ausschnitt des Lagerbrettes bis unter die den Elektromagneten tragende Eisenplatte greift.

7 Stellschraube.

b) Schreibvorrichtung.

161. Die Schreibfeder von Stahl ist auf dem beweglichen Ankerhebel befestigt. Sie endigt in einen etwas aufwärts gebogenen Fortsatz, dessen Schneide den Papierstreifen bei angezogenem Anker gegen das mit Farbe benetzte Rädchen zu drücken hat, so daſs auf der Oberseite des Papierstreifens je nach der Stromdauer ein Punkt oder ein Strich entsteht. Eine Stellschraube am Ende des massiven Teiles des Schreibhebels dient dazu, die Stellung des gebogenen Federrandes gegen das Papier und gegen das Rädchen der jedesmaligen Stellung des Anschlagepunktes entsprechend zu regeln. Bei der Bauart von Hipp endigt die Schreibfeder in einen prismatischen Ansatz, welcher mittels einer durch die Stahlfeder geführten Schraube gehoben oder gesenkt werden kann.

8. Schreibfeder

Das Schreibrädchen aus Stahl oder Messing befindet sich über dem Ende der Schreibfeder, von welcher es bei der Aufwärtsbewegung des Ankerhebels leicht berührt wird, während gleichzeitig an der unteren Anschlagschraube das Ankerhebelende anliegt. Zur Bildung einer feinen Morse-Schrift auf dem Papierstreifen ist das Scheibrädchen mit einem ziemlich scharfen Rande versehen.

9. Schreibrädchen

Die Farbrolle ist eine mit Tuch oder Filz bekleidete Walze, welche an dem oberen Rande des Schreibrädchens anliegt. Das Tuch dieser Walze ist mit blauer oder schwarzer, nicht zu fetter Ölfarbe getränkt und hält den Rand des Schreibrädchens bei dessen Bewegungen stets mit Farbe benetzt und das um so sicherer, als letzteres bei seiner Drehung die Farbwalze mit herumnimmt und dabei immer mit neuen Punkten ihrer Oberfläche in Berührung kommt. Bei geeigneter Zusammensetzung der Farbe trocknen die Zeichen auch schnell genug, daſs ein Verwischen derselben bei einiger Achtsamkeit nicht zu befürchten ist. , Das Auftragen neuer Farbe mittels eines kleinen Pinsels ist in der Regel täglich nötig.

10. Farbrolle.

Bei den Apparaten von Hipp sitzt die Farbrolle auf einem Stifte eines Kniegelenkes auf, legt sich durch ihr eigenes Gewicht gegen das Schreibrädchen und kann leicht in die Höhe gehoben oder abgenommen werden.

Bei der Bauart von Hasler sitzt hinter der Farbwalze auf derselben Achse · ein Zahnrad, welches in ein auf der Achse

des Schreibrädchens befestigtes Laternen-Getriebe eingreift und
so bei der Bewegung des Schreibrädchens immer die Farbrolle mit-
nimmt.

Die Papierführung dient zur Sicherung der richtigen Lage
des nach links abrollenden Streifens gegenüber Schreibfeder und
Schreibrädchen. Bei Haslers Apparaten ist die Rolle auf ihrer Achse
durch eine Schraube fixiert und hat eine der Breite des Papierstreifens
entsprechende Vertiefung oder ist, wie bei Hipp, in der Mitte getrennt,
also aus zwei Führungsscheibchen gebildet, welche durch zwei
Schrauben in die entsprechende Lage gebracht werden, so daſs der
Papierstreifen bequem darübergeführt fortlaufen kann. Um den
Streifen stets mäſsig gespannt zwischen dem Schreibrädchen und der
Schreibfeder durchzuführen, wird derselbe noch über einen Eisen-
stift und unter den Führungsrollen geführt. Durch Verschiebung
der Führungsrolle auf ihrer Achse kann der Streifen in eine solche
Lage gegen das Schreibrädchen gebracht werden, daſs die farbigen
Zeichen in der Mitte, am oberen oder unteren Rande des Streifens
erscheinen, je nachdem der Streifen auf nur einer oder auf beiden
Seiten zwei- oder dreimal benutzt wird.

Die Papierzugswalzen bewirken die Fortbewegung des
Papierstreifens. Die gröſsere untere Walze ohne Rinne wird durch
das Räderwerk von rechts nach links gedreht. Die obere, auf einem
zweiarmigen Hebel sitzende Walze, Friktions-, Druck- oder Schreib-
walze genannt, wird durch eine besondere Stahlfeder gegen die
untere Walze angepreſst und von dieser bei der Drehung durch
Reibung der rauhen Oberfläche in der Richtung von links nach
rechts mitgenommen. Die obere Rolle hat genau in der Mitte eine
schwache Rinne, welche die nassen farbigen Zeichen auf dem Papierstreifen zwischen den beiden Walzen unverwischt durchläſst. Der
Druck der Stahlfeder auf die obere Walze kann durch eine am
linksseitigen Arme des Hebels oben befindliche Schraube reguliert
werden, was je nach der Dicke des fortzubewegenden Papierstreifens
erforderlich ist. Die Feder darf nur so stark gespannt sein, daſs
in einer Minute etwa 1 m Papier gleichmäſsig ablaufen kann. Der
Papierstreifen darf, wenn das Laufwerk stille steht oder der Ankerhebel nicht angezogen wird, das Schreibrädchen nicht berühren.
Der Hebel hat an seinem linken Ende einen horizontal vorstehenden
Zapfen, über welchen der zwischen den beiden Walzen durch-
gezogene Streifen abläuft und so das Ablesen der Zeichen vom
Streifen erleichtert. Der weiſse Papierstreifen wird für Hughesapparate
in Rollen von 14,4 cm, für Morseapparate von 20,9 cm Durchmesser
und von je 13 mm Breite verwendet.

Eine **Papierabwickelrolle** trägt die Papierscheibe. Die 13. Papier-abwickelrolle. beiden Scheiben der Rolle sind von Messing und durchbrochen, haben einen Durchmesser von je 20 cm und sind 15 mm von einander entfernt, um den dazwischen auf einem abnehmbaren Holzkerne aufgesteckten, etwa 330 m langen und 12—13 mm breiten Papierstreifen leicht abwickeln zu lassen. Die vordere Messingscheibe kann nach Abschrauben einer Mutter abgenommen werden.

Eine **Papieraufwickelrolle** ist entweder an der linken 14. Papier-aufwickelrolle. Seite des Apparatentisches oder hinter der Abwickelrolle angebracht, um den ablaufenden beschriebenen Streifen, der als Dokument aufzubewahren ist, aufzunehmen. Der ablaufende Streifen muſs fest von links nach rechts auf diese Gegenrolle aufgewickelt werden.

c) Laufwerk.

162. Das Laufwerk besteht aus folgenden Teilen:

1. dem System ineinandergreifender Zahnräder und Triebe;
2. dem Windfange:
3. der Arretierung;
4. der Triebfeder zur Bewegung des Räderwerks.

Das **Räderwerk** ist ein gewöhnliches Uhrwerk, welches aus 15. Räderwerk. mehreren ineinandergreifenden Zahnrädern besteht und durch eine Triebfeder in Bewegung kommt. Die Achsen des Räderwerks laufen in den messingenen, durch Querstücke fest verbundenen vorderen und hinteren Gestellwänden des Apparats und sind gegen Staub und Schmutz durch sie deckende Messingplättchen geschützt. An der rechten und linken Seite können die in Nuten eingelassenen Messingplatten herausgezogen werden, um das Laufwerk zugänglich zu machen. Die obere Deckplatte ist gewöhnlich aus Glas.

Der **Windfang** dient zur Herbeiführung eines gleichförmigen 16. Windfang. regelmäſsigen Ganges des Räderwerks. Ohne denselben würde der Apparat und das Papier mit ungleicher Geschwindigkeit ablaufen. Der Windfang verhindert dies dadurch, daſs die Luft den beiden Flügeln einen Widerstand entgegensetzt, welcher um so gröſser wird, je schneller sich der Windfang dreht, wodurch dann die Bewegung verzögert und reguliert wird.

Die **Arretierung** oder Hemmung des Laufwerks wird da- 17. Arretierung. durch bewirkt, daſs der Windfang an seiner Drehung gehindert wird. Die Windfangachse wird durch das vierte Zahnrad bewegt. An der hinteren Seite dieses Zahnrades ist ein kleiner Stift angebracht, gegen welchen ein Bremshebel links anschlägt, wodurch dann das ganze Räderwerk im Laufe gehemmt wird. Bewegt man

den Arretierungshebel nach links, so gleitet der Stift über denselben
herab, wodurch das Räderwerk sich wieder frei bewegen kann.

18. Triebkraft. Das Ablaufen des Papierstreifens bei fortdauernder Bewegung
des Räderwerkes kann dadurch verhindert werden, dafs der Hebel
der Druckwalze am linken Ende niedergedrückt wird. Als Triebkraft für das Räderwerk wird eine gute starke Stahlfeder von
etwa 4 m Länge und 34 mm Breite in Spiralform benutzt. Diese
Feder befindet sich in einem Messinggehäuse — Federtrommel —
welches auf der Achse des ersten grrfsen Triebrades befestigt ist.
Das eine Ende der Triebfeder ist an dieser Achse, das zweite mittels
eines Einschnittes an einem Haken im Federgehäuse befestigt. Mit
einem auf der Achse aufgeschraubten Handgriffe an der vorderen
Apparatenwand wird durch Drehen von links nach rechts die Feder
aufgezogen, d. h. gespannt und in immer engeren Windungen um
die Achse gebogen. Um das Zurückschnellen der gespannten Feder
zu verhindern, ist auf dem vorderen Ende der Trommelachse ein
Sperrrad aufgeschraubt, in dessen Zähne ein Sperrkegel unter dem
Drucke einer Feder eingreift. Die frei wirkende Feder setzt das
Gehäuse und damit das grofse Triebrad in Bewegung, welche auch
durch das Aufziehen der Feder nicht gehemmt wird. Die Triebfeder wird durch langsames und vorsichtiges Drehen des Hand-
griffes so weit aufgezogen, bis sich ein Widerstand fühlbar macht.
Ein ruckweises und rasches Aufziehen kann das Springen der Feder
und damit die Unbrauchbarkeit des Schreibapparates verursachen.
Die Laufzeit eines ganz aufgezogenen Apparates beträgt 30 Minuten.
Eine ganz aufgezogene Feder wird eine gröfsere Triebkraft ausüben,
als eine nahezu abgelaufene; das Räderwerk wird sich demnach in
ungleichmäfsiger Geschwindigkeit bewegen. Dies verhindert der
bereits erwähnte Windfang. welcher bewirkt, dafs die Anfangs- und
Endgeschwindigkeit des Laufwerkes möglichst wenig verschieden
sind, und dafs somit der Papierstreifen gleichmäfsig abläuft. Werden
beim Ablaufen des Apparates starke Stöfse hörbar, so besteht zwischen
den Windungen der Triebfeder zu starke Reibung, welche durch
Einbringen von Öl beseitigt werden mufs.

163. Bei jedem Apparate kommen aufserdem noch einige allgemeine Konstruktionsteile vor, nämlich:

19. Unterleg- Die Unterlegplatte. Diese mufs aus festem, isolierendem
platte. Material bestehen, auf welche sich die messingene Bodenplatte des
Apparates durch Schrauben leicht befestigen läfst. Gewöhnlich ist die
Unterlegplatte aus trockenem, poliertem Holze gefertigt, das sich nicht
wirft und gut isoliert. Die Aufstellung des ganzen Apparates erfordert
einen Tisch von 80 cm Länge, 58 cm Breite und etwa 1 m Höhe.

164. Die **Klemmschrauben.** In den Fällen, in welchen ein 20. Klemm-
schrauben. Draht mit einem Metallteile, einer Schiene etc. leitend und fest verbunden werden soll, wendet man Klemmschrauben, Docken, Druckschrauben an. Der einzuklemmende Draht wird blank gescheuert, in die bestimmte Docke eingeführt oder zu einer Öse gebogen und dann mit einer Schraube fest angepreſst, um einen innigen, metallischen Kontakt zu erzeugen, so daſs an diesen Berührungspunkten der Stromübergang nicht erschwert wird. Die Drahtöse muſs immer in der dem Schraubengange entsprechenden Richtung gebogen werden, damit dieselbe durch die andrückende Schraube nicht aufgedreht, sondern fester eingedreht wird. Die Klemmen müssen einen Druck von wenigstens 400 g ausüben, in welchem Falle die sichere Berührung zwischen Draht und Klemme hergestellt ist. Ein zu starkes Anziehen der Klemmschrauben wird den Draht breitdrücken. In vielen Fällen ist es wichtig, eine Schraube so fest zu stellen, daſs sie sich aus ihrer Lage nicht mehr verrücken kann. Dieser Fall tritt besonders bei den Anschlagschrauben ein, weshalb die Stellschrauben mit Gegenmuttern versehen sind.

Regulierung des Morse-Schreibapparates.

165. Bei der Regulierung des Elektromagneten, welche durch Ände- Regulierung des
Morse-Schreib-
apparates. rung der Stromstärke notwendig wird, sind folgende Punkte zu beachten:

1. Der Elektromagnet des Morse-Schreibapparates muſs in richtiger Lage gegen den Anker sich befinden. Zu diesem Zwecke erhält derselbe die Mittelstellung, so daſs er durch die Stellschraube gleichweit von seiner tiefsten und höchsten Stellung entfernt wird und im Bedarfsfalle nach beiden Richtungen verstellt werden kann. Bei schwach wirkendem Strome werden die Pole des Elektromagneten gegen den Anker gehoben, dagegen bei stärkerem Strome von demselben durch die Stellschraube entfernt.

2. Die Rückschlagschraube wird so gestellt, daſs die Hubhöhe des Ankerhebels 1 bis $1\frac{1}{2}$ mm beträgt und dann ihre Lage gleich derjenigen der Anschlagschraube durch die Gegenmuttern oder Preſsschrauben dauernd und sicher festgestellt. Bei einem Apparate ohne Elektromagnet-Stellschraube wird die richtige Entfernung des Ankers vom Elektromagneten durch die beiden Anschlagschrauben reguliert.

3. Der Anker soll in der Ruhelage von den Polen des Elektromagneten $1—1\frac{1}{2}$ mm entfernt sein, so daſs er auch von einem schwachen Strome noch sicher angezogen wird. Bei gröſserem Abstande wird der Gang des Ankers schleppend, bei geringerem ist der Ton des Apparates zu schwach und die Schrift undeutlich.

4. Bleibt der Anker an den Polen auch nach Aufhören des Stromes noch kleben, so können die Eisenkerne remanenten Magnetismus haben, welcher am besten durch Wechsel der Batteriepole beseitigt wird.

5. Die untere Anschlagschraube ist so einzustellen, dafs der niedergedrückte Anker die Pole des Elekromagneten nicht berührt und dazwischen ein Papierstreifen leicht durchgezogen werden kann. Bei zu tiefer Lage der Anschlagschraube würde der Anker auch nach Aufhören des Stromes kleben bleiben.

6. Der Ankerhebel mufs sich in seinem Achsenlager leicht und ohne Reibung drehen können, weshalb die Lagerschrauben so zu stellen sind, dafs derselbe etwas Luft hat; ebenso müssen die Zapfen rein und geölt sein.

7. Die Schreibfeder mufs so gestellt werden, dafs sie bei angezogenem Anker den Papierstreifen leicht gegen das Schreibrädchen anprefst. Der Anker wird deshalb niedergedrückt und die Regulierschraube des Schreibhebels so weit von links nach rechts gedreht, bis auf dem laufenden Streifen ein ununterbrochener, gut markierter Strich erscheint. In dieser Lage mufs der Schreibhebel die untere Anschlagschraube treffen, wobei der Stahlarm der Schreibfeder sich nicht biegen darf, sobald er den Papierstreifen berührt.

Die Farbrolle mufs gut auf dem Schreibrädchen aufliegen, mit verdünnter Farbe hinreichend getränkt sein und beim Laufe des Räderwerks sich mitbewegen. Dieselbe ist auf ihrer Achse verschiebbar, damit das Schreibrädchen nicht durch das stete Anliegen an einem Punkte der Rolle eine Vertiefung in der Tuchscheibe und damit unleserliche Zeichen auf dem Streifen bildet.

Die Papierführung ist derart aufzuschrauben, dafs der Papierstreifen immer in gleicher Lage über die Schreibfeder und in passendem Abstande vom Schreibrädchen fortgeleitet wird und dafs er sich in der Vertiefung zwischen den Scheibchen frei bewegen kann.

Die Papierzugwalzen haben den Streifen gleichmäfsig fortzubewegen, weshalb die auf die obere Walze drückende Feder genügend gespannt werden mufs. Bei schwachem Drucke dieser Feder wird das Papier nicht sicher fortbewegt, bei zu stark gespannter Feder verlangsamt sich der Lauf des Streifens.

Die abgelaufene Triebfeder ist stets vorsichtig und langsam aufzuziehen.

Die sämtlichen Apparatenteile sind täglich mittels Staubpinsel und Putzleder zu reinigen. Das Räderwerk mufs an den Zapfen in bestimmten Zwischenzeiten mit Öl versehen werden. Räder und Getriebe dürfen nicht geölt werden.

8. Die auf den Ankerhebel wirkende Abreifsfeder bei Hipp-Appa-

raten ist zuerst so weit nachzulassen, daſs der Anker durch sie gegen die Pole des Elektromagneten gedrückt wird, und dann wieder so weit anzuspannen, bis der Anker mit seinem Hebel gegen die Rückschlagschraube gut anliegt. Ist die Abreiſsfeder zu stark gespannt, so bleiben entweder sämtliche Zeichen aus, oder es erscheinen nur die Striche, nicht aber auch die Punkte, weil durch die magnetische Anziehung die entgegenwirkende stärkere Federkraft nicht überwunden werden kann; ist dagegen die Abreiſsfeder zu schwach gespannt, so flieſsen die Zeichen zusammen, und der Anker schlottert. Bei den Hasler- und Wetzerschen Schreibapparaten mit einer Ausgleichfeder ist die untere und dann die obere Spannfeder ganz auszulassen, dann ist die obere in einem Messingrohre befindliche Feder so weit zu spannen, bis der Ankerhebel sicher vom Elektromagneten abgezogen bleibt; die untere Regulierfeder wird sodann der Stromstärke entsprechend gestellt. Genügt die Regulierung dieser Feder nicht, so ist die Elektromagnet-Stellschraube noch einzustellen.

2. Taster.

166. Der zweite Hauptteil des Morse-Systems ist der Zeichen- Taster
geber, Schlüssel oder Taster. Mittels des Tasters erfolgt durch die rechte Hand des Telegraphisten der Schluſs oder die Unterbrechung der Linienbatterie, wodurch der Empfangsapparat in Thätigkeit gesetzt wird. Der Taster besteht aus drei Messingschienen, von denen die vordere Arbeitskontakt- oder Telegraphierschiene, die mittlere der Körper oder Drehpunkt, Achse oder Mittelschiene und die hintere Ruhekontaktschiene heiſst. Diese drei Schienen

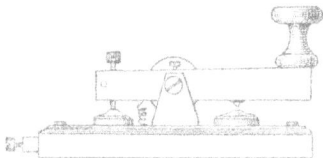

Fig. 26.

ruhen auf einer isolierenden Unterlage aus Holz. Die Mittelschiene trägt an den Seiten die Achsenlager zur Aufnahme des beweglichen Tasterhebels, welcher in der Ruhelage den Ruhekontakt berührt. Wenn ein Zeichen mit dem Taster gegeben werden soll, so wird der Knopf des Tasters niedergedrückt und dadurch die Verbindung des Hebels mit dem Ruhekontakte aufgehoben, dagegen mit dem Telegraphierkontakte hergestellt. An der Seite des Tasterbrettes sind die zur Einklemmung der Zuleitungsdrähte nötigen Docken angebracht. Der Taster hat also zwei Aufgaben:

1. In der Arbeitslage dient er durch Schlieſsen oder Unterbrechen der Linienbatterie zur Abgabe der Zeichen.
2. In der Ruhelage bietet er als Teil der Hauptleitung dem ankommenden Strome einen Weg zum Empfänger bzw. zur Erde.

Die stählerne Achse ist zwischen den zwei Ansätzen der Mittelschiene mittels zweier Schrauben gelagert. Die richtige Stellung
kann durch eine Gegenmutter festgelegt werden. Der gerade Tasterhebel ist mit der Achse durch eine Schraube fest verbunden. An
seinem hinteren Ende ist er durchbohrt und trägt die mit einer
Gegenmutter versehene Ruhekontaktschraube, deren platinierte
Spitze auf einem Kontaktstücke, gleichfalls mit Platin belegt, aufruht. Je nachdem diese Sattelschraube mehr oder weniger heraus-
geschraubt wird, erfolgt eine Vergröfserung oder Verkleinerung der
Hubhöhe des Tasters. Zwischen Achse und Sattelpunkt ist eine
Spiralfeder von Messing angebracht, durch deren Zug der ruhende
Tasterhebel sicher und fest auf dem Sattel aufsitzt.

Bei den Apparaten des Frischen-Systems sind sog. »geräusch-
lose« Taster in Verwendung. Dieselben sind von den gewöhnlichen
neueren Tastern nur darin abweichend, dafs die vorderen Schienen
mit einem federnden Kontaktstücke aus Stahl, die hintere Ruhe-
punktschiene mit einem eben solchen aus Platin versehen, und dafs
die Spannfeder, welche die beiden Ruhekontakte fest gegeneinander
drückt, durch eine Stellschraube regulierbar ist[1]).

Regulierung des Tasters.

Regulierung des
Tasters. 167. Das Hauptaugenmerk ist beim Taster darauf zu richten,
dafs die Berührungspunkte metallisch rein sind. Die mit Platin
versehenen Kontakte verbrennen allmählich infolge der sich bildenden
Funken, oder es setzt sich an denselben Staub und Schmutz an,
was den Stromübergang erschwert oder ganz verhindert.

a) Wenn der Ruhekontakt des Tasters in einer Arbeitsstromleitung unrein ist, so erhält man schlechte oder gar keine Zeichen von
anderen Stationen; ist der Telsgraphierkontakt unrein, so kann man
nur unvollkommene Zeichen infolge des mangelhaften Schlusses der
Linienbatterie geben.

b) Unreine Ruhepunktkontakte eines Tasters in einer Ruhestromleitung können eine Unterbrechung der Leitung hervorrufen.
Deshalb müssen diese Berührungs- bezw. Stromübergangspunkte von
Zeit zu Zeit gereinigt werden dadurch, dafs man zwischen denselben einen reinen Papierstreifen durchzieht und dabei den Hebel
niederdrückt, jedoch so vorsichtig, dafs von den Streifen keine
Papierteilchen an den Berührungspunkten hängen bleiben. Statt
des Papierstreifens kann auch Putzleder, Smirgelpapier oder eine
feine Feile gebraucht werden.

---

[1]) Die Ausschlufsvorrichtung bei Arbeitsstromtastern siehe auf Seite 88.

Ferner ist darauf zu achten, ob die Spiralfeder richtig gespannt ist. Bei zu schwach gespannter Feder entsteht mangelhafter, unsicherer Kontakt am Sattel, und wird der Taster beim Loslassen nicht mehr sicher in seine Ruhelage zurückgeführt.

Die Verbindung des Tasterhebels mit der Achse des Tasters muſs eine sichere sein, weshalb der Hebel durch eine Schraube fest auf seiner Achse aufsitzen muſs. Mit dem Taster soll immer ganz leicht und frei gearbeitet werden können. Eine lockere Achse verursacht ein Abrutschen der Sattelschraube vom Sattel und eine Unterbrechung. Eine zu starke Einengung der Achse dagegen hat ein ermüdendes Spiel und sehr oft durch das Schweben des Tasterhebels eine Unterbrechung zur Folge.

Die Hubhöhe ist durch die Sattelschraube auf einen Millimeter zu regulieren. Bei gröſserer Fallhöhe entsteht während des Arbeitens störendes Geräusch, und es bleiben die Punkte leicht aus; bei zu kleiner Fallhöhe kann Ruhe- und Arbeitskontakt gleichzeitig geschlossen sein, die Zeichenabgabe unmöglich gemacht und bei einer Arbeitsstromleitung konstanter Strom herbeigeführt werden. Die Achse ist öfters von dem verdickten Öle, welches sich noch mit Staub, Metalloxyd etc. vermengt, zu reinigen und mit reinem Öl zu versehen.

Einfacher Stromlauf.

168. Unter Stromlauf ist der Weg zu verstehen, welchen der **Stromlauf.** galvanische Strom von seiner Quelle aus durch die Apparate und die Leitung zur Erde bezw. zur Batterie zurück durchlaufen muſs. Für den Betrieb der Morse-Apparate sind in Bayern Stromeinführung oder Arbeitsstrom und Stromunterbrechung oder Ruhestrom in Verwendung.

Die erstere Betriebsart wird nur auf den Hauptleitungen für den Verkehr der gröſseren Staatstelegraphenstationen unter sich angewendet, während die zweite Art auf Nebenleitungen für den Verkehr mit den kleineren Stationen und auf den Bahntelegraphenleitungen benutzt wird.

A. Arbeitsstrom.

169. Die einfache Schaltung für zwei Stationen in einer Arbeits- **Arbeitsstrom.** stromleitung ist im 3. Kapitel (s. Fig. 12) angegeben. Bei derselben spricht der Empfangsapparat der gebenden Station nicht an, weil derselbe in den vom Sattel des Tasters aus führenden Leitungszweig geschaltet ist. Wird jedoch, wie in Bayern bei den Arbeitsstromleitungen durchgehends der Fall ist, der Empfangsapparat in

den vom Drehpunkte des Tasters abgehenden Zweig der Hauptleitung eingeschaltet, so werden sowohl die ankommenden als auch
die abgehenden Zeichen an dem Elektromagneten erscheinen, wie
aus Fig. 27. welche die Verbindung von drei Stationen für Arbeitsstrom darstellt, ersichtlich ist. Für die telegraphierende Station
ist es aber nicht nötig, stets die eigenen Zeichen am Apparate zu
hören; deshalb ist bei den bayerischen Stromeinführungstastern
eine Ausschlußvorrichtung angebracht, welche es ermöglicht, den
abgehenden Strom beim Tastendruck sowohl durch den eigenen

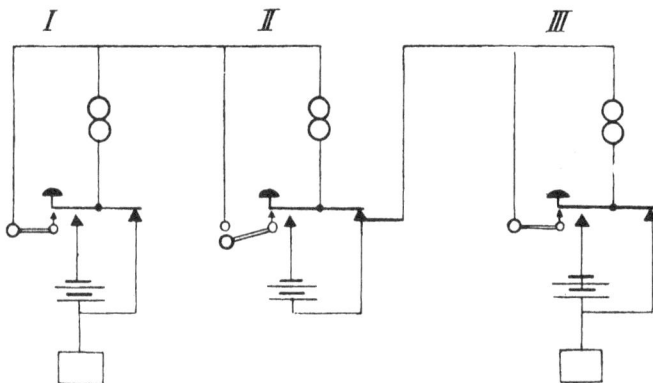

Fig. 27.

Apparat zu leiten, als auch denselben auszuschließen und dem
Strome mit Umgehung des Elektromagneten der eigenen Station
einen direkten Weg in die Hauptleitung zu bieten. Der Taster wird
deshalb mit einem zweiten Arbeitskontaktpunkte versehen, von
welchem aus durch den geschlossenen Ausschlußhebel eine kurze
Drahtverbindung zur Leitung geführt ist. Dieser Kontaktpunkt
muß beim Tasterdrücken früher getroffen werden als der eigentliche
Telegraphierkontakt. In der Ruhelage des Tasters ist dieser zweite
Kontaktpunkt wie der erste außer Berührung mit dem Tasterhebel,
und der kommende Strom muß die Elektromagnetumwindungen
durchlaufen. Da es jedoch zuweilen vorteilhaft ist, besonders beim
Aufsuchen von Störungen, den Telegraphierstrom durch den eigenen
Empfangsapparat zu leiten, so darf in diesem Falle nur die in Fig. 27
bei Station *I* und *III* angegebene Verbindung durch Öffnen des Aus-
schlußhebels, wie bei *II* dargestellt, unterbrochen werden.

Der sogenannte Ausschlußstift unter dem den Tasterknopf
tragenden Hebelende kann in seiner Stellung zum Taster verändert
werden; der Abstand soll ¹/₂ mm betragen. Wenn der Ausschluß-

stift zu tief steht, so wird derselbe beim Tasterdrücken entweder
gar nicht, oder erst nach Berührung des Telegraphierkontaktes getroffen, und die Ausschlußvorrichtung ist unnütz, weil der abgehende
Strom bereits durch den Elektromagneten seinen Weg in die Leitung
genommen hat. Ist dagegen der Ausschlußstift hoch und so nahe
dem Hebelende des Tasters gestellt, daß er diesen in seiner Ruhelage berührt, so nimmt bei geschlossenem Ausschlußhebel der
kommende Strom ebenfalls den kürzeren Weg durch die Ausschlußvorrichtung, und der umgangene Empfangsapparat gibt keine Zeichen.
Die Schaltung der telegraphierenden Batterie zum Taster und zur
Leitung bezw. Erde ist gleichgültig, doch wird in der Regel bei
jeder Station der Zinkpol an den Telegraphierkontakt des Tasters
geführt.

B. Ruhestrom.

170. Die einfache Verbindung von zwei Stationen in einer Ruhestrom.
Ruhestromleitung ist ebenfalls im 3. Kapitel bereits dargestellt
(s. Fig. 12). Der Ruhestrombetrieb ist in Bayern seit 1867 für die
sog. Omnibusleitungen eingeführt. Die telegraphierende Batterie
kann für die ganze Leitung entweder an einer Endstation oder an
einer Mittelstation aufgestellt, oder zur Hälfte bei jeder der beiden

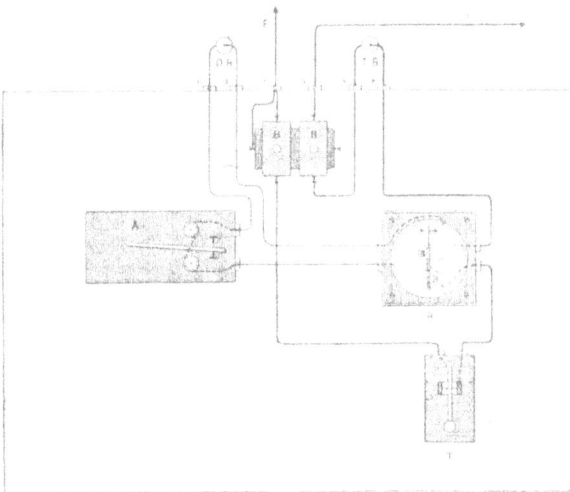

Fig. 28.

Endstationen verteilt werden. Sie wird in der Regel an den beiden
Endstationen halbiert aufgestellt, weil diese gewöhnlich Hauptstationen sind, und weil bei Betriebsstörungen die beiden Leitungszweige mit ihrer geteilten Batterie noch benutzbar sind. Die

Verbindung mit dem Taster ist bei Ruhestrom einfacher, weil die
Arbeits- und Ausschlufskontakte wegfallen.

Wir geben beistehend noch die Skizzen der Drahtführungen,
wie sie in den Apparatentischen der bayerischen Stationen mit Ruhestrombetrieb meist angeordnet sind, wenngleich die Beschreibung

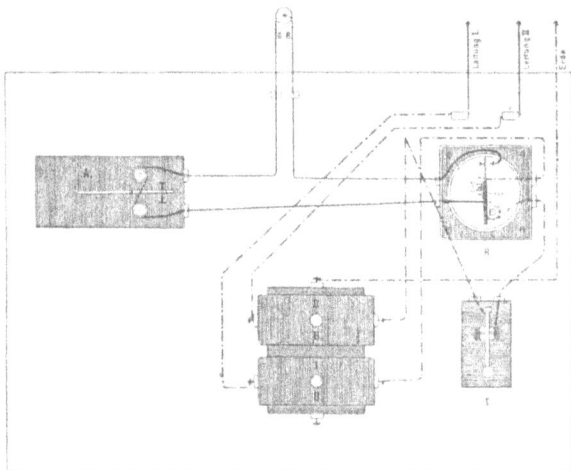

Fig. 29.

der Hilfsapparate erst folgt. Fig. 28 (S. 89) zeigt die Schaltung einer
Endstation mit Batterie und Relais. A ist der Schreibapparat, T der
Taster, R das Relais, BB die Blitzplatten, E die Erdverbindung,
L die Leitung, OB die Ortsbatterie, TB die telegraphierende Batterie,
1, 2, 3, 4, 5, 6 die Docken zum Einklemmen der Drähte. Fig. 29
zeigt die Schaltung für eine Zwischenstation mit Relais und ohne
Batterie. Bei diesem Anlasse wollen wir noch einige kurze Bemerkungen über die Zusammenstellung der einzelnen Teile am Apparatentische anfügen. Der Schreibapparat, das Relais und der Taster sind
auf der Eichholzplatte des Apparatentisches festgeschraubt. Die zu
diesen Apparatteilen führenden Drähte sind an der Unterseite der
Tischplatte befestigt und führen durch Bohrlöcher auf die Oberseite,
wo sie an den Klemmen der betreffenden Apparatteile endigen.
Die Blitzplatten sind auf dem Boden des Tischkastens aufgestellt.
Die Tischplatte ist durch Charniere zum Aufklappen eingerichtet,
wodurch die Untersuchung der Blitzplatten und der Drahtführungen
ermöglicht ist. Die Blitzplatten sind jetzt meist so eingerichtet,
dafs schon durch Aufheben der Tischplatte die Bodenverbindung
aufgehoben wird.

171. Die Schriftzeichen für das Morse-System sind folgende. *Morseschrift*

Buchstaben.

A	· —	I	· ·	R	· — ·	Å	· — — · —
Ä	· — · —	J	· — — —	S	· · ·	É	· · — · ·
B	— · · ·	K	— · —	T	—	Ñ	— — · — —
C	— · — ·	L	· — · ·	U	· · —		
CH	— — — —	M	— —	Ü	· · — —		
D	— · ·	N	— ·	V	· · · —		
E	·	O	— — —	W	· — —		
F	· · — ·	Ö	— — — ·	X	— · · —		
G	— — ·	P	· — — ·	Y	— · — —		
H	· · · ·	Q	— — · —	Z	— — · ·		

Ziffern:

1	[gekürzt] · — — — —	6	— · · · ·	Bruchstrich
2	· · — — —	7	— — · · ·	[gekürzt] — — — — —
3	· · · — —	8	— — — · ·	
4	· · · · —	9	— — — — ·	
5	· · · · ·	0	— — — — —	

Unterscheidungs- und andere Zeichen:

.	Punkt	· · · · · ·	=	Bindestrich	— · · · · —
,	Semikolon	— · — · — ·	( )	Klammer	— · — — · —
,	Komma	· — · — · —	„ "	Anführungszeichen	· — · · — ·
	Doppelpunkt	— — — · · ·		Unterstrichen	· · — — · —
?	Fragezeichen	· · — — · ·		Trennungszeichen	
!	Ausrufzeichen	— — · · — —		zwischen Kopf,	— · · · —
'	Apostroph	· — — — — ·		Aufschrift, Text	
	Absatzzeichen	· — · — · ·		und Unterschrift	

Dienstzeichen:

Staatstelegramm	· · ·	Post bezahlt	· — — · · — — ·
Diensttelegramm	· —	Post eingeschrieben	· — — · · — ·
Dringendes Privattele-		Eilbote bezahlt	— · · — · — — ·
gramm	— · ·	Estafette bezahlt	· · — — ·
Gewöhnliches Privat-		Offenes Telegramm	· — · — — · —
telegramm	· — — ·	Anruf	— · — · —
Gebührenpflichtiges		Verstanden	· · · — ·
Diensttelegramm	· · · —	Irrung	· · · · · · · · ·
Antwort bezahlt	· — · · — — ·	Schluſs	· — · — ·
Dringende Antwort be-		Aufforderung zum	
zahlt	· — · · — — · — ·	Geben	· — · · — — · —
Verglichen. Telegramm	— — · — ·	Warten	· — · · ·
Empfangsanzeige	— · — · · — ·	Quittung	· — · · — · — ·
Nachzusenden	· · — — · · ·		

Abstand und Länge der Zeichen:

1. Ein Strich ist gleich drei Punkten.
2. Der Raum zwischen den Zeichen eines Buchstabens ist gleich einem Punkte.
3. Der Raum zwischen zwei Buchstaben ist gleich drei Punkten.
4. Der Raum zwischen zwei Worten ist gleich fünf Punkten.

II. Hilfsapparate.

Hilfsapparate. 172. Aufser den Hauptapparaten eines einfachen Morse-Tele-graphensystems, dem Schreibapparate und dem Taster nebst der telegraphierenden Batterie und deren Verbindung mit der Leitung und Erde, werden noch Hilfs- oder Nebenapparate angewendet, nämlich Relais, Blitzableiter, Galvanoskope, Umschalter, Übertrager, künstliche Widerstände und Läutewerke.

1. Relais.

Relais. 173. In denjenigen Fällen, wo der von entfernten Stationen ankommende Telegraphierstrom nicht mehr ausreicht, bei unmittel-barer Einwirkung auf den als Direktschreiber verwendeten Morse-Apparat diesen in Thätigkeit zu setzen, werden Relais angewendet. Das Relais entspricht dem elektromagnetischen Teile des Schreib-

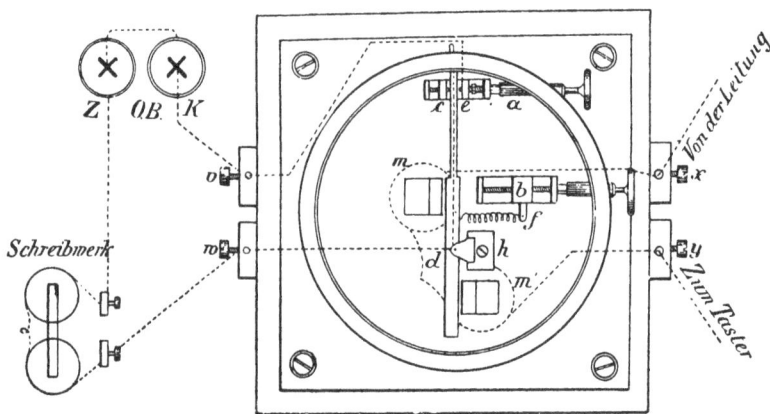

Fig. 30.

apparates und ist nichts anderes als ein Vorspann-Elektromagnet, welcher besonders empfindlich gebaut und in die Hauptleitung als Empfänger zu dem Zwecke eingeschaltet ist, die von der telegra-phierenden Station gegebenen Zeichen aufzunehmen, den Strom der Linienbatterie abzulösen und durch die Bewegungen des leichten Relaisankers den Strom der Orts- oder Lokalbatterie OB (Fig. 30) zu schließen und zu öffnen und dadurch die aufgenommenen Zeichen am Schreibapparate zu wiederholen, nicht aber zu verstärken. Das Relais übernimmt gleichsam die Rolle eines zweiten Tasters, welcher durch den ursprünglichen galvanischen Strom in Thätigkeit gesetzt wird.

Die Magnetisierungsspiralen der Relais bestehen aus 0,2 mm starkem isolierten Kupferdrahte, wie bei den Direktschreibern, und enthalten ca. 12 000 Umwindungen mit ungefähr 500 Ω Widerstand. In Bayern ist das nach seiner Form benannte Dosenrelais (Fig. 30) am meisten gebräuchlich. Die senkrecht stehenden Eisenkerne haben Polansätze *m* und *m'* und sind an einer Messingscheibe so befestigt, daß sie über diese hinausragen. Der leichte Ankerhebel *d* aus weichem Eisen dreht sich um seine vertikale Achse *h* und ist in der Mitte zwischen den beiden Eisenkernen durchgeführt. Die Enden des Ankers bewegen sich wagrecht gegen die Polansätze beim Telegraphieren. Zwei ebenfalls wagrecht liegende, auf einem isolierten Verschiebungsstücke befestigte Schrauben *c* und *e* begrenzen die Ankerbewegung an dem verlängerten Hebelende. Die eine Schraube, an welcher das Verlängerungsstück des Ankers in der Ruhelage anliegt, trägt an ihrer Spitze ein Achatknöpfchen als Isolator. Die an der linken Seite des Relais befindlichen Klemmen *v* und *w* vermitteln die Verbindung der Ortsbatterie und des Schreibwerks mit der Achse und dem Kontaktpunkte des Relaisankers. Wird nun in den Relaiswindungen ein Strom wirksam, wie das in einer Ruhestromleitung stets und in einer Arbeitsstromleitung bei Tasterdrücken der Fall ist, so werden die Eisenkerne *m* und *m'* magnetisch und ziehen den Relaisanker an, der Hebel *d* dreht sich mit seinem oberen Ende gegen den linken Ansatz, und das Verlängerungsstück berührt die Schraube *c*, welche bei Arbeitsstrom den Schluß der Ortsbatterie bewirkt, so daß diese über *K v c d w* Schreibwerk *Z* geschlossen wird und der Schreibwerkanker gleichzeitig mit dem Relaisanker anfällt. Während bei Arbeitsstrom der Schluß der Ortsbatterie an der Kontaktschraube *c* erfolgt, und *e* ein Achatknöpfchen als Isolierung des Ankerhebels trägt, sind die beiden Punkte *c* und *e* bei dem Relais für Ruhestrom vertauscht, um das Schließen der Ortsbatterie erst im Momente des Abfallens des Relaisankers zu bewirken; der letztere liegt also in der Ruhelage der Taster mit seinem Verlängerungsstück stets links an der isolierten Schraube *c* an und trifft beim Tasterdrucke die Kontaktschraube *e*, von welcher aus die Verbindung über *v* zur Lokalbatterie führt. Bei Ruhestrom machen daher Relais- und Schreibwerkanker entgegengesetzte Bewegungen. Die Entfernung des Hebels *d* von den

Dosenrelais.

Polen *m* und *m'* wird durch die obere Stellschraube *a* geregelt,
d. h. durch Linksdrehen wird der Ankerhebel den Polen genähert,
durch Rechtsdrehen von denselben entfernt.

Die untere Stellschraube *b* dient zur Regulierung der Spannfeder *f.* Das Relais selbst ist in den Apparatentisch bis zur Messingscheibe eingelassen und trägt oben eine Messingdose mit Glasdeckel
zum Schutze vor Beschädigungen und vor Staub. Die Dose ist
durch einen sog. Bajonettverschluß auf dem Relais angebracht und
ist, wenn nötig, mit Vorsicht abzunehmen, um nicht das Achsenlager des Ankers und die Spitze des aus der Dose herausragenden
Verlängerungsstückes des Relaisankers zu beschädigen. Die beiden
Stellschrauben *a* und *b* sind aus dem Dosenringe rechts heraus-
ragend und durch Beinumhüllung von demselben isoliert. Der Stift
des verlängerten Relaisankers ragt durch den Ausschnitt der Kapsel-
wand und dient dazu, die Beweglichkeit des Ankers und die Taug-
lichkeit der Ortsbatterie zu prüfen, indem man den Stift mit dem
Zeigefinger einer Hand leicht nach links und rechts bewegt. Während
die linksseitigen Docken *v* und *w* zur Lokalverbindung gehören,
vermitteln die rechtsseitigen Klemmen *x* und *y* die Hauptverbindung
von der Leitung zum Relais und zum Taster.

Regulierung des Relais.

Regulierung des
Relais.
174. Da das Relais sich vom Schreibwerk-Elektromagneten nur
durch leichtere Bauart des Ankers und seine Aufgabe als Taster
unterscheidet, so gilt für die Regulierung in der Hauptsache dieselbe
Vorschrift, wie die beim Morse-Schreibapparate angegebene. Im
besonderen sind noch folgende Punkte zu beachten:

Die Stromschlußpunkte, die Achse und das Lager des Relaisankers müssen rein sein. Von dem guten Kontakte zwischen dem
Ankerhebel und der Schraube *e* überzeugt man sich durch leichtes
Andrücken des Verlängerungsstiftes an *e*, wobei die Ortsbatterie
geschlossen und der Schreibwerkanker kräftig angezogen werden
muß — richtige Localverbindung vorausgesetzt. Diese Kontaktpunkte sind wie die des Tasters von Zeit zu Zeit zu reinigen.

Der Relaisanker muß freies Spiel haben. Die Hebelbewegung
wird wie beim Schreibwerkanker durch die beiden einander entgegen-
wirkenden Kräfte der magnetischen Anziehung und der Spannkraft
der Abreißfeder bewirkt. Der Hebel muß leicht beweglich sein
und darf nur geringe ($\frac{1}{2}$ mm) Gangweite haben. Die Spindel der
Achse muß leicht in ihren Lagern sich drehen können.

Die Entfernung des Ankers von den Polansätzen soll eine
mittlere (1 mm) sein, daß zwischen Anker und Polen ein Papier-

streifen leicht durchgezogen werden könnte. Bei starkem Linien-
strome ist der Anker von den Polen durch Rechtsdrehen der oberen
Stellschraube a zu entfernen, bei schwachem durch Linksdrehen
derselben ihnen, jedoch nicht bis zur Berührung, zu nähern.

Die Abreifsfeder ist nach Art der Stromanwendung und dessen
Stärke zu regulieren. Ist die Gangweite des Ankers und die Ent-
fernung desselben von den Polen hergestellt, so müssen die etwaigen
Stromdifferenzen zunächst durch Anspannen oder Nachlassen der
Spiralfeder f ausgeglichen werden. Bei Ruhestrom ist die Feder an-
zuziehen, wenn die Zeichen ausbleiben, und nachzulassen, wenn die
Zeichen zusammenfliefsen. Die Stromstärke, mit welcher die Relais
normal arbeiten, beträgt 0,015—0,02 A.

2. Blitzableiter.

175. Die Blitzableiter dienen dazu, die Apparate und die Beamten Blitzableiter
gegen den Einflufs der atmosphärischen Elektricität zu schützen.
Am meisten sind die Elektromagnetspiralen den Beschädigungen
durch dieselbe ausgesetzt. (Siehe S. 151.)

In Bayern sind die sog. Siemensschen Blitzableiter in Verwendung. Sie bestehen aus starken, gufseisernen Platten A (Fig. 31),
welche sich mittels Hand-
haben H (Holz- oder Bein-
knöpfen) von der dicht
darunter liegenden Erd-
platte E leicht abheben
lassen, wenn sie gereinigt
werden sollen. Von der
unteren Platte führt eine
gute Drahtverbindung zur
Erde. Auf dieser unteren
sog. Erdplatte sind sehr
dünne Isolationsplättchen
b aus Papier, Ebonit oder

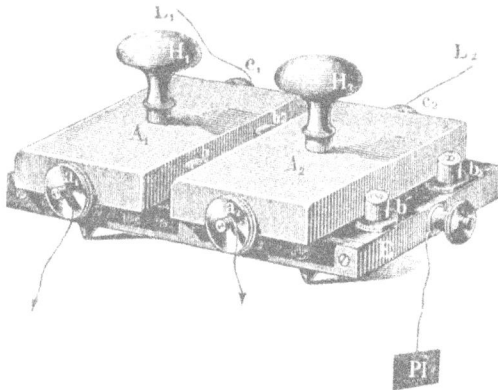

Fig. 31.

Bein befestigt, auf welchen die beiden oberen, mit der Leitung und
dem Apparate verbundenen Platten aufliegen. Das seitliche Verschieben
der Platten wird durch die auf den isolierenden Plättchen stehenden,
mit Hartgummi isolierten Säulchen verhindert. Bei einer Zwischenstation sind für die beiden Leitungszweige zwei, bei einer Endstation
ist nur eine obere Platte neben der unteren Erdplatte erforderlich.
Der auf dem Wege $L_1 c_1 a_1$ Apparat $a_2 c_2 L_2$ die Station durchlaufende
Strom kann nicht von der oberen Platte durch die dünne Luftschichte
zur unteren Lagerplatte und von da zum Boden gelangen; dagegen

wird die atmosphärische Elektricität von der oberen Platte auf die
untere überspringen und auf dem ihr gebotenen Wege zur Erde
gelangen. Um dieses Überspringen zn erleichtern, sind die gegenüberstehenden Plattenflächen fein gerippt, so dafs die so gebildeten
vielen Furchen sich kreuzen und wie zahlreiche gegeneinander
stehende Spitzen wirken. Bei kleineren Telegraphenstationen sind
die zum Schutze gegen Rost lackierten Blitzplatten in dem Kasten
des Apparatentisches untergebracht oder in einem eigenen Holzkästchen auf einer Querstange zwischen den rückseitigen Tischfüfsen
aufgestellt. Bei gröfseren Stationen mit mehreren Leitungen wird
eine gemeinsame grofse Bodenplatte benutzt, über welcher die
einzelnen, mit den betreffenden Leitungsnummern versehenen Leitungsplatten unter einem Glaskasten aufgestellt ruhen. Die ganze
Schutzvorrichtung ist gleich nach der Leitungseinführung in das
Stationszimmer möglichst entfernt von den Apparaten und von
gröfseren Metallmassen aufgestellt.

Bei den mit dem Frischen-Systeme versehenen Bahn-Telegraphen-
stationen sind die Plattenblitzableiter zugleich als Umschalter eingerichtet. Dieselben bestehen aus zwei isoliert auf Metallrahmen
aufgeschraubten Leitungsplatten und der in einem Abstande von
etwa 1 mm darüber liegenden, mit dem Rahmen und durch diesen
mit der Erde leitend verbundenen Deckplatte. An das hintere Ende
einer jeden Leitungsplatte führt der Leitungsdraht, an das vordere
die Apparatleitung. Die durch die Deckplatte und die Leitungsplatten gehenden vier Stöpsellöcher dienen dazu, mittels des für
gewöhnlich auf dem Holzgriffe der oberen Platte steckenden
messingenen Stöpsels entweder die linke Leitung oder die rechte
Leitung mit Erde oder beide Leitungszweige direkt zu verbinden,
oder endlich die Station auszuschalten und zugleich die Zimmerleitung in sich selbst zu schliefsen, je nachdem der Stöpsel in
Öffnung 1, 2, 3 oder 4 gebracht wird.

Die an bayerischen Feldtelegraphenapparaten, sowie in den
Bahnwärter-Läutebuden (s. Frischen-System) angebrachten Spitzenblitzableiter wirken ebenso, wie die plattenförmigen Ableiter.

3. Galvanoskop.

Galvanoskop.   176. Als weiterer Hilfsapparat wird, wenn auch nicht bei allen
Staatstelegraphenstationen, das Galvanoskop gebraucht. Wenn der
Schreibapparat oder das Relais nicht empfindlich genug eingestellt
ist, so kann gearbeitet bezw. gerufen werden, ohne dafs der Empfangsapparat anspricht. Um dieser Unsicherheit zu entgehen und um
jederzeit zu wissen, ob der Linienstrom den normalen Verhältnissen

entspricht oder geschwächt, und ob die Leitung betriebsfähig ist, wird in den Stromkreis als Hilfsapparat das Galvanoskop eingeschaltet. Dieses Instrument besteht aus einer Magnetnadel, welche mit vielen Windungen eines feinen, isolierten Kupferdrahtes so umgeben ist, daß die Nadel zwischen den Windungen frei um ihre Achse schwingen kann. Geht durch die Umwindungen des Galvanoskops ein galvanischer Strom, so wird die Magnetnadel aus der Ruhelage abgelenkt, woraus geschlossen wird, daß die betreffende Leitung stromfähig ist. Aus der Größe des Ablenkungswinkels kann man die Stärke des Linienstroms beurteilen. Bei unterbrochener Leitung wird die Nadel nicht ausschlagen. Ein Blick auf das Galvanoskop zeigt also, ob in der Leitung Strom vorhanden ist oder nicht. Die Form der Galvanoskope kann verschieden — wagrecht oder senkrecht — sein. Bei den Apparaten des Frischen-Systems sind Vertikalgalvanoskope angebracht.

4. Umschalter.

177. In der praktischen Telegraphie kommen Fälle vor, wo der galvanische Strom für gewisse Zwecke bald diesen, bald jenen Weg durchlaufen soll, wo Leitungen unter sich und mit den Apparaten oder mit der Erde zu verbinden oder davon zu trennen sind, wo größere oder kleinere Batterien in die Leitungen eingeschaltet oder bestehende Apparatverbindungen verändert werden müssen. *Umschalter.*

a) Linienumschalter.

Auf größeren Endstationen mit mehreren Leitungen und Apparaten wird der Linienumschalter verwendet, um nach Bedarf jede eingeführte Leitung auf jeden der vorhandenen Apparate schalten zu können. Ein solcher Linienumschalter besteht aus einer der Anzahl der Leitungen und Apparate entsprechenden Reihe senkrechter und wagrechter, auf einem Grundbrette oder an einem Kasten befestigter Messingschienen, welche an ihren Enden zur Aufnahme der zu den Leitungen und Apparaten führenden Drähte mit Klemmschrauben versehen sind. Die Messingschienen sind von einander isoliert und an den Kreuzungsstellen durchbohrt zur Aufnahme von Messingstöpseln, welche eine metallische Verbindung jeder wagrechten mit jeder senkrechten Schiene ermöglichen (Stöpsel- oder Schienenumschalter). Diese Einrichtung gestattet *Linienumschalter.*

    a) jede eingeführte Leitung auf jeden beliebigen vorhandenen und mit dem Linienumschalter verbundenen Apparat zu schalten;

    b) jede Leitung durch Herausziehen des Steckers zu isolieren;

    c) je zwei Leitungen direkt mit einander zu verbinden;

d) eine einzige Leitung auf mehrere Apparate zugleich zu
   schalten;

e) jede Leitung mit Erde (oder auch mit einem Untersuchungs-
   apparate) zu verbinden, wenn am Linienumschalter eine
   Schiene hierfür angebracht ist.

Die nebige Figur 32 stellt einen solchen Linienumschalter für
9 Leitungen dar. Die Holzunterlage trägt 9 Längsschienen 1—9,
alle durch Zwischenräume von einander getrennt. Ebenso liegen
unter diesen Längsschienen unter sich
getrennt 12 Querschienen I—IX, eine
unbezeichnete, eine mit M, eine mit
E bezeichnete Schiene. Sind nun an
die oberen Längsschienen die einzelnen
in die Station eingeführten Telegraphenleitungen, die unteren Querschienen
aber mit den zugehörigen Apparaten
verbunden, so kann durch veränderte
Einstellung der Stöpsel in die Durch-
bohrungen der sich kreuzenden Schienen
jede Leitung auf jeden Apparat gebracht werden. Von den drei untersten
Querschienen steht die mit E bezeichnete
unmittelbar mit Erde, die andere, M,

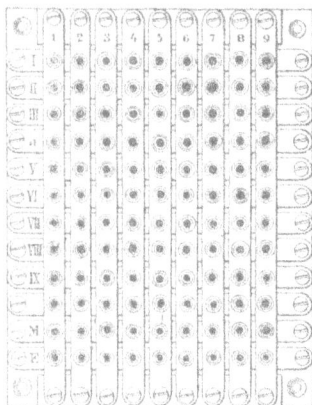

Fig. 32.

mit dem etwa vorhandenen Untersuchungs- und Meſsapparate in Verbindung; die dritte, unbezeichnete Schiene dient zur direkten Verbindung zweier Leitungen, welche auf diese Querschiene zusammengesteckt
werden. Bei normaler Leitung muſs der Stöpsel für Leitung I und
Apparat I an dem Kreuzungspunkte der Schiene 1 und I u. s. f.
eingesteckt sein, so daſs die Stöpsel einer jeden Schienenreihe in
einer schiefen Linie von links nach rechts herab untereinander
stehen; es ist wohl darauf zu achten, daſs nie zwei Stöpsel in einer
Längs- oder Querreihe gleichzeitig stecken.

b) Untersuchungsumschalter.

Untersuchungs-
umschalter.

178. Bei gröſseren Zwischenstationen befinden sich Prüfungs-
oder Untersuchungsumschalter, womit bei eintretenden Störungen
die direkten vorübergehenden Leitungen entweder unterbrochen oder
mit Erde verbunden, oder an einen Untersuchungsapparat geschaltet
werden können. Die Figur 33 zeigt einen Untersuchungsumschalter,
zu welchem sechs mit No. 1, 6, 25, 113, 114, 115 bezeichnete
Leitungen in Schleifen geführt sind. Die Leitungsäste endigen in
Kuppelungen, welche gewöhnlich mittels Metallsteckern leitend

verbunden sind, so daſs Leitungszweig 1 der Leitung Nr. 1 an die untere Schiene, Leitungszweig 2 an die obere Schiene geführt ist; ein Stöpsel vermittelt für gewöhnlich die Verbindung der beiden Leitungszweige. Sollen bei Untersuchungen die beiden Äste getrennt, d. h. soll die Leitung unterbrochen werden, so wird der Stöpsel für die betreffende Leitung herausgenommen. Soll ein Ast mit dem Boden verbunden werden, während der andere isoliert bleibt,

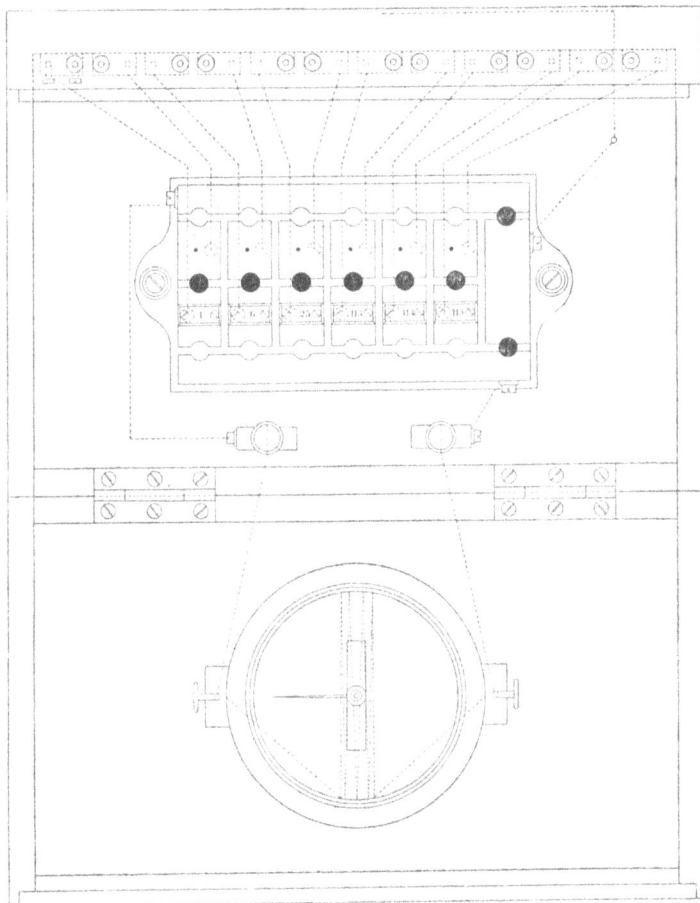

Fig. 83.

so wird der zugehörige Stöpsel zwischen die obere bezw. untere Längsschiene und die zugehörige Querschiene eingesetzt. Die letzte rechte Querschiene steht mit der Erde in Verbindung.

Soll ein Untersuchungsapparat, z. B. ein Galvanometer, in die Leitung eingeschaltet werden, so wird der zugehörige Stöpsel zwischen den Querschienen herausgenommen, und die beiden Stöpsel der letzten rechten Querschiene zwischen die Querschienen der zu

7*

untersuchenden Leitung und die gemeinschaftlichen Längsschienen eingefügt. Das Galvanometer ist, wie leicht ersichtlich, damit zwischen die beiden Leitungsäste geschaltet. Der Untersuchungsumschalter ist in einem verschliefsbaren Holzkasten an der Wand des Stationszimmers leicht zugänglich angebracht. Jede mit einem solchen Umschalter versehene Station besitzt eine erläuternde Skizze desselben, um die Vornahme der verschiedenen Schaltungen zu erleichtern.

c) Stromwender und Stromumschalter.

179. Batterieumschalter kommen in Bayern nur bei den Typendruckapparaten zur Anwendung. Der Stöpselkommutator an letzterem beruht in seiner Wirksamkeit auf dem Grundsatze des Vierwegehahns und besteht aus zwei Paaren sich kreuzender, isolierter Messingschienen, die an den Kreuzungspunkten durch federnde Stöpsel oder durch Schraubenstecker mit einander metallisch verbunden werden können.

5. Übertrager.

a) Für Arbeitsstrom.

180. In der ersten Zeit der elektrischen Telegraphie bediente man sich bei Stationen, wo mehrere Leitungen ausgingen oder einmündeten, in dem Falle, dafs Telegramme von einer Leitung in eine andere weitergegeben werden mufsten, des Umtelegraphierens. Da man nun einerseits telegraphierende Batterien vorteilhaft nur auf gewisse Längen der Leitungen wirken lassen kann (bei Arbeitsstromschaltung in der Regel nicht über 375—450 km, und bei Ruhestromschaltung nicht über 225—300 km), anderseits das Umtelegraphieren zeitraubend und unsicher ist, so war es sehr wichtig, ein Mittel zu finden, die Übertragung der Zeichen von einer Leitung auf eine andere selbstthätig durch die Empfangsapparate an den gemeinsamen Enden der beiden Leitungen zu bewirken.

Relaisübertragung.

181. Ein solches Mittel hat man gewissermafsen schon am Relais. Wenn bei der Station *A* ein Relais die Aufgabe hat, nicht einen Lokalstrom, sondern einen Linienstrom zu schliefsen, so wird dasselbe zum Übertrager der Zeichen von einer Hauptleitung *A* in eine zweite Hauptleitung *C* durch eine in *B* befindliche Vorspannbatterie, welche zugleich als Linienbatterie dient. Bei der Übertragung sind demnach beide Leitungen einander gleich geordnet, und gerade dieser Umstand unterscheidet den Übertrager (Translator, Connector, Repeater) wesentlich vom Relais, welches den einen Schliefsungsbogen (den Lokalstromkreis) dem anderen (dem Hauptstromkreis) unterordnet, insofern zwar jedes Zeichen aus dem Haupt-

stromkreis in den Stromkreis der Ortsbatterie übertragen wird, aber niemals umgekehrt. Fig. 34 gibt die Verbindung zweier Leitungen vermittelst Relaisübertragung. Der Strom, von der Leitung *A* nach der Station *B* kommend, geht über den Anker des Relais *II*, dann durch das Relais *I* der Station *B* und von da zur Erde; von dem von *C* kommenden Strome wird zuerst der Anker des Relais *I*, dann das Relais *II* durchlaufen. Wenn nun in ersterem Falle der Relais-Elektromagnet *I* seinen Anker anzieht, so wird dadurch gleichzeitig eine Batterie bei der Station *B* geschlossen, welche ihren Strom in die

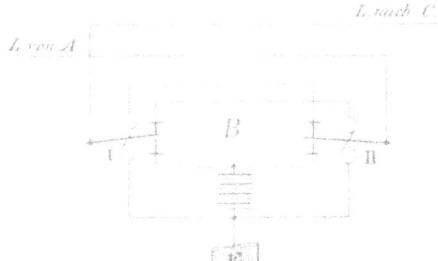

Fig. 34.

Leitung nach *C* weiterschickt über den Relaisanker *I*, welcher somit die Stelle eines Arbeitsstromtasters vertritt.

Da Übertragungen auf den betreffenden Endstationen nur vorübergehend hergestellt werden, und die für Übertragung eingerichteten Apparate auch zur gewöhnlichen Korrespondenz benutzbar sein müssen, so sind an den Morse-Apparaten Übertragungshebel angebracht, welche je nach ihrer Stellung das Übergehen von der Übertragung auf Getrenntsprechen ermöglichen.

Übertragung mit Direktschreibern.

182. Die Übertragung mittels Relais und Lokalschreiber wird jetzt nicht mehr angewendet, sondern die einfachere mittels Direktschreiber. Da der eine Pol der zur Übertragung benutzten telegraphierenden Batterie aufser dem Tasterarbeitskontakte auch zur Anschlagsäule des Schreibhebels geführt ist, so kann die Übertragungsstation durch Niederdrücken des Tasters bei offenem Ausschlufshebel und bei Stellung der Hebel auf Übertragung gleichzeitig nach beiden Schliefsungsbogen sprechen, während sie beim Niederdrücken des Schreibhebels am Apparate *I* Zeichen nach dem Schliefsungsbogen *II* und umgekehrt durch den Schreibhebel des Apparates *II* Zeichen nach Schliefsungsbogen *I* geben kann.

Behandlung der Übertrager für Arbeitsstrom.

183. Da der Schreibhebel des Morse bei der Übertragung als Taster wirkt und gleichsam einen zweiten Telegraphisten ersetzt, so ist besonders darauf zu sehen, dafs beim Anfallen des Ankerhebels die Anschlagsäule gut getroffen und die Übertragungsbatterie sicher

geschlossen wird, dafs in der Ruhelage des Ankerhebels die Ruhe-
punktschraube guten Stromübergang vermittelt, dafs die Spannfeder
des Schreibapparates entsprechend reguliert, dafs die Fallhöhe des
Schreibhebels nicht zu grofs ist, und dafs die Apparatenteile unter
sich gut isoliert sind. Es empfiehlt sich, bei der Übertragungsstation den Papierstreifen möglichst selten mitlaufen zu lassen.

Da durch Einschaltung mehrerer Übertrager unmittelbares
Sprechen z. B. zwischen Lissabon und Konstantinopel, Hamburg
und Neapel, London und Teheran, ermöglicht wird, so ist bei so
langen Leitungen mit mehreren Übertragern langsam zu telegraphieren,
so dafs der Schreibanker des letzten Apparates noch sicher angezogen
wird. Bei der Übertragerschrift müssen die Punkte zähe und bei
mehreren eingeschalteten Übertragern wie die Striche beim gewöhnlichen Telegraphieren ausgehalten werden.

b) Für Ruhestrom.

184. Eine Übertragung der Zeichen zwischen zwei Ruhestromleitungen ist ebenso gut möglich, wie eine solche in zwei Arbeitsstromleitungen. Bei Ruhestrom mufs der behufs des Weitergebens der
Zeichen in die zweite Leitung unterbrochene Linienstrom in seiner
Wirkung auf den Empfangsapparat durch einen Lokalstrom ersetzt
werden. Es wird hierbei jeder Schreibhebel zur abwechselnden
Leitung zweier Ströme, des Linien- und des Lokalstromes, benutzt.

c) Zwischen einer Arbeits- und einer Ruhestromleitung.

185. Auch eine Ruhestromleitung und eine Arbeitsstromleitung
lassen sich zur Übertragung verbinden. Die Übertragung wird in
Bayern nur mehr auf direkten Leitungen für Arbeitsstrombetrieb gebraucht, wogegen auf Ruhestromleitungen mit mehreren Zwischenstationen das Umtelegraphieren dem Übertragen vorgezogen wird.

Übertragung für Hughesbetrieb. **186.** Die Schaltung der Übertragung für den Hugherbetrieb
unterscheidet sich von jener für den Morseapparat nach Fig. 35
nur durch die beiden Widerstands-
rollen W und W', welche ungefähr
das Doppelte der Widerstände von
L und L' betragen. R und R' sind
polarisierte Relais. Kommt nun ein
positiver Strom von L, so verteilt
er sich bei A; der gröfsere Teil geht
über R', der kleinere über W und R
zur Erde. R' spricht an, R bleibt
infolge der geringen Stärke und der Richtung des Stroms in Ruhe.
Sobald der Anker von R' den Batteriekontakt berührt, geht von B

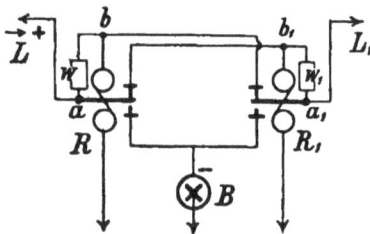

Fig. 35.

ein Strom nach A', verzweigt sich zum gröfseren Teil nach L', zum kleineren über W' und R' zur Erde. R' wird hierdurch in entgegengesetztem Sinne magnetisiert, und der Anker sofort in die Ruhelage zurückgeführt.

6. Künstliche Widerstände.

187. Die künstlichen Widerstände dienen zur Regelung der Leitungswiderstände und bestehen aus Rollen von Neusilberdraht in Kästen, aus feinem Graphitpulver in Ebonit- oder Glasröhren eingepreßt, oder auch aus Flüssigkeiten, z. B. konzentrierter Zitronensäure. Solche künstliche Widerstände aus Neusilberdrähten und aus Graphitpulver werden in verschiedenen Bruchteilen oder Vielfachen der Widerstandseinheit gefertigt. Widerstände aus Neusilberdraht zeigen gegenüber jenen aus Graphitpulver und aus Flüssigkeiten eine viel geringere Empfindlichkeit gegen die Wirkungen des Stroms und der Feuchtigkeits- und Temperaturverhältnisse der sie umgebenden Luft. Erstere finden gegenwärtig in Bayern nur mehr in den Mefsinstrumenten, letztere in den Mikrophonen Verwendung.

Künstliche Widerstände.

7. Das Wittwer'sche Läutewerk.

188. Da sich unter der gröfseren Anzahl von Stationen, welche in einer und derselben Ruhestromleitung zusammengefafst sind, häufig solche finden, deren Verkehr so unbedeutend ist, dafs die ständige Anwesenheit eines Beamten am Apparat unnötig ist, so hat man solche Leitungen mit einer Einrichtung ausgestattet, welche ermöglicht, von jeder Station aus jede andere des Schliefsungsbogens durch ein lauttönendes Klingelwerk, das zudem an irgend einem vom Apparat entfernten Orte aufgestellt sein kann, anzurufen. Jede der Stationen des Schliefsungskreises ist mit einem (Fig. 36 u. 37) dargestellten Läutewerk L versehen, welches neben Relais und Morse-Schreibapparat auf der Tischplatte befestigt ist. Aufserdem hat noch jede Station einen an irgend einer Stelle des Bureaus oder auch in anderen Lokalitäten aufstellbaren Wecker W. Ein Uhrwerk hält das Rädchen S, welches an seinen Rändern gekerbt ist, in kontinuierlicher, gleichmäfsiger Bewegung, welcher eine Umdrehung des Rädchens in ungefähr einer Minute entspricht. Der Elektromagnet des Läutewerkes E ist, wie aus der Schaltungsskizze ersichtlich, neben dem Elektromagneten des Morse-Schreibapparates M in den Stromkreis der Lokalbatterie B geschaltet, d. h. der Anker des Elektromagneten E macht alle Bewegungen des Relaisankers R mit. An dem Anker h hängt vermittelst der Zugstange i und der zugehörigen Spiralfeder ein um die Achse x drehbarer Metallrahmen, in

Wittwer'sches Läutewerk.

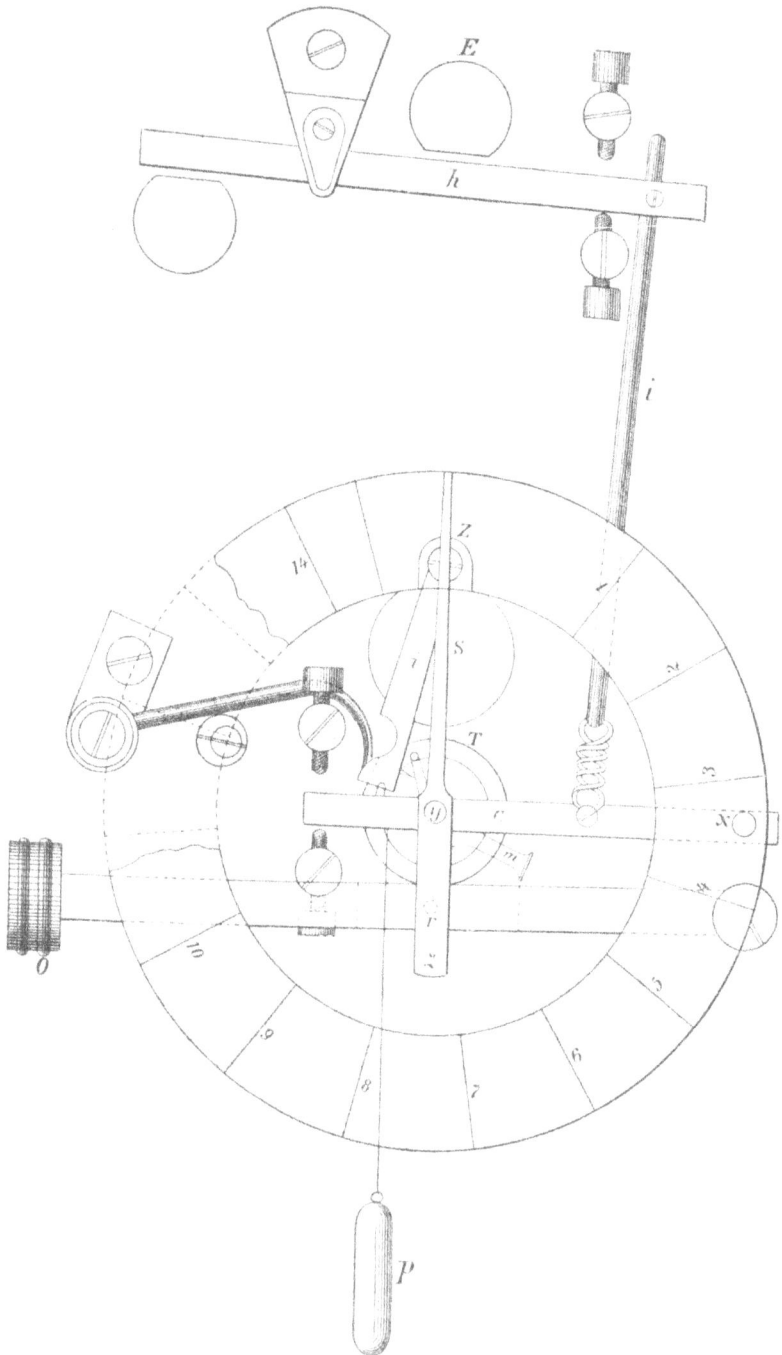

Fig. 36.

welchen ein um y drehbares zweites, an den Rändern gekerbtes
Rädchen T gelagert ist. An der Bewegung des Rädchens T nehmen
der Zeiger z und der Metallhebel m teil. Der Vorgang beim Anrufen
einer Station 1 z. B. durch irgend eine dem Schliefsungsbogen an-
gehörende Station ist nun folgender. Die rufende Station drückt
auf ihren Taster. Die Zugstange führt hierdurch den um x drehbaren Metallrahmen in die Höhe und bringt damit das Rädchen T
in Eingriff mit Rädchen S, und der Zeiger z mit Metallhebel m bewegen sich vorwärts Sieht nun der rufende Beamte den Zeiger
seines Apparates auf 1 stehen (die Zeiger sämtlicher Apparate stehen
bei dem annähernd synchronischen Gang der Uhren auf 1), so läfst
er den Taster los. In diesem Augenblicke steht der Metallhebel m
der Station 1 gerade senkrecht, der Metallrahmen und der Hebel
fallen senkrecht herunter, und der kleine
Vorsprung des Metallhebels m legt sich auf
einen Vorsprung r des Kontakthebels O.
Dadurch wird der Stromkreis B, e, c, m,
r, Wecker W, B geschlossen und der Wecker
in Thätigkeit gesetzt. Behält man die Station
1 im Auge und nimmt an, die rufende Station drücke länger auf den Taster, so dafs
sich Zeiger z der Station 1 z. B. bis 3 fort-
bewege, so wird in diesem Falle, wenn
die rufende Station in diesem Augenblicke
den Taster verläfst, in Station 1 kein
Weckerruf erfolgen, weil der Vorsprung
des Metallhebels m, welcher durch das
Gewichtchen p, das durch die Vorwärts-

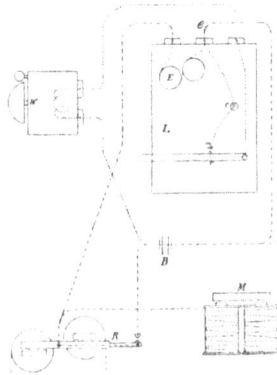

Fig. 37.

bewegung des Rädchens T an der Achse aufgewunden wurde,
mit dem Zeiger in die Ruhestellung zurückgeführt wurde, in
diesem Falle unter dem Vorsprunge r durchgegangen ist, ohne
diesen zu berühren. Der Metallhebel m hat also für jede Station
seine charakteristische Stellung auf der Drehachse, welche nur unter
der Bedingung einer richtigen Manipulation der rufenden Station
zum Anruf durch den Wecker ausgenutzt werden kann, eine annähernd gleichmäfsige Bewegungsgeschwindigkeit der Rädchen S in
den einzelnen Apparaten natürlich vorausgesetzt. Auf sinnreiche
Weise ist es verhindert, dafs der einmal geschehene Anruf einer
Station durch Zwischensprechen anderer Stationen oder durch den
Anruf einer der Nummer nach hinter der erstgerufenen Station liegenden Station aufgehoben wird, oder dafs bei zu langem Tasterdruck
das Rädchen T über eine Umdrehung hinaus sich weiter drehe.

Die um ihren Aufhängepunkt drehbare Lamelle *i* fällt im nämlichen Augenblicke wie *m* in die vertikale Stellung und verhindert
hierdurch, daſs der Rahmen *c* bei erneuten Stromunterbrechungen bis zum Eingriff der beiden Rädchen in die Höhe gehe.
Hat *T* eine Umdrehung nahezu vollendet, so tritt eine Stelle des
Randes dieses Rades, an welcher die Reibungsplatte ausgefräst ist,
mit *S* in Eingriff, so daſs die Reibung zwischen den Radrändern
nicht mehr hinreicht, *T* weiter zu drehen. Der Stromkreis des
Weckers bleibt so lange geschlossen, bis *O* gesenkt wird; *m* und
damit der Rahmen *c* verlieren hierdurch ihren Stützpunkt und fallen
ab, während das Gewichtchen *p* die übrigen beweglichen Teile in
ihre Anfangsstellung zurückführt.

Zur Zeit sind 145 bayerische Telegraphenstationen mit Wecker-
werken und 70 Stationen mit zugehörigen Uhren, Patent Wittwer-
Wetzer, versehen.

III. Typendruck-Telegraphenapparat von D. E. Hughes.

Hughes-
Apparat.

190. Der Amerikaner David Eduard H u g h e s erfand 1854 einen
Typendruckapparat, welcher wegen seiner grossen Leistungsfähigkeit
seit 1868 im internationalen Telegraphenverkehr Europas eingeführt ist.

Dieser überaus sinnreiche Apparat arbeitet sehr rasch, druckt
die Telegramme an der Abgangs- und der Empfangsstation ohne
vorausgehende besondere Vorbereitung und enthebt den aufnehmenden
Beamten fast aller Verantwortlichkeit für die Richtigkeit der übermittelten Telegramme. Der Mechanismus des Apparates ist jedoch
sehr kompliziert, die Behandlung desselben schwierig und das Mani-
puliren von einer längeren Übung abhängig. Deshalb ist dieser
Apparat in Bayern zur Zeit nur bei den Hauptstationen München,
Nürnberg und Augsburg in Verwendung.

Laufwerk.

Die Hauptteile des Hughes-Apparates (Fig 38) sind:
1. Das Laufwerk mit dem Regulator;
2. Die Klaviatur in ihrer Verbindung mit dem Schlitten und
   dem Stromhebel:
3. Der Schlitten;
4. Der Elektromagnet mit dem Auslösehebel;
5. Das Typenrad mit dem Korrektions- und Friktionsrade;
6. Die Druckachse mit den verschiedenen Daumen und der
   Ausrückung.

Der Hughes-Apparat funktioniert nur, wenn dessen Laufwerk im Gange ist. Dieses auf dem Apparatentische befestigte
kräftige Räderwerk wird durch ein angehängtes Gewicht von 6 Bleiplatten von je 10 kg in Bewegung gesetzt und muſs nach je drei

Minuten beim Ertönen einer Glocke durch wiederholtes Aufziehen des abgelaufenen Gewichts in Gang erhalten bleiben. Das Gewicht steht

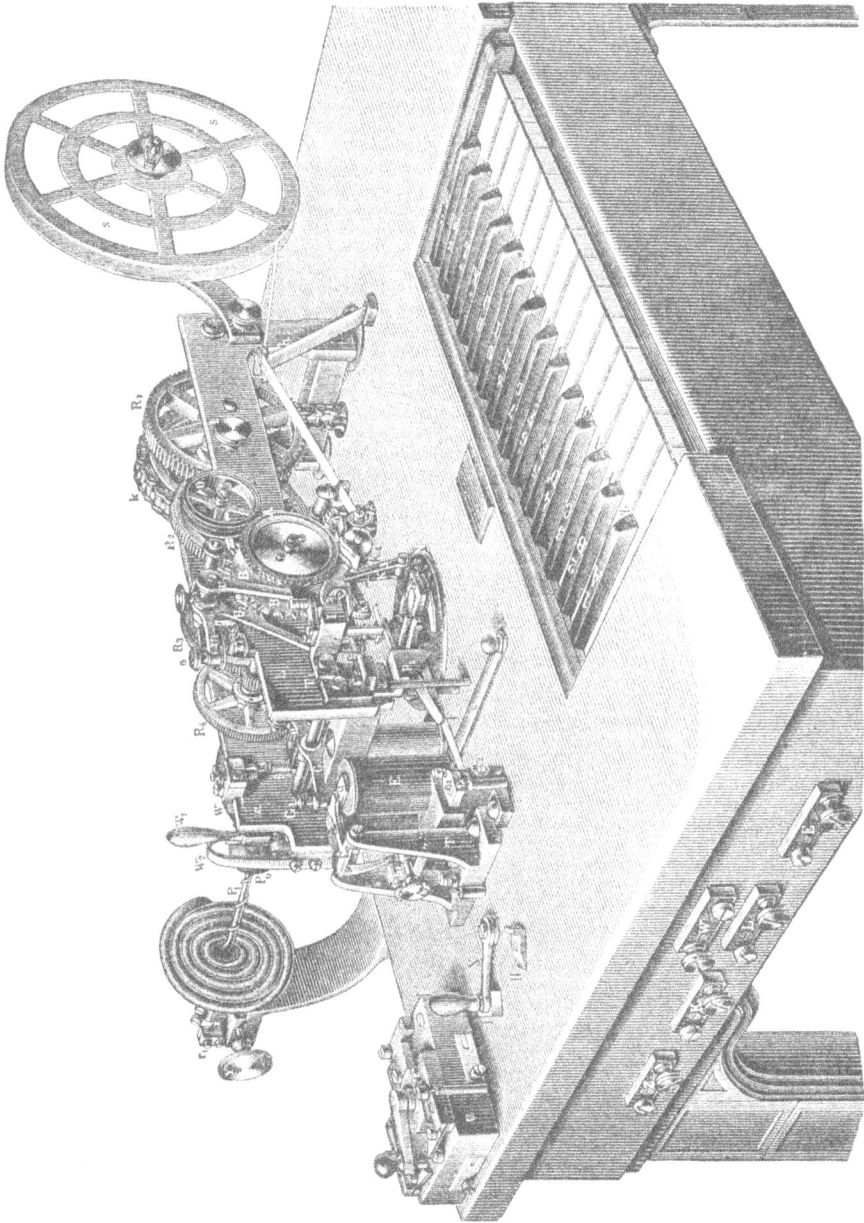

Fig. 38.

in Verbindung mit einer Kettenscheibe. Das erste (Ketten-) Rad R_1 von rechts nach links drehend, greift in ein Getriebe des zweiten

Rades R_2, welches wieder ein drittes R_3 und dieses die vierte. Achse R_4 des Typenrades A bewegt. Auf der Typenradachse sitzt ein konisches Messingrad, welches in die Zähne eines andern konischen, auf der oberen Schlittenachse sitzenden Rades eingreift und so die gleichgeschwinde Bewegung des Typenrades dem Schlitten mitteilt. Die Zähne des vierten Rades greifen noch in ein Getriebe des fünften Rades, des sog. Schwungrades W, ein.

Zur Erzielung eines gleichschnellen Ganges (Synchronismus) zweier verbundener Apparate dient die Schwungnadel p, eine 8 mm dicke, 26 cm lange, in neun Schraubenwindungen gewickelte Stahllamelle, welche mittels einer auf ihr durch ein Getriebe verschiebbaren, mitschwingenden Messingkugel p_0 die Schnelligkeit der Schwingungen und damit auch die Geschwindigkeit des Schlittenlaufes zu regulieren gestattet. Das stärkere Ende der Schwungnadel ist auf einem eigenen Träger horizontal befestigt, während das freie, dünnere Ende der Nadel in loser Verbindung mit dem Schwungrade durch eine am Ende der Schwungradachse festgeschraubte Bremskurbel steht. Das Schwungrad setzt neben der Schwungnadel auch die Druckachse in Bewegung und wird durch einen Bremshebel W_1 arretiert.

Klaviatur.   190. Die Klaviatur (Tastatur) mit abwechselnd 14 weifsen und schwarzen Tasten dient zur Abgabe der Zeichen. Von den 28 Tasten sind 26 mit Buchstaben in alphabetischer Reihenfolge und aufserdem mit je einem Zahl-, Unterscheidungs- oder anderen Zeichen beschrieben, während zwei Tasten (Blanktasten) ohne Bezeichnung sind. Die eine dieser leeren Tasten an der linken Seite der Klaviatur wird nach jedem Worte gedrückt, um den nötigen Zwischenraum zwischen den aufeinanderfolgenden Worten auf dem Papierstreifen zu erhalten. Beim Drücken der zweiten leeren, zwischen den Buchstaben V und W befindlichen Taste wird der Übergang von Buchstaben auf die Zahl- und Unterscheidungszeichen bewirkt. Will der Telegraphist einen Buchstaben absondern, so drückt er die betreffende Taste nieder. Diese hebt durch einen damit verbundenen zweiarmigen Hebel den dazu gehörigen, stählernen Kontaktstift aus dem Schlitze des Stiftgehäuses, in welchem kreisförmig geordnet, in gleichen Zwischenräumen, 28 den Tasten entsprechende Stahlstifte sitzen. Dieselben werden durch Spiralfedern in schiefer Richtung nach Innen gezogen, so lange keine Taste gedrückt wird.

In der Mitte des Stiftgehäuses N steht eine senkrechte Achse mit dem Schlitten, welcher dicht über die Stiftplatte gleitet, bei seiner rotierenden Bewegung auf den durch Tasterdruck gehobenen Stift stöfst und dadurch den Schlufs der Linienbatterie bewirkt. Am unteren Teile dieser Schlittenachse befindet sich ein beweglicher

Stahlring mit zwei Muffen. Die mit dem Stahlring zusammenhängende Lippe des Schlittens bewirkt beim Drücken einer Taste durch einen zwischen zwei Kontaktpunkten c_1 c_2 liegenden und wie ein Morse-Taster wirkenden wagrechten Hebel F — Stromhebel — das Schliefsen und Öffnen der Batterie aufserhalb der Stiftscheibe, welche nur mechanische Arbeit zu leisten hat. Die zwei Kontaktpunkte stehen mit den beiden Batteriepolen bzw. mit Erde in Verbindung.

191. Die Schlittenachse trägt an ihrem unteren Ende den wagrechten Arm oder Schlitten, an ihrem oberen Ende ein wagrechtes, konisches Messingrad, welches genau dem vertikal auf der Typenradachse befestigten konischen Messingrade entspricht. Beide konische Räder drehen sich in einander greifend in gleicher Geschwindigkeit um ihre Achsen, und es vollendet somit der Schlitten eine Umdrehung, wenn das Typenrad eine solche vollendet. Schlittenachse.

192. Der Elektromagnet E steht mit seinen beiden Kernen auf den Polen eines kräftigen Hufeisen-Stahlmagneten, so dafs er, so lange ihn nicht ein entmagnetisierender Strom umkreist, selbst magnetisch ist und den Anker E_2 aus weichem Eisen stets festhält. Sobald ein Strom den Elektromagneten durchfliefst, erzeugt er eine magnetische Polarität, welche der durch den konstanten Magneten erregten entgegengesetzt ist; die Anziehung des Ankers wird in dem Grade vermindert, dafs die Abreifsfedern den Anker losreifsen und gegen eine Schraube G_1 des Auslösehebels G schnellen. An der Achse des Ankerhebels wirken nämlich zwei regulierbare, flache Stahlfedern der magnetischen Anziehung entgegen. Die eine mit konstanter Kraft wirkende Feder b_1 heifst die fixe, weil sie nach entsprechender Spannung nicht weiter mehr berührt wird, während die zweite vordere Feder b_2 nach der Stärke der Anziehung des Elektromagneten und den Änderungen der Stromstärken reguliert werden mufs und die variable Feder heifst. Der Ankerstuhl T trägt Anker und Regulierfedern. Elektromagnet.

Den Magnetismus der Kerne kann man durch eine Lamelle g von weichem Eisen (Armatur) schwächen, indem man dieselbe an die Pole des konstanten Magneten unterhalb der Spulen einschiebt. Die Elektromagnetspiralen haben ungefähr 8500 Umwindungen eines mit Seide umsponnenen Kupferdrahtes von 0,2 mm Durchmesser mit 1000 Ohm Widerstand.

193. Die Typenradachse, von dem auf ihr angebrachten, mit 52 erhabenen Typen versehenen Rade so genannt, besteht aus zwei Teilen, deren einer sich beständig mit der gleichen Geschwindigkeit wie die Schlittenachse durch das Ineinandergreifen der beiden Typenradachse.

konischen Räder dreht. Aufserhalb der Gestellwand trägt, dieser
Teil der Achse noch ein feingezahntes Rad — F r i k t i o n s r a d —
welches aus einem breiten Stahlringe besteht, der über einem hohlen
Messingcylinder zwischen zwei Platten mit starker Reibung beweglich
ist. Der andere Teil der Typenradachse trägt vor dem Friktionsrade auf einer die volle Achse umgebenden hohlen Achse das sog.
K o r r e k t i o n s r a d B mit 28 Zähnen, welches den Zweck hat, die
Übereinstimmung zwischen Schlitten und Typenrad stets zu erhalten,
wenn dieselben infolge des sich verlangsamenden oder beschleu-
nigenden Laufwerkes nicht mehr übereinstimmen sollten.

Vor dem Korrektionsrade dreht sich gleichzeitig mit ihm das
T y p e n r a d A mit den 52 an seinem Rande erhabenen Typen,
welche 26 Buchstaben, dann Zahlen und Interpunktionszeichen dar-
stellen und durch eine anliegende Farbrolle O beim Drucke farbig
auf dem Papierstreifen erscheinen. Die beiden breiten leeren Stellen
am Rande des Typenrades entsprechen den zwei Blanktasten der
Klaviatur.

Druckachse.   199. Die D r u c k a c h s e, auch Daumenwelle genannt, ist wieder
aus zwei von einander unabhängigen Bestandteilen gebildet. Der
eine wird von dem Räderwerke in rasche Bewegung versetzt und
macht etwa 120 Umgänge in der Minute; er trägt das Schwungrad,
welches die Bewegung reguliert und jede Verzögerung der Achse
verhindert, wenn sich irgend welche Widerstände zeigen sollten.
Der zweite Teil der Druckachse ist vom ersten getrennt und bleibt
so lange unbeweglich, als der Strom nicht cirkuliert. Sobald aber
durch den abfallenden Anker der Auslösehebel G gehoben wird,
nimmt ein in die Zähne eines auf der Achse befindlichen Sperr-
rades eingreifender Sperrhaken die beiden Bestandteile der Achse
zugleich mit herum und läfst sie zusammen eine vollständige Umdrehung machen. Ist eine ganze Umdrehung vollendet, so hört der
Sperrkegel auf, einzugreifen, die beiden Teile der Achse werden
ausgerückt oder entkuppelt, und der zweite Teil derselben tritt wieder
in Ruhe. Die Druckachse enthält vier verschiedene Daumen, von
denen der erste s c h n e i d i g e D a u m e n zur Hebung des Druckhebels mit dem Druckcylinder K_4 an die Peripherie des Typenrades
und somit zum Abdruck des Zeichens dient. Da die Druckachse
sich siebenmal schneller als die Typenrad- und Schlittenachse bewegt, so ist diese Hebung des Druckhebels, welche sich bei jedem
einzelnen Tastendruck wiederholt, von sehr kurzer Dauer. Nachdem
dieser Daumen nach vollendeter Achsendrehung den Druckhebel
und den Druckcylinder mit dem darübergeführten Papierstreifen
wieder fallen gelassen hat, drückt der zweite schneckenförmige

Druckdaumen den Papierhebel K_1 mit seinem in die Zähne
des Druckcylinders eingreifenden Zughaken K_2 abwärts und bewirkt
so die Fortschiebung des Papierstreifens um die Breite eines Zeichens,
so daſs zum Abdruck des nächstfolgenden Zeichens wieder eine leere
Stelle des Papierstreifens dem tiefsten Punkte des Typenrades unten
gegenübersteht. Der dritte Daumen der Drucksache, der in einer
Höhlung befestigte Korrektionsdaumen, hat drei Aufgaben zu
erfüllen. In erster Linie hat er die übereinstimmende Bewegung
des Typenrades und des Schlittens zu erhalten und kleine Ver-
zögerungen des Typenrades durch sein Eingreifen zwischen zwei
Zähne des Korrektionsrades zu korrigieren. Ferner hat er in der
Ruhelage der Drucksache den Kontakt mit der sog. isolierten Feder
F_3 (Unterbrechungslamelle) herzustellen, an welcher er anliegt. Diese
isolierte Feder stellt die elektrische Verbindung her zwischen dem
einen Ende der Drahtspiralen und der Apparatengestellwand. Sobald
die Druckachse sich dreht, wird diese Verbindung unterbrochen.

Endlich geschieht der Übergang von Buchstaben zu Zahlen
und Unterscheidungszeichen und umgekehrt durch den Korrektionsdaumen, welcher die hinter dem Korrektionsrade befindliche Typen-
wechselscheibe — Figurenwechsel — und damit auch das Typenrad
um $1/56$ der Peripherie vor- oder zurückschiebt. Der vierte Daumen
an der Druckachse endlich hat die Aufgabe, das Typenrad, wenn
es arretiert wurde, wieder in Bewegung zu setzen. Dies geschieht
durch einen auf seiner Rückfläche befestigten Stift, welcher bei der
Drehung der Druckachse gegen einen Arm des Einstellhebels U_2
stöſst, diesen zurückschlägt und zugleich unter Mitwirkung des
Korrektionsdaumens den vorderen Arm U_3 der Arretierungsvorrich-
tung aus der Einkerbung der Korrektionsradachse hebt. Dabei wird
eine elastische Schiene — variables Prisma — wieder in ihre
ursprüngliche Lage zurückgebracht, der Sperrkegel des Korrektionsrades wird frei, greift in die Zähne des Friktionsrades und bewirkt,
daſs das Korrektions- und Typenrad an der Bewegung der vollen
Druckachse teilnehmen.

Von den vier Daumen kommt bei der Umdrehung der Druckachse zuerst der Korrektionsdaumen, dann der schneidige, dann der
Druckdaumen und zuletzt, wenn das Typenrad arretiert war, der
vierte Daumen in Thätigkeit. An dem den vier Daumen gegen-
überliegenden Ende der Druckachse befindet sich die Vorrichtung
zur Verkuppelung und Entkuppelung der Druckachse mit der
Schwungradachse, welche in ähnlicher mechanischer Weise wie die
des Friktionsrades mit dem Korrektions- und Typenrade durch Ein-
fallen einer Sperrklinke in die Zähne eines Sperrades und darauf-

folgendes Ausheben aus denselben erfolgt. Der gezahnte Sperrkegel
(Klinke) hat zwei Ansätze, von denen der erste auf dem rechtsseitigen
Ende des Auslösehebels ruht. Dieser Hebel ist mit einer Kerbe
versehen, gegen welche der prismatische Sperrkegelansatz bei jeder
Drehung schlägt. Der zweite Ansatz ist von einem kleinen, drei-
eckigen, festen Prisma getragen, welches zwei schiefe Flächen
hat, an deren vorderen Fläche der zweite Sperrkegelansatz aufruht.
Wenn kein Strom durch die Elektromagnetumwindungen geht, ist
der Sperrkegel gehoben, so dafs seine Zähne nicht in das sich
drehende Sperrad eingreifen. Zirkuliert ein Strom, so wird der
Magnetismus der permanenten Magnete neutralisiert, der Anker frei-
gegeben und gegen das linksseitige, mit einer Schraube versehene
Ende des Auslösehebels geschnellt, dieser links gehoben, dagegen
rechts gesenkt und so die Verkuppelung der Druckachse mit der
Schwungradachse, eine Drehung dieser beiden Achsen und damit
der Druck eines Zeichens bewirkt. Während der Drehung hebt
eine halbmondförmige Leiste (Exzentrik) am hinteren Ende der
Druckachse den Auslösehebel, welcher bei seinem Rückgange in die
Ruhelage den abgefallenen Anker wieder an die Magnetpole zurückführt. Nach erfolgter Drehung der Druckachse hebt sich der Sperrkegel und rückt die Verkuppelung der beiden Achsen aus, wobei
der erste Ansatz wieder auf die linksseitige Prismafläche zu liegen
kommt und der zweite Ansatz gegen die Hebelkerbe schlägt. Die
Druckachse bleibt sodann in Ruhe, bis durch einen neuen Strom
eine wiederholte Verkuppelung erfolgt. Damit der Auslösehebel
dem Anschlage des zweiten Sperrkegelansatzes widerstehen kann,
ist an seiner Achse eine Feder angebracht, welche das linke
Ende des Auslösehebels immer nach unten gegen den Anker
drückt. Eine verbesserte Kuppelungsvorrichtung sowie Bremse für
den Telegraphenapparat von Hughes hat R. Stock & Comp. in Berlin
im Jahre 1891 angebracht, welche sich bisher gut bewährt hat.

Kommutator.   200. Aufser diesen aufgeführten Hauptteilen ist an jedem Hughes-
Apparate ein Kommutator oder Batterie-Umschalter angebracht.
Bei der Verbindung von zwei Apparaten mufs der abgehende und
der ankommende Strom seinen Weg stets in der gleichen Richtung
im Verhältnis zur Polarität der Magnete durch die Spiralen nehmen.
Dies wird durch einen Kommutator erreicht, welcher auf Seite 94
bereits erwähnt wurde. Ist demnach z. B. bei der Station A der
Kupferpol mit dem Apparate und der Leitung, der Zinkpol mit
Erde verbunden, so mufs bei der Station B der Zinkpol mit Apparat
und Leitung, der Kupferpol aber mit Erde verbunden sein. Einen
raschen Tausch der Verbindungen ermöglicht der Stecker-Kommutator.

Zur Unterbrechung der Verbindung zwischen Leitung und Apparat
dient ein Klemmenwechsel — Interruptor — oder Kurbel, dessen
unterer Kontakt ohne elektrische Verbindung ist. Zum Schutze
gegen die Einwirkungen der atmosphärischen Elektrizität dienen
die bereits bekannten Plattenblitzableiter.

Stromlauf.

201. Der Stromlauf bei dem Hughes-Apparate ist, wie früher bereits Stromlauf
schematisch gezeigt, der gleiche, wie bei einem Morse-Apparate in
einer Arbeitsstromleitung, nur müssen beide Elektromagnete der
verbundenen Stationen in gleicher Richtung vom Strom durchlaufen
werden. Von den vier Docken am Apparate führen die Verbindungsdrähte zur Leitung (L), zur Erde (E) und zu den Batteriepolen
(Z und K). Die beiden mittleren Docken stehen unter der Apparaten-
tischplatte miteinander in Verbindung, so daß sie eigentlich einen
einzigen elektrischen Kontakt bilden. Die Figur 39 veranschaulicht
die Verbindung von zwei Hughes-Apparaten.

1. Abgehender Strom.

Beim Niederdrücken einer Taste wird der betreffende Kontaktstift aus dem Messinggehäuse gehoben, der Schlittenhebel gleitet
darüber, wobei die Hülse an der Schlittenachse durch den eingreifenden Hebel niedergedrückt und dadurch der in Verbindung
stehende Stromhebel H aufwärts bewegt wird. Hierbei wird letzterer
von dem unteren Ruhepunkte getrennt und an den oberen Kontaktpunkt geführt, wodurch die Batterie rasch geschlossen und zur
Wirksamkeit gebracht wird. Der Strom gelangt über den am oberen
Kontaktpunkte anliegenden Stromhebel zur Schlittenachse s, zum
Korrektionsdaumen und an die während der Ruhelage am Korrektionsdaumen anliegende isolierte Feder F, von welcher aus er
durch die Spiralen über den Kommutator C und Interruptor J in
die Leitung zur andern Station und zur Erde gelangt. Im Momente
der Stromwirkung am Elektromagneten M fällt der Anker ab und bietet
dem Strome einen kürzeren Nebenweg von sehr geringem Widerstand
mit Umgehung der Spiralen von der Schlittenachse zum Auslösehebel D und durch die Stellschraube dieses Hebels über den anliegenden Anker zum Ankerstuhle G, welcher durch einen kurzen
Draht mit dem Kommutator verbunden ist, so daß der abgehende
Strom über diesen und den Interruptor in die Leitung gelangt.

2. Ankommender Strom.

Der von der entfernten Station ankommende Strom gelangt
über den Interruptor und Kommutator zum Elektromagneten, zur

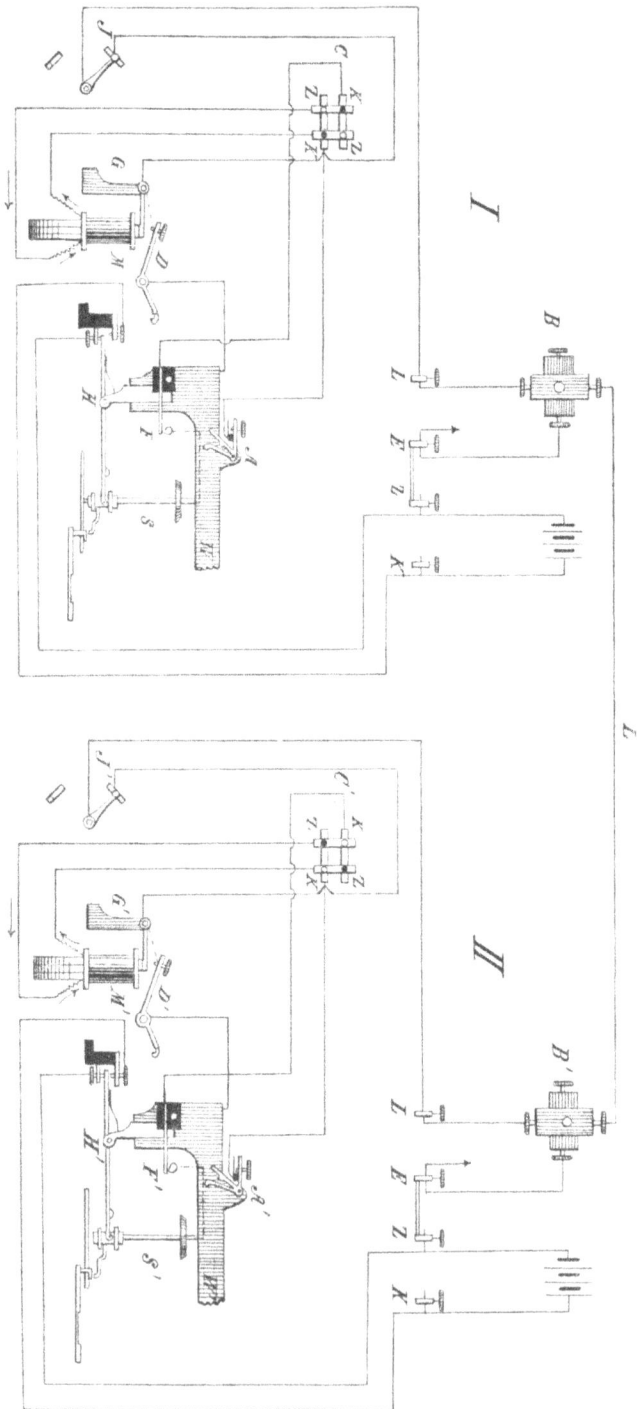

Fig. 39.

isolierten Feder und über den anliegenden Korrektionsdaumen zur Schlittenachse, über den auf dem unteren Kontaktpunkte aufliegenden Stromhebel und von da zur Erde. Wenn jedoch der Arretierungshebel niedergedrückt und das Typenrad arretiert ist, so wird dem Strome ein kürzerer Weg mit Umgehung des Elektromagneten — wie bei der geschlossenen Ausschlußvorrichtung an einem Arbeitsstrom-Morse-Taster — über den Interruptor, Kommutator, Draht zu der unter dem Arretierungshebel liegenden Feder, zum Arretierungshebel, zur Schlittenachse, über den Stromhebel zur Erde geboten. Diese Maniputation wird nötig, wenn man beim Regulieren des Apparates sich vergewissern will, ob der Lauf des Apparates gleichmäfsig bleibt bei rufender und thätiger Druckachse.

Leistungsfähigkeit des Hughes-Apparates.

202. Die Leistungen des Apparates sind, von der Gewandtheit des Manipulanten abgesehen, von seiner Laufgeschwindigkeit und von der Anzahl der Typen, welche während eines Umganges des Typenrades zum Abdrucke kommen können, abhängig. Die gewöhnliche Geschwindigkeit für nicht über 500 km lange Leitungen beträgt 110 bis 120 Umdrehungen in der Minute. Für die Geschwindigkeit von 120 Umgängen pro Minute rechnet man als gröfste Leistung den Druck von 270 Zeichen oder 50 Worten zu je sechs Buchstaben. Während man mit Morse höchstens 25 Telegramme mit 20 Textworten in der Stunde verarbeiten kann, hat man mit dem Hughes-Apparate auf den gröfsten Entfernungen durch geübte Beamte 40—60 solche Telegramme in der Stunde befördert. Der Hughes-Apparat mufs jedoch zu seiner vollsten Ausnutzung mit zwei Beamten besetzt werden. Die Lippe des Schlittens bedeckt vier Stiftlöcher des Stiftgehäuses, so dafs nach einem abgegebenen Zeichen erst die fünfte folgende Taste gedrückt werden kann, also bei einer Schlittendrehung höchstens fünf Typen zum Abdrucke gelangen können. Zum Drucken eines Zeichens ist nur ein Strom erforderlich, und es erfolgt der Abdruck ohne Verzögerung. Die Handhabung des Apparates erfordert jedoch geschickte und intelligente Telegraphisten, welche mit den einzelnen Teilen desselben vollkommen vertraut und im stande sind, die in dem komplizierten Mechanismus etwa auftretenden Fehler rasch zu erkennen und zu beseitigen.

b) Eisenbahntelegraphen.

203. Für den Betrieb der bayerischen Staatseisenbahnen stehen gegenwärtig Magnetzeiger-Apparate, Morse-Apparate, elektrisch betriebene Werke für den Signaldienst und Telephonapparate in

Leistungsfähigkeit.

Leitungsanlage.

8*

Verwendung. Je nach dem Umfang des Verkehrs einer Eisenbahnlinie sind für den Betriebsdienst bis zu drei besondere Leitungen gespannt.

Die erste Leitung — die direkte Bahnleitung mit Schreibapparaten für den durchgehenden Verkehr, auch Direktionsleitung genannt — vermittelt den Verkehr zwischen den Hauptstationen ohne Beiziehung der kleineren, und sind deshalb nur auf den ersteren Morse-Schreibapparate aufgestellt und in diese Leitung eingeschaltet. Der Batterie-Schliefsungsbogen geht hier von Haupt- zu Hauptstation in einer durchschnittlichen Länge von 60 km.

Die zweite Bahnleitung mit Schreibapparaten — die sog. Omnibusleitung — vermittelt den Verkehr zwischen den sämtlichen Stationen, und ist deshalb auf jeder Station ein Morse-Apparat eingeschaltet. Der Schliefsungsbogen reicht auch hier durchschnittlich 60 km weit und sind in denselben einschliefslich der beiden Endstationen ungefähr zwölf Stationen eingeschaltet, welche deshalb alle gleichzeitig ansprechen, wenn von einer der eingeschalteten Stationen telegraphiert wird.

Die drite Leitung — Läutwerk- oder Glockensignalleitung — vermittelt den Verkehr zwischen je zwei Nachbarstationen, und werden auf ihr gleichzeitig die Signale zu und von den dazwischen liegenden Wärterposten gegeben. Der Schliefsungsbogen reicht hier nur von einer Station zur nächstgelegenen in einer durchschnittlichen Entfernung von 8 km, und werden daher die Apparate anderer Stationen nicht mitsprechen, wenn die beiden Nachbarstationen oder Wärter zwischen denselben Zeichen geben.

Für die Linien geringeren Verkehrs verringert sich die Anzahl der Leitungen und vereinfacht sich die Apparatenausrüstung der Stationen bis zur Verwendung von Zeigeapparaten für Nebenlinien und von Telephonapparaten für den Betrieb von Sekundärbahnen. Bei Errichtung der ersten Eisenbahnbetriebs-Telegraphenlinien in Bayern wurden Rotationszeiger-Apparate von Stöhrer und seit 1856 Magnetzeiger-Apparate von Siemens & Halske verwendet, welch letztere in dieser Telegraphenbauanstalt in Ausführung eines Programms der bayerischen Telegraphenverwaltung in bekannter Meisterschaft hergestellt wurden und von denen zur Zeit noch 100 in 16 älteren Bahnleitungen im Betrieb sich befinden.

I. Magnetzeigertelegraph von Siemens & Halske.

Magnetzeiger-apparat.

204. Fig. 40 gibt die perspektivische Ansicht des ganzen Apparates. Das Prinzip des Magnetzeigers von Siemens & Halske ist folgendes: Ein Cylinderinduktor mit I-förmigem Kern wird mittels eines Räderpaares mit einer Kurbel zwischen den Polen eines aus

mehreren Lamellen bestehenden Magnets gedreht, wodurch Wechselströme in rascher Folge erzeugt und in die Leitung gesendet werden.
Die Ströme umkreisen im Empfänger einen Elektromagneten, dessen
beide Kernfortsätze zwischen den entgegengesetzten Polen zweier
fester Hufeisenmagnete oscillieren können und daher abwechselnd
von dem einen und dem andern angezogen werden. Dadurch wird
ein Steigrädchen gedreht, welches den auf seiner Achse sitzenden

Fig 40.

Zeiger über einer Buchstabenscheibe, entsprechend der nach Maßs-
gabe der im Telegramm aufeinanderfolgenden Buchstaben statt-
findenden Kurbelbewegung des Induktors schrittweise im Kreise
herumbewegt.

Man unterscheidet an diesem Apparate zwei Hauptteile:

1. den Induktor oder Stromerzeuger und

2. den eigentlichen Zeigertelegraphen oder Empfänger (Indikator).

205. Der Induktor (Fig. 41) ist in dem Holzkasten Q (Fig. 40)
eingeschlossen. Er besteht aus einem Eisenstücke, dessen Querschnitt die I-Form hat. Die beiden Einschnitte, welche sich über
die ganze Länge des Eisenstückes erstrecken, sind der Länge nach

mit Drahtlagen einer Spirale von ca. 900 Ohm Widerstand aus-
gefüllt, so dafs dieser Anker mit seiner Induktionsspirale das An-
sehen eines Cylinders hat. Der Cylinder trägt an seinen beiden
Enden ausgedrehte metallische Büchsen als Lagerzapfen und ist
mittels eines Getriebes und Zahnrades durch eine Kurbel *H* (Fig. 40)
zwischen den entgegengesetzten Polen von 12 nahe übereinander
liegenden, durch Messingstücke von einander getrennten, starken

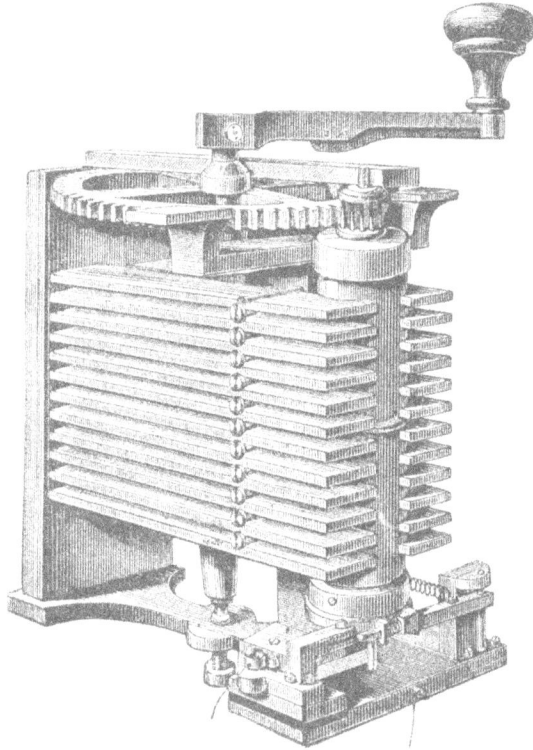

Fig 41

Hufeisenstahlmagneten drehbar. Diese Magnete haben einen kreis-
segmentförmigen Ausschnitt, welchen der Cylinderinduktor mit
einigem Zwischenraum, ohne zu streifen, ausfüllt. Die Drahtwindungen sind zum Schutze vor Beschädigung mit Messinghülsen
umgeben. Bei jeder Umdrehung des den 12 Magneten gleichsam
als gemeinschaftlicher Anker dienenden Induktors ändert der Eisenkern zweimal seinen von den Stahlmagneten induzierten Magnetismus,
und es entstehen in der Drahtspirale Ströme wechselnder Richtung,
welche zum Empfänger und in die Leitung gelangen. Die Enden
des isolierten Umwindungsdrahtes des Induktors stehen nämlich
einesteils mit dem Elektromagneten des Empfängers und der

Leitung 1, andernteils mit dem am unteren Achsenlager des Cylinders isoliert befestigten Ringe, an welchem zwei zur Erde bezw. Leitung 2 führende Metallfedern schleifen, in Verbindung.

Durch die in mäfsiger Geschwindigkeit zu drehende Kurbel H (Fig. 40) wird ein auf ihrer oberen Achse x aufgestecktes Zahnrad bewegt, welches in ein auf der Induktorachse sitzendes Getriebe eingreift und dadurch den Induktor zwischen den Polen der Magnetlamellen in Umdrehung bringt. Diese Kurbel wird über ein in 26 gleiche Teile geteilten, an der äufseren Peripherie mit Buchstaben, an der inneren mit Zahlen bezeichneten Scheibe J (Zifferblatt) bewegt. Die Handhabe der Kurbel ist von Holz oder Bein. Die Kurbel H ist mit ihrer Achse durch einen horizontalen Stift verbunden, um welchen sie mit kleinem Spielraum gehoben und gesenkt werden kann. An ihrer unteren Fläche sitzt eine federnde Nase, welche beim Telegraphieren zum Markieren der Kurbelbewegungen in die Zähne des um die Zeichenscheibe J des Induktors angebrachten, sägeförmig ausgeschnittenen Messingkranzes fällt, wobei dann das Zahnrad und der Cylinder momentan arretiert wird. Steht die Kurbel in der Ruhelage auf dem zwischen den Buchstaben Z und A befindlichen leeren Felde (»Weifs«) der Zeichenscheibe, so berührt die Nase derselben eine Messingfeder, welche durch einen kurzen isolierten Kupferdraht mit dem unteren Ende des Cylinders und mit der Erde bezw. Leitung 2 verbunden ist. Diese Anordnung verbindet die Umwindungsenden des Induktors direkt und schliefst den Induktor während der Ruhelage der Kurbel für den kommenden Strom aus. Am unteren Ende des Induktionscylinders ist ein Ring mit zwei Erhöhungen befestigt, welcher bei jeder halben Umdrehung den anliegenden Ausschlufshebel vom Kontaktstifte trennt und so die Ausschlufsverbindung unterbricht. Diese Sperrvorrichtung verhindert eine unrichtige Drehung der Kurbel von rechts nach links. Wird die Kurbel wie der Zeiger einer Uhr einmal ganz um ihre Achse von links nach rechts gedreht, so macht der Induktionscylinder 13 ganze oder 26 halbe Umdrehungen, wodurch 26 Induktionsströme von wechselnder Richtung entstehen.

206. Der eigentliche Zeigertelegraph oder Empfänger (Fig. 42), Empfänger welcher in dem Raume des Holzkastens Q unter dem verschliefsbaren Deckel PP (Fig. 40) untergebracht ist, besteht aus einer horizontalen Multiplikatorspule von ca. 200 Ohm Widerstand, in welcher ein um eine horizontale Achse drehbarer Eisenkern sich befindet, dessen beide Enden A (Fig. 42) zungenförmig verlängert sind. Diese Enden werden von den entgegengesetzten Polen zweier gegenüberstehender stählerner Hufeisenmagnete BB' in ihrer Mittellage gleich

stark angezogen, so lange den Elektromagneten kein Strom durchläuft;
dagegen werden während der Dauer der Induktorwechselströme die
magnetisierten Zungen abwechselnd von dem einen permanenten Hufeisenmagnete angezogen und gleichzeitig von dem andern abgestofsen.

Mittels einer von aufsen regulierbaren Schraube S (Fig 40) kann
ein Messingschlitten CC' (Fig. 42), auf welchem die beiden Hufeisenmagnete BB' durch vier messingene Querleisten festgehalten
werden, verschoben und damit auch die Lage der Pole gegen die
Zungen A verändert werden.

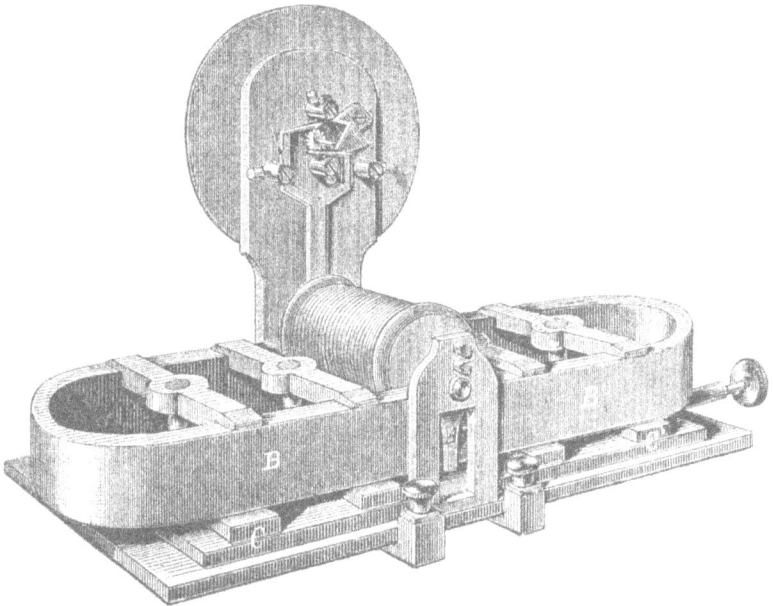

Fig 42.

An dem einen Ende des beweglichen Eisenkerns ist ein nach
oben gabelförmig auslaufender Arm mit zwei übereinander sich zu-
gekehrten Hakenfedern befestigt. Diese Haken greifen in die Zähne
eines Rädchens, so dafs bei der Hin- und Herbewegung des Armes
das Zahnrädchen um einen Zahn gedreht wird. Da das Rädchen
13 Zähne hat, so wird durch eine volle Umdrehung der Kurbel des
Induktors das Zahnrädchen einmal um seine Achse gedreht. Die
Achse des Rädchens nimmt bei dessen Drehung den auf derselben
sitzenden Zeiger V (Fig. 40) mit herum und zeigt auf der Buchstabenscheibe den gleichen Buchstaben, auf welchen die Kurbel des
Induktors gedreht worden ist. Steht der Zeiger V in der Ruhelage
nicht auf dem weifsen Felde der Zeichenscheibe, wie die Kurbel des
Induktors, so mufs derselbe reguliert werden. Zur Zeigerregulierung

dient ein unter der Zeichenscheibe vorstehender federnder Bein-
knopf k (Fig. 40), welcher beim Einwärtsdrücken den Vorsprung
eines Hebels gegen einen an der Rückseite des Zahnrädchens angebrachten Arretierungsstift bewegt, wodurch das Rädchen beim gleichzeitigen Drehen der Kurbel H auf das weiße Feld und Drücken
des Knopfes k in dem Augenblicke gehemmt wird, wo der Zeiger
auf dem weißen Felde steht,

Die Hakenfedern und der gabelförmige Arm werden in ihrer
Bewegung durch je zwei Stellschrauben begrenzt, wodurch ein Vor-
springen des Rädchens verhütet wird.

Außer dem Induktor und dem Empfänger sind noch als Neben-
bestandteile dieses Magnetinduktions-Zeigertelegraphen zu erwähnen:
der Wecker, der Umschalter und die Blitzplatten.

Um die mit diesem Apparate gegebenen Signale auf der entfernten Station nicht allein sichtbar, sondern auch hörbar zu machen,
und um den etwa außer dem Amtszimmer befindlichen Betriebs-
beamten an den Apparat zu rufen, ist an der rückseitigen Lamelle
des im Elektromagnet oscillierenden Kernes ein mit einem Hammer
versehener nach aufwärts gehender Arm angebracht, welcher bei der
Bewegung der Lamellen auf zwei gegenüberliegende, mit ihm in dem
durch den Deckel PP verschlossenen Raume untergebrachte Glocken
schlägt und so als Wecker dient. Durch Herausziehen eines am oberen
Apparatenkasten links befindlichen Knopfes k kann diese Weckvor-
richtung eingeschaltet, durch Hineinschieben ausgeschaltet werden

Im Apparatenkasten hinter dem Empfänger befindet sich ein
Messinghebel als Umschalter, welcher die Verbindung der Docke L.
(Leitungszweig 1) mit L: (Leitungszweig 2 oder Erde) herstellen
und so den Apparat für sich schließen oder mit der Leitung verbinden kann. Im normalen Stande muß der Hebel offen sein.

Als Schutzvorrichtung gegen die atmosphärische Elektricität
sind im Innern des dem Apparate als Träger dienenden Holzkastens
Plattenblitzableiter nach der bereits bei den Morse-Apparaten
beschriebenen Konstruktion von Siemens & Halske aufgestellt
und mit dem Apparate und der Leitung verbunden.

Die Einschaltung mehrerer Stationen in eine Leitung findet   Stromlauf.
keinerlei Schwierigkeiten. In der Regel befinden sich 5 bis 8 Apparate
in einem Schließungsbogen, ohne daß die Sicherheit des gleichmäßigen Ganges aller Apparate erschwert oder vermindert wird.

Der Stromlauf ist folgender:

       a) Abgehender Strom.

Bei der Kurbeldrehung des Induktors durchläuft der Strom die
Windungen des Elektromagneten des Empfängers der eigenen Station,

gelangt über die Blitzplatte in die Leitung durch die eingeschalteten
Apparate in den Boden und zum zweiten Ende der Multiplikator-
windungen des Induktors zurück.

b) Ankommender Strom.

Der vom Induktor erzeugte Strom gelangt von der Leitung 1
kommend über die Blitzplatte zu dem Elektromagneten des Zeigers
zum Kontaktstift und Ausschlußhebel am Induktor über die Blitzplatte in die Leitung 2 bezw. zur Erde oder durch den zum Kontaktstift führenden Verbindungsdraht zur Messingfeder, auf welcher
die Nase der Kurbel metallisch aufsitzt, über die Kurbel und Achse
des Induktorcylinders zur Leitung 2 bezw. Erde.

Bedienung.   Der magnetelektrische Zeigerapparat wird folgendermaßen ge-
handhabt:

Im Zustande der Ruhe müssen die Führungshebel H und die
Zeiger des Zifferblattes V immer auf dem weißen oberen Felde
stehen. Der Führungshebel ist mit einer gleichmäßigen Geschwindigkeit von links nach rechts zu drehen. Eine Drehung des Hebels
von rechts nach links würde das Zerbrechen der Sperrvorrichtung
zur Folge haben. Stehen beim Beginne des Telegraphierens die
Zeiger nicht auf Weiß, so drückt man mit der linken Hand fest
auf den Knopf k (Fig. 40) und führt den Hebel H gleichzeitig mit
der rechten Hand mittels einer ganzen Umdrehung von dem weißen
Felde bis wieder zu demselben. Dem Telegraphieren geht als Einleitung das Regulierungszeichen und der Anruf voraus. Als Regulierungszeichen werden mit dem Führungshebel drei volle Umgänge
vom weißen Felde anfangend gemacht, bei jedem Umgange aber
das weiße Feld durch kurzes Anhalten des Hebels markiert. Hierauf folgt der Anruf: zuerst die Chiffer (die drei ersten Buchstaben)
des Namens der zu rufenden Station, hierauf ohne Markierung des
weißen Feldes, der Buchstabe V (von) und endlich die Chiffer der
rufenden Station. Nach dem Anrufe wird H auf das weiße Feld
zuzückgeführt. Die gerufene Station hat zum Zeichen des V e r -
s t a n d e n s mit ihrem Hebel vom weißen Felde aus eine ganze
Umdrehung zu machen und dann ihre Chiffer zurückzugeben. Ist
dieselbe verhindert, sofort zu nehmen, so hat sie als Antwort und
W a r t e z e i c h e n zweimal den Buchstaben W zu geben und sodann
den Hebel auf Weiß zurückzustellen. Erfolgt die Meldung ohne
Wartezeichen, so beginnt die gebende Station das Telegraphieren;
dabei stellt sie nach jedem buchstabenweise abgegebenen Worte
den Führungshebel auf Weiß zurück und wartet das Verstanden-
zeichen der nehmenden Station ab, d. i. eine volle Umdrehung des
Hebels von Weiß auf Weiß. Kommen Ziffern vor, so muß der

abnehmenden Station angedeutet werden, dafs im inneren Kreise des Zifferblattes, in welchem die Zahlen stehen, gelesen werden soll; dies geschieht dadurch, dafs man den Hebel von Weifs auf *Z* und wieder auf Weifs führt, was soviel als »Ziffer« bedeutet. Der Übergang von den Zahlen zu den Buchstaben wird durch Markierung des Buchstabens *B* im inneren Kreise angedeutet. Am Schlusse des Telegrammes wird Weifs *V* Weifs (vollendet) gegeben, was die nehmende Station mit »Verstanden« beantwortet. Wurde ein Wort nicht verstanden, so ist es entweder nicht richtig gegeben oder nicht richtig gelesen worden, oder die Zeiger der beiden Stationen sind aufser Einklang; in diesem Falle gibt die nehmende Station *N V*, d. h. Nichtverstanden, und führt den Hebel auf Weifs zurück. Kommt hierbei in der gebenden Station der Zeiger auf Weifs, so ist blofs ein Telegraphier- oder Lesefehler vorgekommen, und die gebende Station wiederholt das letzte Wort; kommt dagegen der Zeiger der gebenden Station nicht auf Weifs, so hat sie erst die Zeigerstellung zu korrigieren und dann das letzte Wort zu wiederholen.

Die Schnelligkeit des Telegraphierens ist bei einiger Übung kaum geringer als jene mit dem Morse-Apparate, die Anrufe lassen sich nach dem Gehöre sehr deutlich unterscheiden, die Konstruktion des Apparates und dessen Behandlung ist sehr einfach und letztere ohne Schwierigkeit zu erlernen, der Apparat ist kompendiös, erfordert keinerlei Sorge für eine Batterie und liefert einen kräftigen Strom. Trotz dieser Vorzüge erfüllt der Siemenssche magnetelektrische Zeigerapparat eine der Hauptbedingungen der jetzigen Eisenbahndiensttelegraphen, die Telegramme in bleibenden Zeichen zu geben, nicht; ferner erfordert seine Instandhaltung eigene Mechaniker und ist seine Handhabung mit unangenehmem, störendem Geräusche verbunden. Aus diesen Gründen wird derselbe in Bayern nur mehr auf Nebenlinien verwendet und auch dort allmählich durch Morse-Schreibapparate ersetzt. Die so überzählig werdenden Induktoren können als Läuteinduktoren verwendet werden, wenn auf ihren Achsen Kommutatoren angebracht werden, welche die Ströme gleichgerichtet in die Leitung gelangen lassen, wie das bei dem Systeme Frischen näher erörtert wird.

Leistungs-fähigkeit.

II. Elektrische Signal-Läutewerke, System Siemens.

207. Beim Eisenbahnbetriebe werden ferner zur Benachrichtigung der zwischen je zwei Bahnstationen gelegenen Wärterposten von dem Abgange eines Zuges von der zunächst rückwärts gelegenen Station Läutesignale gegeben, wozu die bei jedem Bahnwärter aufgestellten Läutewerke dienen; ebenso werden zur Verständigung

Signal-Läutewerke.

zwischen dem Bahnhofvorstand und dem einen Bahnhofabschlufs-
telegraphen bedienenden Wärter bei gröfserer Entfernung zwischen
beiden in Betracht kommenden Punkten sog. Sperrsignalläutewerke
angewendet. In Deutschland wurden die elektrischen Läutewerke
zuerst auf der Strecke Halle — Weifsenfels der thüringischen Eisenbahn im Jahre 1846 angewendet.

1. Signal-Läutewerke.

208. Die elektrischen Signal-Läutewerke oder Glockenschlagwerke
haben die Bestimmung, die Abfahrt der Züge, den Eintritt einer
Gefahr sowie die Notwendigkeit einer Hilfe für den auf der Strecke
befindlichen Zug mittels weit hörbarer Glockenschläge zu signalisieren.
Diese Signalläutewerke haben die früher ausschliefslich gebrauchten
optischen Telegraphen (Flügeltelegraphen, farbige Laternen, Fahnen)
sowie die Signalhörner zu ersetzen und erfordern einen Induktor,
ein Läutewerk und die den Verkehr zwischen je zwei Bahnstationen
sowie gleichzeitig die Signale zu den dazwischen liegenden Bahnwärterposten vermittelnde Leitung.

a) Magnet-Induktor.

Induktor   209 Der Induktor J, dessen Prinzip bereits auf S. 40 f erläutert
wurde, und welcher in Fig. 43 abgebildet ist, besteht im wesentlichen
aus denselben Teilen, wie der vorbeschriebene Cylinderinduktor des
Magnetzeigerapparates und ist von demselben nur der Form nach
verschieden. Über die Enden des Cylinders sind mit Zapfen versehene Fassungen i aufgesetzt, um welche derselbe gedreht werden
kann Der Induktor ist in angemessenem Abstande in die kreisförmigen Ausschnitte von zwölf wagrecht nebeneinanderliegenden
Stahlmagneten mm eingepafst. Ein Triebrad T bewirkt bei der
Drehung der Kurbel k durch Eingreifen in das Getriebe t die Umdrehung des Induktors Die eine Windung der Induktionsrolle J
steht mit dem Metallkörper, dem Cylinderachsenlager und mittels
der Schleiffedern ff_1 und des Drahtes e mit der Erde E in leitender
Verbindung. Das andere Windungsende ist isoliert vom Cylinder
durch die Messingfassung hindurchgeführt und innen am isolierten
Teile der Achse befestigt. Der Schleifring der Induktionsachse besteht nämlich hier aus zwei von einander isolierten Teilen, welche
die Vermittler zum Stromaustritte sind und die Aufgabe haben, die
erzeugten Ströme gleichgerichtet in die Leitung zu schicken.

Die Drucktasten T_1 und T_2 stellen wie gewöhnliche Morse-Taster
in einer Stromeinführungsleitung die Verbindung der an die Metallgehäuse $a I$ und $a II$ und von da an die Tastenkörper geführten

Leitungen L_1 und L_2 in der Ruhelage direkt zur Erde her, während beim Niederdrücken von T_1 oder T_2 und gleichzeitigem Drehen der Kurbel k die Induktorrolle mit der Leitung L_1 oder L_2 verbunden wird. Der Körper des am Metallgehäuse a befestigten Tastenhebels steht mit diesem und dadurch mit der Leitung, das hintere Ende mit einem dünnen Metallcylinder in Verbindung, von wo aus die Verbindung über die Klemme e zur Erde geführt ist. Den sichern Kontakt bewirkt eine Spiralfeder, welche den Hebel in seiner Ruhelage gegen einen Metallstab drückt. Der Induktor ruht auf einem Fufsgestelle und ist mit einem hölzernen Kasten zugedeckt.

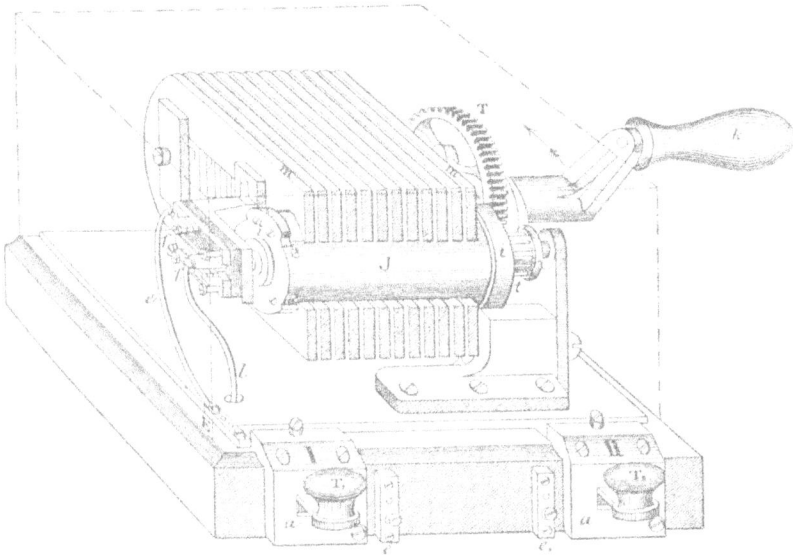

Fig. 43.

Aufserhalb des Kastens befinden sich so viele Druckknöpfe oder Tasten, als Nachbarstationen mittels des Läuteinduktors erreicht werden können, sowie die Induktorkurbel. Bei jedem Druckknopfe ist der Name der betreffenden nächstgelegenen Station angeschrieben.

Soll ein durchlaufendes Liniensignal von einer Station zu den Bahnwärtern bis zur Nachbarstation gegeben werden, so wird der entsprechende Knopf niedergedrückt und gleichzeitig die Kurbel zweimal mit mäfsiger Geschwindigkeit von links nach rechts gedreht, wodurch das betreffende Stationsläutewerk sowie sämtliche bis zur nächstgelegenen Station bei den Wärterposten stehenden Läutewerke ausgelöst und damit fünf Doppelglockenschläge — ein Puls — gegeben werden. Ausgenommen ist das eine der Stationsläutewerke, welches nur eine Glocke hat und daher nur fünf einfache Schläge gibt.

Um zwei- oder mehrmal fünf Glockenschläge nach einer Richtung zu geben, mufs daher in einem Zeitabstande von ¼ Minute die doppelte Kurbelumdrehung und gleichzeitiges Niederdrücken des betreffenden Knopfes nochmal bezw. mehrmals in den gleichen Zeitabständen von je ¼ Minute wiederholt werden.

Die mit dem Induktor zu gebenden gewöhnlichen Fahrzeichen sind:

a) bei dem Verkehr in der Richtung von München einmal fünf Doppelglockenschläge;

b) bei dem Verkehr in der Richtung nach München zweimal fünf Doppelglockenschläge in einem Zeitabstand von ¼ Minute;

c) das Ruhezeichen mittels dreimal in gleichen Pausen von je ¼ Minute aufeinanderfolgenden fünf Glockenschlägen. Dieses Zeichen wird gegeben, wenn der letzte von einer Hilfslokomotivstation vor Mitternacht abgegangene Zug das Ende des Hilfsrayon erreicht hat, und zwar von Station zu Station bis zur Hilfslokomotivstation zurück.

Aufser diesen gewöhnlichen Fahrzeichen der deutschen Signalordnung wird mit dem Induktor nach einem von einem Wärterposten aus nach der Station gegebenen und von dieser verstandenen Hilfssignale das Zeichen »verstanden« mittels viermal in Pausen von ¼ Minute aufeinanderfolgenden fünf Glockenschlägen zurückgegeben.

Endlich wird mit dem Induktor noch das Alarmsignal durch sechsmal in Pausen von ¼ Minute aufeinanderfolgenden fünf Glockenschläge zurückgegeben, wenn einem von der Station schon abgelassenen Zuge vor dessen Eintreffen auf der nächsten Station voraussichtlich irgend eine Gefahr droht, um denselben durch die Bahnwärter vor dieser Gefahr warnen zu lassen.

b) Stationsläutewerk.

Stations-
läutewerk.

210. Dieser auf den Eisenbahnstationen aufser dem Induktor verwendete Glockenapparat besteht aus einem Elektromagneten mit Anker, an welch letzterem ein Haken befestigt ist, der einen Auslösehebel festhält. Wird der Anker angezogen, so wird der Auslöse- (Arretierungs-) Hebel frei, das durch ein Laufgewicht getriebene Schlagwerk kommt in Thätigkeit und gibt durch einen Doppelhammer die bestimmte Anzahl von Glockenschlägen an den linksseitig angebrachten, ungleich gestimmten Glocken des Stations- oder Perronläutewerkes. Nach Verrichtung dieser Arbeit wird der Auslösehebel durch die Selbstarretierung wieder in seine frühere

Stellung zurückgebracht und von dem Haken des wieder abgefallenen Elektromagnetankers festgehalten, wodurch auch das Schlagwerk arretiert wird. Stationsläutewerke sind auf der Endstation einer Glockenlinie eines, auf den Zwischenstationen je zwei vorhanden.

Die durch den Induktionsstrom in Bewegung gesetzten Stationsläutewerke, welche gleichzeitig mit den Läutewerken der in derselben Bahnrichtung stehenden Wärter in Thätigkeit kommen, werden, soweit es die lokalen Verhältnisse gestatten, an der Fassademauer des Betriebshauptgebäudes rechts und links von der vom Bahnsteig aus zur Expedition führenden Thür angebracht, und zwar in der Weise, daß auf die in der Richtung gegen München liegende Seite das Läutewerk mit zwei Glocken, auf die andere Seite jenes mit einer Glocke kommt.

Das erste Läutewerk mit zwei Glocken signalisiert die in der Richtung von München kommenden Züge mit einmal fünf Doppelschlägen, die in der Richtung nach München abgehenden Züge mit zweimal fünf Doppelschlägen. Das andere Läutewerk mit einer Glocke signalisiert die in der Richtung von München abgehenden Züge mit einmal fünf einfachen Glockenschlägen, die in der Richtung nach München fahrenden Züge mit zweimal fünf einfachen Glockenschlägen. Es läßt sich dadurch beim Eintreffen des Fahrsignals eines kommenden Zuges auf einer Station schon durch das Gehör die Richtung des zu erwartenden Zuges erkennen.

c) Registrierapparat.

211. Zur Kontrolle über die Abgabe der vorgeschriebenen Signale wird für je zwei Stationen ein Registrierapparat in Verbindung mit einem Stationsläutewerk benutzt, welcher so eingerichtet ist, daß beim Geben eines Signals mit dem Induktor das hierdurch wirkende Gewicht des Stationsläutewerks einen Papierstreifen in Bewegung setzt, in welchem dann auf mechanischem Wege bei jeder Gruppe von Glockenschlägen (je fünf Doppelglockenschlägen) durch ein Hämmerchen ein Punkt ausgestochen und so das gegebene Signal fixiert wird. Der Stationsvorstand hat den entweder in dem Schutzkasten des Stationsläutewerkes oder für sich allein im Betriebsbureau angebrachten Registrierapparat unter Verschluß, schneidet täglich einmal zu gleicher Stunde den abgelaufenen, mit den Kontrollzeichen versehenen Papierstreifen ab und vergleicht die darauf befindlichen Signale mit dem wirklich stattgehabten Zugsverkehr.

Registrierapparat.

d) Bahnwärterläutebude.

212. Bei jedem Bahnwärterposten steht eine Läutebude aus starkem Eisenblech, in deren verschlossenem Innern ein mit dem Stationsläutewerk gleich konstruierter Läuteapparat sich befindet (Fig. 44). Der wagrecht liegende Elektromagnet steht mit der Leitung in Verbindung und dient als Empfänger der mit dem Induktor zu gebenden gewöhnlichen Fahrzeichen. Der Anker wird angezogen, sobald ein Induktionsstrom durch die Leitung und die Umwindungen des Elektromagneten geht. So lange der Anker in seiner Ruhelage von den Elektromagnetpolen abgezogen ist, hemmt er den Gang des Räderwerkes; sobald er angezogen wird, kann das Räderwerk frei spielen und die Hämmer zum Anschlagen der Glocken in Bewegung setzen. Als Schutzvorrichtung gegen die atmosphärische Elektricität ist über dem Elektromagneten ein Spitzenblitzableiter angebracht. Die beiden Leitungszweige sind an je eine gußeiserne Schiene geführt, von welcher aus die Verbindung zum Elektromagneten hergestellt ist. Diesen Schienen ist eine dritte größere Eisenschiene gegenübergestellt, welche mit einem gutleitenden Bodendrahte versehen ist. Jede Leitungsschiene ist mit einer, die Bodenschiene mit zwei Messingschrauben durchbrochen, deren Spitzen den Schienen nahe gegenüberstehen, ohne sie zu berühren.

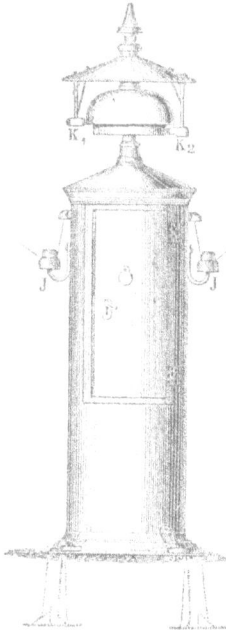

Fig. 44.

Eine verschließbare Thür gestattet, zu dem im Innern der cylinderförmigen Bude auf Konsolen befestigten Apparate zu gelangen. Der Glockenstuhl ist mit dem Dache mittels Schrauben verbunden, und die vom Schlagwerk zu den Hämmern K_1 K_2 führenden Zugdrähte finden ihren Weg durch den hohlen Schaft des Glockenständers. Die für die Einführung der Leitung nötigen zwei Isolatorenträger J J sind gleichfalls an den Eisenblechwänden mittels Schrauben befestigt. Die Bude ist auf einem Steinsockel oder auf vier gußeisernen Füßen aufgestellt.

Außen an der Läutebude ist oben die Doppelglocke und neben eine rot-weiß lackierte Signalscheibe angebracht, welch letztere, für gewöhnlich in senkrechter Lage stehend, durch das Auslösen des Läutewerkes, also beim Geben eines Signals, in die wagrechte Lage gebracht wird. Das Gewicht des Laufwerkes in der Bude ist täglich wenigstens zweimal vorsichtig aufzuziehen. Das hierzu bestimmte sowie das zum Öffnen der Budenthüre gehörige Schlüsselloch muſs auſser dem Gebrauche zur Abhaltung von Feuchtigkeit und Staub stets mit dem zu diesem Zwecke angebrachten Bleche gut verdeckt werden.

Die rot-weiſse Signalscheibe wird bei gewöhnlichen Fahrzeichen jedesmal nach dem Passieren eines Zuges, bei anderen Zeichen nach vollständiger Beendigung derselben vom Wärter durch Drehen von rechts nach links wieder in die senkrechte Lage verbracht. Die Bahnwärter-Läutebuden sind nur zum Empfangen, nicht aber auch zum Abgeben von Signalen eingerichtet.

e) Sperrsignalläutewerke.

213. Die Absperrsignale finden hauptsächlich bei Bahnhöfen, wo mehrere Bahnen von verschiedenen Richtungen einmünden, bei Bahnkreuzungen und Tunnels Anwendung. Die Signalvorrichtungen werden von den zu deckenden Punkten mindestens 600 m entfernt aufgestellt und haben nur zwei Signale zu geben, nämlich »Halt« (Fahrt verboten) und »frei« (Fahrt erlaubt). Vom Betriebsbureau des Bahnhofes aus ist zu jedem der äuſsersten Wechselwärter eine Signalleitung hergestellt, auf welcher durch einen Induktor und ein Läutewerk auf elektrischem Wege den Wechselwärtern mitgeteilt wird, ob die Bahngeleise für den kommenden Zug frei sind oder nicht, was der Wechselwärter dem Führer des nahenden Zuges durch ein optisches Signal — Aufziehen der Deckungssignalscheibe — zu erkennen giebt. Damit der Wechselwärter ebenfalls Signale nach dem Betriebsbureau geben kann, ist bei demselben auſser dem elektrischen Läutewerke auch ein Induktor aufgestellt.

Die Induktoren für die Sperrsignale (die Deckungsscheiben) sind für Wechselströme eingerichtet. An den Läutewerken sind zwei groſse, verschieden gestimmte Stahlglocken angebracht, um eine Verwechselung mit den Bahnwärterläutewerken mit einer Glocke im Betriebsbureau zu verhüten.

III. Elektrische Signal-Läutewerke, System Frischen.

214. Die elektrischen Signal-Läutewerke haben gegenüber den früher ausschlieſslich bei den bayer. Staatseisenbahnen verwendeten optischen Telegraphen den Vorteil der Kostenersparung durch den geringeren Bedarf an Wächterpersonal, da die bei den optischen Telegraphen bedingte Notwendigkeit, daſs jeder Wärter die Signale seiner beiderseitigen Nachbarwärter sehen muſs, hier wegfällt; ferner werden die Signale von Station zu Station ohne direkte Mitwirkung

Sperrsignal-läutewerke.

Frischen-System.

der Wärter gegeben, weshalb erstere durch die Nachlässigkeit oder Abwesenheit eines Wärters nicht unterbrochen werden können; endlich ist die ungestörte Fortpflanzung der Signale bei Nebel und überhaupt bei jedem die Fernsicht verhindernden ungünstigen Wetter — namentlich Schneegestöber — also gerade zu einer Zeit möglich, wo die Sicherheit der Bahnzüge mehr als gewöhnlich von der Achtsamkeit der Wärter abhängt.

Bei diesen Vorteilen wurde jedoch der Übelstand schwer empfunden, daſs in Störungsfällen, welche einen Zug auf freier Strecke am Weiterfahren verhindern, von den Läutebuden aus keine elektrischen Benachrichtigungen an die Nachbarstationen gegeben werden konnten.

Von dem Oberingenieur C. Frischen in Berlin ist eine Verbesserung der Läutewerke und der zugehörigen Apparate erzielt worden, welche es ermöglicht, von jedem Wärter aus in wenigen Minuten verschiedene Signale in die nächste Station hineinzugeben, und überdies gestattet, durch eine etwa beim verunglückten Zuge anwesende oder später mit der Hilfsmaschine eingetroffene, der Morseschrift kundige Person jede beliebige weitere telegraphische Notiz damit zu verbinden.

Nach einem ausgedehnten Versuch mit diesem System wurde dasselbe in seiner vollkommensten Gestaltung seit 1874 bei den bayerischen Staatseisenbahnen auf 41 neueren Bahnlinien eingeführt und wird allmählich auch auf die 11 älteren, noch mit Läuteapparaten des Systems Siemens versehenen Bahnleitungen ausgedehnt.

Frischen-Apparate. 215. Das System Frischen erfordert auf den Stationen folgende Apparate:

1. Einen Morse-Schreibapparat mit Relais, Taster, Galvanoskop, Blitzableiter (zugleich Umschalter), Linien- und Ortsbatterie, auf Endstationen einen Fuſsumschalter mit einem Fuſstritte und einem Stationswecker (Klingelwerk), auf Zwischenstationen mit zwei Fuſstritten und zwei Stationsweckern;

2. einen Magnet-Induktor, auf Endstationen mit einem, auf Zwischenstationen mit zwei Druckknöpfen;

3. ein Stations- oder Perronläutewerk auf Endstationen, dagegen auf Zwischenstationen zwei;

4. einen Registrierapparat für je zwei Stationen in Verbindung mit dem Stationsläutewerk nebst Fallscheiben.

In Verbindung mit diesen Stationstelegraphenapparaten stehen die in den Wärterbuden untergebrachten, mit automatischen Zeichengebern versehenen Strecken telegraphen durch die Leitung.

Zum Geben der Signale werden zweierlei Ströme benutzt, nämlich zu den bei den Wärterposten und den Stationsläutewerken vorkommenden Glockensignalen (s. S. 126) der magnetelektrische (Induktions-) Strom, erzeugt durch mäfsig rasche Umdrehung der Kurbel des Induktors (Fig. 43), dagegen zur Korrespondenz zwischen den Nachbarstationen und zum Geben der Hilfs- und Notsignale von den Wärterposten aus zu den beiden nächstgelegenen Stationen der für die Eisenbahndiensttelegraphen am besten geeignete konstante Batteriestrom (Ruhestromsystem). Die Induktoren, Stationsläutewerke sowie die durch die Signalleitung mit ihnen verbundenen Elektromagnete der Bahnwärterläutebuden haben die gleiche Anordnung wie beim System Siemens. Gleichzeitig ist in der stationsweise zur Erde geführten Glockenleitung ein Ruhestrom vorhanden, welcher jedoch zu schwach ist, um die Läutewerke auszulösen, und nur in den Hilfssignalapparaten eine Wirkung hervorbringt. Signalgebung.

Auf jeder Station befindet sich noch eine aus 5 bis 6 Meidinger-Elementen bestehende Linienbatterie, deren Strom beständig die eingeschalteten Elektromagnete und die Leitung bis zur Nachbarstation durchfliefst. Dabei sind für gewöhnlich die Stationswecker ein-, die Morse-Apparate aber ausgeschaltet. Mittels des Ruhestromes kann also nur dahin gesprochen werden, wo ein Morse-Apparat vorhanden ist; somit kann weder von einem Wärterposten zum andern, noch von einem Posten zur Station und umgekehrt gesprochen und signalisiert werden, so lange nicht vorher ausnahmsweise an diesen Posten ein Morse-Apparat aufgestellt und in die Leitung eingeschaltet worden ist. Stromlauf.

Die Figur 45 stellt den Morse-Schreibapparat dar. Auf der Tischplatte Q befindet sich links der Farbschreiber S mit Papierrolle und offenem Elektromagneten. Rechts davon ist der Reihe nach das stehende Galvanoskop G, die Blitzplatte Z, das Dosenrelais R und vor dem letzteren der Taster T angebracht. Hinten an der Tischplatte, in der Mitte derselben, ist eine aufwärts stehende eiserne Tragsäule befestigt, an welcher oben rechts und links je ein Blechkästchen mit den Stationsweckern $W_1 W_2$ angebracht ist. Stationsapparat.

In diesem Kästchen ist aufser dem Wecker ein weifslackierter, in einer kreisrunden Scheibe endigender Blechstreifen, die sog. Fallscheibe D, angebracht, welche während der Thätigkeit des Weckers aus dem Kästchen unten heraushängt, aufserdem aber, in

9*

dasselbe hineingedrückt, durch den Hammer des Weckers darin festgehalten wird.

Auf der Vorderseite eines jeden Kästchens ist der Name derjenigen nächstgelegenen Station angeschrieben, nach welcher die

Fig. 45.

durch das betreffende Kästchen hindurchgehende Drahtleitung
hinführt.

Unter der Tischplatte, etwas über dem Fußboden, befinden
sich nebeneinander, der Anzahl der einmündenden Läutewerkslinien
entsprechend, 1 bis 4 Fußtritte $N_1 N_2 N_3 N_4$, welche als Fuß- oder

Trittumschalter zum Ein- und Ausschalten des einen Morse-Apparates in eine der Signalleitungen mittels der in den Schloten V_1 V_2 emporgehenden Metallstäbe dienen. — Die älteren unbequemeren Fußumschalter sind in Kästchen auf dem Fußboden des Zimmers befestigt, von denen die Verbindungsdrähte hinauf nach den Apparaten auf der Tischplatte führen.

Wenn nun von einer der nächstgelegenen Stationen oder von einem der dazwischenliegenden Wärterposten der Ruhestrom durch den Taster oder den Hilfssignalschlüssel oder die Scheibe des automatischen Zeichengebers (s. unten) unterbrochen, die Station also angerufen wird, so läßt der dadurch entmagnetisierte Eisenkern des betreffenden Stationswerkes W seinen Anker fallen, die Glocke des Weckers läutet und die Fallscheibe desselben fällt herab. Die Aufschrift auf dem Kästchen kennzeichnet die Richtung, von welcher der nach dem Gehör lesbare Anruf erfolgt ist.

Der durch die Weckerglocke aufmerksam gemachte Beamte hat nunmehr den Morse-Apparat in die betreffende Bahnleitung einzuschalten und das angekündigte Telegramm oder Signal abzunehmen, was durch Niederdrücken des betreffenden, d h. auf gleicher Seite mit der herabhängenden Fallscheibe liegenden Fußtrittes auf den Boden und durch gleichzeitiges Auslösen des Morse-Laufwerkes geschieht.

Will dagegen der Beamte nach einer der nächstgelegenen Stationen sprechen, so hat er zuerst den zur betreffenden Leitungsrichtung gehörigen Fußtritt mit dem Vorderteil seines Fußes niederzudrücken, die Station mit dem Morse-Taster zu rufen und den Fußtritt so lange niedergedrückt zu halten, als die Morse-Korrespondenz dauert.

Von der Bahnwärterläutebude können mit dem in derselben angebrachten Taster nach den nächstgelegenen Stationen beliebige Mitteilungen, mit den automatischen Zeichengebern aber nur bestimmte Notsignale gegeben werden. Nach den Wärterposten kann für gewöhnlich mit dem Morse-Taster von den Stationen aus nicht gesprochen werden; dies wird nur dadurch ermöglicht, daß vorher zu dem Wärter ein tragbarer Morse-Apparat (Hilfsstrecken-Apparat) verbracht und dort in die Leitung geschaltet wird, wie oben erwähnt.

Hilfsstrecken-apparat.

216. Die Zeichnung 46 zeigt die bei den bayerischen Staatsbahnen gebräuchliche Schaltung einer Läutestation (doppelte Endstation) zur Aufnahme von Hilfssignalen vermittelst Wecker und Morse-Apparat unter Anwendung von Fußumschaltern.

Schaltung.

Der Läuteinduktor J mit den zwei Druckknöpfen t_1 und t_2 und der Erdverbindung e sowie der auf dem Apparatentische Q auf-

gestellte Morse-Apparat mit seinen Teilen: Schreibwerk S, Galvanoskop G, Blitzableiter Z, Dosenrelais R und Taster T, können mit
den beiden Leitungen L_1 und L_2 verbunden werden. Bei den zwei
Fußumschaltern F_1 und F_2 (ältere Form) preßt eine kräftige Feder
eine Metallschiene m gegen zwei Kontaktfedern 1 und 3. Beim
Niederdrücken eines Fußstrittes legt sich dessen Schiene m an zwei
andere Kontakte 2 und 4. In der ersteren Lage schließt m den
Ruhestrom der geteilten Batterie B_1 bezw. B_2 in der Leitung L_1

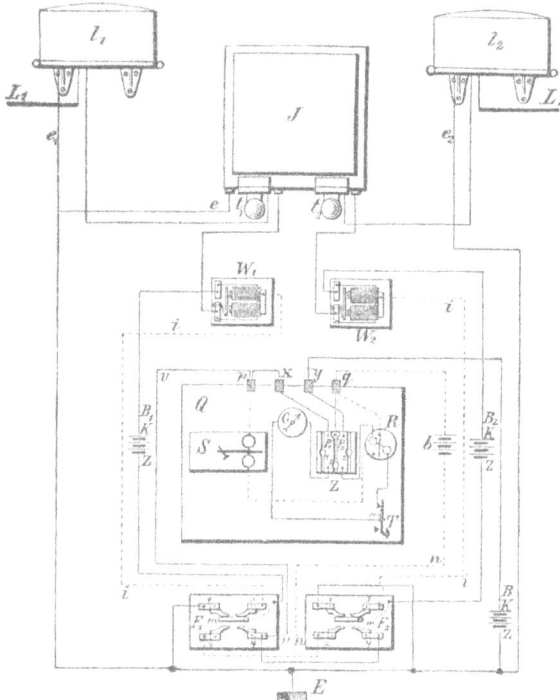

Fig. 46.

bezw. L_2 über das Stationsläutewerk l, Induktortaste t, Stationswecker W und Kontakt 1 zur Erde E, während der Unterbrechung
des Ruhestroms aber arbeitet Batterie B_1 bezw. B_2 mit Selbstunterbrechung durch Vermittelung des an das eiserne Verbindungsstück
der Kerne des Weckers W geführten Erddrahtes i und des Kon-
taktes 3. In der zweiten Lage ermöglicht m die Schließung der
Ortsbatterie b im Stromkreise q, R, S, p, v, m, 4, 2, n und schaltet
G, Z, R, T durch x, v und 4 an die Leitung L, während diese von
y aus mit einer allenfallsigen Verstärkungsbatterie B und der Erde
verbunden ist. Die vier Drahtklemmen p, q, x, y liegen nebeneinander an der einen Seite der Tischplatte Q. In den Stations-

oder Perronläutewerken l_1 und l_2 ist zum Schutze derselben und der Wecker eine Blitzschutzvorrichtung angebracht (Spitzenblitzableiter), von welcher ein Draht e_1 und e_2 zur Erde E geht. Da die starke Feder des Fufsumschalters beim Wegnehmen des Fufses vom Tritte den Umschalter wieder in die Weckerstellung zurückzieht und so den Morse-Apparat selbstthätig ausschaltet, so bietet diese Anordnung den Vorteil, dafs die Rückstellung nicht vergessen werden kann.

Die in neuerer Zeit statt der in Kästchen enthaltenen Umschalter F_1 und F_2 gebrauchten Fufstritte N_1 und N_2 (Fig. 45) wirken auf zwei in den Schloten V_1 und V_2 emporgehende Metallstangen, welche in der Ruhelage durch Federn nach unten gezogen und durch eine mit den Stangen verbundene Metallplatte mit den anliegenden beiden Erdplattten für gewöhnlich verbunden sind, so dafs beide Zweige L_1 und L_2 der Läutewerkslinie zur Erde geleitet sind. Beim Niederdrücken des Fufstrittes N wird die Metallstange in V gehoben, die Metallplatte (Spange) von den Erdplatten entfernt und an zwei obere Schienen gelegt, wodurch die Umschaltung auf den Schreibapparat erfolgt.

Es sind nun alle auf den Stationen angewendeten Apparate des Frischen-Systems vorgeführt worden, und es bleibt nur noch zu erwähnen, dafs die Widerstände des ganzen Morse-Apparatensatzes ungefähr 70 Ohm betragen. Es haben: Widerstände.

a) **M o r s e - A p p a r a t :**
1. Stationswecker: 2100 Windungen 10 Ohm;
2. Galvanoskop: 500 Windungen 6 Ohm;
3. Relais: 4300 Umwindungen 40 Ohm;
4. Schreibapparat: 2700 Umwindungen 15 Ohm;

b) **S t a t i o n s - o d e r P e r r o n l ä u t e w e r k :**
1300 Umwindungen 45 Ohm;

c) **M a g n e t - I n d u k t o r :**
ca. 2700 Umwindungen 200 Ohm.

Ein Kilometer Leitung hat ungefähr 8 Ohm. Jeder Schliefsungs- Läutewerk und
Läutebude. bogen hat gegen 8 km Länge, wofür eine eigene Linienbatterie von 10 bis 12 Meidinger-Elementen, in zwei Hälften an den beiden Enden des Schliefsungsbogens geteilt aufgestellt, benutzt wird.

217. Die Einrichtung des Läutewerkes in den Bahnwärterläutebuden ist durch folgende Zeichnung (Fig. 47) veranschaulicht. Der im Innern der Läutebude angebrachte Morsetaster Q gestattet die Unterbrechung des Ruhestroms und die Abgabe jeder beliebigen Meldung nach den beiden nächstgelegenen Stationen; ferner ermöglicht der gleichfalls in der Läutebude vorhandene automatische Zeichengeber die Abgabe von fünf bestimmten Notsignalen, nämlich:

Signale. Notsignal 1, ausgedrückt durch die Morsezeichen · · · — · (*SN*): »Hilfsmaschine soll kommen«;

Notsignal 2, — · · — (*X*) bedeutet: »Hilfsmaschine mit Arbeitern soll kommen«;

Notsignal 3, · · · · — (*SA*) bedeutet: »Hilfsmaschine mit Arzt soll kommen«;

Notsignal 4, — · — · (*C*) bedeutet: »Hilfsmaschine mit Arzt und Arbeitern soll kommen«;

Notsignal 5, · — — · (*P*) bedeutet: »die Bahn ist unfahrbar«.

Fig. 47.

Um dabei Kenntnis zu erhalten, innerhalb welcher Bahnwärter-strecke der hilfsbedürftige Zug steht, ist jedem dieser Signale stets die Nummer, welche der Bahnwärter aufser seiner fortlaufenden Postennummer hat, vorangestellt.

Es wird hierbei, damit niemals von zwei gleichen Postennummern Signale auf der nämlichen Station eintreffen und dadurch Irrungen veranlassen können, stets von einer Anfangsstation beginnend, bis zur zweiten, oder wenn wenige Wärter mit automatischen Zeichen-angebern dazwischen liegen, selbst dritten Station fortnumeriert, dann nach dieser Station oder unter Umständen zwischen zwei Stationen wieder mit 1 begonnen und abermals bis zur zweit- oder drittnächsten Station u. s. f. in gleicher Weise bis zur Endstation numeriert. Die Postennummern sind durch nachfolgende, nur bis zur Zahl 10 festgestellte Morse-Zeichen angedeutet:

Bude Nr. 1 — ·· · — ·   Bude Nr. 6 · — ·· · — ·

» Nr. 2 — ··· ·· —   » Nr. 7 · — ·· ·· —

» Nr. 3 — ···· ···   » Nr. 8 · — · ····

» Nr. 4 — ··· — ··   » Nr. 9 · — ·· — ··

» Nr. 5 — ··· — —   » Nr. 10 · — ·· — —

Signal 1 von Bude Nr. 10 z. B. hat daher folgende Zeichen:

· — ·· — — · — ··· — ·

Jedes dieser Signale erscheint auf dem Papierstreifen der Morse-Apparate derjenigen beiden Stationen, zwischen welchen der Wärterposten liegt, von dem aus das Signal gegeben wird. Da jedes Signal vom Bahnwärterposten aus so lange, bis das Zeichen »verstanden« mit dem Induktor von der Station zurückgegeben ist, in kurzen Zeitabständen viermal gegeben wird, so ist das Verstanden-Signal Nr. 4 von jener Station, welche der Hilfsmaschinenstation näher liegt, zurückzugeben und sodann mittels des in der Omnibusleitung eingeschalteten Morse- oder Zeiger-Apparates das Weitere behufs Beiholung der Hilfsmaschine mit oder ohne Begleitung (Notsignal 1 bis 4) oder behufs Verwarnung des in der Richtung nach dem bezüglichen Wärterposten fahrenden Zuges (Notsignal 5) zu veranlassen. Gibt aber die betreffende Station das Zeichen »Verstanden« nicht innerhalb des Zeitraumes von 1 Minute, so hat die andere angerufene Station das Verstanden-Signal zu geben und das dem Anruf entsprechende Verlangen unverzüglich zu stellen.

In der Fig. 47 sind fünf einzelne Scheiben U zur Abgabe der Notsignale von Posten Nr. 10 abgebildet, welche für gewöhnlich an Haken J hängen und an ihrem äußeren Rande den Signalen entsprechende Vorsprünge haben. Diese Signalscheiben lassen sich, wie Nr. 1 in der Figur zeigt, auf eine Achse des Triebwerkes aufstecken und werden dann durch dasselbe mit in Umdrehung versetzt. Dabei unterbrechen sie aber nicht selbst den Strom, sondern sie heben nur den Kontakthebel C von dem Sattelpunkte b ab, auf welchen ihn die Spiralfeder z mit der Kontaktschraube aufdrückt. Die Leitung N_2 ist an die Klemme K_2 geführt, geht durch den Elektromagneten zur Klemme K_1, durch den Draht d_2 nach der Messingschiene v eines durch eine Ebonitplatte E gegen die Gestellwand isolierten Umschalters und in der Querschiene j zur Sattelpunktschiene o über b und den ruhenden Kontakthebel C durch die Schiene n, woran die Feder z befestigt ist, zum Drahte d_1 an den Ruhestromtaster Q und zwar über dessen Ruhekontakt c und den Körper k und von da in die Leitung N_1 weiter. Für gewöhnlich ist keine der fünf Signalscheiben U aufgesteckt, und es bleibt beim Ablaufen des Triebwerkes der Hebel C in Ruhe, die Leitung $N_1 N_2$ ununterbrochen. Wenn ein Notsignal gegeben werden soll, wird die betreffende Scheibe auf die vorstehende Laufwerksachse aufgesetzt, dann durch das Niederdrücken eines linksseitig angebrachten Knopfes der Ankerachse X die Arretierung des in der Gewichtsschnur t hängenden Läutewerksgewichtes ausgelöst und damit die Scheibe einmal umgedreht. Eine Abreißfeder y legt den Anker des Elektromagneten an die Stellschraube s_1. Mit der Ankerachse X ist noch ein Arm samt einem Haken verbunden, woran sich der Auslösehebel H fängt. Nach erfolgter Auslösung senkt sich das Gegengewicht g des Auslösehebels; das Triebgewicht bringt das Rad $R R_1$ und a_1 in Gang, die Hebenägel r des Rades R wirken auf die Arme der Achsen i_1 i_2 und die darauf sitzenden Schlaghebel $L_1 L_2$, welche durch Zugdrähte $Z_1 Z_2$ die Hämmer der unter dem Dache der Bude hängenden Glocken auf letztere fallen lassen. Die Geschwindigkeit des Laufwerkes reguliert ein Windflügel W, welcher nur lose auf die durch R und R_1 in Umdrehung versetzte Achse u aufgesteckt ist. Bei den automatischen Zeichengebern älterer Konstruktion sind statt der einfacheren Zeichenscheiben im Innern der Läutebude am Bodenbrette fünf Zeichenschlüssel mit verschieden langen Schaftansätzen hinter dem Schlüsselbarte aufgehangen, von denen jeder auf dem Griffbleche mit einer Nummer und auf einem beihängenden Blechstreifen mit einer der den fünf Notsignalen entsprechenden Aufschrift versehen ist. Wird nun einer der fünf Schlüssel beim Signalgeben in das in der Mitte des Läutewerks befindliche, für alle Schlüssel gleiche Schlüsselloch eingesteckt und herumgedreht, so wird ein eiserner Arm mit einem Kontaktstift so weit zurückgedrückt, daß der Kontaktstift über die Peripherie einer der fünf auf einer gemeinsamen Walze wagrecht neben einander aufgebrachten Notsignalscheibe zu stehen kommt; beim Umdrehen des Schlüssels wird die Läutewerksarretierung mechanisch ausgelöst, die Glocken ertönen, die Scheibenwalze wird gleichzeitig umgedreht, dabei der Kontaktstift über den Erhebungen und Senkungen der Scheibenperipherie bewegt und das betreffende Notsignal nach beiden Nachbarstationen gegeben. Nach Abgabe des Notsignals und eingetroffenem Verstanden-Zeichen wird der Schlüssel zurückgedreht, herausgenommen und wieder an seinen alten Platz gehängt, wie das auch mit den Zeichengeberscheiben zu geschehen hat.

Das Signal des Verständnisses wird von der Station aus durch viermal fünf Doppelglockenschläge mittels des Induktors gegeben, welches Signal alle Wärterposten vernehmen und wodurch sie

aufmerksam gemacht werden, daſs auf der Strecke etwas Ungewöhn-
liches vorgeht, weshalb das Geleise, wenn etwa unterbrochen, sofort
fahrsicher herzustellen und bis zum Eintreffen des nächsten Zuges
oder einer Hilfsmaschine frei zu halten und zu beobachten, gegebenenfalls das Haltesignal auszustecken ist.

Um endlich auch in besonderen Fällen, z. B. bei länger an-
dauernden Wiederherstellungsarbeiten eines gestörten Schienen-
geleises oder bei sonstiger längerer Unterbrechung des Betriebes
zwischen dem nächst der unpassierbaren Stelle gelegenen Wärterposten und den nächsten Stationen verkehren zu können, wird ein
auf jeder Hilfslokomotivstation aufbewahrter tragbarer Morse-Apparat
(Hilfsstreckenapparat) in Begleitung eines Telegraphisten mit dem
Hilfszuge nach der Strecke gebracht und mittels Hilfsdrähte möglichst nahe der Läutebude in den Stromkreis eingeschaltet. Es
geschieht dieses auf einfache Weise dadurch, daſs man die Querschiene j, welche durch zwei Klemmen mit den Schienen v und o
(Fig. 47) verbunden ist, löst und an letzteren Schienen die Enden
der im tragbaren Morse-Apparate befindlichen Drähte ankluppt.

Der Elektromagnet des Streckenhilfsapparates hat bei ungefähr
4000 Umwindungen einen Widerstand von 40 Ohm.

Diese bei den königl. bayerischen Staatsbahnen eingeführten telegraphischen Signalsysteme haben sich bis jetzt vorzüglich bewährt.

IV. Telephon.

218. Auſser den beschriebenen Apparaten befinden sich seit Telephon.
Anfang des Jahres 1882 auch Telephonanlagen für den Betriebs-
dienst der bayerischen Eisenbahnen in Verwendung. Die erste
Benutzung des Telephons für diesen Zweck bestand in der Verbin-
dung der Betriebsbureaus des Ostbahnhofs München mit den beiden
Weichentürmen der Zentralweichenstellung dieser Bahnhofsanlage.
Seitdem wird das Telephon für die verschiedensten Zwecke des
Betriebsdienstes verwendet. In jüngster Zeit werden die einzelnen
Stationen von Sekundärbahnlinien anstatt mit Telegraphen mit
Telephoneinrichtungen ausgerüstet. Die verwendeten Apparate sind
mit geringen Abweichungen, wie sie die Bedürfnisse des Betriebs
solcher Eisenbahnlinien erfordern, die für die staatlichen Telephonnetze benutzten Typen. Die nähere Beschreibung der verwendeten
Apparate soll in dem folgenden Abschnitte gegeben werden. Hier
ist vielleicht noch anzufügen, daſs bei dem Betriebe der Telephonapparate für die Secundärbahnen die Sprechapparate hintereinander
in eine Leitung geschaltet sind, während eine zweite Leitung dazu
dient, die Glockenzeichen, welche zur Einleitung der telephonischen

Gespräche zwischen den verschiedenen Stationen nötig sind, zu vermitteln.

c) Die Telephonapparate.

219. Für die Telephonanlagen in Bayern ist die in Kapitel III Fig. 15 dargestellte Art der Stromverwendung fast ausschliefslich in Benutzung.

Wir werden uns im folgenden auf die genauere Beschreibung der Apparateinrichtungen der Münchener Telephonanlage beschränken und bei der Aufführung der übrigen in Bayern bestehenden Telephonnetze nur die in Einzelheiten bestehenden Abweichungen kurz angeben.

a) Apparate bei den Teilnehmern.

Apparate bei d.
Teilnehmern.
Sender

220. Als Sender wird das Mikrophon in der von Ader angegebenen Form verwendet. Mikrophon, Induktionsrolle, Empfänger, Blitzableiter und selbstthätiger Hebelumschalter sind zu dem in Fig. 48 dargestellten Apparate zusammengefaßt. Der eigentlich schallaufnehmende Teil ist die das massive, pultförmige Mahagoniholzkästchen abschliefsende, 2—3 mm starke Membrane aus Tannenholz, deren Unterseite drei prismatische Kohlenquerstücke trägt, zwischen welchen in zwei Reihen zu je fünf Stück die beweglichen cylindrischen Kohlenstücke in Zapfen lagern. Die Kohlenquerstücke sind 55 mm lang und haben 8 mm Quadratseite. Die cylindrischen Kohlenstücke haben eine Länge von 38 mm und einen Durchmesser

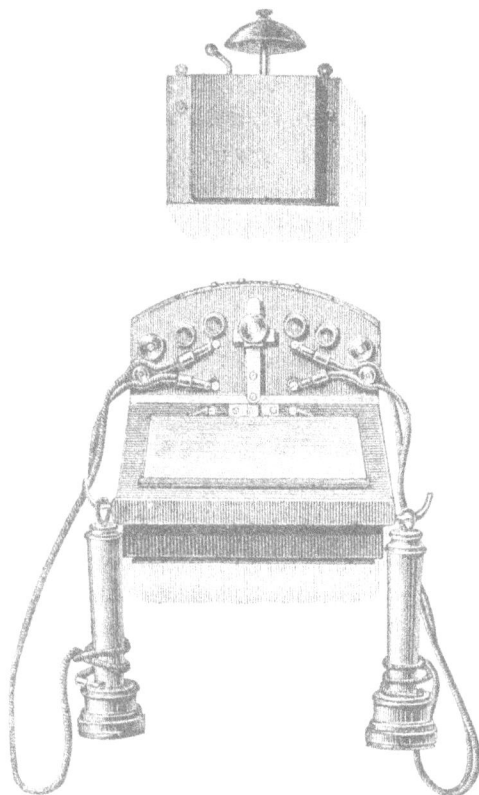

Fig. 48.

von 8 mm. Die Kohlenstücke aus Carréschen Kohlenstäben für elektrische Beleuchtung geschnitten, zeigen die für die Verwendung im Mikrophon besonders wichtigen Eigenschaften der Härte, Feinheit und Gleichmäfsigkeit des Korns und grofser Leitungsfähigkeit in hervorragendem Mafse. Das Mikrophon ist mit dem primären Draht der Induktionsrolle, dem selbstthätigen Umschalter und den Klemmen, welche zur Batterie führen, derart verbunden, dafs in der Ruhelage des Umschalterhebels, d. h. für den gewöhnlichen Zustand des Apparats, in - welchem die Telephone in den beiderseits des Transmitterkästchens hervorragenden Haken eingehängt sind, der Batteriestromkreis offen ist.

Der Umschalterhebel wird durch das Gewicht des eingehängten linksseitigen Telephons in dieser Ruhestellung erhalten, beim Abheben der Telephone durch eine Spiralfeder selbstthätig in die Arbeitsstellung übergeführt. In der Ruhestellung ist durch den Hebel eine direkte Verbindung der Leitung, des Klingelwerkes und der Erdverbindung hergestellt. In der Arbeitsstellung werden an Stelle des Klingelwerkes durch den Hebel des Umschalters die sekundäre Spirale der Induktionsrolle und die Hörtelephone hinter einander zwischen Leitung und Bodenverbindung eingeschaltet. Zu gleicher Zeit wird durch eine vom Hebelträger isolierte Metallfeder der Mikrophonstrom geschlossen, d. h. die von der Batterie zum Betriebe des Mikrophons abgekuppelten Elemente werden mit der primären Spirale der Induktionsrolle und den Kohlenstäben des Mikrophons zu einem geschlossenen Stromkreis vereinigt. Der über der Transmittermembrane am Wandbrette angebrachte Taster gestattet, mit Abschlufs des Klingelwerkes eine Verbindung des einen Pols der ungeteilten Batterie mit dem Leitungsende herzustellen.

Als Empfangsapparate dienen je zwei Hörtelephone von der in Fig. 49 im Längsschnitt dargestellten Einrichtung. Der Magnet besteht aus fünf cylindrischen Stücken *mm* besten englischen Stahls. Der der Membrane aus dünnem Eisenblech gegenüberliegende Pol ist zur Erzielung einer möglichst hohen magnetischen Beweglichkeit folgendermafsen gebildet. Drei Centimeter lange Stücke feinsten Blumendrahts, welcher sich durch besonders hohe Weichheit auszeichnet, sind zu einem Bündel *e* vereinigt. In der Mitte wird dieses Bündel von einem Messingblech umschlossen, in welchem ersteres festgelötet ist. Über die obere Hälfte des Bündels ist die Drahtrolle geschoben,

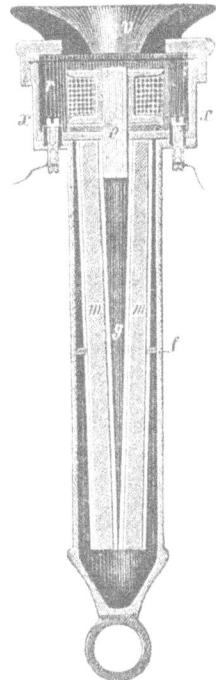

Empfänger.

Fig. 49.

während das untere Ende möglichst eng von den cylindrischen Magnetstäben eingeschlossen wird. Die Stahlstäbe werden durch einen aufgekeilten Messingring f mit entsprechenden Ausschnitten zusammengehalten. Um die aus den Temperaturschwankungen herrührenden Abstandsänderungen zwischen Pol und Membrane möglichst klein und damit eine Regulierung des Empfängers entbehrlich zu machen, ist das Messingstück, in welches das Drahtbündel eingelötet ist, an dem Messinggehäuse x festgeschraubt und so die Entfernung der Magnetenden von der Membrane von den Längenänderungen der Stahlstäbe unabhängig gemacht. Letztere sind in einem Holzmantel eingebettet, welcher an dem Boden des Messinggehäuses befestigt ist. Alle sichtbaren Metallteile sind vernickelt. Die Membrane ist 0,3 mm dick und ruht mit einem 2 mm breiten Rande auf der Wand des Messinggehäuses auf. Sie wird durch einen auf das Gehäuse in üblicher Weise aufgeschraubten Deckel mit Schallmuschel v aus Ebonit festgehalten. Die Rolle r ist mit 0,11 mm starkem seidenumsponnenen Kupferdraht hergestellt und zeigt durchschnittlich einen Widerstand von 100 Ohm. Die Rollenenden sind zu Schrauben geführt, welche isoliert das Messinggehäuse durchsetzen und in Klemmen an der unteren Fläche des Holzmantels enden, an welche wollumsponnene Leitungsschnüre mit Stahlfederseelen angelegt sind. Letztere sind, wie aus Fig. 48 ersichtlich, zu den im Wandbrett des Transmitters angebrachten Klemmen geführt. Der Holzmantel ist schwarz gebeizt und poliert. Am Wandbrett sind ferner auf dem oberen Stirnholz zwei gezahnte Messingbleche derart einander isoliert gegenübergestellt, dafs die Zähne der Bleche, ohne sich zu berühren, bis auf eine ganz geringe Entfernung sich nähern. Das eine der beiden Bleche steht mit der Leitung, das andere mit dem Boden in Verbindung. Die Einrichtung hat den Zweck, wie die in Kapitel V, S. 95 beschriebenen Blitzplatten, die Telephonapparate vor den Wirkungen der atmosphärischen Elektricität zu schützen. Diese Bleche wie die übrigen sichtbaren Metallteile an dem Wandbrett des Transmitters sind vernickelt.

Zur vollständigen Ausrüstung einer Sprechstelle gehören ferner das Klingelwerk und die Batterie. Das Klingelwerk ist meist ein einfacher Rasselwecker mit Selbstunterbrechung, dessen Elektromagnetbewickelung, je nach der Entfernung der Sprechstelle von dem Umschaltebureau, aus Draht von 0,2 mm bis 0,5 mm Durchmesser besteht und einen Widerstand von 12 Ohm bis 120 Ohm aufweist. Das Klingelwerk wird in der Regel direkt durch den vom Umschaltebureau kommenden Strom, in jenen Fällen, in welchen die Sprechstelle eine Mittelstation bildet, und bei grofsen Entfernungen, durch

einen Ortsstrom, welcher durch den Elektromagnet des Zwischen-
umschalters oder das Relais geschlossen wird, betrieben. Die Batterie
besteht je nach Entfernung der Sprechstelle von dem Umschaltebureau aus 4 bis 10 Leclanché-Elementen von der in 92 S. 26
beschriebenen Form. Von dieser Batterie sind zum Betrieb des
Mikrophons zwei Elemente abgekuppelt und mit dem selbstthätigen
Umschalter in oben angegebener Weise verbunden. An Stelle der
Rufbatterie werden in letzter Zeit kleine Magnetinduktoren, welche
unterhalb des Senders an der Wand befestigt sind, verwendet.

b) Zwischenumschalter.

221. Für Leitungen, in welchen sich zwei Sprechstellen hinter   Zwischen-
einander geschaltet mit dem Umschaltebureau verbunden finden,   umschalter
ist es nötig, daſs in der Zwischenstelle ein Apparat angebracht
sei, welcher erkennen läſst, von welcher Seite ein Anruf erfolgt
ist und gestattet, Leitungen und Apparate derart zu verbinden,
daſs die beiden äuſseren Stellen mit einander verkehren können,
sowie daſs die mittlere mit jeder der beiden anderen in Verbindung
treten kann.

Ein viereckiges, an der Wand über dem Transmitter angebrachtes
Holzkästchen zeigt auf seiner Vorderwand ein Zifferblatt mit einem
Zeiger davor, welcher einerseits in eine Zeigerspitze, anderseits in
einen Handgriff endigt. Mit diesem Zeiger ist im Innern des
Kästchens ein zweiteiliger Metallhebel fest verbunden, dessen Teile
von einander isoliert und mit je einem Leitungsaste verbunden sind.
Wird daher der Zeiger durch den äuſseren Handgriff bewegt, so
bewegt sich im Innern der Metallhebel mit. Die Enden desselben
gleiten auf im Kreise angeordnete Messingbleche, welche auf der
Rückseite der vorderen Kästchenwand befestigt sind. Von diesen
Blechstücken, deren acht angelegt sind, führen Verbindungen zu
zwei Klappenelektromagneten, den beiden Leitungen, dem Transmitter und zum Boden. Über den fünf oberen Stücken finden sich
auf dem Zifferblatt von links nach rechts einander folgend, die
Aufschriften *A, II, D, I, A.* Je nachdem nun das Zeigerende auf
das eine oder andere dieser Zeichen gestellt wird, stellt der Hebel
im Innern der Reihenfolge nach folgende Verbindungen her: In
der Stellung *A* sind die beiden Leitungsdrähte direkt unter Aus-
schluſs der Zwischenstelle verbunden. In Stellung *II* ist Leitung 2
mit dem Transmitter verbunden und zugleich eine Verbindung von
Leitung 1 durch einen Elektromagneten zum Boden hergestellt. In
Stellung *D* sind die beiden Leitungsdrähte durch einen Elektromagneten und über den Transmitter der Zwischenstelle verbunden.

In Stellung *I* ist die Leitung 2 durch einen Elektromagneten direkt, die Leitung 1 durch den andern Elektromagneten und den Transmitter zum Boden geführt. Für gewöhnlich steht der Zeiger auf *D*, in welcher Stellung die äufsere Station vermittelst der Zwischenstation mit den Umschaltebureaus verkehren kann. Die Klappen der Elektromagnete können zum Schliefsen einer Ortsbatterie mit Wecker verwendet werden. In neuerer Zeit werden zur Verbindung der beiden Leitungszweige im Zwischenumschalter nicht mehr Zeiger und Zubehör, sondern Stöpsel mit Schnüren in der Art verwendet, wie diese Stücke in den Kontrollumschaltern in den Umschaltebureaus im Gebrauch sind.

c) Die Apparate der Umschaltebureaus.

222. In den Umschaltebureaus laufen die sämtlichen Leitungen der Teilnehmer zusammen und führen zunächst zu Blitzschutzvorrichtungen folgender Konstruktion. In einem Holzkasten sind 25 Lamellen aus vernickeltem Messing über einer gemeinschaftlichen Bodenplatte vereinigt. Die Lamellen sowie die Bodenplatte sind ihrer Längsrichtung nach kanelliert, so dafs eine der auf S. 95 beschriebenen Blitzplatten ähnliche Gestaltung der sich zugewendeten Oberflächen entsteht. Die Löcher zur Einführung der Drähte sind zur Hälfte in den Deckel, zur andern in den unteren Teil des Kastens eingearbeitet, wodurch alle wesentlichen Teile der Vorrichtung sehr leicht zugänglich werden. Die Kästen, deren Deckel mit einer Glasplatte abgeschlossen sind und bequem abgenommen werden können, sind in der Regel über den zugehörigen Umschaltern so angebracht, dafs ihre Längsachse horizontal, Platten und Lamellen vertikal zu stehen kommen.

Draht-
umschalter.

Von den Blitzplatten führen die Leitungen der Teilnehmer in der Telephonanlage München zu dem von J. Baumann angegebenen Drahtumschalter, welcher in der Fig. 50 abgebildet ist. Aus Doppel-T-Eisen ist ein rechteckiger Rahmen derart gebildet, dafs die vier Stege in einer Ebene liegen, und die Flanschen auf jeder Seite des Rahmens je vier Nuten bilden. In diese Nuten sind, dieselben völlig ausfüllend, Holzleisten aus bestem, mit grofser Sorgfalt verleimten Buchenholz eingefügt. Diese Holzfutter dienen zur Befestigung eines Systems von blanken, 0,8 mm starken Siliciumbronzedrähten, welche, einander rechtwinkelig kreuzend, parallel zu den Rahmenseiten gezogen sind. Die sämtlichen horizontalen Drähte liegen in einer Ebene, und die sämtlichen vertikalen in einer zweiten Ebene, welch letztere um 2 cm nach vorn von der ersteren absteht. Die sämtlichen Drähte, sowie deren Befestigungspunkte

Fig. 50.

sind von einander isoliert. Von den beiden Befestigungspunkten
eines Drahtes ist immer der eine so eingerichtet, dafs an denselben
vermittelst einer Schraube das eine der beiden Stücke des Einführungsdrahtes angelegt und dafs ferner vermittelst der Befestigung die Spannung des Bronzedrahtes reguliert werden kann. Zu
diesem Zwecke besteht dieses Befestigungsstück aus einem in das
Holzfutter eingetriebenen, unten mit sehr feinem Gewinde versehenen Metallstift von 5—6 cm Länge und 0,5—0,8 cm Dicke von
ähnlicher Form, wie sie zur Befestigung und Regulierung der
Saiten in einem Klaviere dienen. Der Metallstift ist am oberen
Ende durchbohrt, um das Ende des Bronzedrahtes aufnehmen zu
können. Für den Anschlufs des Einführungsdrahtes ist in den
Kopf des Stifts ein Gewinde eingedreht, welches eine Schraube zum
Festklemmen des Einführungsdrahtes aufnimmt. Die Spannung
der Drähte kann zwischen 13 und 16 kg betragen. Der Abstand
der einzelnen, derselben Ebene angehörigen Drähte von einander

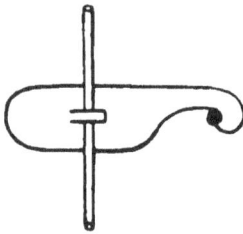

Fig. 51.

kann zwischen 3 und 5 mm gewählt werden.
Zur Sicherung dieses Abstandes legt sich jeder
einzelne Draht an je einen kleinen Metallstift,
welcher in einen die Befestigungshölzer über-
ragenden, seitlichen Holzsteg eingeschlagen
ist. Diese Stifte sind selbstverständlich ebenfalls sorgfältig von einander isoliert. Die Bronze-
drähte bilden somit ein engmaschiges Gitter,
dessen einzelne Fäden auf ihre ganze Aus-
dehnung von einander isoliert sind. Diese Fäden nun entsprechen
den Metallschienen in den Umschaltern, wie sie für telegraphische
Zwecke in Gebrauch sind. An die horizontalen Drähte sind in der
in Fig. 51 dargestellten Ausführung die zu den Luftleitungen führenden Zweige der Einführung, die zu den Umschalterklappen führenden
Zweige an die vertikalen Drähte angelegt. Ein Teil der vertikalen
Drähte dient ferner dazu, die direkten Verbindungen zweier Luftleitungen mit Ausschlufs des Vermittlungsamtes zu bewirken. Die
in der Darstellung Fig. 50 als Einführung angenommenen Luftkabel
endigen am Umschalter in kleinen Blechkästen, welche die Splifs-
stellen zwischen den einzelnen Kabeladern und den zu den Blitzschutzvorrichtungen und durch letztere zu den horizontalen Drähten
des Umschalters führenden Drähten einschliefsen und mit Isoliermasse ausgegossen sind. Zur Verbindung der horizontalen Drähte
des Umschalters mit den vertikalen dienen kleine, aus Messingblech
gestanzte Haken, wie sie Fig. 51 darstellt.

Der aus der Ebene des Blechs hervorgedrückte seitliche Vorsprung faſst den vertikalen Draht, während das nach abwärts zu einem Haken geformte Ende des Blechs sich in den horizontalen Draht einhängt. Die beiden Teile des Hakens, an welche die Drähte anzuliegen kommen, sind 1,0 bis 1,5 cm, je nachdem ein Drähte-

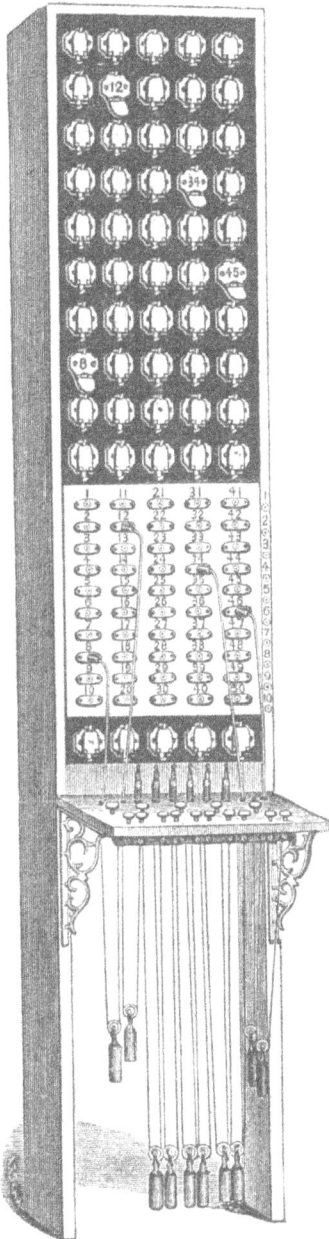

Fig. 52.

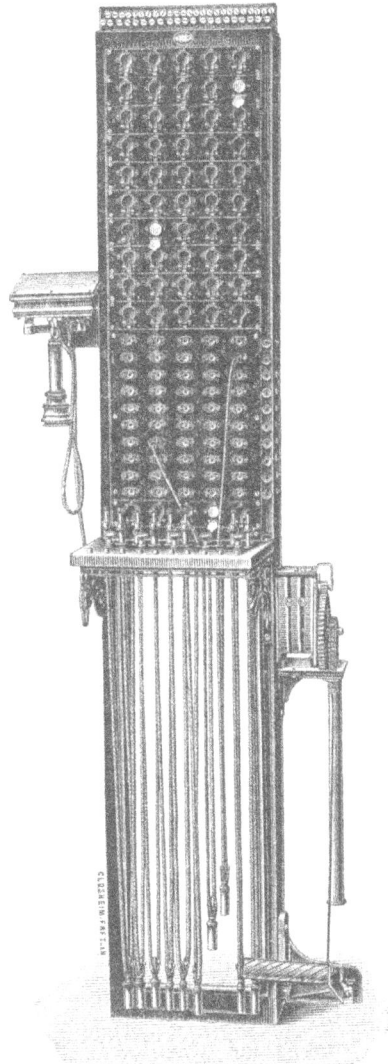

Fig. 53.

paar in der Mitte oder mehr an den Rändern des Umschalters zu verbinden ist, von einander entfernt, so daſs beim Verbinden zweier

10*

Drähte, deren Abstand unverbunden, wie erwähnt, 2 cm beträgt, dieselben durch den Haken einander genähert werden, wodurch deren
Spannung etwas vermehrt wird. Während nun durch die Haken
jeder zu den Klappen des Vermittlungsamtes führende Zweig mit
jedem zu den Luftleitungen führenden Zweig der Einführung verbunden werden kann, ist es auch möglich, je zwei der letzteren
direkt mit einander zu verbinden. Es genügt hierzu, zwei Haken
mit ihren vorderen Enden in die zugehörigen horizontalen Drähte,
mit ihren hinteren Enden in einen gemeinschaftlichen vertikalen
Draht einzuhängen. Damit ist aber auch die Möglichkeit gegeben,
die beiden so verbundenen Luftleitungen rasch wieder trennen und
jeden einzelnen Zweig wieder anderweit verbinden zu können. Dies
ist namentlich in Störungsfällen zur raschen Entscheidung der Frage,
welcher der verbundenen Zweige gestört ist, von grofsem Vorteil.
Wird nämlich einer der vertikalen Drähte an eine Verbindung zu
den Mefsinstrumenten gelegt, so genügt es, den einen Verbindungshaken der direkten Verbindung aus dem gemeinschaftlichen Vertikal-
draht auszuhängen und in den zum Untersuchungsinstrument
führenden einzuhängen, um in wenigen Augenblicken zu ermitteln,
in welchem Leitungszweig der Fehler liegt.

Aus dem vorstehenden ergibt sich, dafs die sämtlichen im
Laufe des Betriebs bei Neuanschlüssen, Umkupplungen, Leitungs-
änderungen und Leitungsuntersuchungen bezüglich der Einführung
vorzunehmenden Änderungen sich ausschliefslich auf die den einzelnen Vorkommnissen entsprechende Neueinfügung oder Versetzung
der Messinghaken am Umschalter beschränken, während die sämtlichen übrigen Teile der Einführung von allen vorkommenden Änderungen unberührt bleiben.

Das in Fig. 50 dargestellte Modell ist zur Aufnahme von 800
Drähten berechnet und weist eine Länge von 5,6 m, die Lagerbretter
für die Kabelführung und die Befestigung für die Blitzschutzvorrichtungen mit eingerechnet, und eine Höhe von 2,4 m auf. Obwohl
nun selbstverständlich ebenso viele horizontale Drähte als vertikale
vorhanden sind, auch der Abstand der Drähte unter sich für die
horizontalen und vertikalen Drähte gleich ist, läfst sich die Rahmen-
höhe nur halb so grofs als die Länge halten, wenn man, wie in
Fig. 50 angenommen, auch die Rückseite des Rahmens bespannt.
Die vertikalen Drähte biegen sich über die obere Rahmenseite und
schliefsen die horizontalen Bespannungen ein. Die bisherigen Erfahrungen mit dem Drahtumschalter haben ergeben, dafs der Abstand der Drähte verringert, an Stelle der Bronze ein widerstands-
fähigerer, daher dünnerer Draht, gewählt und die Verbindungshaken

ebenfalls dünner gehalten werden können, wodurch die Abmessungen des Ganzen sich bedeutend ermäfsigen. Eine von Baumann & Roth angegebene neuere Konstruktion, welche jedoch noch nicht praktisch zur Ausführung gekommen ist, gestattet, alle Vorteile des einfachen Drahtumschalters selbst für die gröfsten Anlagen mit sehr geringem Raumaufwand zu erreichen.

Von dem Drahtumschalter führen die Leitungen zu den Um-schaltern der Umschaltebureaus, d. i. zu Apparaten, welche gestatten, die Leitungen zweier beliebiger Teilnehmer des Netzes mit einander zu verbinden. Das in Fig. 52 dargestellte Modell ist für den Batterie-anruf, das in Fig. 53 dargestellte für den Anruf vermittelst Magnet-induktor gebaut. Beide Typen werden in Bayern angewendet. Ein 179 cm hoher, 35 cm breiter und 10 cm tiefer, unten offener Rahmen aus Holz umfafst die einzelnen Teile des Apparats. Die obere Abteilung enthält in 10 Reihen zu je 5 Stück 50 Elektromagnete mit Klappen, welche an die Enden von 50 Leitungen der Teil-nehmer angelegt sind und letzteren gestatten, das Umschaltebureau aufzurufen. Unterhalb dieser Elektromagnete befinden sich an der vorderen Gestellwand befestigt 50 Messingschilde mit Öffnungen, welche zur Aufnahme von Metallsteckern und damit zur Verbindung der Teilnehmer bestimmt sind. Es folgt hierauf eine Reihe von Elektromagneten, welche dazu dienen, dem Umschaltebureau das Ende eines Gesprächs zweier durch einen der Elektromagnete ver-bundenen Teilnehmer zu melden. Unter diesen Elektromagneten — clearing out relays — springt eine Holzplatte vor, auf welcher zwei Reihen Taster angebracht sind. Die vordere Reihe dieser Taster dient dazu, den einen Pol einer Stromquelle mit dem Apparat und vermittelst desselben irgend eine der 50 angeschlossenen Leitungen in Verbindung zu bringen nnd so die Wecker der Teil-nehmer in Thätigkeit zu setzen; die zweite Reihe gestattet dem Umschaltebeamten, wie bei Erläuterung des Schemas des näheren erörtert werden soll, sich davon zu überzeugen, ob die durch das zugehörige Steckerpaar verbundene Leitung noch benutzt wird oder nicht. Hinter dieser Tasterreihe befinden sich 10 Löcher in die Holzplatte eingearbeitet, welche. die Metallstecker aufnehmen. An die unteren Enden der letzteren schliefsen sich baumwollen-umsponnene Drahtschnüre an, welche mit den anderen Enden am Apparat befestigt sind. In den so gebildeten Schleifen der Schnüre sind Rollen mit Bleigewichten eingehängt, welche die Schnüre stets gespannt halten und so ein Verwickeln derselben hintanhalten.

Die Klappenelektromagnete der Teilnehmer sind hufeisenförmig und mit horizontalen Schenkeln an der vorderen Gestellwand

Central-umschalter.

angebracht. Der Anker, um eine horizontale Achse drehbar, trägt
in rechtwinkligem Fortsatze einen Hebel, welcher in der Ruhestellung
durch einen am Ende angebrachten Haken die zugehörige Klappe
in ihrer vertikalen Stellung, in welcher sie die Nummerplatte des
Elektromagneten deckt, erhält. Sendet der Teilnehmer den Strom
seiner Rufbatterie in die Leitung, so wird der Anker des Klappenelektromagneten angezogen, das Hebelende bewegt sich nach oben,
und der Haken desselben läfst die Klappe los, welche, um eine
horizontale Achse sich drehend, abfällt.

Das untere Ende der Klappe schlägt dabei gegen einen Stift
und schliefst durch eine über die Gestellwand hervorragende Feder
den Stromkreis einer Batterie und eines Klingelwerkes. Die Batterie
findet sich jedoch nur während des Nachtdienstes eingeschaltet, da
am Tage das Abfallen der Klappen allein genügt, die Aufmerksam-
keit des Umschaltebeamten zu erregen.

Der Numerierung der Klappenelektromagnete entsprechend,
sind unter denselben die Stöpsellöcher angeordnet. Dieselben sind
mit Messingschildchen a, welche in der Mitte durchlocht und an

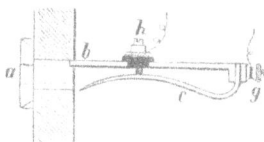

Fig. 54.

der Holzgestellwand festgeschraubt sind,
gegen vorn abgeschlossen. Hinter diesen
Schilden sind die Verbindungsteile in der
Fig. 54 angegebenen Weise angefügt. Das
horizontale Metallstück b trägt die Klemm-
schraube g, vermittelst welcher der von der
Blitzplatte kommende Leitungsdraht mit der Feder c verbunden ist. Letztere drückt in der Ruhelage an einen Metallvorsprung der Schraube h.
Diese ist durch Ebonit isoliert in dem Metallkörper b befestigt
und mit dem zugehörigen Klappenelektromagnet verbunden. Der
Zusammenhang der beschriebenen Teile mit den Tastern und den
clearing out relays läfst sich am besten durch die Darstellung der
Vorgänge klarmachen, welche sich für die Abwicklung eines telephonischen Gespräches zweier Teilnehmer abspielen.

Wünscht Teilnehmer 8 mit Teilnehmer 12 zu sprechen, so
drückt er zunächst auf die Taste seines Apparats und entsendet
damit einen Strom in seine zum Umschaltebureau führende Leitung.
Dieser Strom tritt durch h ein (Fig. 55) und geht zur Stöpselklinke k_1
über die Schraube g (Fig. 54 durch die Feder c und die Schraube h
zum Klappenelektromagnet e_1 und von da zum Boden. Der Anker
des Elektromagneten läfst die Klappe p_1 los, und letztere schliefst
bei m_1 den Stromkreis des Weckers W. Der Umschaltebeamte
nimmt hierauf einen zu einem unbenutzten Paare gehörigen Stöpsel
aus der horizontalen Holzplatte des Umschalters und steckt dessen

metallisches Ende in die Stöpselklinke 8. Das Steckerende hebt im Eindringen die Verbindung der Feder *c* mit der Schraube *h* und damit die Verbindung der Leitung l_1 mit dem Klappenelektromagneten e_1 und dem Boden auf. Durch die Berührung des Stöpselendes mit der Klinkenfeder entsteht nun eine Verbindung der Leitung *l* über den Ruhekontakt des Tasters *e* zum Elektromagnet *M* — zu jedem Stöpselpaar gehört der unmittelbar darüber stehende Klappenelektromagnet der clea-

ring out relays-Reihe — zu Taster *b*. Durch Niederdrücken dieses Tasters *b* setzt der Umschaltebeamte die Verbindung fort zur sekundären Spirale der Induktionsrolle *J*, zu einem Telephon *T* und von hier zum Boden. Nach Abgabe seines Rufsignales hat der Teilnehmer inzwischen seine Telephone ans Ohr genommen, und während der Umschaltebeamte auf Knopf *b* drückt, besteht nun die in Fig. 56 dargestellte Verbindung. Der Umschaltebeamte ruft dem Teilnehmer zu: »hier« zum Zeichen, daß dessen Anruf im Umschaltebureau vernommen worden ist. Teilnehmer 8 erklärt nun beispielsweise, mit Teilnehmer 12

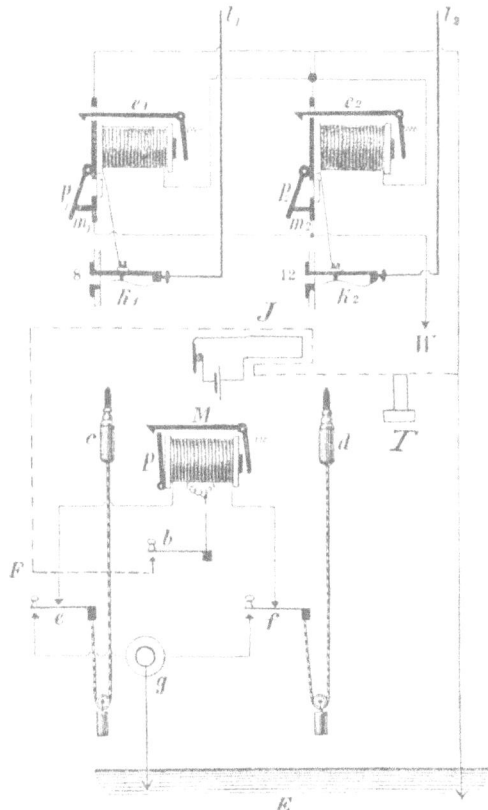

Fig 55

sprechen zu wollen. Hierauf nimmt der Umschaltebeamte den zweiten Stöpsel *d* und führt dessen Metallende in die Klinke 12 ein. Nachdem dies geschehen, drückt er den Knopf der Taste *f* (Fig. 55) nieder und verbindet so die Leitung des Teilnehmers 12 unter Ausschluß von dessen Klappenelektromagneten am Umschalter mit der Batterie *g* und setzt damit das Klingelwerk der Sprechstelle des Teilnehmers 12 in Bewegung. Hebt letzterer, dem Anrufe folgend, die Telephone ab, so entsteht zwischen den Sprechstellen der beiden

Teilnehmer abermals die Verbindung der Fig. 56 mit dem Unterschiede, daſs sich im Umschaltebureau der Elektromagnet *M* des zu
den beiden verwendeten Stöpseln gehörigen clearing out relays in
die Leitung eingeschaltet findet. Ist das Gespräch der beiden Teilnehmer beendet, so hängen dieselben die Telephone an ihre Haken,
und derjenige derselben, welcher die Verbindung veranlaſst hat,
drückt auf seinen Taster, der Anker des Elektromagneten *M* wird
angezogen und läſst die Klappe *p* fallen zum Zeichen für den Umschaltebeamten, daſs das Gespräch beendet ist. Letzterer nimmt
hierauf die beiden Stöpsel aus den Klinken 8 und 12 und läſst sie
in ihre Löcher der Holzplatte zurückfallen oder benutzt sie sofort
zur Herstellung einer neuen Verbindung. Besteht eine Verbindung
ungewöhnlich lange, ohne daſs die clearing out relays-Klappe fällt,

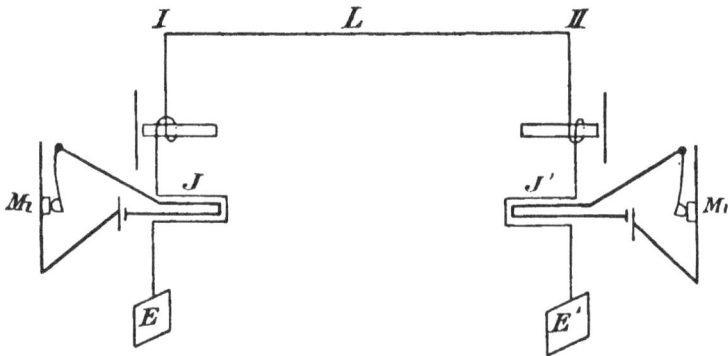

Fig. 56.

so daſs zu vermuten steht, das Gespräch sei zwar beendet, die Abgabe des Schluſszeichens jedoch vergessen worden, so drückt der
Umschaltebeamte Taste *b* nieder und stellt so eine Abzweigung von
der Mitte der Bewicklung des Elektromagneten *M* zum Boden her,
wodurch er sich vermittelst seines Telephons überzeugen kann, ob
die Leitung noch in Benutzung steht oder nicht.

In gröſseren Umschaltebureaus, in welchen mehr als 50 Leitungen
zusammengeführt sind, werden mehrere, möglichst nahe neben einander gestellte Umschalter der Fig. 52 oder 53 angewendet. Da jedoch
die Schnüre der Stöpsel nicht so lang gemacht werden können, um
die Verbindung der weitest auseinanderliegenden Leitungen unmittelbar herzustellen, so sind an einer Seitengestellwand Messinghülsen angebracht, in welche die Enden der Stöpsel eingesetzt werden
können. Von diesen Hülsen führen Verbindungsleitungen zu den
übrigen, nicht unmittelbar erreichbaren Umschaltern. Zur Herstellung

einer solchen Verbindung sind daher vier Stöpsel derart in Verwendung, daſs der eine Stöpsel an dem einen Umschalter in die Klinke des rufenden Teilnehmers, der andere in die seitliche Messinghülse gebracht ist, von welcher die Verbindungsleitung zu dem zweiten Umschalter führt, an dem der gerufene Teilnehmer angeschlossen ist, daſs ferner zwei Stöpsel des letzteren Umschalters in der entsprechenden Weise in Messinghülse und Klinke des gerufenen Teilnehmers eingesetzt werden. Die Verbindung wird entweder von dem Beamten, welcher den Umschalter des rufenden Teilnehmers zu bedienen hat, allein oder unter Mitwirkung des Beamten, welcher den Dienst an dem Umschalter des gerufenen Teilnehmers zu versehen hat, hergestellt. In letzterem Falle geschieht die Verständigung des zweiten Beamten durch Zuruf. Die fertige Verbindung unterscheidet sich von der einfachen Verbindung nur insofern, als sich in die Leitung die Elektromagnete der zwei clearing out relays eingeschaltet finden und die Kontrolle über die Benutzung der Leitung an den beiden beteiligten Umschaltern ausgeübt werden kann, so daſs die beiden Beamten gleichzeitig und unabhängig von einander die Lösung der Verbindung bewirken können.

Die zum Betrieb der Umschalter nötigen Transmitter sind etwas abweichend von der bei den Sprechstellen der Teilnehmer verwendeten Form konstruiert. Der Umstand, daſs in gröſseren Umschaltebureaus zwei oder mehr Transmitter häufig gleichzeitig benutzt werden müssen, erfordert eine besonders empfindliche Form des Mikrophons, welches gestattet, auch mit geringer Stimmstärke der Umschaltebeamten zu arbeiten und so Störungen durch die gleichzeitige Benutzung mehrerer Apparate hintanzuhalten. Ferner muſs das Mikrophon eben wegen dieser gröſseren Empfindlichkeit auch sorgfältiger gegen die durch die Bewegungen und Handgriffe der Umschaltebeamten unvermeidlichen Erschütterungen von Fuſsboden und Gestellwänden der Umschalter geschützt werden. Die Empfindlichkeit der Aderschen Anordnung des Mikrophons ist erhöht durch Verwendung einer dünneren Holzmembrane und kleinerer und leichterer Kohlencylinder.

Das Ziel einer geringeren Empfänglichkeit gegen fremde Erschütterungen ist dadurch erreicht, daſs man dem Mikrophon ein möglichst hohes Trägheitsmoment in Bezug auf die Befestigungspunkte zu geben suchte, indem man das Kästchen zur Aufnahme des Mikrophons und der zugehörigen Induktionsrolle aus starkem Bleiguſs herstellte und auf ein Guſseisenkonsol mit einer gröſsten Ausladung von ungefähr 30 cm montierte. Zwischen Bleikästchen und Guſseisenkonsol sind zudem an den Befestigungsstellen kräftige

Gummiringe eingeschoben. Die Stromkreise der Transmitter sind entweder ständig, geschlossen, oder es erfolgt der Schluſs erst bei Benutzung durch einen ähnlich wie bei den Sprechstellen der Teilnehmer konstruierten beweglichen Hebel, an welchem das zugehörige Hörtelephon aufgehängt ist. Die an den Umschaltern verwendeten Hörtelephone zeigen dieselbe Konstruktion wie bei den Sprechstellen der Teilnehmer.

In München, Nürnberg und Fürth sind mit den Umschaltebureaus sog. Nachrichtenaufnahmebureaus verbunden, welche den Zweck haben, die Aufgabe und Zustellung von Telegrammen und Nachrichten von Teilnehmern und an solche zu vermitteln. Die Eigenart des Dienstes dieser Bureaus erfordert eigentümliche Formen der Apparatenausrüstung. Zur Erhöhung der Sicherheit der telephonischen Aufnahme von Seite der Beamten und zum Abschluſs jedes störenden Geräusches werden zu dem Zwecke zwei Hörtelephone verwendet, welche, um dem Beamten die beiden Hände zum Schreiben frei zu lassen, durch einen Ledergurt verbunden sind, welch letzterer derart über den Kopf des Beamten gelegt werden kann, daſs die beiden Schallmuscheln der Telephone sich genau den Gehörgängen gegenüber befinden und fest gegen die Ohrmuscheln anpressen. Die Magnete der Telephone sind aus je einer breiten, etwas gekrümmten Stahllamelle gebildet, welche entweder unbedeckt bleibt oder mit einer Lederhülse überzogen ist. Da der Beamte des Nachrichtenbureaus seinen Dienst meist in sitzender Stellung und schreibend zu versehen hat, ist es nötig, daſs dem Transmitter leicht die für den Augenblick bequemste Stellung gegeben werden kann. Derselbe ist wie der Transmitter an den Umschaltern gebaut, jedoch sind die Verbindungen zu der Mikrophonbatterie und der Erde nicht festliegend, sondern in einer Schnur von ähnlicher Anordnung, wie sie für die Verbindung der Hörtelephone mit den unbeweglichen Teilen der Einrichtung angewendet sind, eingebettet, so daſs das Transmitterkästchen auf dem Arbeitstisch des Beamten des Nachrichtenaufnahmebureaus leicht verschoben werden kann.

Um die vom Fuſsboden auf den Tisch übergehenden Erschütterungen für das Mikrophon unschädlich zu machen, ist der Boden des Transmitterkästchens mit Füſsen aus kräftigen Gummiklötzen versehen. Ein Klingelwerk, welches die Signale vom Umschaltebureau zum Nachrichtenaufnahmebureau vermittelt, vollendet die Apparatenausrüstung des letzteren.

223. Es erübrigt, die Abweichungen zu erwähnen, welche die Apparate in den übrigen staatlichen Telephonanlagen aufweisen. In

Ludwigshafen wird für den Betrieb des städtischen Telephonnetzes und dessen Verbindung mit der Telephonanlage der Reichstelegraphenverwaltung in Mannheim, die von Patterson angegebene Abänderung des Crossley Transmitters verwendet. Die beweglichen Kohlenstücke des Mikrophons, ebenfalls aus cylindrischen Abschnitten von Kohlen für elektrische Beleuchtung hergestellt, sind entgegen der Anordnung im Aderschen Mikrophon radial um ein gemeinschaftliches Kohlenstück, welches in der Mitte einer, gegenüber der Aderschen Form etwas gröfseren und dünneren, jedoch nur an drei Seiten eingespannten rechteckigen Holzmembrane befestigt ist, angelegt. In dieses gemeinschaftliche cylindrische Kohlenklötzchen sind seitlich acht Löcher eingearbeitet, in welche die Zapfen der acht beweglichen Kohlenstücke lose eingelagert sind. Die entgegengesetzten Enden der letzteren lagern in je einem Kohlenklötzchen, von welchen je vier auf einem gemeinschaftlichen Kupferbleche, welches an der Innenwand der Membrane anliegt, festgeschraubt sind. An diese beiden Kupferbleche sind die Zuführungsdrähte zur Mikrophonbatterie und der Induktionsrolle derart geführt, dafs der Strom sich unter vier Kohlenstücke teilt, im Mittelstück vereinigt und von da sich wieder unter die vier mit dem zweiten Kupferblech verbundenen Kohlenstücke spaltet. Diese Anordnung des Mikrophons in Verbindung mit der leichter beweglichen Membrane ist etwas empfindlicher als die Adersche, gibt jedoch der Sprache im Hörtelephon einen etwas dunkleren, undeutlicheren Ton.

Die Zusammenstellung zur Sprechstelle unterscheidet sich insofern von den Münchener Einrichtungen, als im Patterson Transmitterkästchen auch der Elektromagnet des Klingelwerkes untergebracht ist, eine Einrichtung, welche für jene Fälle, in welchen das Rufzeichen in einem vom Transmitter entfernteren Lokal vernommen werden soll, unbequem ist. Die Hörtelephone sind in der einfachen Bellschen Form, wie sie ursprünglich von Amerika herübergekommen ist, angewendet.

Der Magnet ist aus einem einfachen cylindrischen Stahlstab gebildet, über dessen oberes Ende die Rolle geschoben ist. Magnet und Rolle sind in einem Hartgummimantel eingebettet, dessen Inneres mit Paraffin ausgegossen. Die Membrane besteht aus einer dünnen, beiderseits lackierten Eisenplatte, welche durch den Hartgummideckel, der auf den Mantel aufgeschraubt ist, festgehalten wird.

In der Nürnberger Anlage ist das Adersche Mikrophon angewendet. Die Hörtelephone sind aus Hufeisenmagneten hergestellt, deren beide Pole der Membrane gegenübergestellt und mit Drahtrollen versehen sind. Die Drahtrollen und die Membrane sind in einem dosenförmigen Gehäuse eingeschlossen, aus welchem der Bügel des Hufeisenelektromagnets derart hervorragt, dafs derselbe als Griff dient und unmittelbar zum Aufhängen an den Haken des Transmitterkästchens benutzt werden kann. Um den Magnet gegen Verrosten zu schützen, ist derselbe mit einem Lederüberzug versehen.

Zur Vermittelung der Glockensignale zwischen Teilnehmer und Umschaltebureau sind in den Telephonanlagen Nürnberg-Fürth, Augsburg, Würzburg und Bamberg Magnetinduktoren mit Wechselströmen verwendet. Das Klingelwerk in der Sprechstelle der Teilnehmer weicht daher von dem einfachen Rasselwecker mit Selbstunterbrechung insofern ab, als ein polarisierter Elektromagnet verwendet ist, dessen Anker bei jedem Stromwechsel eine halbe Oscillation zwischen den Polen des Elektromagneten ausführt und vermittelst des Klöppels einen Glockenschlag gibt.

Fig. 57.

Die Magnetinduktoren bei den Teilnehmern sind mit dem Transmitterkästchen vereinigt und werden mit der Hand durch eine aus dem Kästchen hervorragende Kurbel in Thätigkeit gesetzt. Der Strom derselben wird durch einen Taster ähnlich wie bei den Ausrüstungen der Teilnehmer der Münchener Anlage zur Leitung geführt. Die Induktoren der Umschaltebureaus werden durch Klappenfufstritte (siehe Fig. 53) bewegt, um den Umschaltebeamten die Hände für ihre übrigen Obliegenheiten frei zu halten. Die Fig. 57 zeigt die Ausrüstung einer Sprechstelle der Telephonanlage Augsburg.

Die Drahtführung der Umschalter ist gegenüber der in Figur 55 angegebenen Schaltung meist so angeordnet, dafs, für den Fall der Umschaltebeamte sich von dem Verkehr in einer Verbindung überzeugen will, dessen Hörtelephon nicht in eine zum Boden führende Abzweigung, sondern zwischen die beiden verbundenen Leitungen geschaltet wird. Wir hätten nun an dieser Stelle jene Apparateinrichtungen näher zu beschreiben, welche dazu dienen, den Verkehr der Abonnenten einer Stadt mit jenen einer andern Stadt zu vermitteln. Die Entwicklung der bezüglichen Schaltungen und Apparatenformen ist jedoch noch so wenig zum Stillstand gekommen,

daſs bedeutende Änderungen gegenüber den augenblicklich in Verwendung stehenden Anordnungen in nächster Zeit nicht ausgeschlossen sind. Wir beschränken uns daher auf einige allgemeine

Fig. 58.

Bemerkungen hinsichtlich des Betriebs der telephonischen Städteverbindungen. Zunächst unterscheidet sich der Netzbetrieb von
dem Betrieb der Verbindungen von Stadt zu Stadt dadurch, daſs
für letzteren statt einfacher Leitung Doppelleitungen benutzt werden.
Zum Anschluſs der Einzelleitungen der Abonnenten an die Enden
der Doppelleitung von Stadt zu Stadt dienen Übertrager. Dieselben

bestehen aus Induktionsrollen, deren eine Bewicklung mit dem einen
Ende an die Abonnentenleitung, mit dem andern an Erde gelegt ist,
während die Enden der andern Bewicklung mit den beiden Enden
der Doppelleitung verbunden sind.

Die im Eisenbahnbetriebsdienste verwendeten Telephonapparate
sind meist ähnlicher Konstruktion, wie die in den staatlichen Telephonnetzen in Betrieb stehenden.

Für den elektrischen Verkehr auf Sekundärbahnen wurde in
neuerer Zeit eine der Ausrüstung der Nachrichtenbureaus der Telephonnetze ähnliche Einrichtung der Stationen angenommen. Der
auf dem Arbeitstisch des Stationsvorstandes stehende Transmitter
ist wie dort beweglich und durch eine biegsame Schnur mit der
Mikrophonbatterie u. s. f. verbunden. Das Transmitterkästchen ist
aus Gußeisen hergestellt und auf Gummiklötzchen montiert.

Die Hörtelephone sind ebenfalls wie dort durch Lederriemen
zu einer Art Helm, welcher bei der Benutzung die Schallmuscheln
der Telephone unter Ausschluß störender Geräusche fest an die
Ohren des Beamten anpreßt, vereinigt. Ein nach Art der Figur 7
auf demselben Tische montierter Magnetinduktor dient zur Übermittelung der Glockenzeichen, während eine Trockenbatterie von
zwei Braunsteinelementen den Strom für das Mikrophon liefert,
welcher durch einen selbstthätigen Hebelumschalter, und durch das
Gewicht des daran aufgehängten Telephonhelms unterbrochen, durch
eine entgegenwirkende Feder beim Abheben des Helms von seinem
Haken geschlossen wird (Figur 58); über die Schaltung vergleiche
Seite 151.

Die sämtlichen in Bayern staatlich verwendeten Telephonapparate stammen mit wenigen Ausnahmen aus den Werkstätten
von F. Reiner und A. Zettler in München und F. Heller in
Nürnberg.

Sechstes Kapitel.

Betriebsstörungen und Meßinstrumente.

224. Jeder telegraphische oder telephonische Empfangsapparat Allgemeines. erfordert zum Betrieb eine bestimmte geringste Stromstärke, welche anderseits einen gewissen Betrag auch nicht überschreiten darf Sobald die Stromstärke über eine dieser beiden Grenzen hinausgeht, liegt eine Betriebsstörung vor. Da die Stromstärke zwischen den beiden Endpunkten der Empfangsapparate abhängt: von dem Widerstand des Gesamtstromkreises, somit von der Isolation der Leitung und der elektromotorischen Kraft der Elektricitätsquelle, so kann die Ursache einer Betriebsstörung in der Veränderung des Wertes jedes einzelnen oder mehrerer dieser Faktoren bestehen, reicht nur die Summe der Wirkungen dieser Änderungen hin, die Stromstärke zwischen den Endpunkten der Empfangsapparate aus dem für letztern zulässigen Spielraum zu bringen.

Im Interesse einer größeren Übersichtlichkeit und in Anbetracht des Umstandes, daß Aufsuchung und Beseitigung von Fehlern in Telegraphenleitungen in den meisten Verwaltungen nach diesem Gesichtspunkte getrennt sind, werden wir im folgenden die Betriebsstörungen einteilen in:

Leitungsstörungen und Störungen der Stationseinrichtungen.

225. Sämtliche Leitungsstörungen beruhen entweder auf einer Verminderung des Isolationswiderstandes oder einer Vergrößerung des Leitungswiderstandes oder endlich in dem Auftreten elektromotorischer Kräfte, welche die Wirkung der Elektricitätsquellen der Stationseinrichtungen hindern oder die Empfangsapparate in störender Weise beeinflussen.

226. Jede Verminderung des Isolationswiderstandes der Leitung Verminderung des Isolations-Widerstandes. unter jenen Wert, welchen die ungünstigsten Witterungsverhältnisse bedingen, hat ihren Grund entweder darin, daß die Leitung direkt

mit der Erde oder einer benachbarten Leitung in Berührung steht oder von einem mit der Erde oder einer benachbarten Leitung in Verbindung stehenden fremden Körper von verhältnismäfsig beträchtlicher Leitungsfähigkeit berührt wird, oder aber, dafs die Isolatoren durch irgendwelche Umstände an Wirksamkeit eingebüfst haben. Die Ursachen der Störungen erster Art bestehen häufig im Anliegen von Baumästen, von Schnüren, Fahnen u. s. w. Die der zweiten bestehen in Beschädigungen der Isolatoren oder Vermehrung der Leitungsfähigkeit derselben durch Ablagerungen fremder Körper auf der Oberfläche und dem Innern der Glocken. Da diese Störungsursachen, wenn sie ohne eine gleichzeitige Erhöhung des Leitungswiderstandes auftreten, stets eine Verminderung des Gesamtwiderstandes des Stromkreises bewirken, so werden dieselben durch übergrofse Angaben der Beobachtungsinstrumente an dem der Batterie zunächst liegenden Leitungsende meist leicht erkannt.

Erhöhung des
Leitungs-
widerstandes. 227. Die Störungen infolge Erhöhung des Leitungswiderstandes beruhen alle auf einer Verringerung des metallischen normalen Querschnitts der Leitung an einem oder mehreren Punkten derselben. Der äufserste Fall dieser Art besteht in der völligen Unterbrechung der Leitung. Der von den Beobachtungsinstrumenten an den Enden der Leitung angegebene Strom ist dann bei normalen Isolationsverhältnissen immer kleiner als der bei Prüfung der Isolation mit gleicher Batterie beobachtete Strom. Für alle geringeren Widerstandserhöhungen schwankt die beobachtete Stromstärke zwischen dieser untersten Grenze und dem zum Betriebe der Leitung nötigen Betrage. Die Ursachen dieser Störungen sind mechanischer oder chemischer Natur. Diejenigen ersterer Art treten meist plötzlich und nur an wenigen Punkten infolge Eingriffs äufserer Umstände auf und werden, insofern sie häufig völlige Leitungsunterbrechungen bewirken, leicht erkannt; diejenigen chemischer Natur beruhen hauptsächlich auf der oxydierenden Wirkung der die Leitung umgebenden Luft. Zu dieser auf die ganze Länge der oberirdischen Leitung sich ausdehnenden Wirkung der Luft kommt noch an Stellen, an welchen die Leitung über Schornsteinen wegführt, häufig ein besonderer, stärkerer örtlicher Angriff durch die den Schornsteinen entströmenden Gase. Beide Ursachen wirken jedoch hauptsächlich nur insofern betriebsstörend, als sie die Zugfestigkeit des Leitungsdrahts herabsetzen und so zu Drahtbrüchen Veranlassung geben.

228. Das Auftreten störender elektromotorischer Kräfte in den Leitungen beruht entweder auf Erdströmen von ungewöhnlicher Stärke, ungewöhnlich starken Änderungen des elektrischen Zustandes der die Leitung umgebenden Atmosphäre, oder endlich in der induzierenden

Wirkung des Betriebsstroms einer Leitung auf eine benachbarte desselben Gestängs.

Der Wirkung der Erdströme sind besonders jene Leitungen Erdströme. ausgesetzt, bei welchen beide Erdplatten eine bedeutende Höhendifferenz aufweisen. Die betriebsstörende Wirkung derselben besteht darin, dafs sie sich zur elektrischen Kraft der Batterie addieren oder von derselben abziehen und so den Betriebsstrom verstärken oder schwächen. Die elektromotorische Kraft dieser Ströme erreicht bisweilen 60 bis 80 Volt und kann in einzelnen Fällen mit Beseitigung der gewöhnlichen Elektricitätsquelle zur telegraphischen Zeichenübermittelung verwendet werden.

229. Die Störungen infolge der Änderungen des elektrischen Zu- Störungen standes der die Leitungen umgebenden Atmosphäre bestehen einer- durch atmo-seits in Übergängen von Elektricität aus der Luft in die Leitungen, Elektricität. anderseits in der induzierenden Wirkung elektrischer Entladungen auf die Leitungen. Die Störungen dieser Art treten am häufigsten und stärksten im Sommer in gewitterreichen Gegenden auf. Die schwerste Form derselben besteht im Einschlagen des Blitzes in die Leitung und kann mit völliger Zerstörung derselben, sowie mit solchen Beschädigungen der Apparate verbunden sein, wodurch letztere für den Dienst unbrauchbar werden.

230. Die elektromotorischen Kräfte, welche durch die Betriebs- Induktions-ströme in parallel zu einander geführten Leitungen auftreten, sind für störungen. die Wirksamkeit der Telegraphenapparate selten hoch genug, um Betriebsstörungen zu veranlassen. Anders verhält es sich bei parallel geführten Leitungen, von welchen eine oder mehrere zum telephonischen Verkehr verwendet werden. Die aufserordentliche Empfindlichkeit, welche die telephonischen Empfangsapparate aufweisen, bewirkt, dafs letztere nicht nur durch die verhältnismäfsig starken Telegraphierströme in benachbarten Leitungen, sondern auch durch die verhältnismäfsig aufserordentlich schwachen Telephonierströme in störender Weise beeinflufst werden. Die störende induzierende Wirkung der Telegraphenbetriebsströme auf Telephonleitungen hat man bis jetzt nur dadurch zu beseitigen gelernt, dafs man die Telegraphierströme langsamer, als bisher üblich war, zum Werte der Betriebsstärke ansteigen und von diesem Werte wieder absinken läfst, indem man durch Einschalten von Elektromagneten und Kondensatoren die Telegraphenleitungen künstlich verlängert. Die störende Induktion zwischen zwei benachbarten Telephonleitungen konnte bis jetzt nur durch Verwendung eines ganz metallischen Schliefsungs-bogens für jede Leitung vermieden werden.

Die Mefsinstrumente.

Laboratorium.   231. Während die Leitung jedes beträchtlicheren Telegraphenbetriebs eines Laboratoriums bedarf, welches gestattet, in allen
Zweigen der Physik und Chemie, sowie der mechanischen und
chemischen Technologie dem jeweiligen Stande dieser Wissenschaften
entsprechende selbständige Untersuchungen auszuführen, um einerseits die Anwendbarkeit neuer theoretischer Errungenschaften für
die Zwecke des Telegraphenbetriebes, anderseits die Wirksamkeit
neu vorgeschlagener Betriebsmittel prüfen zu können, stellt die
Praxis an die äufseren Ämter nur die Anforderung verhältnismäfsig
weniger, einfacher und auf elektrische Gröfsen beschränkter Messungen.
Es kann im folgenden nicht die Rede davon sein, eine nähere Beschreibung der Untersuchungsmittel und deren Zusammenstellung
zu dem ersterwähnten Laboratorium zu geben, wir müssen uns vielmehr, dem Zwecke der vorliegenden Arbeit entsprechend, auf die
Behandlung der elektrischen Messungen und der zugehörigen Instrumente, wie sie für die kleineren Ämter des Telegraphenbetriebes
nötig sind, beschränken.

Mefsinstrumente   232. Die Messungen dieser Art umfassen Prüfungen der Leitungs-
d. Telegraphen-   fähigkeit und der Isolation von oberirdischen Leitungen, der elektro-
stationen.   motorischen Kraft und des Widerstandes von Batterien vermittelst
Beobachtung von Stromstärken. Für diese sämtlichen Messungen
bedient man sich der Wirkung des elektrischen Stromes auf eine
bewegliche Magnetnadel. Man verwendet hierzu ausschliefslich
Galvanometer, deren Angaben mit den Stromstärken nicht in einfacher Beziehung stehen, so dafs man aus zwei verschiedenen Aus-
schlagswinkeln des Instrumentes nicht ohne weiteres auf die zugehörigen Stromstärken schliefsen kann. Da es sich in der Praxis
der kleinen Ämter meist nur darum handelt, festzustellen, ob der
in dem zu untersuchenden Kreis bestehende Strom einen von dem
normalen beträchtlich abweichenden Wert besitzt, so ist den Instrumenten jener Art meist nur die Angabe beigefügt, welchen Aus-
schlagswinkel die Magnetnadel für die eine oder andere der vorzunehmenden Messungen aufweisen mufs. Wir haben schon in 85
und 104 gesehen, dafs der Widerstand der in der Telegraphie verwendeten Batterien im Vergleiche mit jenem der Leitungen ein
geringer ist. Während nun für die Beobachtung geringer Stromstärken, wie sie bei Bestimmung hoher Leitungs- und Isolationswiderstände und wie wir gleich sehen werden, bei der Bestimmung
der elektromotorischen Kraft von Batterien vorkommen, ein und
dasselbe Galvanometer von geeignet grofser Windungszahl und daher
entsprechend hohem Widerstand ausreicht, genügt die einfache

Ausstattung des Instrumentes infolge des verhältnismäfsig geringen Widerstandes der Batterien nicht mehr zur Bestimmung der letzteren Gröfse. Die für die genannten Zwecke gebauten Galvanometer werden daher meist mit zwei getrennten Drahtwindungen derart konstruiert, dafs die Magnetnadel mit einer grofsen Anzahl Windungen von dünnem Draht und hohem Widerstand für die Beobachtung der geringen Stromstärken bei Bestimmung der Leitungs- und Isolationswiderstände, sowie der elektromotorischen Kräfte, und mit einer kleinen Anzahl Windungen aus dickem Draht und geringem Widerstand für die Bestimmung des inneren Widerstandes von Elementen und Batterien umgeben ist. Die Benutzung der Windungen von grofsem Widerstand beruht darauf, dafs der Widerstand der Batterie und des Galvanometers gegenüber dem Widerstand des übrigen Teils des Stromkreises vernachlässigt werden kann, die Benutzung der Windungen geringen Widerstands darauf, dafs der Widerstand des Galvanometers gegenüber dem inneren Widerstand des Elementes oder der Batterie verschwindet, d. h. die am Galvanometer beobachteten Ablenkungen der Magnetnadel werden in den Fällen erster Art im wesentlichen nur von den zu messenden Gröfsen, von elektromotorischer Kraft und äufserem Widerstand, die Ablenkung bei Bestimmung von Batteriewiderständen — eine normale elektromotorische Kraft der Elemente vorausgesetzt — im wesentlichen nur von dem inneren Widerstand der letzteren abhängig.

233. Die von den kleineren Ämtern auszuführenden Messungen sind teils regelmäfsig wiederkehrende, teils durch besondere, aufsergewöhnliche Umstände, in der Regel Betriebsstörungen, veranlafste. Bei einigen Telegraphenverwaltungen ist es üblich, alle Sonntage, bei anderen nur monatlich durch die Messungen über den guten Zustand der Leitungen und Batterien Kontrolle führen zu lassen. Im Betriebe der städtischen Telephon-Centralanlagen bietet aufserdem die Benutzungsart der Einrichtungen selbst eine ständige und wirksame Kontrolle.

Messungen bei kleineren Ämtern.

234. In Fällen von Betriebsstörungen ist jede in die gestörte Leitung eingeschaltete Station verpflichtet, sofort, nachdem die Störung bemerkt wird, durch Untersuchung der gesamten Stationseinrichtungen festzustellen, ob die Ursache des Fehlers innerhalb der Station oder aufserhalb derselben zu suchen ist. Aufser der Untersuchung der Apparate, der Zimmerleitung u. s. w., deren Besprechung einem andern Orte vorbehalten ist, gehört hierher die Prüfung der Batterie und die Beobachtung der Stromstärke im Leitungsstromkreis. Die Prüfung der Batterie hat sich auf die Bestimmung der elektromotorischen Kraft und des Widerstandes derselben zu erstrecken. Die

erste Messung geschieht dadurch, daſs die beiden Pole der Batterie mit den Enden der dünndrähtigen Bewicklung des Galvanometers metallisch verbunden und die Ablenkung der Nadel aus dem magnetischen Meridian beobachtet wird. Bleibt dieselbe unter dem normalen Wert, so werden Gruppen oder die einzelnen Elemente der Batterie gesondert auf gleiche Weise untersucht, bis jener Teil derselben, welchem die Abnahme der elektromotorischen Kraft der Batterie zuzuschreiben ist, gefunden wird. Hierauf werden die Elemente von unternormaler elektromotorischer Kraft durch gute ersetzt. Der Widerstand der Batterie wird dadurch bestimmt, daſs man die Pole derselben an die Enden der dickdrähtigen Galvano- meterbewicklung anlegt. In gleicher Weise wie bei der Prüfung der elektromotorischen Kraft, werden hierauf die infolge allzuhohen Widerstandes unbrauchbaren Elemente ermittelt und ausgeschieden. Nach der Natur der am häufigsten verwendeten Elemente und der Art der Verwendung kommen Betriebsstörungen infolge Abnahme der elektromotorischen Kraft im Telegraphenbetrieb häufiger vor als durch Zunahme des Widerstandes, während die Änderungen dieser Gröſsen im Telephonbetrieb bei dem niedrigen Widerstand, welcher für den Betrieb der Mikrophonstromkreise unerläſslich ist, in gleichem Grade zu Störungen Veranlassung geben.

235. Um eine Leitung auf Isolation zu prüfen, wird am Batterieende derselben zwischen Apparat und Leitung die dünndrähtige Wicklung des Galvanometers eingeschaltet, das entfernte Ende der Leitung vom Empfangsapparat getrennt und der Ausschlag beobachtet, welchen die Batterie am Galvanometer verursacht. Die Messung des Leitungs- stromes geschieht einfach dadurch, daſs man die dünndrähtige Wicklung des Galvanometers zwischen Apparat und Leitung ein- schaltet und die Ablenkung der Magnetnadel beobachtet. Erinnert man sich an die Bedingungen des Zustandekommens dieser Ab- lenkung, so ist jedoch leicht zu sehen, daſs ein normaler Wert der- selben noch keine Gewähr für den guten Zustand der sämtlichen beteiligten Betriebseinrichtungen bietet. Erst wenn sämtliche voraus- geführten Messungen normale Gröſsen ergeben haben, läſst sich schlieſsen, daſs die Anlage in elektrischer Beziehung in Ordnung ist.

236. Es ist aus dem vorstehenden leicht zu übersehen, daſs das Galvanometer nur für die Betriebsstromstärke — die Gleichartigkeit der an den verschiedenen, in einem Amt einmündenden Leitungen verwendeten Empfangsapparate vorausgesetzt — für die Prüfung der elektromotorischen Kraft des einzelnen Elements und die Be- stimmung des inneren Widerstands von Elementen und Batterien — ebenfalls die Gleichartigkeit der verwendeten Elemente angenommen.

— für jede Messung unter normalen Verhältnissen dieselbe Angabe haben kann, während dasselbe für die normale Isolation der kürzeren Leitung einen kleineren, für die normale Isolation der längeren Leitung einen gröfseren Ausschlag aufweisen mufs. Während es also genügt, über ein Galvanometer auszusagen: das Galvanometer zeigt für die Betriebsstromstärke einen Ausschlag von x^0, für die elektromotorische Kraft eines Elements einen Ausschlag von y^0 für einen normalen Batterie- und Elementswiderstand einen Ausschlag von z^0, müssen demselben noch die Angaben beigefügt sein: es zeigt ferner einen Ausschlag von n^0 für die normale Isolation der Leitung a bei einer elektromotorischen Kraft der Prüfungsbatterie von p Volt, einen Ausschlag von v^0 für die normale Isolation der Leitung b bei einer elektromotorischen Kraft der Prüfungsbatterie von p Volt u. s. f.

237. Beim Auftreten einer Betriebsstörung ist die Reihenfolge der vorzunehmenden Messungen die folgende: *Reihenfolge der Messungen.*

Zunächst werden elektromotorische Kraft und Widerstand der Batterie bestimmt, hierauf die Apparate, Zimmer- und Bodenleitung untersucht. Es folgt die Beobachtung der Betriebsstromstärke in der Leitung, worauf die Prüfung der Isolation vorgenommen wird. Selbstverständlich werden alle auf dem Wege vorgefundenen Störungsursachen vor dem Weitergehen beseitigt und die Wirksamkeit der hierzu verwendeten Mittel durch erneute Messung aufser Zweifel gestellt.

Erst nachdem alle im Bereich des untersuchenden Amts liegenden Teile der Einrichtung im betriebsfähigen Zustand gefunden worden sind, kann an die entfernte Station das Ansuchen gestellt werden, zur Prüfung der Isolationsverhältnisse der Leitung behilflich zu sein.

238. Es ist endlich noch der übrigens selten vorkommende Fall des Auftretens von elektromotorischen Kräften in der Leitung infolge von Erdströmen zu erwähnen. Vermutet man eine solche Ursache einer Betriebsstörung, so vergewissert man sich darüber, sowie über Gröfse und Richtung derselben durch Einschalten der dünndrähtigen Wicklungen des Galvanometers zwischen Leitung und Bodenverbindung unter Ausschlufs etwa zwischenliegender Betriebsbatterien. Gegebenenfalls sucht man hierauf den Betrieb der Leitung durch Ausschaltung, Umschaltung oder Teilung der Batterie aufrecht zu erhalten.

Störungen, welche infolge der in 228 erwähnten elektrischen Zustandsänderungen der die Leitung umgebenden Atmosphäre auftreten, entziehen sich, so lange deren Ursachen, die Gewitter, nicht völlig abgelaufen, meist der Beeinflussung der Ämter. Hat das Gewitter eine bleibende Störung zurückgelassen, so ist dieselbe nach Art und Ort wie in den übrigen Fällen festzustellen und deren Beseitigung zu veranlassen. Es ist nicht rätlich, während eines betriebstörenden Gewitters irgend welche Versuche, den Verkehr aufrecht zu erhalten, anzustellen. Dagegen empfiehlt sich, nach Ablauf desselben die gesamten Betriebseinrichtungen darauf zu untersuchen, ob in keinem Teile derselben eine durch das Gewitter veranlafste Beschädigung vorgekommen ist. Wir sind somit bei der Besprechung der Untersuchung der technischen Einrichtung einer Telegraphenstation angelangt, welche die Leitungseinführung, die Zimmerleitung, die Erdleitung, die Apparate und die Batterie umfafst.

Untersuchung der technischen Einrichtungen einer Telegraphenstation bei eintretenden Betriebsstörungen.

Untersuchung bei Betriebs- störungen.

239. Sobald eine Betriebsstörung zur Kenntnis der Telegraphenstation gelangt, hat diese Station sofort zu untersuchen, ob die Ursache der Störung innerhalb oder aufserhalb der eigenen Diensträume gelegen ist. Die Mehrzahl der im Telegraphenbetriebe auftretenden Störungen äufsert sich entweder als gänzliche Unterbrechung des Stromkreises — Stromlosigkeit — oder als Ableitung des Telegraphierstromes von dessen Leiter zu anderen benachbarten Leitern oder zur Erde infolge von Isolationsfehlern, Verschlingung, Bodenschlufs — Nebenschliefsung.

Eine Unterbrechung des gewöhnlichen Stromweges verhindert das Entstehen eines galvanischen Stromes; es kann daher ein in den Stromkreis geschaltetes Galvanoskop, dessen Nadel bei geschlossenem Stromkreise abgelenkt werden müfste, keinen Ausschlag zeigen.

Eine Ableitung oder Nebenschliefsung, hervorgerufen durch leitende Verbindung zwischen einem Teile des Stromkreises und der Erde, verhindert die Überkunft des ganzen Nutzstromes über die schlecht isolierte Stelle hinaus.

Die Nadel eines zwischen der Fehlerstelle und der Batterie eingeschalteten Galvanoskops wird aus ihrer Ruhelage abgelenkt und in diesem Zustande auch dann verbleiben, wenn der Stromkreis von der Batterie aus hinter der Fehlerstelle unterbrochen (isoliert) wird.

Eine Nebenschliefsung, hervorgerufen durch eine leitende Verbindung zwischen einem Teile des Stromkreises und einem anderen, vom Strome später zu durchlaufenden Teile desselben Kreises, verhindert die volle Wirkung des Stromes in dem zwischen den beiden Berührungspunkten befindlichen Teil des vorgeschriebenen Schliefsungsbogens.

Eine Nebenschliefsung, hervorgerufen durch leitende Verbindung zwischen Teilen benachbarter Stromkreise, gestattet den Übergang eines gröfseren oder geringeren Teiles — je nach den Widerständen der verschiedenen Leitungszweige — des in einem der betroffenen Stromkreise etwa vorhandenen Stromes in den anderen Stromkreis und gibt so entweder zum gleichzeitigen Erscheinen derselben telegraphischen Zeichen auf den Empfangsapparaten der beiden in Verbindung gekommenen Leitungen — Mitsprechen — oder zu Verwirrungen der beabsichtigten telegraphischen Zeichen Veranlassung.

Die anzustellenden Untersuchungen haben sich in jedem Falle nach der Art des auftretenden Fehlers zu richten und gestalten sich anders, je nachdem eine Arbeitsstrom- oder eine Ruhestromleitung in Frage kommt und je nachdem eine Endstation oder eine Zwischenstation zur Mitwirkung bei der Feststellung berufen ist. Immer laufen sie im wesentlichen auf Untersuchung des Stromkreises mittels einer Batterie und eines Galvanoskops — bei Stromlosigkeit unter Herstellung einer Bodenverbindung, bei Nebenschliefsung unter Isolierung der Leitung — hinaus.

Die Mehrzahl der in den Diensträumen und namentlich der Zwischenstationen vorkommenden Fehler sind: *Fehler.*

1. Falsche Bodenverbindung in den Blitzplatten, infolge einer elektrischen Entladung;
2. falsche Regulierung der Empfangsapparate;
3. Vernachlässigung der Batterien;
4. Einklemmung des Tasters;
5. Verunreinigung der Kontaktpunkte;
6. lockere Kontaktschrauben;
7. zu starke Einklemmung der Drähte und dadurch verursachtes Abdrücken derselben.

Die Stationen haben die Pflicht, den Apparat oder die Apparate täglich in all den bezeichneten Punkten einer genauen Durchsicht zu unterwerfen, namentlich aber nach jedem Gewitter sofort die Blitzplatten sorgfältigst zu prüfen und etwaige Kügelchen oder Spitzen, die sich an denselben gebildet haben, mittels eines scharfen Instruments thunlichst zu entfernen, oder, wenn solches nicht möglich sein sollte, bis zur Ankunft des zu rufenden Mechanikers Papier unter die betreffende Blitzplatte zu legen.

Feststellung, ob der Fehler innerhalb oder aufserhalb der Station liegt.

Verfahren bei Arbeitsstromleitungen mit Morse-Apparaten.

a) Bei Stromlosigkeit.

1. Bei einer Endstation.

Arbeitsstrom.
Stromlosigkeit
Endstation.

240. Erfolgt bei offenem Ausschluſshebel und beim Nieder-drücken des Tasters kein Zeichen am Empfangsapparate, so ist die eingetretene Stromlosigkeit durch eine Unterbrechung des Schlieſsungsbogens verursacht; die Endstation verbindet dann die Einführungsdocke durch einen Hilfsdraht mit der Erdleitung oder die Luftleitungs-Blitzplatte mit der Erdplatte, wodurch der Apparat in sich geschlossen wird. Zeigt sich sodann beim Tasterdrücken ein Zeichen am Empfangsapparate, dann ist der eigene Apparat in Ordnung, und der Fehler hinter der Einführungsklemme gelegen, weshalb dasselbe Verfahren unter Herstellung einer Erdverbindung am äuſseren Ende des Einführungsdrahtes wiederholt werden muſs. Spricht auch hier der eigene Empfangsapparat an, so liegt der Fehler entweder bei einer andern Station oder in der äuſseren Leitung; andernfalls liegt er in dem Einführungsdrahte, welcher sofort wieder herzustellen oder durch einen Hilfsdraht zu ersetzen ist bis zur endgültigen Instandsetzung.

2. Bei einer Zwischenstation.

Zwischen-
station.

241. Eine Zwischenstation stellt durch den Bodendrahthebel oder durch eine Blitzplatte den einen (nicht gestörten) Leitungs-zweig auf Erde und untersucht den andern unter Anbringung einer Erdleitung am Endpunkte der inneren Einrichtung. Nötigenfalls wird das Verfahren in der Art wiederholt, daſs der zuerst unter-suchte Leitungszweig an den Blitzplatten mit Erde verbunden und der andere untersucht wird. Will man nur die innere Einrichtung untersuchen, so verbindet man die beiden Leitungszweige an den Einführungsdocken mit einem Hilfsdrahte. Wenn die innere Ein-richtung in ordnungsmäſsigem Stande ist, so wird der Apparat bei normaler Hebelstellung und beim Tasterdrücken und offenem Aus-schluſshebel ansprechen; andernfalls sind die Batterie, die Apparaten-teile (die Tisch- und Apparatenverbindung) und das Stromlaufschema genau zu untersuchen und die Fehler zu beseitigen.

b) Bei Nebenschlieſsung

1. Bei einer Endstation.

Nebenschluſs.
Endstation

242. Liegt bei einer Arbeitsstromleitung eine Nebenschlieſsung vor, so wird der Anker des Empfangsapparates beim Tasterdrücken

ungewöhnlich stark angezogen, was auf eine Berührung der Leitung mit der Erde oder mit einer andern Leitung in der Nähe der Station oder in ihr selbst hinweist (kurzer Schlufs), während die Zeichen der entfernten Station nur mangelhaft erhalten werden.

Die Leitung wird an der Einführungsdocke isoliert. Spricht dann der Apparat beim Tasterdrücker nicht an, dann liegt der Fehler nicht in der inneren Einrichtung, sondern aufserhalb der Station bezw. hinter der Einführungsdocke; andernfalls ist eine fehlerhafte Erdverbindung in der inneren Einrichtung, z. B. Blitzplatten, welche aufzusuchen und zu beseitigen ist.

2. Bei einer Zwischenstation.

243. Eine Zwischenstation hat bei der Untersuchung zunächst die beiden Leitungszweige zu isolieren und die innere Einrichtung zu untersuchen, dann jeden einzelnen Leitungszweig für sich zu prüfen, wobei der eine mit Boden zu verbinden, der andere auszuschalten ist. *Zwischenstation.*

Verfahren bei Ruhestromleitungen.

a) Bei Stromlosigkeit.

1. Bei einer Endstation.

244. Während in einer Arbeitsstromleitung eine Unterbrechung am Apparate sich nicht sofort von selbst bemerklich macht, erkennt man in einer Ruhestromleitung den Eintritt der Stromlosigkeit (Unterbrechung) im allgemeinen daran, dafs der Anker des Empfangsapparates abfällt und abgefallen bleibt, dafs die Nadel eines eingeschalteten Galvanoskops in der Ruhelage verharrt, und dafs durch den Relaisanker die Lokalkette beständig geschlossen wird. *Ruhestrom. Stromlosigkeit. Endstation.*

Tritt dieser Fall bei einer Endstation ein, so hat dieselbe zur Prüfung des eigenen Apparates die Luftleitung mit der Erdleitung in Verbindung zu setzen, entweder durch einen Hilfsdraht oder mittels der Boden- und Blitzplatte.

Zeigt der Apparat hierbei — in Ruhe Anziehung des Ankers, Ausschlag der Galvanoskopnadel, Öffnen der Lokalkette — und bei Tasterdruck und entsprechender Apparatregulierung ein Loslassen des Ankers, Bewegung der Galvanoskopnadel und Schlufs der Lokalkette, so ist die innere Einrichtung in regelrechtem Zustande, und liegt die Unterbrechung aufserhalb der Station.

Eine Endstation, welche ohne eine telegraphierende Batterie in die Leitung geschaltet ist, kann die Untersuchung nicht anstellen, ohne zuvor eine Batterie eingeschaltet zu haben. Bei einem Apparate

mit Relais geschieht dies am einfachsten dadurch, dafs die beiden
Pole der Lokalbatterie mit den beiden Docken der Luft- und Erdleitung verbunden werden, wodurch der Apparat in sich selbst geschlossen wird. Gibt der Apparat nach entsprechender Regulierung
des Direktschreibers oder des Relais gute Zeichen, so ist der Fehler
nicht in der Station gelegen; andernfalls ist die innere Einrichtung
genau zu untersuchen und die Unterbrechung zu beseitigen.

2. Bei einer Zwischenstation.

Zwischen-
station.

245. Eine Zwischenstation legt nacheinander die beiden Leitungszweige durch einen Hilfsdraht oder an den Blitzplatten an Erde
und untersucht jedesmal, ob der nicht mit dem Boden verbundene
Leitungszweig in gutem Stande ist und der Apparat bei Tasterdruck
regelmäfsig anspricht. Zeigt sich beim Gebrauch des Tasters in
einem Falle regelmäfsiges Arbeiten des Apparates, im andern nicht,
dann ist derjenige Zweig der äufseren Leitung unterbrochen, welcher
beim Ansprechen des Apparates an Erde lag.

Tritt in keinem Falle die regelmäfsige Thätigkeit des Apparates
ein, so müssen die beiden Leitungszweige direkt verbunden werden,
damit der Schliefsungsbogen nicht unter einer allenfallsigen Unterbrechung im eigenen Apparate der Station zu leiden hat, und sind
dann sämtliche auf Seite 167 genannten Punkte der Stationseinrichtung
sorgfältigst zu prüfen.

Bei längerer Dauer der Stromlosigkeit ist die Ortsbatterie auszuschalten, d. h durch Losschrauben einer Messingkuppelung vom
Zinkcylinder zu öffnen und so vor zu rascher Abnutzung zu schützen.

b) Bei Nebenschliefsung.

Nebenschlufs.

246. Behufs Feststellung, ob eine Nebenschliefsung in der äufseren
Leitung oder in der inneren Stationseinrichtung liegt, mufs die
untersuchende Station die betreffende Leitung an der Einführungsdocke isolieren.

Bei einer Zwischenstation mufs die Untersuchung so ausgeführt
werden, dafs nach einander jeder der beiden Leitungszweige isoliert
wird, während der andere regelrecht verbunden bleibt; bei einer
solchen Isolierung mufs der Strom aufhören, d. h. der Anker des
Empfangsapparates abfallen, die Galvanoskopnadel in die Ruhelage
zurückkehren, wenn der Fehler in der äufseren Leitung gelegen ist.
Im entgegengesetzten Falle ist die Störungsursache in der inneren
Einrichtung zu suchen und zu beseitigen.

Verfahren bei anderen Apparatschaltungen.

247. Tritt bei einer mit Übertragungsvorrichtung, mit Hughes-Apparat oder mit einem andern Apparat von besonderer Art betriebenen Leitung die Notwendigkeit der Untersuchung und der Feststellung ein, ob ein Fehler der inneren oder äuſseren Einrichtung vorliegt, so ist die Leitung auf Aushilfs-Morse-Apparate zu schalten, und die Untersuchung in der vorstehend angegebenen Weise auszuführen. Ergibt sich hierbei die Betriebsfähigkeit der äuſseren Leitung, dann ist zur Untersuchung der besonderen Apparate ein mit der Einrichtung derselben vertrauter Beamter oder Mechaniker beizuziehen.

Bei Untersuchung einer Übertragungsvorrichtung ist besonders darauf zu sehen, daſs beim Anfallen des Ankerhebels die Kontaktschraube gut getroffen und die Übertragungsbatterie sicher geschlossen wird, daſs in der Ruhelage des Ankerhebels die Ruhekontaktschraube gut metallisch aufruht, daſs die Spannfeder des Schreibapparates richtig reguliert und besonders nicht zu schwach gespannt ist, daſs die Hubhöhe des Schreibhebels nicht zu hoch ist, daſs die Apparatenteile gut von einander isoliert sind, daſs die Umschaltehebel nach stattgefundener Untersuchung wieder normal gestellt werden.

Einzeluntersuchung der innern Einrichtung einer Telegraphenstation.

248. Hat die Untersuchung ergeben, daſs die äuſsere Leitung in Ordnung, und die Störungsursache in der Stationseinrichtung gelegen ist, so muſs der Fehler, wenn er bei der ersten flüchtigen Apparatuntersuchung nicht ermittelt und beseitigt worden ist, durch eingehende Prüfung der inneren Einrichtung behoben werden.

Bei einer Endstation ist deshalb die Luftleitung mit dem Boden zu verbinden, bei einer Zwischenstation dagegen werden, wie bereits erwähnt, die beiden Leitungszweige mittels eines Hilfsdrahtes oder durch Einklemmen in eine Leitungsdocke direkt mit einander verbunden. Die Fehler in der inneren Einrichtung sind ebenfalls entweder Unterbrechungen des Stromweges (Stromlosigkeit), oder Nebenschlieſsungen.

Es ist nicht möglich, alle Ursachen, welche Störungen in den Batterien, Apparaten und deren Verbindungen hervorrufen können, einzeln aufzuführen; es hat deshalb jedesmal eine genaue Besichtigung des in Betracht kommenden Teils der inneren Einrichtung stattzufinden, wobei auf die in der Apparatenlehre bezeichneten möglichen Fehlerquellen besonders zu achten ist.

(Marginal note beside §247:) Andere Schaltungen.

(Marginal note beside §248:) Innere Einrichtung der Station.

Untersuchung von Telephonstationen.

249. Das Verfahren der Fehlerbestimmung bei Telephonanlagen ist insofern etwas verwickelter wie bei Telegraphenanlagen, als in der Telephonie in der Regel zwei Betriebsstromstärken von sehr beträchtlichem Gröfsenunterschiede neben einander verwendet werden. Da nämlich nur in seltenen Fällen die durch die Telephonmembrane selbst zu bewirkenden Signale kräftig genug sind, um die Einleitung eines telephonischen Verkehrs zwischen zwei Stationen sicher zu bewirken, werden zu diesem Zwecke meist durch Relais oder direkt betriebene Rasselwecker oder polarisierte Läutewerke verwendet, welche Stromstärken erfordern, die jene zum Betriebe von Telephonen nötigen weit übertreffen.

So kommt es bei der aufserordentlichen Empfindlichkeit der Hörtelephone nicht selten vor, dafs eine Telephonverbindung für die Übermittelung der Sprache noch völlig betriebsfähig ist, während sie zur Zeichengebung vermittelst der Klingelwerke, sei es durch Erhöhung oder Verminderung des Gesamtwiderstandes der Leitung, unbrauchbar geworden ist.

Die Untersuchung der Einrichtungen einer Telephonstation — wir müssen uns auf den Fall der einfachen Sprechstelle beschränken — hat sich daher bei eintretender Störung auf die beiden Arten der Verwendung der Leitung zum Signalisieren und Sprechen zu erstrecken. Ist die Sprechstelle A mit einer Batterie zur Vermittelung der Klingelsignale versehen und wird an der entfernten Stelle B das Klingelsignal nicht vernommen, obwohl von dorther solches gegeben werden kann, so liegt der Fehler meist in der Rufbatterie der Station A oder deren Verbindung zum Taster. Können Klingelsignale von A weder gegeben noch genommen werden, so ist die Ursache der Störung häufig eine Unterbrechung des Stromkreises.

Werden an beiden Stellen die Klingelsignale vernommen, die Sprache an der einen oder andern Stelle nicht, so liegt der Fehler meist entweder im Transmitterstromkreis der gebenden Station A oder in den Telephonen der nehmenden Station B. Welcher Art die Ursache der Störung ist, läfst sich leicht dadurch entscheiden, dafs die beiden Stationen versuchen, die Hörtelephone selbst als Geber nach Art der in Fig. 14 dargestellten Verbindung zu benutzen, was einfach dadurch geschieht, dafs man das an dem selbstthätigen Umschalter hängende Telephon abnimmt und gegen dessen Membrane aus geringer Entfernung spricht, während das andere Telephon am Ohre behalten wird. Ist unter dieser Verwendungsart die Verstän-

digung möglich, so liegt der Fehler vermutlich in dem Transmitterstromkreis der gebenden Stelle, und zwar in den meisten Fällen in
dem für den Betrieb des Mikrophons abgekuppelten Teil der Batterie,
andernfalls in den Telephonen der Station, welche zwar geben,
jedoch nicht nehmen kann. Die letztere Art der Störung hat öfters
ihren Grund darin, dafs die Membrane des Telephons zu stark ein-
gebogen ist und in der Mitte auf dem Magnetpol aufruht. Man
beseitigt einen derartigen Fehler leicht, indem man die Membrane
des Telephons umkehrt. Da die Mehrzahl der wirksamen Teile
einer Telephonsprechstelle in dem Transmitterkästchen verschlossen
nicht unmittelbar zugänglich sind, so mufs sich der Inhaber einer
Sprechstelle, falls er nicht selbst Sachverständiger ist, bei vorkommenden Störungen darauf beschränken, die Klemmen für die
Drahtverbindungen anzuziehen, die Batterie und den Zustand der
Kontakte am Taster zu untersuchen und die Bodenverbindung zu
prüfen und endlich gegebenenfalls die Membranen der Hörtelephone
umzukehren. Reichen diese Mafsregeln nicht aus, so bleibt nur
übrig, die mit Unterhaltung der Anlage betrauten technischen
Organe beizuziehen.

Nach dem Ablauf von heftigen Gewittern in der Nähe von
Telephonanlagen kommt es nicht selten vor, dafs eine Entladung
der atmosphärischeu Elektricität durch die Telephonleitung zum
Boden stattfindet und dabei eine metallische Verbindung zwischen
der Leitungs- und Bodenschiene der Blitzschutzvorrichtung am
Telephonapparat herstellt, wodurch der letztere in sich geschlossen
und zur Verständigung mit der Nachbarstation unbrauchbar wird.
Sind die Blitzschutzschienen sichtbar und leicht zugänglich angebracht,
wie z. B. bei den Apparaten der Münchener und Nürnberger Anlagen, so kann vermittelst Durchführen eines schneidigen Instruments
zwischen beiden Schienen leicht die störende Verbindung aufgehoben
werden; bei den Apparaten der Ludwigshafener Anlage müfste dagegen der Apparat von der Wand abgenommen und von seinen
Drahtverbindungen getrennt werden, was nur durch die Aufsichts-
organe der Anstalt bewerkstelligt werden darf. Häufig bilden Fehler
in den Erdverbindungen die Ursachen von Betriebsstörungen namentlich dort, wo die Bodenleitung nicht mit der Erdverbindung verlötet
ist, oder durch die Art der Führung durch Hausgänge, Küchen,
Keller etc. leicht Beschädigungen ausgesetzt ist. Es ist meist leicht,
in solchen Fällen die Betriebsstörung wenigstens vorläufig zu heben,
bis eine dauernde Abhilfe beschafft ist. Der Betrieb jeder gröfseren
Telephonanlage erfordert ebenso wie jener eines Telegraphennetzes
regelmäfsige Untersuchungen des Zustandes aller die Anlage

umfassenden Teile. Mit der Betriebsleitung einer derartigen Anlage muſs daher ein Meſs- und Untersuchungsbureau verbunden sein, dessen Ausrüstung gestattet, alle hierzu nötigen Messungen und Untersuchungen rasch und sicher vorzunehmen. Wir müssen uns hier auf die Bemerkung beschränken, daſs gegenwärtig dem Personal der Umschaltebureaus der Telephonanlage München vollständigere Einrichtungen zur Untersuchung der Leitungen und Stationseinrichtungen, dagegen jenem, welches mit der Behebung von Störungen in den Bureau- und Zimmereinrichtungen betraut ist, nur Galvanoskope zur Verfügung stehen, vermittelst welcher der Zustand der Batterien untersucht werden kann.

Siebentes Kapitel.

Die städtischen Feuertelegraphen.

250. Dem Bestreben, eine Brandgefahr möglichst in ihrem Be- Siemenssche Feuertelegraphen.
ginne zu unterdrücken, verdanken die städtischen Feuertelegraphen
ihre Entstehung. Die ersten Feuerwehrtelegraphen wurden 1851
von Siemens & Halske in Berlin ausgeführt. Andere Städte
ahmten dieses Beispiel bald nach, so daſs wir heutzutage fast in
allen gröſseren Städten gute Feuerwehrtelegraphen vorfinden, welche
die Zahl der schweren Brandschäden ganz beträchtlich verringert
haben. Der Feuertelegraph besteht nun in Einrichtungen, welche
gestatten, jeden Brand beim Ausbruch telegraphisch zur Kenntnis
der Feuerwehr zu bringen. Ein System von Feuerwehrstationen
und Depots ist in der ganzen Stadt gleichmäſsig verteilt. Dieselben
sind durch Telegraphenleitungen mit einander, mit der Central-
station der Feuerwehr und dem Polizeibureau verbunden. Von jeder
beliebigen Station können alle übrigen gleichzeitig alarmiert werden
und zugleich Kenntnis von dem Orte des Feuers bekommen.

Mit diesem Telegraphennetz ist ein zweites, weiter verzweigtes
Leitungsnetz verbunden, in welchem sog. Feuermelder aufgestellt
sind. Es sind dies einfache Mechanismen, welche von jedermann
durch einen Druck oder Zug in Thätigkeit gesetzt werden können,
und welche dann selbstthätig die nächste Feuerwehrstation alarmieren
und ihr die Nummer des alarmierenden Apparates und damit den
Ort des Brandes telegraphisch mitteilen. Von dieser Feuerwehrstation
geht nun die Meldung sogleich allen übrigen Stationen der Stadt zu.

Diese Einrichtung ist von Siemens & Halske bereits in
41 Städten Europas hergestellt worden und hat sich sehr bewährt.

Der Betrieb der Meldelinien ist für Ruhestrom eingerichtet.
Die Central- sowie die Sprechmeldestationen sind mit Morse-Apparaten
mit selbstthätiger Auslösung versehen. Die automatischen Melder
stehen meist in öffentlichen Gebäuden, auf Polizei- oder Militär-

wachen oder an belebten Punkten, wo eine vorsätzliche Beschädigung nicht leicht zu vermuten ist. Die Figur 59 stellt einen automatischen Melder oder Feuersignalgeber von Siemens dar.

Im oberen Teile des durch eine Glasthür verschlossenen Kastens (Fig. 59) befindet sich ein Räderwerk, welches aus einem Paar Rädern und einem Windfange besteht. Das Laufwerk ist für gewöhnlich arretiert, kann aber durch Zug an dem Griffe Z ausgelöst werden. Die treibende Kraft liefert das Gewicht P.

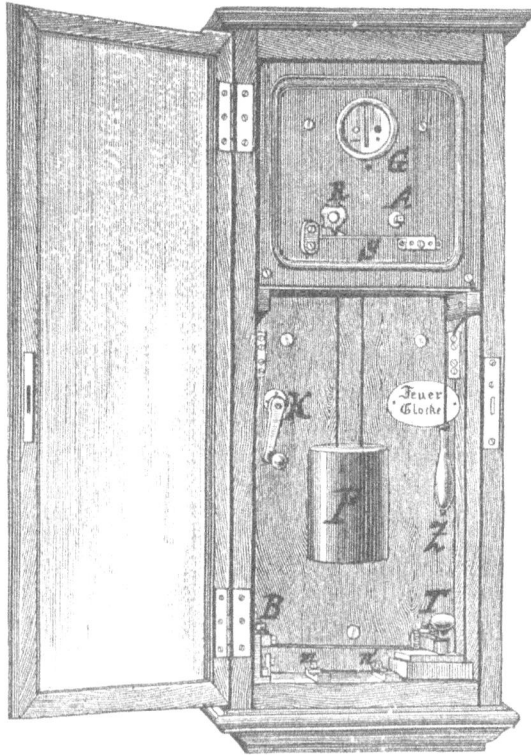

Fig. 59.

Auf der Achse des zweiten Rades, welches bei jeder Auslösung des Triebwerkes 12 Umdrehungen macht, sitzt das Kontakträdchen R. Es besteht aus einer Messingscheibe, deren Peripherie mit längeren und kürzeren Vertiefungen, wie die Hilfssignalscheiben des Frischen-Systems bei den Läutebuden, versehen ist. Gegen den vollen, nicht ausgeschnittenen Teil des Rädchens R drückt die isoliert an der vorderen Deckplatte des Getriebs befestigte Kontaktfeder S. Der in einer Stromunterbrechungsleitung eingeschaltete Apparat wird nach Auslösung des Laufwerkes den Ruhestrom bei jeder Umdrehung von *R* so oft unterbrechen, als Vertiefungen an der Peripherie von *R* vorhanden sind, so dafs auf dem Morse-Schreibapparate der Zentralfeuerwehrstation zwölfmal das nämliche Zeichen erscheint. Jeder Melder trägt sein besonderes Zeichen.

Bei *G* ist die Nadel eines kleinen Galvanoskops sichtbar. Dasselbe dient als Kontrolle über den Zustand der Leitung und der auf der Zentralstation aufgestellten gemeinschaftlichen Hauptbatterie. Im Ruhezustande mufs die Nadel stets abgelenkt sein und bei der Ingangsetzung des Apparates die Stromunterbrechungen und Schliefsungen durch lebhafte Anschläge an die beiden als Begrenzung der Nadelschwingungen dienenden Beinstifte markieren.

Der kleine Morsetaster *T* kann von einem des Telegraphierens Kundigen benutzt werden, um Morsezeichen nach der Zentralstation zu geben. Um aber den Taster bewegen zu können, mufs zuerst die Befestigungsschraube am Sattel gelockert werden.

Durch die Nadelausschläge des Galvanoskops kann die Antwort der Zentralstation abgelesen werden. Das abgelaufene Gewicht mufs mittels der vorne auf *A* zu steckenden Kurbel *K* aufgezogen werden.

Ist das Gewicht nach mehrmaligem Auslösen ganz abgelaufen, so legt sich dasselbe auf die zwei am Boden des Kastens fest geschraubten Schneiden *nn′* und verbindet dieselben leitend. Ohne

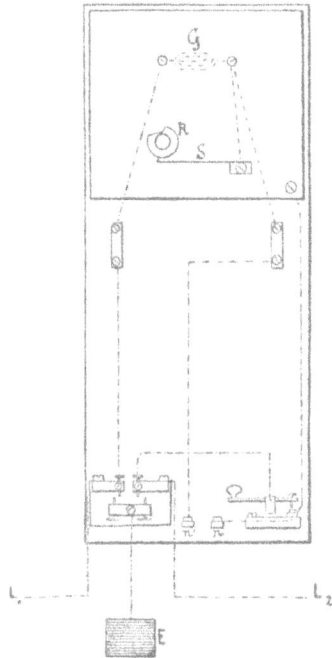

Fig. 60.

diese Vorsichtsmafsregel könnte nämlich der Stromkreis dauernd unterbrochen werden, falls bei abgelaufenem Gewichte die Kontaktfeder *S* sich einer Vertiefung des Kontakträdchens gegenüber befände. Die bei *B* sichtbare Blitzableitungsvorrichtung besteht aus drei Messingschienen, von welchen die beiden kürzeren mit den beiden Leitungszweigen, die gegenüberliegende dritte mit der Erde verbunden stehen. In allen drei Schienen sind Spitzenschrauben so angebracht, dafs sie bis auf einen ganz geringen Abstand bis zu den gegenüber befindlichen Schienen reichen und so die Entladung der atmosphärischen Elektrizität zur Erde erleichtern.

Die Verbindung der Leitungszweige mit den einzelnen Teilen dieses Feuermelders zeigt die umstehende Fig. 60.

Die Anweisung für den Gebrauch des Feuermelders lautet:

Soll mittels des Feuermelders ein in der Feuermeldestation selbst oder in deren Nähe ausgebrochener Brand signalisiert werden, so ist die vorne am Apparate befindliche Glasthür zu öffnen oder, wenn dies nicht sofort geschehen kann, die Glasscheibe vorsichtig einzuschlagen und das Uhrwerk durch Ziehen an dem Handgriff in Thätigkeit zu setzen. Sobald das Uhrwerk zu laufen beginnt, läfst man den Handgriff los. Die Arretierung des Werkes erfolgt von selbst.

Der richtige Empfang des Meldesignals auf der Zentralstation im Hauptfeuerhaus wird hierauf durch eine sich dreimal in kleiner Zwischenzeit wiederholende Schwingung der Galvanoskopnadel am Feuermelder angezeigt; bleibt dagegen die Nadel ruhig seitwärts liegen oder stellt sie sich sogar senkrecht, so ist das Signal von der Zentralstation nicht verstanden worden. In diesem Falle zieht man nochmal an dem Handgriff und wiederholt, wenn nötig, das Signal zum dritten Male.

Der Gebrauch des Telegraphentasters, das Aufziehen des Gewichtes, überhaupt eine andere Benutzung des Feuermelders, als die angegebene, darf nur von Seiten der damit besonders beauftragten Beamten stattfinden.

Da gegenwärtig in allen bedeutenderen Städten Telephonanlagen mit einer gröfseren Anzahl von Teilnehmern bestehen und die Umschaltebureaus derselben mit den Feuerwehrstationen in Verbindung gebracht sind, so haben dadurch, dafs jede Teilnehmerstelle eine Meldestelle der vollkommensten Art bildet, die Feuermeldestationen mit automatischer Signalgebung namentlich für die verkehrsreichen Teile der Stadt, welche zugleich die meisten Telephonanschlüsse zu umfassen pflegen, etwas an ihrer früheren Bedeutung verloren. Diese Meldestationen werden daher in Zukunft wirksamer gegen die Vorstädte und verkehrsärmeren Stadtteile vorgeschoben werden.

In München sind seit 1879 über die ganze Stadt Feuermelde- und Alarmstationen gleichmäfsig verteilt. Drähte von 89 km Gesamtlänge verbinden die 20 Sprechmelde-, die 160 Signal- und die 105 Alarm-Stationen mit der Zentralstation am Jakobsplatze; auf 3 Türmen der Stadt halten 12 Turmfeuerwächter abwechslungsweise Wache. Durch die Ausdehnung des Telephonverkehrs sind bei Tage 880 Meldestellen vorhanden. Sämtliche Feuertelegraphenleitungen der Stadt werden durch 280 Meidinger-Elemente gespeist, welche im Hauptfeuerhause untergebracht sind.

Die Zentralstation kann auch von der mit einem Feuertelegraphen versehenen Ortschaft Ramersdorf alarmiert werden.

Im Jahre 1886 wurden in München von den 76 stattgehabten Bränden 73 Meldungen vermittelst der Feuertelegraphen-Einrichtungen empfangen und nur 3 durch mündliche Meldung auf den Stationen.

Seit Einführung der Strafsen-Feuermeldeapparate haben in allen Städten die Grofsfeuer abgenommen. Die Verbindung der städtischen Telephonanlagen mit den vorhandenen Feuertelegraphen trägt zur Beschleunigung der Feueralarmierung erheblich bei.

Achtes Kapitel.

Das Telegraphennetz, die Telephonanlagen, die pneumatische Anlage in München.

Das Telegraphennetz.

Das
Telegraphen-
netz. 251. In Bayern stehen sämtliche Telegraphen- und Telephon-anlagen in staatlichem Betriebe oder, insofern sie die Grenzen eines und desselben Grundbesitzers überschreiten, unter staatlicher Aufsicht.

Nach dem Zwecke der Anlage läfst sich folgende Einteilung treffen:

1. Die Telegraphenanlagen, welche ausschliefslich dem Staats-telegraphenbetrieb dienen. Die Einrichtungen dieser Anlagen be-zwecken in erster Linie die geschäftsmäfsige telegraphische Über-mittelung des Privatverkehrs, in zweiter die für diesen Betrieb nötige Dienstkorrespondenz und endlich den telegraphischen Verkehr der übrigen Staats- und Gemeindebehörden.

2. Die Telegraphenanlagen, welche in erster Linie den Zwecken des staatlichen Eisenbahnbetriebs dienen und erst in zweiter Linie den telegraphischen Verkehr aufserhalb dieses Betriebs stehender Staats- und Gemeindebehörden und von Privaten vermitteln.

3. Die Telegraphenanlagen, welche ausschliefslich den Zwecken staatlicher und gemeindlicher Betriebe oder Behörden dienen. Hier-her gehört ein grofser Teil der telegraphischen Anlagen der Staats-eisenbahnverwaltung, die telegraphischen Einrichtungen der übrigen technischen und industriellen Betriebe des Staates, des Hütten-, Forst-, Salinen- und Bergwesens, der Staatsfabriken etc., ferner die militär-telegraphischen Anlagen, welche die Vorwerke mit den Festungen verbinden, sowie jene, welche für den Dienst auf gröfseren Schiefsplätzen bestimmt sind, die Feuerwehrtelegraphen der Städte

und die elektrischen Signaleinrichtungen für den Betrieb von
städtischen Wasserwerken.

4. Die Telegraphenanlagen, welche in erster Linie den Zwecken
eines privaten Betriebes dienen, in zweiter Linie auch dem staatlichen und öffentlichen privaten Verkehr zugänglich sind. Unter
diese Gruppe fällt ein Teil der telegraphischen Einrichtungen der
Privateisenbahnen.

5. Die Privat-Telegraphenanlagen, welche ausschliefslich privaten
Zwecken dienen, jedoch im Anschlufs an staatliche Telegraphen-
einrichtungen stehen. Zu dieser Art Anlagen gehören telegraphische
Verbindungen von Geschäftsetablissements mit der benachbarten
staatlichen Telegraphenstation zu dem Zwecke, die Geschäftskorre-
spondenz des Etablissements von und zu der Telegraphenstation zu
vermitteln, oder aber die Ankunft von Telegrammen für das Geschäft
von der Telegraphenstation aus zu signalisieren.

6. Die reinen Privat-Telegraphen- und Telephon-Anlagen, welche
örtlich getrennte Teile eines und desselben Unternehmens zum aus-
schliefslichen Austausch den Betrieb des Unternehmens betreffender
Mitteilungen verbinden.

Die Gesamtheit dieser Anlagen bildet das bayerische Telegraphennetz. Den ältesten, umfangreichsten und wichtigsten
Teil desselben stellen die Anlagen der Gruppen 1 und 4 dar. Infolge des innigen Zusammenhanges der Bedürfnisse des Leitungs-
baues und der Leitungsunterhaltung, welcher sich bei der fast gleichzeitigen Entwickelung der bayerischen Eisenbahnen und Staatstelegraphen sehr bald herausstellte, erhielt ein wesentlicher Teil des
Telegraphennetzes sein geographisches Gepräge durch die Führung
der Eisenbahnen. Für den übrigen Teil blieben die Strafsenzüge
immer so lange entscheidend, als nicht in der Nähe der Telegraphen-
linie eine Eisenbahnlinie entstand. Sobald dies letztere eintrat,
erfolgte auch meist kurz darauf die Verlegung der Strafsentele-
graphenlinie an die Eisenbahnlinie. Die im Anhange beigefügte
Karte gibt eine Darstellung des bayerischen Telegraphen- und Eisen-
bahnnetzes nach dem Stande vom 1. Juni 1889. Der Umfang des
bayerischen Telegraphennetzes war Ende 1890 folgender:

Die Gesamtlänge der Telegraphenlinie betrug 9247 km. Hiervon waren an Staatseisenbahnen geführt: 4234 km, an Privateisenbahnen 653 km (den Ausschlag in dieser Ziffer geben die Linien
der Rheinpfalz), an Landstrafsen 4334 km. Unterirdische Führungen
in Kabeln bestanden 26 km. Die Länge der Drahtleitungen betrug
40 625 km. Hiervon trafen auf Staatstelegraphenleitungen 27 712 km,
auf Bahntelegraphenleitungen 14 442 km, und zwar von letzteren

auf Leitungen mit Morse-Apparaten 8350 km, mit Zeigerapparaten 542 km, mit Läutewerken nach Siemens 168 km, mit Läutewerken nach Frischen 3851 km. Dieses gesamte Material ist in folgenden Leitungen verteilt. Es bestehen: 75 Hauptleitungen für den Verkehr der gröfseren Telegraphenstationen unter sich und mit dem Auslande, 135 Nebenleitungen für die Bewältigung des wesentlichen Teiles des Inlandverkehrs und der kleineren Stationen unter einander.

Von diesen der ersten Gruppe unserer Einteilung dienenden Leitungen sind mit Arbeitsstrom betrieben:

a) mit Morse-Apparaten 33;
b) mit Hughes-Apparaten 18.

Die sämtlichen übrigen Leitungen sind im Ruhestrom mit Morse-Apparaten betrieben und von letzteren mit Wittwer-Weckern ausgerüstet 64 Leitungen. Die Staatseisenbahnleitungen sind, soweit sie mit Morse-Apparaten arbeiten, sämtlich in Ruhestrom betrieben. Von denselben bestehen 30 Leitungen für den direkten Verkehr der Hauptstationen, 54 Leitungen für den Verkehr der Zwischenstationen unter sich und mit den Hauptstationen (sogen. Omnibusleitungen). Mit Siemensschen Magnetzeigerapparaten sind noch 17 Bahnleitungen betrieben. Mit Läutewerken nach System Siemens sind 13, mit solchen nach Frischen 47 Leitungen ausgerüstet. An Privatbahnen bestehen 85 Leitungen, welche teils dem Betrieb der Pfälzer Eisenbahnen, der Elm-Gemündener und der hessischen Ludwigsbahn von Aschaffenburg ab und der Schaftlach-Gmunder Privatbahn dienen. In der Hauptsache werden diese Leitungen mit Morse-Apparaten in Ruhestrom betrieben. Daneben bestehen Leitungen mit Telephon-, Läutewerk- und Magnetzeigerbetrieb.

Am 31. Dezember 1890 waren an Telegraphenstationen der Staatstelegraphenverwaltung 762, der Staatseisenbahnverwaltung 614, der drei Privatbahnverwaltungen im ganzen 105, und zwar der pfälzischen Eisenbahnen 98, der Elm-Gemündener Bahn 3 und der hessischen Ludwigsbahn 4, dem allgemeinen öffentlichen Verkehr zugänglich. Der weitaus gröfsere Teil der sämtlichen das bayerische Telegraphennetz umfassenden Telegraphenanlagen ist oberirdisch geführt. Mit eisernem Gestänge waren Ende 1890 hergestellt 379 km, mit imprägnierten Stangen 8327 km und mit gewöhnlichen Stangen 515 km. An Kabeln stehen 26 km im Betrieb, ohne die militärtelegraphischen Anlagen der Festungen, deren Leitungen der Natur der Anlagen entsprechend, nahezu ausschliefslich unterirdisch in Kabeln geführt sind.

Systematische Feuertelegraphenanlagen besitzen die Städte München, Nürnberg, Augsburg, Bamberg, Würzburg, Regensburg und Landshut.

Nach dem in 250 beschriebenen Feuertelegraphensystem von Siemens ausgerüstet sind die Anlagen der Städte München und Bamberg.

Von den 85 Leitungen der Gruppe 6 unserer Einteilung sind 38 mit Morse-Apparaten, 26 mit einfachen Läutewerken, 18 mit Zeiger-, 3 mit Telephonapparaten betrieben. Da fast sämtliche Linien des bayerischen Telegraphennetzes von der bayerischen Staatstelegraphenverwaltung hergestellt wurden, so zeigen die Anlagen eine fast völlige Übereinstimmung in den Einzelheiten der Ausführung.

Die Telephonanlagen.

252. Mit dem Telephon in der einfachen und praktischen Form, *Die Telephon-*
wie es Ende der siebenziger Jahre von Amerika zurückgekommen *anlagen.*
ist, wurde in die Reihe der Hilfsmittel der elektrischen Übermittelung von Nachrichten ein Glied eingeführt, das sich rasch zwischen den bestehenden Verkehrsmitteln einen breiten Boden errang und eine Entwickelungsfähigkeit zeigte, deren Grenzen sich augenblicklich noch nicht übersehen lassen.

Wie in den übrigen Ländern bildet in Bayern die wichtigste Anwendung des Telephons jene, welche in den öffentlichen städtischen Telephonzentralanlagen zum Ausdruck gekommen ist. Eine städtische Telephonzentralanlage beruht auf dem gemeinschaftlichen Interesse einer größeren oder geringeren Anzahl von Einwohnern, unter dem kleinstmöglichen Zeitaufwand mit einander in mündlichen Verkehr treten zu können. Die Befriedigung dieses Bedürfnisses hat sich in Bayern der Staat vorbehalten und hierfür die Anordnung von Umschaltebureaus oder Vermittelungsämtern, von welchen aus zu jedem Teilnehmer eine eigene Drahtleitung führt, angenommen. Die Aufgabe der Umschaltebureaus besteht darin, die Leitungen der Teilnehmer den jeweiligen Wünschen der letzteren entsprechend mit einander zu verbinden und nach Abwickelung der Gespräche wieder zu trennen. Der Umstand, daß der Betrieb der städtischen Telephonzentralanlagen in Bayern gleich jenem der übrigen hervorragenden Verkehrsmittel in den Händen des Staates liegt, brachte dieselben rasch in enge Beziehungen mit den letzteren, namentlich den Telegraphen, Posten und Eisenbahnen, und gestattete ferner eine ausgebreitete Teilnahme der Staats- und Gemeindebehörden, so daß in allen Zweigen des geschäftlichen, staatlichen und gemeindlichen Verkehrs eine beträchtliche Erhöhung der Leistungsfähigkeit bewirkt wurde. So dienen die städtischen Telephonzentralanlagen

neben ihrem vornehmlichen Zweck noch der Vermittelung des telegraphischen Verkehrs der Teilnehmer von und nach den Telegraphenstationen, dem telephonischen Verkehr der Teilnehmer mit
den Bureaus für Fahrpost- und postlagernde Sendungen, mit den
Güterexpeditionen der Eisenbahnen und den vornehmlichen Behörden
des Gemeinde-, Polizei-, Gerichts- und Verwaltungsdienstes.

Am 31. Dezember 1891 waren städtische Telephonzentralanlagen
im Betriebe:

   1. in Augsburg . . . . . mit 237 Teilnehmern,
   2. „ Bamberg . . . . . „ 157 „
   3. „ Fürth . . . . . . „ 234 „
   4. „ Hof . . . . „ 84 „
   5. „ Kaiserslautern . . . „ 87 „
   6. „ Ludwigshafen a. Rh. . „ 93 „
   7. „ München . . . . . „ 1368 „
   8. „ Nürnberg . . . . . „ 825 „
   9. „ Roth . . . . „ 6 „
  10. „ Schwabach . . . . „ 1 „
  11. „ Würzburg . . . . . „ 335 „

Die Anlagen München-Augsburg, Ludwigshafen-Mannheim und
Nürnberg-Fürth-Bamberg sind so eingerichtet, daſs die Teilnehmer
der einen Stadt auch mit denjenigen der andern telephonisch
verkehren können.

Auſser den städtischen Telephonzentralanlagen steht in fast
allen staatlichen und Gemeindebetrieben, meist von der Staatstelegraphenverwaltung hergestellt, eine groſse Anzahl von Telephonanlagen zu den verschiedensten Zwecken in Benutzung. Die inter-
essanteste unter diesen Anwendungen des Telephons ist die für den
Betrieb von Sekundärbahnen, wie sie in jüngster Zeit in Bayern
zur Ausführung gebracht worden ist.

Die bisher erwähnten Anlagen lieſsen sich mit den Telegraphenanlagen der Gruppen 1 und 3 vergleichen. Der Gruppe 2 entsprechende Telephonanlagen bestehen zur Zeit nicht. Es gibt auch
bis jetzt noch keinen autorisierten Betrieb von Telephonanlagen,
wie er der Telegraphenbenutzung der Anlagen der Gruppe 4 ent-
spräche. Dagegen haben die den Gruppen 5 und 6 entsprechenden
Telephonanlagen für private Zwecke entweder im Anschlusse an
staatliche Telegraphen oder Telephonanlagen oder in selbständigem
Betrieb gegenüber den telegraphischen Anlagen dieser Art infolge
davon, daſs sich das Telephon den Bedürfnissen eines derartigen
Verkehrs in viel höherem Grade anpaſst als die telegraphischen
Einrichtungen, eine beträchtlichere Ausdehnung gewonnen. Gegen-

über den 46 Leitungen der Gruppe 6 stehen jetzt bereits 33 Leitungen für Privattelephonanlagen im Betrieb. Da wie bei den telegraphischen Anlagen auch bei den Telephonanlagen in Bayern der überwiegende Teil von der bayerischen Staatstelegraphenverwaltung hergestellt wurde, so besteht auch hier eine ziemliche Übereinstimmung der technischen Ausführung der Leitung und der Ausrüstung der Stationen, soweit eine solche Übereinstimmung bei Anlagen, deren Ausführung in verschiedene Zeiten fällt, bei der raschen Folge von Verbesserungen, namentlich der Betriebsbehelfe, überhaupt möglich ist.

Es erübrigt noch, einige ökonomische Fragen kurz zu berühren:

Das bayerische Telegraphennetz ist für die gegenwärtig übliche Form des telegraphischen Verkehrs, der erfahrungsgemäfs einer bedeutenden Steigerung nicht mehr fähig ist, im wesentlichen ausgebaut, stellenweise sind sogar die Betriebsmittel dem Umfang des Verkehrs vorausgeeilt. Es findet daher selbst bei den gegenwärtig in Gebrauch stehenden, auf das Maximum der Leistungsfähigkeit, das die zeitgenössische Telegraphentechnik zu erreichen gelehrt hat, verzichtenden Betriebsarten eine völlige Ausnutzung des Betriebsmaterials nicht statt. Während nun nach dem vorstehenden eine ausgedehnte Bauthätigkeit im bayerischen Telegraphennetz für die nächste Zukunft nicht wahrscheinlich ist, dürften in der Ausbildung des Apparatenmaterials und der Zufuhr neuen Verkehrsstoffs an die Leitungen Versuche zur Hebung des Mifsverhältnisses zwischen Betriebsmitteln und Ausnutzung derselben zu erwarten stehen.

Nahezu das umgekehrte Verhältnis besteht für die Telephonanlagen, soweit die Ausdehnung der Telephonanwendung in Betracht kommt. Eine umfangreiche Erweiterung bestehender und das Entstehen bedeutender Neuanlagen des staatlichen und privaten Betriebs steht daher zweifellos in Aussicht. Von den Betriebseinrichtungen haben sich namentlich jene für die Umschaltebureaus der städtischen Telephonzentralanlagen als unzulänglich erwiesen, und können auf diesem Gebiete bei der lebhaften Thätigkeit, welche in der Technik der Verbesserung dieser Einrichtungen in der ganzen Welt zugewendet wird, wesentliche Änderungen als wahrscheinlich bezeichnet werden.

Pneumatische Anlage zur Telegrammbeförderung in München.

253. Die fortwährende Entwickelung des telegraphischen Verkehrs brachte es mit sich, dafs in gröfseren Städten wie London, Paris, Berlin, New-York, Wien, Prag etc. aufser dem Haupttelegraphenbureau je nach Bedarf Nebenstationen errichtet wurden,

Pneumatische Anlage in München.

welche zur Telegrammaufnahme und Beförderung nach der Hauptstation eingerichtet sind. Da jedoch die übliche Verbindungsart der Filialen mit der Zentralstation durch Draht nicht ausreichte, so versuchte man das pneumatische System der Telegrammbeförderung mit komprimierter Luft, welches auch nach und nach Anklang fand und in England im Jahre 1855, in Preußen 1863, in Frankreich 1866, in Österreich 1875, in New-York 1876, in München 1877 eingeführt wurde. Eine solche pneumatische Anlage ist meistens auch zur Beförderung von Briefen, Postkarten oder selbst Paketen in geschlossener Rohrleitung (tubes pneumatiques) unter Benutzung der drückenden oder saugenden Wirkung verdichteter oder verdünnter Luft verwendet, weshalb sie auch »Rohrpost« genannt wird. Es werden die Stationen in ungefähr 1—2 km Entfernung durch unterirdische schmiedeeiserne Röhren von ungefähr 65 mm Lichtweite mit einander verbunden, an deren Enden sich Behälter mit verdichteter oder verdünnter Luft befinden. Die Telegramme, Briefe oder Karten werden zur Beförderung in cylindrische Kapseln aus getriebenem Stahlblech mit Ledermantel von einem Durchmesser, welcher nahezu die lichte Rohrweite erreicht, gelegt, und diese Kapseln zu 10—20 in einen Zug vereinigt. Als Schluß des Zuges wird ein Dichtungskolben mit Ledermanschette verwendet. Nachdem dieses ganze System in die Rohrleitung eingefügt ist, wird durch Öffnen eines Hahnes der Druck der verdichteten Luft auf die Sendung wirksam gemacht, während gleichzeitig auf der Empfangsstation das Ausströmen der in der Rohrleitung enthaltenen Luft durch Öffnen eines anderen Hahnes bewerkstelligt wird. Man bedient sich auch des Aussaugens der Luft von der Empfangsstation aus, in welchem Falle dann bei letzterer Station der Luftzutritt gestattet werden muß. Die Zuggeschwindigkeit in der Münchener Anlage beträgt ungefähr 1000 m in der Minute.

Bezüglich der Anlage und des Betriebes von Rohrpostnetzen finden sich zwei Systeme: das Strahlensystem, bei welchem alle Stationen durch strahlenförmig von der Zentralstation ausgehende Rohrstränge mit letzterer verbunden sind und nur durch deren Vermittelung ihre Korrespondenz unter sich austauschen können. Für sehr starken Verkehr entspricht diese Anordnung besser als das Kreislaufsystem, bei welchem die Rohranlage einen geschlossenen Kreis bildet, welcher, von einer Station zur andren gehend, eine einzige gemeinschaftliche Verbindung mit der Zentralstation darstellt.

Die pneumatische Anlage in München ist nach dem Kreislaufsysteme eingerichtet worden und umfaßt zur Zeit fünf Stationen, welche mit den an diesen Stellen vorhandenen Post- und Telegraphen-

stationen vereinigt sind. Das Röhrennetz ist in zwei Hauptbetriebs-
kreise zerlegt, welche sich bei der Zentralstation und in der Post
berühren, und findet bei dieser die Überleitung aus einem in den
andren Kreis statt.

Die Luft in den Luftbehältern wird durch Kolbenluftpumpen,
welche durch Dampfmaschinen getrieben werden, verdichtet oder
verdünnt. Während der Kompression erwärmt sich die Luft sehr
stark und würde in diesem Zustande in den kälteren, in der Erde
liegenden Röhren beträchtliche Mengen Wasser niederschlagen. Um
dies zu vermeiden, kühlt man die Luft vorher in mit Röhren durch-
zogenen Wasserbehältern ab. An den tiefsten Stellen der Röhren
sammelt sich jedoch, besonders im Winter, häufig in betriebstörender
Menge Wasser infolge der Kondensation des von der Luft mit eingeführten Wasserdampfes. Der Rost, welcher sich dadurch in den
Röhren bildet, hängt sich an die Büchsen an. Deshalb werden
an den tiefsten Stellen wohl auch besondere Wassersäcke angebracht,
aus welchen das gesammelte Wasser von Zeit zu Zeit abgelassen
wird. Verstopfungen der Rohrleitungen veranlassen eine Störung
des Betriebes, in welchem Falle man zunächst den Druck soviel
als möglich erhöht. Läfst sich die Störung dadurch nicht beseitigen,
so mufs die Fehlerstelle ermittelt und aufgegraben werden. Zur
Auffindung der betreffenden Stelle bedient man sich des Schalles,
welcher bekanntlich 330 m Geschwindigkeit in der Sekunde hat
und, an der Verstopfungsstelle zurückgeworfen, mit derselben
Geschwindigkeit zurückkehrt. Eine mit feinen Instrumenten ausgeführte Messung der zwischen den beiden Schallbeobachtungen
verflossenen Zeit gibt bis auf einige Meter genau die Entfernung
der Verstopfungsstelle an.

Da eine pneumatische Anlage nicht als eine eigentliche Telegrapheneinrichtung anzusehen ist, sondern nur als eine Hilfsein-
richtung der Post und Telegraphen, welche die beschleunigte Beförderung von Briefen oder Telegrammen auf kurze Strecken durch
Luftdruck, anstatt mittels Fuhrwerk oder Boten bezweckt, so würde
eine eingehende Beschreibung dieser in München vorhandenen Einrichtung den Rahmen dieses Werkes überschreiten.

Das kgl. Telegraphenamt und die kgl. Telegraphenzentralstation
in München war vom 25. Dezember 1849 bis zum 12. November 1871
in der Akademie, dann im Postgebäude am Residenzplatze untergebracht. Da im genannten Stationslokale nur 16 Telegraphenleitungen
in zwei vom Bahnhofe durch die Stadt geführten Kabeln einmündeten,
welche jedoch dem Lokal- und besonders dem Transitverkehre,
welchen München zum weitaus gröfsten Teile für ganz Bayern zu

besorgen hat, nicht länger genügten, und der Dienst aus ökonomischen und technischen Gründen nicht gern von langen unterirdischen Leitungen in Städten abhängig gemacht wird, so wurde das Haupttelegraphenbureau 1871 in das neue, am Bahnhofplatze eigens für Telegraphenzwecke erbaute und den modernen Bedürfnissen entsprechende Gebäude verlegt, dagegen im Postgebäude, sowie später im nahen Börsengebäude eine zweite Zweigtelegraphenstation errichtet. Zur beschleunigten Vermittelung der Telegramme zwischen diesen Filialen und der Zentralstation wurde gegen Ende des Jahres 1872 die Ausführung einer pneumatischen Anlage beschlossen, welche jedoch wegen verschiedener Hindernisse erst am 1. April 1877 fertig gestellt werden konnte.

Zweck der Anlage.

254. Die pneumatische Verbindung in München dient dazu, die bei den Filialstationen aufgegebenen Telegramme an die Zentralstation im Telegraphengebäude am Bahnhofplatze zu befördern, von wo aus dann die telegraphische Beförderung erfolgt, dann dazu, die bei der Zentralstation ankommenden Telegramme, soweit sie nicht von dieser Station zugestellt werden, an die Filialstationen behufs rascherer Zustellung zu befördern. Ein Gebührenzuschlag zur Taxe der Telegramme findet aus Anlaſs der Anwendung dieser beschleunigten Beförderungsweise nicht statt.

Erste Anlage.

255. Die Maschinenhalle befindet sich im vertieften inneren Hofraum des Telegraphengebäudes. Die Luftreservoire sind in den anstoſsenden Kellerräumen des Gebäudes untergebracht. Die Dampfkessel sind auf 6 Atm. Arbeitsspannung eingerichtet. Die Dampfmaschinen, durch welche mittels der damit in Verbindung stehenden Luftpumpen die Verdichtung und Verdünnung der als Triebkraft dienenden Luft erfolgt, arbeiten ohne Kondensation mit veränderlicher Expansion und sind auf je 12 Pferdekräfte berechnet.

Bei der Zentralstation wurde ein Linien-Anfang-Doppelapparat, bei der Filialstation »Börse« ein Linien-Mittel-Doppelapparat, bei der Filiale »Post« jedoch vorerst noch kein Apparat aufgestellt. Der Betrieb erstreckte sich von früh 8 bis abends 8 Uhr. Alle zehn Minuten wurde ein Zug von der Zentralstation zur Börse und ein solcher von der Börse zur Zentralstation abgelassen.

Die Länge der Rohrleitung von der Zentralstation über das nicht eingeschaltete Bureau in der Post zur Börse beträgt 1730 m, von da bis zur Zentralstation zurück 1210 m, zusammen 2940 m. Auf dem erstgenannten Strange wurde der Zug mit verdichteter Luft·

von der Zentralstation zur Filiale »Börse«, auf dem letztgenannten Strange mittels verdünnter Luft unter Mitwirkung der atmosphärischen Luft von der Börse zur Zentralstation befördert.

Um die pneumatische Einrichtung, welche einen Kostenaufwand von 153 000 Mk. erforderte, möglichst nutzbar zu machen, ist bei ihrer ersten Anlage die Absicht zu Grunde gelegt worden, dieselbe in der Art zu erweitern, daſs unter Aufstellung weiterer Luftbehälter ein zweiter Schlieſsungsbogen mit sechs Zwischenstationen hergestellt werde und dann im neuen Netze auch Rohrpostbriefe, wie in Berlin, Paris und Wien, zur Beförderung gelangen.

Erweiterte Anlage.

256. Die beabsichtigte Erweiterung, wofür durch das Gesetz vom 14. Februar 1878 die Summe von 250 000 Mk. bewilligt worden war, ist im März 1879 ausgeführt worden. Die beiden durch die vorhandenen Leitungen verbundenen pneumatischen Stationen München Zentrale und Börse wurden durch zwei Schlieſsungsbogen mit einem Apparate im Hauptpostgebäude und mit vier weiteren pneumatischen Stationen verbunden.

Der nördliche Schlieſsungsbogen geht vom Hauptpostgebäude über die Station in der Theresienstraſse und durch die Gabelsbergerstraſse nach der Zentralstation, der südliche über die Stationen in der Zweibrückenstraſse und Theklastraſse nach der Zentralstation. Die Strecken vom Telegraphengebäude zur Börse und von da zur Post werden mit komprimierter Luft der Reservoire im Telegraphengebäude befahren.

Die Streke vom Postgebäude nach der Zweibrücken- und Theklastraſse werden mit komprimierter Luft der Reservoire im Postgebäude betrieben.

Für die Fahrten von der Theklastraſse nach dem Telegraphengebäude wird die verdünnte Luft der im letzteren aufgestellten Reservoire benutzt.

Von den neu angelegten pneumatischen Stationen erhielten diejenigen in der Theresien-, Zweibrücken- und Theklastraſse je einen Doppelrohrpostapparat ohne Luftwechselhahn. Die Stationen Zentrale und Post erhielten je einen einfachen Rohrpostapparat mit Luftwechselhahn, und die letztere Station auſser diesem noch einen Doppelrohrpostapparat mit Luftwechselhahn.

Zum Betriebe der erweiterten Anlage wird die Maschinenanlage im Telegraphengebäude benutzt.

Die vorhandenen Pumpencylinder der Vakuum- und Kompressionsluftpumpen wurden durch neue, der verlangten gröſseren

Leistung angepaſste gröſsere Cylinder ersetzt und mit der bestehenden Luftleitung in Verbindung gebracht. Der Antrieb der neuen Pumpencylinder geschieht durch die bestehenden Dampfmaschinen, welche bis auf ihre volle Leistungsfähigkeit in Anspruch genommen werden.

An den übrigen Maschinenbestandteilen wurden keine Änderungen vorgenommen, und es arbeiten zur Erzeugung des nötigen Luftquantums für den Betrieb beider Schlieſsungsbögen beide Maschinen und beide Pumpenpaare abwechselnd, um einen regelmäſsigen Verkehr der Züge in je 10—15 Minuten aufrecht zu erhalten.

Die Filiale Theresienstraſse empfängt Züge von der Zentrale und gibt sie an die Post mittels Kompression, an die Zentrale mittels Vakuum.

Am 14. Januar 1884 wurde die Station im Börsenbazar aufgehoben, und eine Zweigtelegraphenstation im neuen Börsenlokale für die Börsenbesucher eröffnet, weshalb der pneumatische Apparat der Station »Börse« aus dem ganzen Röhrennetze ausgeschaltet und die Leitung Zentrale-Post direkt verbunden wurde.

Elektrischer Rufapparat.

257. Sämtliche pneumatische Stationen sind unter sich telegraphisch durch ein neben den unterirdischen Röhren liegendes eindrähtiges Kabel von 8,7 km Länge mit einer Guttapercha-Ader in fünf Stücken verbunden und mit elektrischen Signalapparaten versehen, um den Abgang und die Ankunft der Züge telegraphisch melden zu können. Die Stationen haben ferner bei etwa vorkommenden Unregelmäſsigkeiten je einen in die Kabelleitung eingeschaltetenMorse-Schreibapparat zur Verständigung verfügbar. Zum Betriebe dieser Ruf- bezw. Morse-Apparate ist an jeder pneumatischen Station eine genügende Anzahl von Meidinger-Elementen aufgestellt. Für gewöhnlich ist das elektrische Läutewerk mit Selbstunterbrechung und mit einem dem Arbeitsstromtaster entsprechenden Drücker eingeschaltet. Will auf Morse gesprochen werden, so wird dies am Klingelwerk durch — — (M) angemeldet, worauf am Umschalter der Stecker aus der Mitte der Messingschienen herausgenommen und in die untere, mit dem Morse verbundene Öffnung gestöpselt wird. Auſserdem ist mit dem Klingelwerke noch ein stehendes Galvanoskop zur Stromkontrolle verbunden.

Der Gebrauch des Telephons an Stelle des Morse-Apparates zur Verständigung ist beabsichtigt und wird demnächst eingeführt.

Neuntes Kapitel.

Geschichtliche, statistische, biographische und literarische Angaben.

258. Bayern ist die eigentliche Geburtsstätte des elektrischen Telegraphen. Der Geheime Rat und Akademiker Samuel Thomas von Sömmering in München machte im Juli 1809 den Vorschlag, die Wasserzersetzung durch den galvanischen Strom für telegraphische Zwecke zu benutzen. Er zeigte am 28. August 1809 seinen elektro-chemischen Telegraphenapparat der bayerischen Akademie der Wissenschaften in München vor und telegraphierte damit auf einer 6661 m langen Leitung. Geschichte der bayerischen Telegraphie.

Dem Professor Karl August Steinheil in München gelang es 1836, den von den Professoren K. Fr. Gaufs und Wilhelm Weber 1833 in Göttingen hergestellten ersten elektromagnetischen Nadeltelegraphen in einen elektromagnetischen Schreibtelegraphen umzugestalten, welcher im Juli 1837 in einer im Auftrage des Königs hergestellten Leitung von dem physikalischen Kabinett der Akademie nach der Sternwarte zu Bogenhausen, sowie nach dem Wohnhause Steinheils in der Lerchenstrafse in einer Gesamtlänge von 12 180 m in Betrieb genommen wurde. Steinheil ist mit diesem Telegraphen der Vorgänger Morses gewesen. Der Steinheilsche Apparat arbeitete so gut, dafs man denselben sofort an Eisenbahnlinien anwenden wollte. Im Jahre 1838 machte Steinheil die hochwichtige Entdeckung, dafs es möglich sei, an Stelle eines zweiten Drahtes in einem galvanischen Stromkreis die Erde zu benutzen. Im Jahre 1846 wurde längs der Eisenbahnstrecke München-Olching eine Versuchslinie mit Anwendung der Steinheilschen Entdeckung mit Ruhestrom hergestellt. Die Versuche hatten den Zweck, den Lauf der Züge und deren Aufenthalt auf den Zwischenstationen zu kontrollieren, und wurden nicht lange fortgesetzt, da die Apparate nicht verlässig arbeiteten und, wie es scheint, der Sache bei dem damaligen Verkehr nicht die Wichtigkeit beigelegt und die Unterstützung gewährt wurde, die sie so sehr verdient hätte.

Der zu Anfang 1848 gefaßte Entschluß des Staatsministeriums des Handels und der öffentlichen Arbeiten, eine elektrische Telegrapheneinrichtung mit Sprech- und Druckapparaten herzustellen, wurde durch die Zeitereignisse in der Ausführung verzögert. Am 9. November 1849 begann der Bau der ersten, 142 km langen Telegraphenlinie von München nach Salzburg. Trotz der vielseitigen Hindernisse und der strengsten Winterkälte war dieselbe am 24. Dezember 1849 vollendet, und es konnten am darauffolgenden Tage in Gegenwart des damaligen kgl. bayerischen Staatsministers Frhr. v. d. Pfordten, sowie des k. k. österreichischen Gesandten Grafen Thun, dann mehrerer hochgestellter Beamten die ersten gelungenen Versuche telegraphischer Korrespondenz zwischen München und Salzburg gemacht werden. Am 15. Januar 1850 wurde diese Linie dem öffentlichen Verkehr übergeben.

Das ausschließlich aus Luftleitungen bestehende Netz wurde rasch erweitert; am 4. Juli 1850 wurde die Linie München-Augsburg-Hof, 435 km lang, am 17. Oktober 1850 die Linie Bamberg-Würzburg-Aschaffenburg, 187 km lang, eröffnet, so daß am Ende des Jahres 1850 die österreichische, sächsische und kurhessische Grenze ganz, die württembergische nahezu erreicht war.

In der Rheinpfalz hatte 1849 die Ludwigshafen-Bexbacher Eisenbahn für ihre Betriebszwecke durch den in Mannheim lebenden Engländer William Fardely einen Zeigertelegraphen herstellen lassen. Die Verbindung des diesseitigen Bayerns mit der Rheinpfalz erfolgte 1853, nachdem die Regierung des Großherzogtums Hessen den Bau bayerischer Linien durch ihr Gebiet am 28. März 1852 gestattet hatte. Ebenso wurde im März 1854 eine bayerische Station in Frankfurt am Main errichtet. Außerdem besorgte Bayern bis 1866 den Telegraphenverkehr bei folgenden außerhalb Bayern gelegenen Stationen: Bingen, Coburg, Darmstadt, Gotha, Hanau, Liebenstein, Mainz, Meiningen, Offenbach, Reinhardsbrunn und Worms.

Hand in Hand mit der Herstellung von Staatstelegraphen ging die Einrichtung von Telegraphen für Bahnbetriebszwecke, welche vom 3. Oktober 1857 ab auch zur Beförderung von Staats- und Privattelegrammen benutzt werden können, eine Einrichtung, welche, gegenwärtig bei 600 Stationen getroffen, einen wesentlichen Teil des bayerischen Telegraphennetzes ausmacht.

Gleichzeitig wurden auch die Bestimmungen festgesetzt, unter welchen es den Privateisenbahngesellschaften gestattet werden könne, mittels ihrer Betriebstelegraphenapparate Staats- und Privattelegramme zu befördern, um wenigstens, soweit dies in der Macht der Regierung lag, auch jenen gröfseren Orten, welche teils wegen Mangel an ausreichenden Mitteln, teils weil deren Verkehr für selbständige Stationen zu unbedeutend erschien, in das Staatstelegraphennetz nicht aufgenommen werden konnten, die Vorteile des neuen Verkehrsmittels zu verschaffen.

Telegraphennetz.

259. Die nachstehende Tabelle zeigt die Entwickelung des bayerischen Telegraphennetzes.

Jahr	Länge der		Zahl der		Bemerkungen
	Linien	Leitungen	Stationen	Abfertigungsbeamten im unmittelbaren Telegraphendienste	
	im Betrieb				
	km	km			
1849	142	142	2	6	Telegraphenamt
1850	677	677	6	12	
1851	1029	1029	10	20	
1852	1282	1696	17	32	
1853	1492	1873	22	55	
1854	1731	2187	29	72	
1855	1925	2389	36	106	
1856	1954	3849	36	105	
1857	1985	3872	40	112	
1858	1985	3872	145	109	
1859	2028	3912	151	101	
1860	2037	6226	159	117	
1861	2037	6226	173	120	
1862	2057	6285	184	98	
1863	2072	8045	230	117	
1864	2814	9426	253	134	
1865	3120	9824	274	147	
1866	3069	8813	286	135	
1867	3342	9494	290	128	
1868	3957	12029	342	131	
1869	5715	18027	459	129	Telegraphenabteilung
1870	6505	20664	558	150	
1871	6735	21805	610	204	
1872	6864	22378	661	218	
1873	6911	23011	674	238	
1874	7146	24251	779	362	
1875	7598	27950	874	371	
1876	7770	31688	934	374	

Jahr	Länge der		Zahl der		Bemerkungen
	Linien	Leitungen	Stationen	Abfertigungs-beamten im un-mittelbaren Tele-graphendienste	
	im Betrieb				
	km	km			
1877	7947	33465	993	383	
1878	8094	34141	1017	389	Einführung der pneu-matischen Anlage in München.
1879	8150	34879	1056	381	
1880	8118	35266	1112	380	1. Oktober 1880 mit Postdienst vereinigt.
1881	8172	35436	1148	—	
1882	8260	35669	1172	—	
1883	8344	36556	1193	—	
1884	8398	36788	1211	—	
1885	8814	37881	1247	—	
1886	8941	38097	1302	-	
1887	9154	38727	1325	—	
1888	9439	39477	1380	—	
1889	9734	40758	1394	—	
1890	9962	41228	1467	—	

Von den 40625 km Drahtleitungen am Ende des Jahres 1890 treffen 27712 km auf Staatstelegraphen, 12913 km auf Bahntele-graphen.

Der Gesamtaufwand für Herstellung der Staatstelegraphen be-trug Ende 1889: 7349298 Mk.

Neben diesen Anlagen sind noch die außer Zusammenhang mit dem Hauptnetze stehenden Privattelegraphenleitungen, Signal-leitungen für die Feuerwehren, sodann die Telephonanlagen in 14 Städten zu erwähnen, welche ebenfalls durch die Staatstele-graphenverwaltung hergestellt wurden.

Linienbau.

Linienbau   260. Die Leitungsführung ist bis auf die Kabelverbindung München-Hof-Berlin fast durchwegs eine oberirdische. Die hölzernen Tragstangen werden, wie in 135 angegeben, auch imprägniert, und zwar seit 1860 mit Kupfervitriol, seit 1870 mit Quecksilbersublimat nach Kyans Methode, seit 1873 mit Creosot und seit 1876 ver-suchsweise mit Zinkchlorid. Die Art der Imprägnierung ist an jeder Holzstange erkenntlich gemacht durch die Buchstaben K, S, C oder Z, welchen noch die Jahreszahl und fortlaufende Nummer beigefügt wird. Am Ende des Jahres 1890 waren bei den Staats-telegraphenlinien 221528 Stangen, bei den ausschließlichen Bahn-telegraphenlinien 5145 Stangen verwendet, und zwar 37876 gewöhn-liche, 98874 mit Kupfervitriol, 39314 mit Quecksilbersublimat,

13 142 mit Creosot, 18 103 mit Zinkchlorid imprägnierte und 9074 eiserne Stangen. Letztere sind seit 1872 auf den Linien Aschaffenburg-Würzburg, Nürnberg-Neuenmarkt-Hof, Nürnberg-Fürth und München-Augsburg für 16 bis 26 Leitungen angewendet.

Die Zahl der Isolatoren betrug Ende 1889 einschließlich der Bahntelegraphen 966 782.

Die Länge der sämtlichen unterirdischen und unterseeischen Telegraphenleitungen beträgt 462 km.

Telegraphenapparate.

261. Die ersten 1849 in Bayern angewendeten Telegraphen- Telegraphen-
apparate.
apparate waren die Schreibapparate mit Doppelstift von Emil Stöhrer in Leipzig, welche bis 1858 beibehalten wurden. Von 1851 ab wurde nach einem in Wien gefaßten Konferenzbeschlusse des deutsch-österreichischen Telegraphenvereins ein gemeinsames Schriftsystem für den internationalen Telegraphenverkehr eingeführt, und hierfür der einfache Morse-Apparat angenommen.

Die Translatoren für den internen Verkehr wurden nach einer Abänderung des vom k. k. österreichischen Telegrapheninspektor Matzenauer herrührenden Schemas für Einstift- und Doppelstift-apparate im Jahre 1852 in Anwendung genommen. Farbschreiber wurden 1867 neben den Stift- oder Reliefschreibern eingeführt. Seit einigen Jahren sind auf Nebenleitungen für den Verkehr mit kleineren Stationen Weckerwerke, Patent Wittwer-Wetzer, im Gebrauche.

Im März 1869 wurde der Typendruckapparat von E. Hughes zum ersten Male auf der Leitung München-Wien benutzt.

Im Jahre 1872 wurde ein Morse-Schnellschreiber des Telegrapheninspektors Schneider aus Wien probeweise benutzt, jedoch ohne besonders günstige Erfolge.

Glücklicher war man mit den zur Beschleunigung des Telegrammverkehrs unternommenen Versuchen des Gegensprechens. Schon während der im Mai 1855 zu München abgehaltenen Konferenz des deutsch-österreichischen Telegraphenvereins wurden interessante und vollständig gelungene Versuche über die gleichzeitige Korrespondenz auf demselben Drahte in entgegengesetzten Richtungen nach dem System von Dr. Stark in Wien zwischen München und Wien angestellt, über die praktische Einführung dieses Verfahrens aber keine weiteren Verabredungen getroffen, weshalb die Sache einschlief. Nachdem im Jahre 1875 der Oberingenieur Louis Schwendler seinen Gegensprecher auf den indischen Telegraphenlinien eingeführt und sein System auch der bayerischen Verwaltung zu

Versuchen angeboten hatte, wurde dieses patentierte Duplexsystem im Juni 1877 auf den Linien München-Nürnberg, München-Hof, München-Regensburg, Nürnberg-Augsburg und Nürnberg-Hof, später auch München-Bern und München-Stuttgart in Anwendung genommen. Dafs dieses System des Gegensprechens mit doppeltem Gleichgewicht, welches im wesentlichen auf der Morse-Einrichtung beruht, im Jahre 1879 wieder aufgegeben wurde, hat seinen Grund in dem mühevolleren Arbeiten mit diesem Apparate, in der den Verkehrs-bedürfnissen genügenden Ausdehnung des bayerischen Telegraphen-netzes, sowie in dem ausgedehnteren Gebrauche des leistungsfähigeren Hughes-Apparates gehabt. Ein Zurückkommen auf die Anwendung des Schwendlerschen Duplexsystems, welches nach seiner Leistungsfähigkeit zwischen Morse- und Hughes-Apparat steht, ist deshalb nicht ausgeschlossen.

Im Jahre 1870 konstruierte der Telegraphenoffizial Hermann Benker in München einen dem Pantelegraphen des Abbé Giovanni Caseli ähnlichen Kopiertelegraphen. Der Apparat funktionierte im Lokale gut, entsprach jedoch nicht den Anforderungen auf der Linie, auf welcher er versuchsweise arbeitete.

Auch für den Bahnbetrieb wurden verbesserte Apparate auf-gestellt. Als die von Stöhrer 1850 ausgeführten Induktionszeiger-apparate ihrer mangelhaften Beschaffenheit wegen den gesteigerten Anforderungen des Betriebsdienstes nicht mehr genügten, wurden im Jahre 1856 sämtliche Stöhrer-Apparate beseitigt und durch Magnetzeigerapparate von Siemens & Halske ersetzt. Da diese Apparate jedoch nur flüchtige Zeichen geben, so werden sie all-mählich durch Morse-Apparate verdrängt. Neben den elektrischen Signalvorrichtungen von Siemens sind seit 1877 die Läutewerke nach dem System Frischen bei den bayerischen Staatsbahnen eingeführt.

Bei den sämtlichen bayerischen Telegraphenstationen sind 2806 Telegraphenapparate, nämlich: 36 Hughes-, 2667 Morse- und 103 Wecker- und Zeigerapparate im Betriebe. Hierzu kommen noch gegen 4150 Telephonapparate der Fernsprechanlagen.

Telephonapparate.

Telephon-
apparate. 262. Die bayerische Telegraphenverwaltung macht von Telephon-apparaten bereits ausgedehnten und erfolgreichen Gebrauch in der Telephonanlage zu Ludwigshafen am Rhein, welche am 1. Dezember 1882 zur Verbindung der dortigen Teilnehmer unter sich und im Wechselverkehr mit dem Telephonnetz der Stadt Mannheim eröffnet wurde; in jener zu München, seit 1. Mai 1883, zu Nürnberg-Fürth,

mit 1. August 1885, zu Augsburg, mit 1. Juli 1886, zu Würzburg, mit 1. August 1887, zu Bamberg, mit 1. September 1887, zu Hof, am 1. März 1890, zu Kaiserslautern, am 15. Dezember 1890, zu Roth, am 1. November 1889, zu Schwabach, am 1. November 1889, zu Kempten, am 1. Januar 1892, zu Ansbach, am 1. Juli 1891, zu Pasing, am 12. Dezember 1890, zu Erlangen, am 1. Februar 1891 dem Betriebe übergeben.

Telephone befinden sich seit Anfang 1882 auch für den Bahnbetriebsdienst in Verwendung.

Batterien.

263. Als Stromquelle für den Betrieb der Morse-Apparate wurde in Bayern anfangs die Bunsensche Zinkkohlenbatterie gebraucht. Ökonomische Rücksichten und die Unannehmlichkeiten, welche mit der Unterhaltung dieser Kette verbunden sind, veranlaſsten 1867 den Übergang zur Meidinger-Batterie in vereinfachter Form. Gleichzeitig wurde für die internen Nebenleitungen der Ruhestrombetrieb eingerichtet.

Bei der bayerischen Feldtelegraphie war bisher das Marié-Davy-Element im Gebrauche, während für Telephonzwecke das Leclanché-Element Verwendung findet.

Die Zahl der Batterie-Elemente, welche derzeit im Betriebe stehen, beträgt gegen 25000.

Personal.

264. Die Telegraphisten wurden anfänglich aus der Zahl der geprüften Ingenieurassistenten entnommen. Mit der Ausbreitung des Telegraphennetzes wurde für die Heranbildung anderweitigen Personals Sorge getragen, stets jedoch der Grundsatz festgehalten, daſs die Telegraphendienstaspiranten die nötigen Vorkenntnisse in der Physik und Chemie, dann in den neueren Sprachen bereits erworben hätten, und deshalb als allgemeine Vorbedingung für den Eintritt in den Staatstelegraphendienst das Absolutorium einer polytechnischen Schule oder eines Gymnasiums und Lyceums, allenfalls des philosophischen Kurses der Universität verlangt.

Für die besondere Berufsausbildung der Aspiranten in theoretischer und praktischer Beziehung wurden damals und werden noch jetzt Lehrkurse am Sitze der Generaldirektion abgehalten, welche nach einer im Jahre 1862 getroffenen Anordnung der Generaldirektion sämtliche Aspiranten des bayerischen Verkehrsdienstes zu besuchen haben. Die Teilnehmer der Unterrichtskurse haben durch eine Schluſsprüfung ihre Befähigung für den Staatstelegraphendienst nachzuweisen. Diese Einrichtung hat wesentlich dazu beigetragen, dem bayerischen Telegraphennetze rasch die nötige Ausdehnung zu geben. Von 1862 bis 1865 wurde das Personal für die selbständigen Telegraphenstationen aus der Zahl der Post- und Eisenbahnassistenten entnommen; von 1865 ab neben den Assistenten auch Amtsgehilfen (Adjunkten) aufgenommen.

Eine besondere Einrichtung zur Heranbildung eines Personals für den höheren technischen Telegraphendienst besteht zur Zeit in Bayern nicht.

Weibliche Telegraphenbeamte werden zum unmittelbaren Dienste in Bayern nicht zugelassen; die Besorgung des Telegraphendienstes bei den mit Postexpeditionen auf Dienstvertrag vereinigten Telegraphenstationen durch Frauen und Mädchen ist jedoch gestattet.

Betriebs- und Tarifwesen.

Betriebs- und Tarifwesen.

265. Die Annahme von Privattelegrammen fand bei den ersten sechs Stationen München, Augsburg, Bamberg, Hof, Ulm und Lindau zu jeder Stunde des Tages und der Nacht statt. Über Form und Inhalt der Telegramme war vorgeschrieben, daß sie in deutscher Sprache abgefaßt sein mußten, nicht mehr als 100 Worte enthalten und weder gegen die Landesgesetze, noch gegen die Forderungen der Sittlichkeit verstoßen durften. Die Gebühr für ein einfaches Telegramm von 25 Worten mit Datum, Aufschrift, Text und Unterschrift betrug bis 12 Meilen Entfernung bei Tage 3 fl. südd., über 12 Meilen 6 fl, bei Nacht (von 9 Uhr abends bis 7 Uhr morgens) das Doppelte und außerdem 24 kr. Zustellgeld. Die Landesgrenze war damals für den telegraphischen Verkehr nicht direkt überschreitbar und es mußten Telegramme z. B. in Salzburg, gegenseitig an österreichische und bayerische Beamte ausgeliefert werden. Auf Preußens Vorschlag wurde am 15. Juli 1850 in Dresden der deutsch-österreichische Telegraphenverein von Österreich, Preußen, Bayern und Sachsen gebildet, welchem nach und nach auch Hannover, Württemberg, Baden, Mecklenburg-Schwerin und die Niederlande beitraten. Nach dem deutsch-französischen Kriege, Ende 1871, löste sich dieser Verein wieder auf.

Der Tarif des deutsch-österreichischen Telegraphenvereins von 1850 bis 1870 für ein einfaches Telegramm von 20 Worten ist in folgender Tabelle — der Übersichtlichkeit wegen in Markwährung — anschaulich zusammengestellt:

1	2	3	4	5	6	7
Entfernung Meilen	1850 1 Okt. Mk	1854 1. Jan. Mk.	1858 1 April Mk.	1863 1 Okt. Mk.	1866 1. Jan. Mk.	1870 1. Juli Mk.
1 bis 10	2	2	1,20	0,80	0,80	0,80
10 bis 25	4	4	2,40	1,60	1,60	
25 bis 45	6	6	3,60			
45 bis 70	8	8	4,80	2,40		
70 bis 100	10	10	6,00			
100 bis 135	12	12	7,20			
135 bis 175	14	14	8,40		2,40	1,60
175 bis 220	16	16	9,60	3,20		
220 bis 270	18	18	10,80			
270 bis 325	20	20	12,00			

Bemerkungen.

Zu 1. Von 1850 ab nach der Leitungslänge, vom 1. März 1852 ab nach Luftlinie gemessen.

Zu 2. Einfaches Telegramm einschliefslich Aufschrift 20 Worte; 21—50 Worte zweifach; 51—100 Worte dreifach; nachts das Doppelte.

Zu 3. Die Wortzahl eines einfachen Telegramms wurde von 20 auf 25 erhöht, aufserdem für jede Aufschrift 5 Worte von der Gebührenberechnung freigelassen, 25—50 Worte zweifach, 51—100 Worte dreifach, Mehrgebühr für Nachttelegramme aufgehoben.

Zu 4 bis 7. Einfaches Telegramm 20 Worte; je 10 Worte mehr den halben Satz-Gebührenzuschlag. Aufschrift unter der gebührenpflichtigen Wortzahl.

Am 1. Januar 1872 wurden im deutschen Reichsverkehr drei Zonen angenommen; in der ersten bis 18 Meilen Entfernung kostete das einfache Telegramm bis zu 20 Worten 0,50 Mk., in der zweiten bis 52 Meilen 1 Mk., in der dritten Zone über 52 Meilen 1,50 Mk. Am 1. März 1876 wurde der Worttarif eingeführt. Nach diesem setzt sich die Beförderungsgebühr für jedes zwischen einer bayerischen und einer Station Württembergs oder des deutschen Reichsgebietes und umgekehrt gewechselte Telegramm zusammen aus einem Satze für jedes einzelne Wort und einer Grundtaxe, welche die Vergütung für die allgemeinen, bei jedem Telegramme gleichmäfsigen Leistungen, wie Annahme, Zustellung etc., begreift. Die Grundtaxe beträgt 20 Pf., die Worttaxe 5 Pf., bezw. 2 Pf. für Stadttelegramme, d. h. für die zwischen zwei Telegraphenstationen derselben Stadt gewechselten Telegramme. Ab 1. Juli 1886 wurde der reine Worttarif mit 6 Pf. pro Wort und Minimaltaxe 60 Pf., vom 1. Februar 1891 5 Pf. pro Wort und 50 Pf. Minimaltaxe eingeführt.

Interner bayerischer Tarif.

266. Vom 15. Januar 1850 ab kosteten 25 Worte auf eine Entfernung von 12 Meilen 3 fl. südd., darüber hinaus 6 fl.; Bestellgeld 24 kr.

Vom 1. Oktober 1850 ab galt der Tarif des deutsch-österreichischen Telegraphenvereins. Am 1. April 1853 wurden die Gebühren auf die Hälfte des Vereinstarifs herabgesetzt.

Am 1. Oktober 1863 wurde eine einheitliche Taxe von 28 kr. ohne Rücksicht auf die Entfernung mit Steigerung von 14 kr. für je 10 Worte mehr festgesetzt Am 1. Juli 1872 wurde die Einheitsgebühr für Bayern und für den Wechselverkehr mit Württemberg auf 17 1/2 kr. für 20 Worte mit einem Zuschlage von 8 3/4 kr. für je 10 Worte mehr bestimmt.

Am 1. März 1876 wurde mit Einführung des Worttarifes für jedes gewöhnliche Telegramm auf alle Entfernungen im internen bayerischen Verkehr und im Wechselverkehr mit Württemberg eine Grundtaxe von 20 Pf. (ohne Rücksicht auf die Wortzahl) und eine Worttaxe von 3 Pf. für jedes Wort erhoben.

Vom 1. Juli 1879 ab wurde im Wechselverkehr zwischen Bayern und Württemberg statt der bisherigen Worttaxe von 3 Pf. eine solche von 5 Pf., wie im Reichstelegraphentarif, eingeführt und vom 1. April 1880 an auch in Bayern die Worttaxe auf 5 Pf. erhöht.

Zur Vereinfachung der Gebührenverrechnung wurden am 1. Januar 1870 Telegraphenmarken eingeführt, welche am 1. Januar 1881 wieder aufgehoben wurden. Zur Telegrammfrankierung können seitdem die gewöhnlichen Postfreimarken vom Publikum verwendet werden. Vom 1. Juli 1886 ab ist die reine Worttaxe im deutschen Verkehre eingeführt worden.

Internationale Beziehungen.

267. Wie die Staaten des deutsch-österreichischen Telegraphenvereins zur gemeinsamen Regelung ihrer Verkehrsbeziehungen Verträge abschlossen, ebenso stellten die anderen europäischen Staaten durch Telegraphenkonferenzen ähnliche Bedingungen für den Betrieb und Verkehr fest.

Der erste allgemeine internationale Telegraphenkongreſs wurde 1865 in Paris abgehalten; er stellte gemeinsame Grundsätze für die Taxierung (20 Wort-Tarif) und Abrechnung für die 20 vertragschlieſsenden Staaten auf und brachte mehrere Erleichterungen in der Benutzung der Telegraphen.

Die zweite internationale Konferenz in Wien 1868 brachte wieder wesentliche Verbesserungen, sowie die Einführung des Hughes-Telegraphen gemeinschaftlich mit dem Morse für den direkten Verkehr.

Die dritte internationale Konferenz wurde 1871 in Rom, die vierte 1875 in St. Petersburg abgehalten, bei welchen, wie bisher, auch Bayern vertreten war. Auf ersterer Konferenz wurde ein internationales Bureau der Telegraphenverwaltungen sowie die Herausgabe einer Monatsschrift »Journal télégraphique« durch dasselbe geschaffen und beschlossen. In der Petersburger Konferenz wurde der bisherige Vertrag ganz neu umgearbeitet. Für die aufsereuropäischen Telegramme wurde der Worttarif angenommen.

Die fünfte internationale Konferenz in London 1879, sowie die sechste in Berlin 1885 brachte die Vereinbarung eines neuen Tarifsystems, nämlich die Taxierung nach einzelnen Worten (Worttarif statt des bisherigen Gruppentarifs), sowie Vereinfachung und Erleichterung des Verkehrs.

Die siebente internationale Telegraphenkonferenz wurde 1890 in Paris abgehalten, die achte soll 1895 in Budapest stattfinden.

Betriebsergebnisse.

268. Die jährlichen Ergebnisse des kgl. bayerischen Telegraphenbetriebs veranschaulicht nachstehende Tabelle: Betriebs-
ergebnisse.

Etatsjahr	Telegramme	Einnahmen fl.	Ausgaben fl.
1849/50	799	4551	14856
1850/51	6032	23718	35146
1851/52	11543	28394	51038
1852/53	24726	54168	69943
1853/54	61117	108122	92577
1854/55	85325	147186	144564
1855/56	153581	211186	145515
1856/57	128149	172832	146723
1857/58	136298	165942	159616
1858/59	206377	197859	170699
1859/60	205450	180805	174743
1860/61	230192	198174	179430
1861/62	265768	212450	159733
1862/63	319408	234993	198820
1863/64	396581	295250	247697
1864/65	490935	322886	258625
1865/66	605403	331279	288624
1866/67	591421	296890	233090
1867/68[1])	877457	428139	297229
1869	858705	447545	303325
1870	1010176	431348	317781
1871	1294956	523973	373184
1872	1576231	512421	403952
1873	1765625	562260	447254
1874	1774883	612036	564015
1875	1835451	616579	591929

[1]) Vom 1. Oktober 1867 bis 31. Dezember 1868.

Etatsjahr	Telegramme	Einnahmen Mk.	Ausgaben Mk.
1876	1900216	1117344	1021220
1877	1976458	1070973	1046942
1878	1837436	1025289	1063255
1879	1906402	982358	1075121
1880	2003140	1089165	1078836
1881	2021890	1084275	1083096
1882	2112973	1226247	
1883	2076812	1192033	
1884	2093929	1131297	
1885	2100301	1083444	
1886	2280215	1193272	
1887	2320508	1187485	
1888	2549808	1319852	
1889	2643645	1362335	

Wir geben in folgendem noch eine Tabelle, welche die Ausdehnung der Telegraphenanlagen und des Verkehrs der verschiedenen
Länder Europas veranschaulicht.

Telegraphenwesen in den Staaten Europas:

Staaten	Jahr	Flächeninhalt in qkm	Bevölkerung	Telegraphennetz		Stationen	Apparate	Telegramme	Bemerkungen
				Linien km	Leitun- gen km				
Belgien	1890	29456	6093798	6731	31892	942	1605	5436678	
Bosnien-Herzegowina	1890	51100	1336091	2809	5966	103	149	294396	
Bulgarien	1890	97929	3152259	4583	7855	143	279	805839	
Dänemark . . .	1890	38302	2172205	4495	12220	373	506	1548493	
Deutschland . . .	1890	539475	49422928	103308	351859	17454	24241	27020974	Hiezu Rohrpost 49,5 km
Frankreich	1890	528572	38218903	96632	305461	9729	14747	29902041	Rohrpost 143 km
Griechenland . . .	1890	63606	2230000	6064	7476	178	271	808220	
Grossbritannien . .	1890	314628	37739265	50918	310899	7627	22273	68622117	Rohrpost 56 km
Italien	1890	296323	29699785	35833	104812	4031	4357	9112345	
Luxemburg	1890	2587	211088	407	808	95	157	94617	
Niederlande	1890	33035	4564565	5243	18283	754	897	4326296	
Norwegen	1890	322526	2000000	7585	14530	354	605	1462324	
Österreich	1890	300024	23835261	27309	75920	3781	5997	9081631	Rohrpost 16 km
Portugal	1887	92075	4708000	5606	13011	326	480	1105486	
Rumänien	1887	160150	5040000	5490	11796	381	1029	1356597	
Russland	1889	22434392	108787235	120155	232627	3803	7876	11071582	
Schweden	1890	442126	4774409	8785	22884	1011	1847	1820676	
Schweiz	1890	41418	2917819	7199	18237	1384	2132	3824040	
Serbien	1888	48680	2007646	2907	4907	116	190	285841	
Spanien	1889	507236	17650234	24301	54800	1068	1158	4240428	
Türkei	1887	172224	46580000	28881	53535	538	1272	1843822	
Ungarn	1890	322285	17335000	18888	48545	1844	2685	4464277	

Bio-
graphische
Angaben.

269. Nachdem es im Interesse des Zusammenhangs nicht möglich
war, in den acht ersten Kapiteln die Erfinder und Gelehrten, denen

wir den gegenwärtigen Stand des theoretischen Wissens und technischen Könnens auf dem Gebiete der elektrischen Erscheinungen zu verdanken haben, zu erwähnen, wollen wir im folgenden in alphabetischer Ordnung den Namen, an welche sich die wichtigsten Erfindungen und Entdeckungen auf unserem Felde knüpfen, kurze Angaben über Leben und Leistungen ihrer Träger beifügen.

Ampère André Marie, geboren am 22. Januar 1775 zu Lyon, *Ampère.* gestorben am 10. Juni 1836 zu Marseille, fand im Jahre 1820 die Fernwirkungen elektrischer Ströme aufeinander und gab in wenigen Tagen eine völlig erschöpfende mathematische Theorie derselben. Er stellte ferner fest,, daß zwischen dem magnetischen Felde eines Magneten und jenem eines elektrischen Stroms kein Unterschied bestehe. Die Einheit der Stromstärke trägt gegenwärtig seinen Namen.

Arago Dominique François Jean, geboren zu Estagel bei *Arago.* Perpignan am 26. Februar 1786, gestorben am 2. Oktober 1853 zu Paris, beobachtete die magnetisierende Wirkung des elektrischen Stroms auf weiches Eisen und entdeckte die verzögernde Wirkung, welche eine in der Nähe eines schwingenden Magneten befindliche Metallmasse auf die Bewegung des Magneten und umgekehrt die bewegende Wirkung, welche eine in der Nähe eines frei hängenden Magneten bewegte Metallmasse auf letzteren ausübt.

Bell Alexander Graham, geboren zu Edinburg in Schottland, *Bell.* vervollkommnete, nach Boston in Amerika als Taubstummenlehrer 1868 übergesiedelt, das Reissche Telephon derart, daß es in kurzem zu einem der wichtigsten Verkehrsmittel der Neuzeit wurde.

Coulomb Charles Augustin, geboren zu Angoulême den 11. Juni *Coulomb.* 1736, gestorben den 23. August 1806, entdeckte das Gesetz, nach welchem die anziehenden oder abstoßenden Wirkungen verschiedener Elektricitätsmengen von diesen Mengen und den Entfernungen, in welchen sie sich von einander befinden, abhängen.

Davy Humphry, geb. zu Penzance in Cornwales am 17. Dezember *Davy.* 1778, gestorben zu Genf am 29. Mai 1829, zerlegte vermittelst des elektrischen Stroms die alkalischen Erden und wurde damit der Entdecker der Metalle Kalium, Natrium, Calcium, Strontium, Baryum, Magnesium und Lithium. Er beobachtete ferner zuerst den zwischen zwei Kohlenspitzen beim Übergang einer genügenden Elektricitätsmenge im Zwischenraum auftretenden Lichtbogen, welche Erscheinung die Grundlage der elektrischen Beleuchtung geworden ist.

Deprez Marcel hat sich bisher mit dem besten Erfolge mit *Deprez.* der Aufgabe beschäftigt, die unbenutzten Kräfte natürlicher Arbeitsquellen vermittelst elektrischer Maschinen auf größere Entfernungen zu übertragen.

Edison.   E d i s o n Thomas Alva, geb. zu Milan, Ohio, am 11. Februar 1847, hervorragender Elektriker, ist der Begründer der modernen Glühlichttecknik, Erfinder des Phonographen etc.

Faraday.   F a r a d a y Michael, geboren zu Newington bei London am 22. September 1791, gestorben zu Hampton Court (Middlesex) am 25. August 1867, fand die Beziehungen, welche zwischen Elektricitätsmenge und Zersetzungsprodukten beim Durchgang eines elektrischen Stroms durch Elektrolyte bestehen. Er entdeckte ferner 1831 die Thatsache, dafs in einem gegebenen Raume kein in demselben befindlicher Körper seinen elektrischen oder magnetischen Zustand ändern kann, ohne dafs sämtliche in demselben Raume befindlichen Körper gleichfalls ihren elektrischen und magnetischen Zustand gleichzeitig ändern. (Induktion.) Diese Entdeckung wurde insofern die Grundlage der Elektrotechnik, als sie gestattete, durch mechanische Arbeit gegen früher mächtige elektrische Ströme zu erzeugen.

Franklin.   F r a n k l i n Benjamin, geb. auf Governors-Island hei Boston am 17. Januar 1706, gestorben zu Philadelphia am 17. April 1790, bewies die elektrische Natur des Blitzes und erfand den Blitzableiter.

Galvani.   G a l v a n i Luigi Aloisio, geboren zu Bologna am 9. September 1737, gestorben daselbst am 4. Dezember 1798, entdeckte im Verfolge einer Beobachtung seiner Frau die Thatsache, dafs zwei verschiedene Metalle dadurch, dafs sie sich in atmosphärischer Luft berühren, elektrisch werden.

Gaufs.   G a u f s Karl Friedrich, geb. zu Braunschweig am 30. April 1777, gestorben zu Göttingen am 23. Februar 1855, führte im Verein mit Wilhelm W e b e r den ersten elektromagnetischen Telegraphen ein.

Guericke.   G u e r i c k e Otto v., geb. zu Magdeburg den 20. November 1602, gestorben zu Hamburg am 11. Mai 1686, konstruierte die erste Reibungselektrisiermaschine und förderte durch zahlreiche Untersuchungen die Kenntnisse über die Reibungselektricität.

Hughes.   H u g h e s David Edwin, geboren in London 1831, konstruierte einen elektrischen Typendrucktelegraphen, welcher hauptsächlich in Europa in ausgedehntem Gebrauche steht; erfand das Mikrophon, eine Einrichtung, welche für die praktische Verwendung des Telephons von hervorragender Bedeutung geworden ist.

Morse.   M o r s e Samuel Finley Breese, geboren zu Charlestown, Massachusetts, am 27. April 1791, gestorben zu New-York am 2. April 1872, wurde durch seinen etektromagnetischen Schreibapparat der Begründer der elektrischen Telegraphie.

Oersted.   O e r s t e d Hans Christian, geboren zu Rudkjöbing (Dänemark) am 14. August 1777, gestorben zu Kopenhagen am 9. März 1851, beobachtete 1820 die Wirkung des elektrischen Stroms auf die Magnetnadel.

Ohm Georg Simon, geboren zu Erlangen am 16. März 1789, Ohm. gestorben zu München am 6. Juli 1854, fand die Beziehungen, nach welchen in einem Stromkreise die Stromstärke von den elektromotorischen Kräften und den Widerständen des Stromkreises abhängt. Ohms Gesetz ist eine der fruchtbarsten Entdeckungen, welche die Entwickelungsgeschichte der Naturwissenschaften aufzuweisen hat.

Reis Philipp, geboren zu Gelnhausen in Hessen am 7. Januar Reis. 1834, gestorben zu Friedrichsdorf bei Offenbach a. M. am 14. Januar 1874, ist der Erfinder des elektrischen Telephons. Am 26. Oktober 1861 zeigte er sein Telephon zum erstenmal in der physikalischen Gesellschaft in Frankfurt a. M. Die äufsere Lage der Erfinder in Deutschland überhaupt und die Zeitverhältnisse verhinderten die Entwickelung der Erfindung.

Seebeck Thomas Johann, geboren 1770 zu Reval, gestorben Seebeck. 1831 zu Berlin, machte die Entdeckung, dafs in einem aus zwei verschiedenen Metallen gebildeten Kreise dann ein elektrischer Strom entsteht, wenn die beiden Verbindungsstellen der Metalle verschiedene Temperatur haben.

Siemens Ernst Werner, geboren zu Leuthe in Hannover am Siemens. 13. Dezember 1816, auf allen Gebieten der Elektrotechnik hervorragender Forscher und Erfinder, ist der Erbauer der ersten elektrischen Eisenbahn.

Sömmering Samuel Thomas v., geboren zu Thorn am Sömmering. 25. Januar 1755, gestorben zu Frankfurt a. M. den 2. März 1830, benutzte die Zersetzung flüssiger Elektricitätsleiter durch den Strom zur Konstruktion des ersten chemischen Telegraphen.

Steinheil Carl August v., geboren zu Rappoltsweiler im Steinheil. Elsass am 12. Oktober 1801, gestorben zu München am 14. September 1870, verbesserte den elektromagnetischen Telegraphen von Gaufs und Weber, und machte die für die Entwickelung der elektrischen Telegraphie hochwichtige Entdeckung, dafs es möglich sei, einen Teil des metallischen Stromkreises durch die Erde zu ersetzen.

Thomson William, geboren zu Belfast in Irland am 25. Juni Thomson. 1824, wurde durch seine theoretischen Untersuchungen und deren praktische Anwendung zum Begründer der transatlantischen Kabeltelegraphie.

Volta Alessandro, geboren zu Como am 18. Februar 1745, Volta. gestorben daselbst am 5. März 1827, machte durch die Anwendung

der Beobachtung Galvanis zur Konstruktion des ersten galvanischen Elements eine der wichtigsten Erfindungen, welche die
Geschichte kennt.

Weber.   Weber Wilhelm Eduard, geboren zu Wittenberg am 24. Oktober
1804, gestorben am 24. Juni 1891 in Göttingen, konstruierte im
Verein mit Gaufs den ersten elektromagnetischen Telegraphen.

270. Wir haben bereits in der Vorrede darauf hingewiesen,
dafs wir nur jenes Minimum von Stoff in unsere Darstellung ein-
beziehen werden, dessen völlige Beherrschung von dem Personal
des Manipulationsdienstes verlangt werden mufs. Da nun eine
Organisation der elektrotechnischen Fachbildung für den mittleren
und höheren Dienst in Bayern bislang nicht besteht, so werden wir
im folgenden eine gedrängte Übersicht jener literarischen Hilfsmittel
zu geben versuchen, durch welche der Bedarf an Kenntnissen der
mittleren und höheren Dienststellen am besten gedeckt werden kann.
Wir halten dies für um so zweckmäfsiger, als die Anforderungen
an die Fachkenntnisse der beiden Gruppen in raschem Wachsen
begriffen sind, anderseits auch eine sofortige Organisation der
höheren Fachbildung doch erst in längerer Zeit zu ihrer völligen
Wirkung gelangen könnte.

Den Beamten des mittleren Dienstes stehen nach den gegenwärtigen Bestimmungen und deren Vorbildung in der Regel nur
die Kenntnisse der elementaren Mathematik zur Verfügung. Ferner
schliefst dieselbe meist eine völlige Beherrschung der fremden
Sprachen aus. Die Literaturangaben für diese Gruppe haben daher
nur deutsche und solche Werke zu umfassen, welche sich auf den
Gebrauch der mathematischen Darstellungsform mit elementaren
Mitteln beschränken.

Von Werken allgemein physikalischen und chemischen Inhalts
empfehlen wir:

Dr. Joh. Müllers Grundrifs der Physik und Meteorologie für Lyceen,
Gymnasien, Gewerbe- und Realschulen sowie zum Selbstunterricht bearbeitet
von **E. Reichert.** Dreizehnte vermehrte und verbesserte Auflage. Braunschweig,
Fr. Vieweg & Sohn.

Kurzes Lehrbuch der Chemie von **Roscoe** und **Schorlemmer.** Siebente Auflage. 8⁰. Braunschweig, Fr Vieweg & Sohn. 5 Mk. 50 Pf.

An Werken, welche insbesondere die Elektricitätslehre oder
einzelne Kapitel derselben zum Gegenstand haben, empfehlen sich:

Elektricität und Magnetismus von **Fleeming Jenkin.** Mit besonderer Be-
willigung des Autors ins Deutsche übertragen von Dr. Franz Exner. Braunschweig, Fr. Vieweg & Sohn. gr. 8⁰ Geh. 9 Mk.

Die Elektricität in elementarer Behandlung. Von **James Clerk Maxwell,
M. A.** Herausgegeben von William Garnett, M. A. Ins Deutsche übertragen
von Dr L. Grätz. gr. 8⁰. Braunschweig, Fr. Vieweg & Sohn. Geh. 4 Mk. 50 Pf.

Traité d'Electricité et de Magnétisme, cours professé à l'Ecole supérieure de Télégraphie, par **A. Vaschy.** 2 vol. gr. 8⁰ avec figures. Paris, Baudry, 1890.

Die galvanischen Elemente von Volta bis heute. Eine gemeinfafsliche Abhandlung nach der Traité élémentaire de la pile électrique par **Alfred Niaudet.** Deutsch bearbeitet und mit Zusätzen versehen von W. Ph. Hauck. gr. 8. Braunschweig, Fr. Vieweg & Sohn. Geh. 7 Mk.

An Werken, welche die Telegraphie und Telephonie oder einzelne Abschnitte derselben behandeln, empfehlen wir:

Katechismus der elektrischen Telegraphie. Von **Dr. K. Ed. Zetzsche.** Sechste völlig umgearbeitete Auflage. Leipzig, J. J. Weber 4 Mk.

Der elektromagnetische Telegraph in den Hauptstadien seiner Entwickelung und in seiner gegenwärtigen Ausbildung und Anwendung, nebst einem Anhange über den Betrieb der elektrischen Uhren. Ein Handbuch der theoretischen und praktischen Telegraphie für Telegraphenbeamte, Physiker, Mechaniker und das gebildete Publikum von **Dr. H. Schellen,** bearbeitet von Joseph Kareis. Sechste Auflage. gr. 8⁰ Braunschweig, Fr. Vieweg & Sohn.

Katechismus der Eisenbahntelegraphie und des elektrischen Signalwesens. Verfafst von **J. Kareis** und **F. Bechtold.** Wien, Spielhagen & Schurich. 4 Mk.

Die Verkehrstelegraphen mit besonderer Rücksicht auf die Bedürfnisse der Praxis von **J. Sack.** Wien, A. Hartleben. 3 Mk.

Die elektrischen Uhren und die Feuerwehrtelegraphie von **Dr. A. Tobler.** Wien, A. Hartleben. 3 Mk.

Die elektrischen Einrichtungen der Eisenbahnen und das Signalwesen. Von **L. Kohlfürst.** Wien, A. Hartleben. 3 Mk.

Telephon, Mikrophon und Radiophon. Mit besonderer Rücksicht auf ihre Anwendungen in der Praxis. Von **Theodor Schwartze.** Wien, A. Hartleben. 3 Mk

Lehrbuch der Telephonie und Mikrophonie. Mit besonderer Berücksichtigung der Fernsprecheinrichtungen der deutschen Reichspost- und Telegraphenverwaltung Von **C. Grawinkel.** Berlin, J Springer 5 Mk.

Der Telegraph in administrativer und finanzieller Hinsicht. Von **Dr. Gust. Schöttle.** Stuttgart, Kohlhammer, 1883. 8 Mk.

271. Wenn auch die Telegraphie früher den Anfang und Hauptteil, jetzt nur mehr einen Zweig jener Elektricitätsanwendungen bildete, welche man heute mit der Bezeichnung Elektrotechnik zu umfassen pflegt, so steht doch dieser älteste Hauptzweig in so innigen Beziehungen zu den jüngeren, dafs es gerechtfertigt erscheinen dürfte, die nun folgenden Literaturangaben bei vorwiegender Berücksichtigung der telegraphischen, auch auf die Hauptwerke der übrigen elektrotechnischen Fächer auszudehnen.

An physikalischen und chemischen Werken nennen wir hier:

Die Physik auf Grundlage der Erfahrung. Von **A. Mousson.** Dritte umgearbeitete Auflage. 3 Bde. 8⁰ Zürich, Schulthess, 1879—1882. 36 Mk

Die Lehre von der Elektricität. Von **G. Wiedemann.** gr 8⁰ Braunschweig, Fr Vieweg & Sohn. 1—4. Band. 110 Mk.

Leçons sur l'électricité et le magnétisme. Par **E. Mascart** et **J. Joubert.** Paris, Masson.

A treatise on electricity and magnetism. By James Clerk Maxwell. 2^d ed. 2 vols. 8°. London, Frowde. 32 Mk.

An rein telegraphen-technischen Werken:

Handbuch der elektrischen Telegraphie unter Mitwirkung von mehreren Fachmännern herausgegeben. Von Dr. K. Ed. Zetzsche. 3 Bde. Lex. 8°. Berlin, Springer. Erschienen 1. mit 4. Bd. 64 Mk. 80 Pf.

A handbook of practical telegraphy. By R. S. Culley. 7th ed. 8°. London, Longmans. 1877. 16 sh.

Nouveau traité de télégraphie électrique. Cours théorique et pratique à l'usage des fonctionnaires de l'administration des lignes télégraphiques, des ingenieurs, constructeurs, inventeurs, etc. Par E. E. Blavier. Paris, E. Lacroix. Frs. 20.

Traité théorique et pratique de Télégraphie électrique. A l'usage des employés télégraphistes, des ingenieurs, des constructeurs et des inventeurs. Par le comte du Moncel. 8°. Paris, Gauthiers-Villars. Frs. 10.

Electricity and the electric telegraph. By G. B. Prescott. 8°. New-York, Apleton. 1877. 5 Dollars.

Le téléphone, le microphone et le phonographe. Par Th. du Moncel. 8°. Paris, Hachette. 1882. 4. édit. 3 Frs.

Bells electric speaking telephone. By G. B. Prescott. New-York, Apleton. 6 ʃ.

Handbuch der Elektricitätsmessungen. Von H. R. Kempe. Aus dem Englischen übertragen von J. Baumann. gr. 8°. Braunschweig, Fr. Vieweg & Sohn. 1883. 8 Mk.

Die Technik des Fernsprechwesens. Von Dr. V. Wietlisbach. A. Hartleben, Wien. Elektrotechnische Bibliothek XXXI. 1886. 3 Mk.

Das Telephon und dessen praktische Verwendung. Von Dr. J. Maier und W. H. Preece. Stuttgart, Ferdinand Enke. 1889. gr. 8°. 9 Mk.

Der Bau von Telegraphenlinien. Mit besonderer Berücksichtigung der Vorschriften der Telegraphenverwaltung des norddeutschen Bundes. Von J. Ludewig. 8°. Leipzig, Bänsch. 6 Mk. 75 Pf.

Der Reichstelegraphist. Ein Handbuch zum Selbstunterricht, sowie zum Gebrauche für Telegraphenbeamte und Elektriker, unter besonderer Berücksichtigung der bei der Telegraphenverwaltung des Deutschen Reichs bestehenden Einrichtungen. Von J. Ludewig. Vierte Auflage. gr. 8°. Leipzig, Bänsch. 1877. 9 Mk.

Die Kriegstelegraphie. Geschichtliche Entwickelung, Wirkungskreis und Organisation derselben. Von R. v. Fischer-Treuenfeld. gr. 8°. Berlin, Springer. 8 Mk.

Das Telegraphenrecht. Von Dr. Fr. Meili. Zürich, Zürcher & Furrer. 1871. 3 Mk. 20 Pf.

Die Telegraphie in staats- und privatrechtlicher Beziehung. Vom Standpunkte der Praxis und des geltenden Rechts. Von J. Ludewig. Leipzig, Bänsch. 1872. 6 Mk.

Il diritto telegrafico ossia il telegrafo in relazione alla giurisprudenza. Da Filippo Serafini. Pavia, Frat. Fusi. 1862. 2 Frs.

Das Telephonrecht. Von Dr. F. Meili. 8°. Leipzig, Duncker. 1 M. 20 Pf.

An Werken allgemeineren elektrotechnischen Inhalts führen wir an:

Die magnet- und dynamoelektrischen Maschinen. Von **Schellen**. 3. Auflage. Bearbeitet von Dr. V. Wietlisbach. gr. 8⁰. Köln, Dumont-Schauberg. 19 Mk.

Handbuch der Elektrotechnik. Von **Dr. E. Kittler**. Stuttgart, F. Enke. gr. 8⁰. Bis jetzt erschienen 1. Band 1. Hälfte. 9 Mk. 2. Band 1. Hälfte. 9 Mk.

Wir geben nun im folgenden eine vollständige Zusammenstellung der wichtigsten Journalliteratur:

Annalen der Physik und Chemie. Herausgegeben von **G. Wiedemann**. 8⁰. Leipzig, Barth. Jährlich 12 Hefte. 31 Mk.

Beiblätter dazu. Herausgegeben von **E. und G. Wiedemann**. 8⁰. Leipzig, Barth. Jährlich 12 Hefte. 16 Mk.

Elektrotechnische Zeitschrift. Herausgegeben vom elektrotechnischen Verein. 4⁰. Berlin, Springer. Jährlich 52 Hefte. 20 Mk.

Zeitschrift für Elektrotechnik. Herausgegeben vom elektrotechnischen Verein in Wien. Redakteur J. Kareis. Jährlich 12 Hefte. 12 Mk.

Annales télégraphiques. Red. **Blavier, Demeaux, Raynaud**. 8⁰. Paris, Dunod. Jährlich 6 Hefte. 17 Frs.

Electricien. Revue générale de l'électricité. Red. **Hospitalier**. 8⁰. Paris, Masson. Jährlich 52 Hefte. 25 Frs.

Journal télégraphique. Publié par le bureau international des administrations télégr. 4⁰. Bern. Jährlich 12 Hefte. 5 Mk. 35 Pf.

La lumière électrique. Journal universel de l'électricité hebdomadaire. 4⁰. Paris, 31, Boulevard des Italiens. 60 Frs.

Revue internationale de l'électricité et de ses applications. gr. 8⁰. Paris, Georges Carré. Jährlich 12 Hefte. 25 Frs.

Electrician. Review of electricity and chemical physics. London, J. Gray, weekly. Jährlich 20 Mk.

Operator (telegraphic). New-York, weekly. Jährlich 16 Mk.

Review electrical. London, H. Alabaster, weekly. Jährlich 18 Mk.

Il Giorno. Rivista dell' elettricità. Fol. Milano, Corso Venezia. Jährlich 52 Nummern. 8 Frs.

Il telegrafista. Rassegna periodica di elettricità. Roma, mensile. Jährlich 12 Frs.

An Taschenbüchern empfehlen wir:

Kalender für Elektrotechniker. Herausgegeben von **F. Uppenborn**. München, R. Oldenbourg. 4 Mk.

Formulaire pratique de l'électricien. Par E. Hospitalier. Paris, Masson. 4 Mk.

An electrical pocket-book. By **John Munro** and **Andrew Jamieson**. London, Charles Griffin. 8 Mk.

Wörterbuch, deutsch-italienisch und italienisch-deutsch, für Kaufleute und Verkehrsbeamte, ein vollständiges Warenverzeichnis und alle bei der Post, Eisenbahn, Telegraphie und Schiffahrt vorkommenden technischen Bezeichnungen enthaltend, von Joh. Ulmann. k. Telegraphen-Official, München. 4 Mk.

Zehntes Kapitel.

Maſse.

272. Wir unterscheiden die Dinge ausschlieſslich vermittelst der Vorstellungen von Raum und Zeit. Um sie bezüglich gleichartiger Eigenschaften zu vergleichen, ohne auf diese Grundvorstellungen zurückgehen zu müssen, bedient man sich der Maſse und der Zahlen. Messen heiſst daher, Dinge bezüglich gleichartiger Eigenschaften vermittelst Maſs und Zahl vergleichen. Die Maſseinheiten werden dabei so gewählt, daſs die damit zu verbindenden Zahlen für die Rechnung bequeme Werte erhalten. Um z. B. die Wellenlängen verschiedener Lichtstrahlen zu vergleichen, dient als Maſseinheit $^1/_{1\,000\,000}$ mm, während zum Vergleich der Abstände der Fixsterne als Einheit das Lichtjahr, d. h. jene Wegstrecke dient, welche das Licht in einem Jahre zurücklegt, nämlich 622 970 634 800 km. Die verbreitetsten Raum- und Zeiteinheiten sind gegenwärtig die aus dem Meter abgeleiteten Längeneinheiten und die aus der Umdrehungszeit der Erde um die Sonne abgeleiteten Zeiteinheiten.

273. Ein Meter ist die Länge eines in Paris im Observatorium aufbewahrten Platinstabs und ungefähr der 10 Millionste Teil eines Erdmeridianquadranten.

Der tausendste Teil des Meters heiſst Millimeter, der hundertste Centimeter, der zehnte Decimeter. Eine Länge von 1000 Meter heiſst Kilometer.

Man schätzt den Durchmesser der kleinsten Teile der Materie zu Billiontel Milimeter. Man beobachtet durch das Mikroskop Körper von einem Durchmesser von 0,000 002 mm. Mit den feinsten Teilmaschinen läſst sich der Millimeter noch in 1000 gleiche Teile teilen. Die dünnsten Plattindrähte, welche hergestellt werden, jedoch mit freiem Auge nicht mehr wahrgenommen werden können, haben einen Durchmesser von 0,01 mm. Die stärksten Kupferleitungen, welche bisher zur Überführung des elektrischen Stroms für elektrische Beleuchtung verwendet wurden, haben 4—5 cm

Durchmesser. Die Spurweite der europäischen Eisenbahnen, der russischen ausgenommen, beträgt 1,435 m. Die für den deutschen Militärdienst vorgeschriebene geringste Gröfse des Mannes, von Sohle zu Scheitel gemessen, beträgt 1,57 m. Die Länge der Eisenbahnwagen schwankt zwischen 6 bis 15 m, der Abstand der Stangen einer oberirdischen Telegraphenleitung zwischen 30 und 100 m. Die höchsten Bauwerke der Erde erreichen eine relative Höhe von 200 bis 300 m. Die längsten bisher errichteten elektrischen Bahnen haben 8 bis 12 km Länge. Die höchsten Berge der Erde erheben sich 8 bis 9 km über dem Meeresspiegel. Die tiefsten Einsenkungen unter den Meeresspiegeln werden mit 14 bis 15 km angegeben. Die Dicke der festen Erdschichte wird zu 560 km berechnet. Der Durchmesser des Mars beträgt 6960 km, jener des Mondes 3480 km, der Erde 12 755 km, des Jupiter 145 350 km, der Sonne 1 445 250 km. Der Abstand des Mondes von der Erde beträgt 382 500 km, jener der Sonne von der Erde 148 Millionen km. Man berechnet den Abstand der Sonne von dem nächsten Fixsterne zu 6 229 706 Millionen km.

274. Als Einheit der Zeit dient die Zeit, in welcher der Mittelpunkt der Erde einmal seine Bahn um die Sonne vollendet. Hieraus sind die häufigst angewendeten Zeitmafse Tag, Stunde, Minute, Sekunde, abgeleitet. Die Sekunde ist $\frac{1}{86\,400}$ des mittleren Sonnentages. Man legt den ältesten Zeugnissen menschlicher Thätigkeit ein Alter von 5000 bis 6000 Jahren bei. Die Zeit, welche nötig ist, um einen sinnlichen Eindruck zum Bewufstsein zu bringen, wird auf einige Hundertel Sekunden geschätzt. Man berechnet die Dauer elektrischer Entladungen auf wenige Milliontel Sekunden.

275. Wir messen ausschliefslich vermittelst der Wahrnehmungen, welche unsere Sinne unserem Bewufstsein zuführen. Jede solche Wahrnehmung beruht auf der Übertragung von Bewegung aufser uns befindlicher materieller Teilchen auf uusere Sinne, Sowohl die Bewegung als die Masse der bewegten Teilchen müssen für jede Art der sinnlichen Wahrnehmung einen bestimmten geringsten Wert haben, um eine Wahrnehmung durch den betreffenden Sinn zu ermöglichen.

Diese Bedingung, dafs für unsere sinnlichen Wahrnehmungen das Produkt von Bewegung in bewegte Teilchen eine bestimmte geringste Gröfse haben mufs, hat zur Annahme einer dritten Mafseinheit für das Bewegte, nämlich zu einer Einheit der Mafse geführt. Wir unterscheiden die Massen vermittelst der Wirkungen der Schwerkraft. Da man beobachtet, dafs gleich grofse Körper an gleichen Orten der Erdoberfläche mit verschiedener Kraft von der Erde angezogen werden, so unterscheidet man verschiedene Dichten

verschiedener Körper. Man hat als Einheit der Masse die Wassermenge angenommen, welche bei einer Dichte des Wassers bei 4⁰ C.
einen Kubikcentimeter Raum ausfüllt.

Bezeichnet man die Dichte des Wassers bei 4⁰ C. mit 1, so
hat die atmosphärische Luft an der Oberfläche der Erde eine Dichte
0,0012, die Erde selbst eine mittlere Dichte von 5,5, das Gold 19.

Bewegt sich ein Körper so, dafs er in jeder Sekunde den
gleichen Weg, z. B. von 1 m zurücklegt, so sagt man, der Körper
habe eine Geschwindigkeit von 1 m

Die Küste von Schweden hebt sich in einem Jahrhundert
ungefähr um 1,25 m. Ein Punkt derselben hat, die Bewegung
als gleichförmig vorausgesetzt, daher eine Geschwindigkeit von
0,000 004 mm. Ein Eisenbahnschnellzug hat eine Geschwindigkeit
von ungefähr 15—18 m, eine Brieftaube eine solche von 42 m, der
Schall in der Luft von 330 m, die Erde von 30 422 m, das Licht
und die Elektricität von 300 400 000 m.

276. Man nennt Kraft jede Ursache einer Bewegung. Wirkt
eine Kraft stetig so auf einen Körper, dafs dieser sich in der
Richtung der Kraft ungehindert fortbewegen kann, so nimmt die
Geschwindigkeit des bewegten Körpers allmählich zu. Den Betrag,
um welchen die Geschwindigkeit des Körpers in der Zeiteinheit
zunimmt, nennt man Beschleunigung. Die Einheit der Kraft
ist jene, welche der Einheit der Masse die Einheit der Beschleunigung mitteilt.

Die Anziehungskraft der Erde erteilt einem in geringer Höhe
über dem Meeresspiegel unter dem 49⁰ Breite frei fallenden Körper
eine Beschleunigung von 9,8088 m. Da dieser Wert für die den
Menschen zugänglichen verschiedenen Breiten und Höhen sich nicht
wesentlich ändert, nimmt man in der Praxis als Einheit der Kraft
den Druck, welchen die Einheit der Masse auf ihre Unterlage ausübt. Man nennt diesen Druck Gewicht. Man nennt das Gewicht
eines Kubikcentimeter Wassers bei 4⁰ C. ein Gramm. Den tausend-
sten Teil desselben ein Milligramm. Tausend Gramm heifsen ein
Kilogramm, tausend Kilogramm eine Tonne.

Man berechnet das Gewicht der kleinsten Teile der Materie zu
Billiontel mg. Auf unseren feinsten Wagen können wir noch
Gewichtsunterschiede von $^1/_{100}$ mg beobachten. Das Gewicht eines
erwachsenen Mannes beträgt ungefähr 60 kg, jenes der Eisenbahn-
lokomotiven hundert Tonnen.

273. Unter Arbeit versteht man das Produkt einer Kraft in
den vom Angriffspunkt der Kraft zurückgelegten Weg. Hebt man
den Schwerpunkt eines Kilogrammgewichts einen Meter hoch, so

sagt man, man habe eine Arbeit von einem Kilogrammeter geleistet, gleichgültig, welche Zeit die Hebung beansprucht hat. Bezieht man die Leistung noch auf die Einheit der Zeit, so erhält man den Begriff der Arbeit in engerem Sinne oder den des Effekts. Man sagt z. B., eine Maschine arbeite mit der Einheit des Effekts, wenn sie in der Sekunde eine Arbeit von einem Kilogrammeter leistet, man sagt, sie arbeite mit dem Effekt einer Pferdekraft, wenn sie in der Sekunde eine Arbeit von 75 Kilogrammeter leistet. Die Arbeit, welche der elektrische Strom im Telephon leistet und von welcher nur ein kleiner Bruchteil im menschlichen Ohr zur Wahrnehmung gelangt, wird auf 0,00000001 Pferdekraft geschätzt. Ein kräftiger Mann kann ungefähr 1/10 Pferdekraft auf mehrere Stunden leisten. Eine Eilzugsdampfmaschine leistet ungefähr 500 Pferdekräfte. Die gröfsten Dampfmaschinen, welche in der Schiffstechnik verwendet werden, leisten mehrere tausend Pferdekräfte.

278. Bei elektrischen Messungen werden gegenwärtig die Einheiten: Centimeter, Sekunde, Gramm, am häufigsten angewendet.

Man unterscheidet zwei Systeme elektrischer Mafseinheiten, das eine beruht auf den Erscheinungen, welche die Bewegung von Elektricität auf sehr schlechten Leitern, das zweite auf den Erscheinungen, welche die Bewegung der Elektricität auf sehr guten Leitern begleiten. In der Praxis findet fast ausschliefslich das letztere Anwendung.

Wir haben in 67 gesehen, dafs die Umgebung eines von einem elektrischen Strome durchflossenen Körpers sich ebenso verhält, wie die Umgebung eines Magneten. Man nennt Einheit des Magnetismus jene Menge des Magnetismus, welche in einer Entfernung von 1 cm auf eine gleiche Menge die Kraft von 1 cm Beschleunigung in 1 g Masse für die Sekunde ausübt.

Ein Strom, welcher einen kreisförmig gebogenen Leiter von 1 cm Länge durchfliefst und auf die Einheit des Magnetismus im Mittelpunkt seiner Bahn eine Kraft von 1 cm Beschleunigung in 1 g Masse für die Sekunde ausübt, bildet die Einheit der Stromstärke. Die praktische Einheit beträgt 1/10 dieser Stromstärke und heifst ein Ampère.

Die Einheit der Elektricitätsmenge ist jene Menge, welche bei der Stromstärke Eins innerhalb einer Sekunde einen Querschnitt der Strombahn durchfliefst. Die praktische Einheit beträgt 1/10 dieser Elektricitätsmenge und heifst ein Coulomb.

Wir haben gesehen, dafs von einem Punkt eines Körpers zu einem andern eine Elektricitätsbewegung nur unter der Wirkung einer elektromotorischen Kraft stattfindet. Jede Elektricitätsbewegung stellt eine Arbeit dar, welche gemessen wird durch das Produkt der bewegten Elektricitätsmenge in die elektromotorische Kraft, infolge deren die Bewegung stattfindet. Man nennt Einheit der elektromotorischen Kraft jene elektromotorische Kraft, unter deren Einwirkung die Bewegung der Einheit der Elektricitätsmenge die Arbeit von 1 cm Beschleunigung in 1 g Masse in der Sekunde auf die Strecke von 1 cm leistet. Die praktische Einheit der elektromotorischen Kraft beträgt 100 000 000 solcher Einheiten und heifst 1 Volt.

Die Einheit des Widerstandes ist jener Widerstand, in welchem durch die Einheit der elektromotorischen Kraft die Einheit der Stromstärke erzielt wird. Die praktische Einheit des Widerstandes beträgt 1 000 000 000 solcher Einheiten und heifst 1 Ohm.

Besteht zwischen zwei Metallplatten, welche durch einen sehr schlechten Leiter getrennt sind, eine elektromotorische Kraft Eins und enthalten die Platten die Elektricitätsmenge Eins, so sagt man, die beiden Platten haben eine Kapazität Eins. $\frac{1}{1\,000\,000\,000}$ dieser Einheit ist die praktische Einheit der Kapazität und heifst Farad.

279. Im Telephon erzeugen Ströme von $\frac{1}{10\,000\,000}$ Ampère dem Ohr deutlich wahrnehmbare Wirkungen, die in der Telegraphie verwendeten Ströme zeigen eine Stärke von 0,002—0,01 Ampère, in der elektrochemischen Industrie finden Ströme von mehreren tausend Ampères Verwendung.

Ein Ampère scheidet in der Sekunde 0,0003281 g Kupfer und 0,0003371 g Zink aus den Lösungen dieser Metalle ab.

Ein Thermoelement aus Wismuth und Antimon zeigt bei einer Temperaturdifferenz von 100° C. eine elektromotorische Kraft von 0,01 Volt. Die in der Praxis am häufigsten angewendeten galvanischen Elemente haben elektromotorische Kräfte von 0,6—2,5 Volt; man hat Maschinen für elektrische Beleuchtung und Arbeitsübertragung zu konstruieren gelernt, welche elektromotorische Kräfte von 4000—6000 Volt aufweisen, die elektromotorischen Kräfte von Reibungselektrisiermaschinen werden auf 20 000—30 000 Volt berechnet, die elektromotorische Kraft, welche im Blitze wirksam sind, auf Hunderttausende von Volt geschätzt.

Der Widerstand der Körper hängt von deren Natur, Temperatur und Dimensionen ab. Der Widerstand von Guttapercha ist trillionenmal gröfser als der des Quecksilbers, der des letzteren 60mal gröfser als der des Kupfers. Den geringsten Widerstand zeigt das Silber. In der Praxis finden wegen des Widerstandes für die Fortführung elektrischer Ströme ausschliefslich die Metalle und Flüssigkeiten Verwendung. Da jedoch der Widerstand der Flüssigkeiten stets ein viel tausendmal gröfserer ist, als der der Metalle, sehen wir immer an jenen Punkten, an welchen eine Flüssigkeit einen Teil der Strombahn ausmacht, eine beträchtliche Vergröfserung des Querschnittes der Bahn eintreten. Die inneren Widerstände der elektrischen Maschinen, wie sie für die elektrochemische Industrie Verwendung finden, haben Widerstände von wenigen Tausendtel Ohm. Die Widerstände von galvanischen Elementen jener Gröfsen, wie sie in Telegraphie, Telephonie und Galvanoplastik angewendet werden, schwanken zwischen einigen Hunderteln und 10—15 Ohm. Die Widerstände von Reibungselektrisiermaschinen werden auf Millionen Ohm geschätzt.

Die Kapazität der Körper spielt hauptsächlich in der Kabeltelegraphie, der Telegraphie auf langen Oberlandlinien und in der Telephonie eine wichtige Rolle. Die Kabel, welche Europa und Amerika verbinden, haben Kapazitäten von 0,00026—0,00061 Farad. An diesen Kabelenden sind Kondensatoren von 0,0006—0,0007 Farad angeschlossen.

280. Von sämtlichen Kulturvölkern, deren Literaturen für unser Feld in Betracht kommen, bedienen sich nur die englisch Sprechenden vom metrischen Systeme abweichender Mafse. Wir geben daher im folgenden eine kleine Übersichtstabelle der Beziehungen der englischen Längen- und Gewichtseinheiten zu den entsprechenden Gröfsen des metrischen Systems.

Einheit	cm	m	km	engl. Zoll	engl. Fuss	Yard	engl. Meile	engl. Seemeile
cm	1	0,01	—	0,3937	—	—	—	—
m	100	1	0,001	39,37	3,281	1,093633	—	—
km	100,000	1000	1	—	3280,899	1093,633	0,621138	0,54
engl. Zoll	2,5399	—	—	—	0,08833	0,0278	—	—
engl Fufs	30,4797	0,3048	—	12	1	0,3333	—	—
Yard	91,4392	0,9144	—	36	3	1	—	0,49285
engl. Meile	—	1609,31	1,609	—	5280	1760	1	0,867422
Seemeile oder Knoten	—	1852,30	1,852	—	6087	2029	1,15284	1

Einheit	mmg	g	kg	englisch grain	engl. Unze	englisch Pfund
mmg	1	0,001	—	—	—	—
g	1000	1	0,001	15,43235	—	—
kg	100,000	1000	1	15432,35	—	2,2046212
englisch Gran	64,799	0,06480	—	1	—	0,000142857
englisch Unze	—	28,3495	—	437,31	1	9,0625
englisch Pfund (avoir du pois)	—	453,58	0,45359	7000	16	1
engl. Zentner (Cwt.)	—	50,802	50,80238	—	1792	112
englisch Tonne	—	—	1016,05	—	35840	2240

281. Als Maſs des Wertes gilt die Gewichtseinheit des Goldes für den Hauptteil der internationalen Beziehungen, für den Hauptteil der Beziehungen innerhalb eines Volkes die Münze.

Münzen werden hergestellt aus Nickel, Kupfer, Silber und Gold. Sämtliche Münzen sind Legierungen. Der Wert der Münzen hängt von den Legierungsverhältnissen ab, die für dasselbe Land bleibend, für verschiedene Länder wechselnd sind.

Wir geben im folgenden eine Münzvergleichung der wichtigsten aufserdeutschen Länder:

Name des Landes	Wert der Landesmünzen in deutscher Reichsmark 1395 ℳ = 1 Pfd. feines Gold, 1 Pfd. Gold = 15,5 Pfd Silber
Dänemark	10 Kronenstück Gold = 11,25 ℳ, 1 Krone Silber à 100 Öre = 1,08 ℳ
Frankreich	20 Francsstück Gold = 16,20 ℳ, 1 Fünffrancsstück Silber = 4,05 ℳ, 1 Franc à 100 Centimes = 75,15 ₰
Grofsbritannien	1 Pfund Sterling (Sovereign) £ à 20 Schilling à 12 Pence à 4 Farthings = 20,43 ℳ, 1 Guinee = 21 s = 21,45 ℳ, Silber 1 Schilling = 94 ₰.
Niederlande	1 Gulden à 100 Centimes = 1 ℳ 68,7 ₰, Gold 1 Tientje à 10 Gulden = 16,87 ℳ
Österreich	1 Gulden Silber à 100 kr = 1,60—1,70 ℳ, Gold 8 fl. = 16,20 ℳ, 4 fl. = 8,10 ℳ, 1 Dukaten = 9,50 ℳ, ein Mariatheresiathaler = 4,21 ℳ
Portugal	1 Krone Gold à 10 Milreïs à 1000 Reïs = 45,36 ℳ, 1 Tostao in Silber à 100 Reïs = 41,2 ₰.
Rufsland	1 Rubel Silber à 100 Kopeken = 3 ℳ 23,9 ₰, 1 Imperial = 5 Rubel Gold = 16 ℳ 73,6 ₰.
Schweden und Norwegen .	10 Kronenstück Gold (wie Dänemark) = 11,25 ℳ.
Spanien	1 Peseta à 100 Centesimos = 81 ₰, 1 Duro = 5 Peseta.
Türkei	1 Piaster à 40 Para à 3 Asper = 17,97 ₰ Silber, 1 Medschidie à 100 Piaster Gold = 18,41 ℳ, 1 Silbermedschidie à 20 Piaster = 3 ℳ 59,4 ₰.
Vereinigte Staaten von Nordamerika	1 Dollar ($) à 100 Cents = 4 ℳ 19,8 ₰.

Belgien, Griechenland, Italien und die Schweiz bedienen sich derselben Münzen wie Frankreich.

282. Wir geben endlich in der folgenden Tabelle eine Übersicht von Preisen der wichtigsten Materialien und Apparate für die Herstellung und den Betrieb telegraphischer und telephonischer Anlagen, bemerken jedoch hierzu, dafs die aufgeführten Werte nur eine von den Marktverhältnissen und Bezugsbedingungen beschränkte Gültigkeit haben, und dafs es für genaue Ermittelung der Kosten einer bestimmten Anlage immer der Aufstellung eines Verzeichnisses für die Anlage besonders ermittelter Einheitspreise bedarf.

Preisverzeichnis.

Gegenstand	Kostenbetrag		
	per	*ℳ*	*₰*
Morseapparat mit Dosenrelais und Taster	Stück	168	—
Wittwerläutewerk	»	85	—
Stationsausrüstung für Frischensystem:			
für eine Endstation	»	630	—
für eine Mittelstation	»	710	—
Läutebude (System Frischen)	»	300	—
Siemens'sche Plattenblitzableiter	»	20	—
Morseapparat mit automatischer Auslösung für Feuer-telegraphen (System Siemens)	»	400	—
automatischer Feuermelder (System Siemens)	»	100	—
Magnetzeigerapparat (System Siemens)	»	300	—
Telephonstation (System Áder):			
Transmitter	»	37	—
Hörtelephone mit Schnüren	»	14	—
Wecker	»	10	—
Hebelumschalter, vernickelt	»	4	—
Telephonumschalter für 50 Leitungen	»	463	—
Blitzplatten für Zentralumschalter zu je 25 Leitungen:			
von Messing und vernickelt	»	55	—
von Eisengufs und vernickelt	»	45	—
Transmitter mit Bleizargen für Zentralumschalter . . .	»	28	—
Induktoren zum Anläuten	»	20	—
Leitungsschnüre für Hörtelephone	»	1	30
» » Umschalter	»	—	82
Telegraphenstangen, imprägniert mit Kupfervitriol . . .	»	4—5	—
Zimmerleitungsdraht: 1 mm starker Kupferdraht, doppelt mit Baumwolle farbig umsponnen und paraffiniert . .	kg	4	—
Gufsstahldraht, 2 mm stark und verzinkt	100 kg	62	—
Siliziumbronzedraht, 1,25 mm stark	kg	3	50
Phosphorbronzedraht, 1,25 mm stark	»	3	—
Bleikabel, einadrig	m	—	26
Guttaperchadraht	»	—	20
Eisendraht, 3 mm stark, verzinkt	100 kg	42	—
» 4,5 mm » »	100 kg	28	—
Kupferpraht, einfacher	kg	2	—
» dreifach gewunden	»	2	20
» fünffach »	»	2	20
Glockenbindedraht	100 Stück	—	60
Kuppelbindedraht	kg	—	60
Lötzinn	»	3	—
Lötwasser	Liter	1	—
Tragstifte für Winkeleisen, gewöhnliche	»	—	24
» » » verstärkte	»	—	33
Schraubenbolzen für Winkeleisen	»	—	15
Spannseile	m	—	30
Kopfträger für Holzstangen	Stück	—	32
Seitenträger, gewöhnliche	»	—	32
» verstärkte	»	1	—
» verlängerte	»	—	65
Baumträger, verzinkt, grofse	»	—	60
» » kleine	»	—	30
Doppel-Seitenträger	»	1	25

Gegenstand	Kostenbetrag		
	per	$\mathcal{M}$	$\mathfrak{Pf}$
Einführungsträger (Kuhhorn)	Stück	2	50
Mutterschrauben, gewöhnliche, 18 cm Länge	»	—	16
» lange, 22 cm Länge	»	—	25
Mauerbolzen, gewöhnliche	»	—	27
» verstärkte	»	—	32
Verankerungshaken mit Holzgewinde	»	—	20
» für Mutterschrauben	»	—	28
Isolierglocken, grofse mit Doppelmantel	»	—	34
» kleine » »	»	—	24
» für Telephonanlagen von Nymphenburg .	»	—	27
» » » » Passau .	»	—	21
» von Hartgummi	»	1	—
Bodenplatten, armiert	»	10	—
Blitzstangen	»	2	25
Kupferbodenschienen	m	—	75
Bodendrahtklemmen, kleine	100 Stück	1	80
» grofse	»	2	80
Messingklammern	»	—	40
Einführungstrichter aus Ebonit	Stück	6	—
Einführungsbüchsen, kleine	»	—	30
» mittlere	»	—	45
» grofse	»	—	70
Holzklammern für 4 Drähte nebst Schrauben	»	—	30
» » 6 » » »	»	—	47
» » 8 » » »	»	—	58
» » 10 » » »	»	—	75
» » 12 » » »	»	—	86
Holzrollen für Zimmerleitungen	»	—	05
Batterieglas für ein gewöhnliches Meidinger-Element . .	»	—	40
Kupferwinkel » » » » » . .	»	—	40
Zinkcylinder » » » » » . .	»	—	80
Batterieglas für ein grofses Meidinger-Element	»	1	—
Kupferwinkel » » » » »	»	—	80
Zinkcylinder » » » » »	»	1	55
Kupfervitriol	kg	—	50
Bittersalz	»	—	32
Leclanché-Element von Keiser & Schmidt in Berlin . .	Stück	2	80
Salmiak	kg	1	10
Polklemmen	Stück	—	22
Leclanché-Element mit Braunsteincylinder von Lessing in Nürnberg	»	1	60
Braunstein-Briquette-Element	»	2	25

Anhang.

Prüfungsfragen aus den Schlufsprüfungen der Telegraphenunterrichtskurse.

Technischer Teil.

Was versteht man unter einem Magnet, und nach welchen Gesetzen äufsert sich die Polarität?

In welcher Reihenfolge stehen die bekannteren Metalle bezüglich ihrer Leitungsfähigkeit für Elektricität zu einander?

Welche Entdeckungen und Erfindungen auf dem Gebiete der elektrischen Telegraphie verdankt man den Männern: Volta, Ohm, Oerstedt, Meidinger, Stein·heil, Morse, Hughes?

Wodurch sind die Namen Galvani, Oerstedt, Ohm, Steinheil, Wheatstone, Faraday, Morse, Hughes, Schwendler, Bell, Edison in der Telegraphie und Tele·phonie bekannt?

Was versteht man unter Isolation, was unter Leitungsfähigkeit für die Elektricität, welche Körper sind Isolatoren, welche Leiter, und bei welchen ist die Leitungsfähigkeit ein Maximum?

Das Ohmsche Gesetz und seine Anwendung auf die Batterieschaltung ist zu erörtern.

Batterie.

Welches sind die gebräuchlichsten konstanten Batterien und wie sind sie zusammengesetzt?

Was versteht man unter galvanischer und was unter Magnet-Induktion? Bei welchen Apparaten werden die Induktionsströme verwendet?

Welche Vorteile hat eine für mehrere Leitungen gemeinsame Batterie, und wie ist dieselbe mit den Apparaten und Leitungen zu verbinden?

Die Konstruktion, das Ansetzen und Erneuern sowie die Unterhaltung der Meidingerbatterie ist zu erörtern.

Worauf beruht die Konstruktion konstanter galvanischer Batterien, wie ist der hierauf bezügliche chemische Vorgang bei einem geschlossenen Meidinger·elemente?

Welche Vorschriften bestehen für die Unterhaltung der in Bayern gebräuch·lichen Meidingerbatterie?

Was versteht man unter Ohm, was unter Siemens-Einheit?

Welche Arten von galvanischen Batterien werden z. Z. in Bayern verwendet, aus welchen Teilen ist ein Element zusammengesetzt, wovon hängt die Dauer der Wirksamkeit während des Gebrauches ab, in welcher Weise wird bei einer Stromunterbrechungslinie die Verbindung der Pole bei einer geteilten telegraphierenden Batterie mit der Leitung bewerkstelligt, und wie ist es möglich, einen Teil der Batterie gemeinschaftlich auch für eine andere Linie zu benutzen?

Wodurch unterscheiden sich die telegraphierenden Batterien für Stromeinführung und für Stromunterbrechung in ihrer Wirksamkeit, Dauer im Gebrauche, Unterhaltung während des Gebrauches und Verbrauch der hierzu nötigen Materialien?

Welche Regeln sind bei der Unterhaltung einer im Gebrauche stehenden Meidingerbatterie zu beobachten; worin unterscheidet sich die Unterhaltung und Dauer einer Batterie für Stromeinführung von einer solchen für Stromunterbrechung; was ist bei Aufstellung und Unterhaltung einer Zwischenbatterie in einer Linie für Stromunterbrechung besonders zu vermeiden?

Zu welchen Nachteilen führen nachfolgende in der telegraphierenden Batterie (Meidinger) vorkommenden Fehler in Bezug auf den Betrieb, die Stromstärke und den Materialverbrauch:

a) wenn die Batteriekuppelungen unrein oder locker geworden?
b) wenn die Batteriekuppelungen oder Zinkcylinder mehrere Elemente berühren?
c) wenn die Elemente auf feuchter Unterlage stehen?
d) wenn in Elementen Kupfervitriol mangelt?
e) wenn in Elementen die Kupfervitriollösung bis zum Zinkcylinder reicht?
f) wenn die Lösung nicht die vorschriftsmäßige Höhe erreicht?
g) wenn die Lösung längere Zeit nicht mit reinem Wasser verdünnt wurde?
h) wenn die Zinkcylinder mit dem Kupferstreifen entweder unmittelbar oder durch im Elemente entstandene Produkte in Berührung sind?

Welche Arten von galvanischen Elementen sind in der bayerischen Telegraphen-Verwaltung bis jetzt in Gebrauch gewesen?

Welche Vorteile bietet das jetzige konstante Element vor dem früheren inkonstanten? Wovon ist die Stromstärke abhängig?

Wie müssen die Batterien bei einer Ruhestromleitung mit mehreren Zwischenstationen in die Leitung eingeschaltet werden, und warum ist die anzugebende Schaltung anzuwenden?

Die zur Ermittelung und Vergleichung der Stromstärken, Widerstände und elektromotorischen Kräfte gebräuchlichen Methoden sowie die diesem Zwecke dienenden Meßinstrumente sind anzugeben; daneben sind die Formeln anzuführen, welche zum Ausdruck jener dienen.

Über die Anwendung der Induktionsströme in der Telegraphie und Telephonie.

Eingehende Erörterung der Fragen: Welche Vorteile versprechen die Induktionsströme den Batterieströmen gegenüber? Welche Schwierigkeiten stehen ihrer Anwendung in der Praxis entgegen? Für welche Fälle erscheint ihre Anwendung am meisten geeignet, und welche erscheint die passendste Form ihrer Verwendung, als Magnet- oder als Galvano-Induktionsstrom, als Öffnungs- oder als Schließsungsstrom, kommutiert oder in alternierender Richtung?

Leitung.

Wie sind die bayerischen Staats- und Bahnbetriebs-Telegraphenleitungen eingeteilt, und welchen Verkehren dienen diese Leitungen?

Die zu einer oberirdischen Telegraphen-Linie erforderlichen Materialien, sowie die bei Herstellung ersterer vorkommenden Arbeiten sind anzugeben.

Welche Materialien sind zu einer unterirdischen Telegraphen-Leitung erforderlich, und wie wird letztere hergestellt und mit einer anschließenden oberirdischen Telegraphenleitung verbunden?

Welche Holzarten verwenden wir vorzugsweise zu Telegraphenstangen, und wie werden dieselben behufs ihrer längeren Dauer imprägniert?

Es sind Vorteile und Nachteile unterirdischer Telegraphen Leitungen gegenüber den oberirdischen vollständig anzugeben und zu begründen, und sodann die verschiedenen Methoden anzuführen, nach welchen man unterirdische Leitungen bisher angelegt hat.

Was ist unter einer Erdleitung, was unter einer unterirdischen Leitung zu verstehen?

Was versteht man unter Telegraphen-Leitung und Telegraphen-Linie?

Wie wird eine Erdleitung hergestellt, und welchen Zweck hat dieselbe bei einer Zwischenstation?

Von welchen Faktoren ist der Widerstand einer Telegraphenleitung abhängig?

Welchen störenden Einflüssen sind die oberirdischen Leitungen ausgesetzt, und wie äußern sich diese Einflüsse auf letztere?

Worauf ist bei sorgfältiger Unterhaltung einer solchen Leitung hauptsächlich zu achten?

Was versteht man unter einer Kabelleitung, wie ist eine solche beschaffen, und wo sind solche Leitungen in Bayern angewendet?

Beschreibung und Erläuterung der Ladungserscheinungen an unterirdischen und submarinen Telegraphenleitungen. Es ist besonders anzugeben, in welcher Weise und unter welchen Umständen sie die Korrespondenz stören, und welche Abhilfemittel am häufigsten angewendet werden.

Welche Einwirkungen üben Wind und Wetter auf die oberirdischen Telegraphenleitungen aus, und durch welche Mittel sucht man ihnen zu begegnen?

Welchen Vorteil gewährt die Doppelglocke gegenüber den älteren Isolatoren?

Welche Störungen mechanischer Natur können bei einer oberirdischen Telegraphenleitung vorkommen; wie ist das Verfahren, die Art und den Ort der Störung zu ermitteln, und welche Anordnungen sind in den verschiedenen Fällen zu treffen, um etwaige Störungen möglichst schnell unschädlich zu machen?

Welche Anforderungen werden im Allgemeinen an das zu Leitungsdraht zu verwendende Material gestellt? Welche Rücksichten bedingen die Wahl von Eisendraht zu oberirdischen Leitungen? Welche Drahtstärken finden bei uns Anwendung? Welchen speziellen vorgeschriebenen Bedingungen muß der Eisendraht entsprechen, und wie wird die Prüfung desselben ausgeführt?

Welche nachteiligen Einflüsse üben Feuchtigkeit, Temperaturschwankungen, Wind und atmosphärische Elektricität auf oberirdische Leitungen aus, und welche Mittel werden angewendet, um dem schnellen Verderben der Leitungsmaterialien vorzubeugen?

Was versteht man unter Spannung, Spannweite und Durchhang des Leitungsdrahtes; in welchem Verhältnis stehen dieselben zu einander; welche Nachteile können aus der zu schwachen oder zu starken Spannung des Drahtes erwachsen; nach welchen allgemeinen Grundsätzen bestimmt sich das zulässige Maß der Spannung und infolgedessen der Durchhang bei verschiedenen

Temperaturen, und welche praktischen Mittel werden angewendet, um dem
Drahte den nach diesen Grundsätzen bestimmten Durchhang zu geben?

Apparate.

Welche Haupt- und Neben-Apparate kommen bei einer bayerischen Telegraphenstation vor, welches ist ihr Zweck, und wie sind dieselben bei einer
gemischten Station in die Haupt- und Lokalleitung eingeschaltet? (Skizze.)

Beschreibung und Zweck des Galvanoskops, des Tasters und Relais.

Erläuterung der Begriffe: Arbeitsstrom und Ruhestrom. In welchen Fällen
wird jede dieser Strombenutzungsarten mit Vorteil verwendet?

Welche Hauptteile hat ein gewöhnlicher Morse-Farbschreiber, warum wird
demselben ein Relais beigegeben, und wie ist letzteres mit dem Schreibapparate
verbunden? (Skizze.)

Es ist die Verbindung der Apparate der Hauptleitung bei einer Zwischenstation einer Ruhestromleitung zu beschreiben und durch eine Skizze zu erläutern.

Wie ist der Morseschreibapparat (Schreibwerk) in allen seinen Teilen zu
regulieren, damit gute Zeichen erlangt werden?

Beschreibung der Konstruktion des Farbschreibers unter Hervorhebung der
wesentlichsten Teile desselben und Angabe des Zweckes dieser Teile.

Skizzierung und Erläuterung der Apparatverbindungen bei einer in einer
Ruhestromleitung eingeschalteten Endstation. Sind hierbei bezüglich der Stärke
und der Schaltung der Batterie besondere Vorsichtsmaßregeln nötig?

Wie ist der Elektromagnet, welcher zum Morseapparat gehört, eingerichtet;
mittels welcher Teile wird der Elektromagnet reguliert, und wie werden diese
Teile zum Regulieren desselben benutzt?

In welcher Weise erfolgt die Regulierung des Morse-Farbschreibers:

  a) wenn infolge von Schwankungen der Stromstärke der Anker klebt
     oder nicht angezogen wird?

  b) wenn bei normaler Bewegung des Ankers die Schrift zusammenläuft
     oder ausbleibt?

Was versteht man unter Parallelschaltung der Schenkel der Elektromagnete?
Unter welchen Umständen wäre diese Schaltung vorteilhaft?

Wie ist der bayerische Stromeinführungs-Taster beschaffen?

Welchen Zweck hat die sogenannte Ausschlußvorrichtung?

Welche Nachteile bringt ein Telegraphieren bei offenem Ausschlußhebel,
welche Störungen verursacht ein zu hoch oder zu niedrig stehender Ausschlußstift, und woran erkennt der Telegraphist diese Fehler?

Welche Vorrichtung an dem Farbschreiber macht für Ruhestrom das Relais
überflüssig?

An welchen Teilen unterscheidet sich ein Stromeinführungs-Apparat von
einem Ruhestrom-Apparate a) mit Relais, b) ohne Relais?

Was versteht man unter Stromwender (Kommutatoren), was unter Linien-
Umschalter?

Welches ist der Zweck, die Beschaffenheit und Schaltung der Blitzableiter-
vorrichtung an den Telegraphen-Apparaten? Welche Fehler können an derselben
vorkommen?

Welchen Störungen kann der Betrieb einer Telegraphenleitung im allgemeinen
unterworfen sein; wie äußern sich Fehler in der Drahtleitung auf die Apparate
einer Zwischenstation in einer Ruhestromleitung?

Das Galvanoskop zeigt an, dafs kein Strom in der Leitung cirkuliert. Wie wird festgestellt, ob der Fehler innerhalb des Stationslokales oder aufserhalb desselben liegt? Wie wird der Fehler näher begrenzt und beseitigt, wenn die erwähnte Untersuchung ergeben hat, dafs derselbe innerhalb des Stationslokales liegt?

Nach welchen Grundsätzen ist bei Aufsuchung von Betriebsstörungen zu verfahren? Wie werden Fehlerstellen ermittelt und beseitigt, welche in der Zimmerleitung, in der Tischverbindung, in den Batterien oder auf der Strecke zum Vorschein kommen? Inwiefern kann bei den letzteren aus Beobachtung der Erscheinungen auf Art und Ort des Fehlers geschlossen werden?

Die Ruhestromleitung Mü-Au-Nm-Ke und die Ruhestromleitung Mü-Au-Do-Gu-Wü haben in München eine gemeinschaftliche Linienbatterie; an den Endstationen dieser Leitungen (Ke und Wü) endigt jede Leitung ebenfalls in einer entsprechend eingeschalteten Batterie; beide Leitungen sind durch Berührung gestört. Auf welcher Strecke kann die Berührung stattfinden, durch welche Erscheinungen ist dieselbe in Mü, Au, Ke und Wü zu erkennen, und durch welches Verfahren kann bis zur vollständigen Beseitigung dieser Berührung die Leitung Mü-Wü ungehindert und Mü-Ke gröfstenteils für die Korrespondenz benutzt werden?

Woran erkennt und wie stellt man eine Unterbrechung der Leitung in einem Schliefsungsbogen mit Ruhestromapparaten, wie kann bei einer solchen Störung noch eine Korrespondenz durch eine Zwischenstation ermöglicht werden?

Die Morseleitung für Arbeitsstrom Hof-Bamberg-Nürnberg-Augsburg-München berührt zwischen Nürnberg und Bamberg mit der Bahnbetriebsleitung Nürnberg-Erlangen. Wie ist eine solche Berührung zu erkennen, wie wird die Berührungsstelle aufgefunden, und in welcher Weise kann die ungehinderte Benutzung der Bahnbetriebsleitung und eine teilweise Benutzung der Morseleitung ermöglicht werden?

Die direkte Leitung Mü-Fkftm berührt mit der gemischten Leitung Mü-Au-Gu . . .-Würzburg zwischen Gunzenhausen und Ansbach. Wodurch ist diese Berührung zu erkennen, wie kann die Berührungsstelle ermittelt werden, und durch welche Vorkehrungen ist die unbehinderte Korrespondenz auf der direkten Leitung sowie die teilweise auf der gemischten Leitung zu ermöglichen?

Welche Vorteile gewähren die elektrischen Signalläutewerke gegenüber den früher verwendeten optischen Telegraphen? Welche Apparate erfordert das System Frischen auf den Stationen, welche Stromquellen kommen bei demselben zum Geben der Signale sowie zur Korrespondenz zwischen den Nachbarstationen in Verwendung?

Welches sind die Apparate einer Frischen-Läutewerksleitung, welche im Zustande der Ruhe, d. h. wenn nicht gearbeitet wird, vom galvanischen Strom durchflossen wird, und was wird durch Niedertreten des Fufsumschalters bewirkt?

Welche elektrische Einrichtungen sind auf den kgl. bayer. Eisenbahnen zur Ausführung des Dienstes im Gebrauch?

Welche Zeichen sind an der nächsten mit Zeichenscheiben versehenen Läutebude zu geben, und wer ist hierzu berechtigt bezw. verpflichtet?

Welche 5 Signale können mit dem bei einer Station aufgestellten Induktor nach den Nachbarstationen und den zwischenliegenden Wärterbuden gegeben werden, und was bedeuten dieselben?

Wie ist der Vorgang beim Telephonieren, wenn der dienstthuende Beamte den auf Posten No. 2 befindlichen Wechselwärter verständigen will, dafs der Zug No. 190 ausnahmsweise in das zweite Geleis statt in das erste einfahren soll? Im Betriebsbureau sei ein Stöpsel-Umschalteapparat und ein Telephon-Nachrichtenbuch vorhanden.

Welches ist die Konstruktion nnd Wirkungsweise des Siemensschen Magnet-zeigerapparates?

Welche Art von Telephonapparaten sind in Bayern im Gebrauche?

Welchen Zweck hat das Mikrophon (Transmitter)?

Zweiter Teil.

———

Erstes Kapitel.

Organisation.

Geschichtliche Darstellung der Entwickelung der Verkehrsanstalten in Bayern.

1. Postwesen.

a) Vor dem Jahre 1808.

Alle Nachrichten, welche über das Postwesen früherer Zeiten auf uns gekommen sind, stimmen darin überein, daſs die Entstehung der Posten in Deutschland gegen den Anfang des 16. Jahrhunderts fällt, und daſs den ersten Anlaſs hierzu ein gewisser Franz von Taxis, aus einer italienischen, adeligen Familie stammend, dadurch gegeben hat, daſs er dem Kaiser Maximilian I. den Vorschlag machte, zur Unterhaltung eines regelmäſsigen und ständigen Verkehrs zwischen Wien und Brüssel durch eine bestimmte Abwechslung von Kurieren einen Postkurs einzurichten und dabei zugleich auch Privaten die Gelegenheit zu geben, diese Kuriere zur Versendung von Briefen gegen billige Vergütung zu benutzen.

Der Vorschlag wurde angenommen, und dem im Jahre 1516 zum niederländischen Postmeister ernannten Franz von Taxis gegen Verabreichung eines Entgeltes und Überlassung der anfallenden Einnahmen die Entrichtung und Aufsicht der neuen Postroute übertragen.

Die Sache nahm unter Baptist von Taxis, welcher im Jahre 1518 seinem Onkel Franz im Direktorium der niederländischen Posten gefolgt war, guten Fortgang und verbesserte sich durch die Übung. Die Postrouten wurden vermehrt, an allen Poststationen und an mehreren Unterwegsorten wurden kaiserliche Reichspostmeister aufgestellt, welche die Annahme und Bestellung der Briefe zu besorgen hatten.

Obwohl nun zu jener Zeit die Taxis'schen Posten die Landesgrenzen des Herzogtums Bayern schon vielfach berührten, so hatten sie doch in Bayern selbst noch keinen Eingang gefunden; hier waren es noch immer die Boten, welche die gewöhnlichen Gelegenheiten zur Versendung von Briefen und Sachen in die Ferne darboten und den Taxis'schen Posten den empfindlichsten Eintrag thaten. Diese Boten waren entweder Landboten, d. h. solche, welche, wie heutzutage noch, vom Lande in die benachbarten Städte kamen, und sich neben der Besorgung verschiedener Aufträge auch mit der Beförderung von Briefen befaſsten; oder es waren die vorzugsweise den Interessen der Kaufleute dienenden Frachtboten, die größere Reisen unternahmen und hierbei Briefe für jedermann besorgten, oder endlich die Kanzleiboten. An dem Hofe des Fürsten und an den fürstlichen Gerichtsstellen und Ämtern waren eigene Kanzleiboten angestellt, denen der Kanzlei-Expeditor als Botenmeister vorgesetzt war. Letzterer sammelte die amtlichen Korrespondenzen und gegen Vergütung wohl auch die Briefe von Privatpersonen und sandte sie mittels gehender, zum Teil auch reitender Boten, je nachdem die Sache Eile hatte, an den Ort ihrer Bestimmung. In einigen Fällen bediente man sich auch der Karabiniers oder eigener Kuriere. Einige Nachrichten lassen erkennen, daß die Kanzleiboten Stationen hatten, und eine Abwechslung derselben stattfand.

Als die Taxis'schen Posten entstanden waren, wurden die nach entfernteren Landen gehenden Briefe an die Reichspostämter in Augsburg, Regensburg und Innsbruck durch Boten gesandt, je nachdem sie auf eine Route gehörten, und ebenso holten die Boten die nach Bayern gehörigen Briefe bei den dortigen Ämtern ab.

Die von den Herzögen Albrecht 1569, Wilhelm 1582, Maximilian 1598 getroffenen Anordnungen über das Postwesen lassen erkennen, daß auch die bayerischen Fürsten geneigt waren, eigene Landesposten einzurichten. Indessen waren die damaligen Zeiten, in welche der 30 jährige Krieg fiel, zu unruhig, und namentlich war Kurfürst Maximilian den Wünschen des Kaisers zu ergeben, als daß etwas Ernstliches in der Sache unternommen worden wäre. Es wurde vielmehr im Jahre 1664 mit dem Taxis'schen Generalpostamt in Regensburg ein Übereinkommen getroffen, nach welchem sich ein Taxis'scher Postmeister nach München begab und daselbst ein Taxis'sches Reichspostamt gründete, worauf die bisher noch unterhaltenen Boten abgeschafft und neue Postrouten angelegt wurden. Bemerkenswert ist, daß die Anstellungsdekrete für den Postamtsverwalter in München, sowie für die Posthalter zu Geisenfeld und Mittenwald von der kurfürstlichen Kanzlei ausgestellt sind.

Der nachfolgende Kurfürst Max Emanuel (1679—1726) ging ernstlich mit dem Plane um, ein eigenes Postwesen einzurichten, traf mehrere hierauf bezügliche Anordnungen und ernannte sogar den geheimen Rat und Präsidenten des Hofrates, Franz Ferdinand Herrn von und zu Haimhausen, zum Oberpostmeister in den bayerischen Landen. Kaiser Leopold nahm aber auf Vorstellung des inzwischen in den Fürstenstand erhobenen Taxis diesen Schritt nicht gut auf und suchte den Kurfürsten von seinem Vorfahren abzubringen. Es entspann sich hieraus ein lebhafter Schriftwechsel zwischen dem kaiserlichen und kurfürstlichen Hofe und mit dem Fürsten Taxis, der sich bis zum Jahre 1702 fortzog, die Sache selbst aber ziemlich unentschieden ließ. Erst in jener Periode, in welcher die bayerischen Lande von österreichischen Truppen besetzt waren, und eine förmliche kaiserliche Administration angeordnet wurde (1704—1714), faßte auch das Taxis'sche Postwesen unter kaiserlichem Schutze festen Fuß in Bayern, und von daher muß der wahre Anfang der Reichspostverwaltung in Bayern gerechnet werden, da die vorigen Verhältnisse immer noch unvollkommen und unbestimmt und mit landesherrlichen Einrichtungen vermischt waren.

Die Vermehrung der Postkurse und die Einführung von Postwagen zur Beförderung von Reisenden gingen nun alle von Taxis'scher Verwaltung aus, von welcher auch die Postbediensteten angestellt wurden. Kurfürst Karl Theodor (1777—1799) nahm den Plan zur Errichtung eines eigenen Postwesens wiederholt auf und beauftragte das Kollegium der Hofkammer, hierüber Gutachten zu erstatten. Dieses ging im wesentlichen darauf hinaus, daß dem Kurfürsten

zwar das Recht zustehe, eigene Posten zu errichten, dafs es aber unter den
gegenwärtigen unruhigen Zeitumstäuden und bei dem zweifelhaften Ertrage einer
eigenen bayerischen Post nicht geraten sei, von dem Rechte Gebrauch zu machen;
dafs es vielmehr den Bedürfnissen des Landes und der Förderung des Handels
und Korrespondenzverkehrs hinreichend erscheine, mit dem Fürsten von Taxis
wegen fernerer Unterhaltung der Posten in Bayern und einiger notwendiger Verbesserungen derselben einen Vertrag abzuschliefsen. Dieser kam auch im Jahre
1784 zu stande, in welchem unter anderem die Bestimmungen getroffen wurden,
dafs ohne Vorwissen und Zustimmung der kurfürstlichen Regierung an den Post-
tarifen und in den Postkursen keine Änderungen vorgenommen werden sollen,
und dafs die Poststellen in Bayern nur mit bayerischen Unterthanen besetzt
werden dürfen. Aufserdem erhielt er noch Bestimmungen über Portofreitum,
über Zoll und Maut-Ordnung, Beschränkung der Boten, Fuhrleute und Lohn-
kutscher. Dieser Vertrag blieb die Grundlage für Ausübung des Taxis'schen
Postwesens in Bayern bis zum Jahre 1805.

Im November dieses Jahres erging plötzlich und unerwartet an die da-
maligen kurfürstlichen Landeskommissariate München, Amberg, Neuburg und
Ulm ein kurfürstlicher Erlafs des Inhalts, dafs sich der Kurfürst aus Anlafs
der mannigfaltigen Nachteile, welche aus der Unabhängigkeit der fürstlich
Taxis'schen Reichsposten für die Verwaltung hervorgehen, veranlafst sehe, den
Postanstalten eine den Bedürfnissen und der Würde des Staates angemessenere
und zweckmäfsigere Stellung zu geben und deshalb beschlossen habe, von den
Postanstalten in Bayern sofort Besitz zu nehmen und das Postwesen dem
Ministerium der auswärtigen Angelegenheiten unterzuordnen.

Zugleich erging der Befehl, sämtliche Postbeamte unverzüglich in kurfürstliche Pflichten zu nehmen; die Reichsinsignien von den Posthäusern und
Wagen zu entfernen und dagegen die kurfürstlichen Wappen anzubringen; auch
sollten die Postknechte, Kondukteure und übrigen Bediensteten die schwarz-
gelbe Montur ablegen und statt deren einen hellblauen Rock mit schwarzen Auf-
schlägen tragen. Im übrigen sollten alle Postbediensteten bei ihren Funktionen
verbleiben, wie ihnen auch ihr dermaliges Einkommen ungeschmälert be-
lassen würde.

Diesem Befehle gemäfs wurden die sämtlichen Postanstalten in Ober- und
Niederbayern, Schwaben und in der Oberpfalz, deren Anzahl damals schon die
Zahl 100 überstieg, in kurfürstliche Pflichten genommen.

Den Anlafs zu dieser Verfügung mögen Vorkommnisse gegeben haben,
welche die Übernahme der Postbediensteten in die unmittelbare Verpflichtung
des bayerischen Staates nach den damaligen politischen Verhältnissen als notwendig erkennen liefsen. Als Fürst Taxis von diesem Vorgange Kenntnis erlangt hatte, beschwerte er sich in einem Briefe an den Kurfürsten über die Ein-
griffe in seine Rechte. Noch im Dezember 1805 wurde hierauf erwidert, dafs es
keineswegs in der Absicht liege, die bisherige Administration der Posten aufzuheben, dafs man dagegen wünsche, sich mit dem Herrn Fürsten zu vereinen, in
welcher Weise das Postwesen in den bayerischen Landen künftighin zu bestellen
sein werde. Die Folge hiervon war eine neue, am 14. Februar 1806 mit dem
Fürsten Taxis getroffene Übereinkunft.

Da inzwischen Bayern infolge des Prefsburger Friedens 26. Dezember 1805
ein souveränes Königreich geworden war, so wurde dem Fürsten Taxis die Würde
eines königlich bayerischen Erbland-Postmeisters als ein Thronlehen übertragen,
und ihm die Regie des Postwesens in Bayern — mit alleiniger Ausnahme der

Posten in Tirol und Vorarlberg, welche einer eigenen k. General-Direktion mit
dem Sitze in München unterstellt wurden — unter Aufsicht und Mitwirkung
königlicher Kommissäre in Form eines Pachtes für den Genufs der Rente überlassen.

Zur Besorgung der auf das bayerische Postwesen Bezug habenden Ge-
schäfte wurde in Regensburg eine General-Direktion der königlich bayerischen
Posten als eine besondere Abteilung des fürstlich Thurn- und Taxis'schen Reichs-
Post-Kommissariats errichtet.

Rücksichtlich der Anstellung der Beamten wurde vereinbart, dafs in Er-
ledigungsfällen der Fürst (Erbland-Postmeister) zwei oder drei im Lande geborene
tüchtige Subjekte vorzuschlagen habe, aus welchen der König e i n e n wählen
würde; der Erwählte würde sodann vom Erbland-Postmeister den Bestallungs-
brief, vom König aber das Ernennungsdekret erhalten, von dem bei jedem Oberpostamte angestellten königlichen Kommissäre in königliche Pflichten genommen
werden und dem Erbland-Postmeister den Diensteid ablegen. Ferner an den Posthäusern solle lediglich das bayerische Wappen angebracht werden, und die Postämter sollen sich nicht anders nennen, als königlich bayerisches Postamt.

Durch diese Mafsregeln war bereits die Übernahme der Posten in eigene
Verwaltung angebahnt.

Diese erfolgte nun wirklich am 1. M ä r z 1808, zu welcher Zeit das Königreich Bayern auch eine gröfsere Ausdehnung durch den Erwerb neuer Landes-
gebiete mit vormals Taxis'schen Postanstalten erlangt hatte.

Das bisherige Verhältnis wurde durch eine von Carl Alexander Fürsten
von Thurn und Taxis am 28. Februar 1808 unterzeichnete Cessions-Akte aufgelöst und dem Herrn Fürsten mit Beibehaltung der Würde eines Reichs-Ober-
Postmeisters und den nach der Verfassung des Reiches damit verbundenen Vor-
zügen auf Lebenszeit von der Übergabe der Regie anfangend eine Entschädigung
gewährt, teils in Domänen, als ein in männlicher Linie vererbliches Kronlehen,
teils im baren bis zum Jahre 1827/28 einschliefslich fortzulaufenden Reichnissen.
Dagegen wurde vom 1. Juli 1808 anfangend zur Verwaltung der bayerischen Posten
als einer auf Staatsregie fortan unmittelbar zu besorgenden Anstalt, eine General-
Direktion der k. Posten, als eine dem Ministerium der auswärtigen Angelegenheiten unmittelbar untergeordnete Centralstelle errichtet.

Hiermit beginnt nun eine neue Ära des Postwesens, der ältesten der bayerischen Verkehrsanstalten.

b) Vom Jahre 1808 bis 1858.

Die neue General-Direktion der königlichen Posten machte es sich zur
Aufgabe, in die Verwaltung des Postwesens in den verschiedenen Landesteilen
Einheit und Ordnung zu bringen; von ihr gingen eine Reihe von wichtigen, das
Postwesen verbessernden Verordnungen aus, welche zum Teil noch heute in
Geltung stehen. Als Mittelorgane zwischen der Centralstelle und den äufseren
Verwaltungen wurden vier Oberpostämter zu München, Innsbruck, Augsburg und
Nürnberg geschaffen, welchen 220 Postanstalten, nämlich 7 Postämter, 22 Post-
verwaltungen, 172 Postexpeditionen, 15 Poststallhaltereien und 4 Briefsammlungen
untergeordnet waren.

Die Jahre von 1808—1815 brachten bekanntlich infolge politischer Ereig-
nisse und Verträge vielfache Veränderungen in den Bestandteilen des Königreichs Bayern mit sich, die auch auf die Ausdehnung und Einteilung der Post-
bezirke von Einflufs waren.

Infolge dieser Territorial-Veränderungen fiel im Jahre 1810 das Oberpostamt Innsbruck aus, dagegen entstanden drei neue Oberpostämter in Salzburg, Regensburg und Bayreuth. Im Jahre 1814 fiel das Oberpostamt Salzburg wieder weg, und wurde das Oberpostamt Bayreuth aufgelöst; dagegen ein bayerisches Oberpostamt in Würzburg und im Jahre 1816 ein solches in Speyer errichtet.

Es gab sonach am Ende des Jahres 1816 6 Oberpostämter, und zwar:

1. Das Oberpostamt Augsburg	mit 46 Postanstalten
2. „ „ München	„ 60 „
3. „ „ Nürnberg	„ 63 „
4. „ „ Regensburg	„ 60 „
5. „ „ Würzburg	„ 30 „
6. „ „ Speyer	„ 25 „

im ganzen 284 Postanstalten.

Der Landesbesitz des Königreichs Bayern war nunmehr gesichert, und die Postanstalt gewann an Ausdehnung nicht mehr durch Zuwachs neuer Landesteile, sondern durch Vermehrung der Anstalten im Innern des Landes selbst.

In der Stellung und Gestaltung der obersten Verwaltungsstelle und der Oberpostämter traten im Laufe der Zeit noch folgende Änderungen ein:

Durch königliche Allerhöchste Verordnung vom 31. Juli 1817 wurde die Centralstelle unter dem Namen einer General-Administration der bayerischen Posten neu organisiert und dem Staatsministerium des Äußern untergeordnet.

Mit allerhöchster Verordnung vom 9. Dezember 1825 wurde die General-Administration der Posten als eine Sektion dem k. Ministerium der Finanzen unterstellt.

Bei der Formation vom 31. Dezember 1826 wurde die Zahl der Oberpostämter auf 4 beschränkt mit den Sitzen in Augsburg, München, Nürnberg und Würzburg. Die Oberpostämter in Regensburg und Speyer wurden in Postämter umgewandelt.

Mit dem 1. April 1831 wurde auch das Oberpostamt in Würzburg in ein Postamt umgewandelt, und dessen Bezirk an die Oberpostämter Nürnberg, München und Augsburg zugeteilt.

Infolge allerhöchster Entschließung vom 13. Januar 1832 wurde das Postwesen von dem k. Staatsministerium der Finanzen wieder getrennt und dem Ministerium des Äußern untergeordnet, bei welchem es 15 Jahre verblieb.

Im Jahre 1834 wurden die Oberpostämter Regensburg und Würzburg wieder errichtet, und eine neue Einteilung der fünf Oberpostamtsbezirke mit ihren 290 Postanstalten diesseit des Rheins vorgenommen.

Am 27. Mai 1847 kam die obere Leitung der Eisenbahnen, welche ursprünglich dem Ministerium des Innern, später jenem des Äußern unmittelbar untergeordnet war, zum Geschäftskreise der Centralstelle des Postwesens hinzu, welche nun die Benennung ›General-Verwaltung der k. Posten und Eisenbahnen‹ erhielt und am 29. November des nämlichen Jahres mit der obersten Leitung des Ludwigs-Kanal- und Donau-Dampfschiffahrts-Betriebes dem k. Finanz-Ministerium untergeordnet wurde, wie es bereits hinsichtlich des Postwesens vor dem Jahre 1832 der Fall gewesen war.

Vom 11. November 1848 ab wurde die Generalverwaltung der k. Posten und Eisenbahnen dem neu geschaffenen Staatsministerium des Handels und der öffentlichen Arbeiten untergeordnet.

Am 6. Februar 1851 wurde zum Behufe einer einheitlichen Leitung und möglichsten Centralisation der Verwaltung sämtlicher Verkehrsanstalten an Stelle der General-Verwaltung der Posten und Eisenbahnen eine Generaldirektion der k. Verkehrsanstalten als Sektion des Staatsministeriums des Handels und der öffentlichen Arbeiten gebildet, und ihr aufser der oberen Leitung der Posten, Eisenbahnen, der Donau-Dampfschiffahrt und des Ludwig-Donau-Main-Kanals auch jene der Staatstelegraphen übertragen. Durch die Formation vom 14. November 1851 wurde entsprechend der politischen Einteilung des Königreichs in jedem der acht Regierungsbezirke ein Oberpostamt und beziehungsweise ein Oberpost- und Bahnamt mit den Sitzen in München, Landshut, Speyer, Regensburg, Bamberg, Nürnberg, Würzburg und Augsburg geschaffen, und die Unterordnung der denselben zugeteilten 489 Postanstalten genau nach den Grenzen der einzelnen Regierungsbezirke in der Art vorgenomme, dafs

dem k. Oberpost- und Bahnamte für Oberbayern 85	Postanstalten
„ „ Oberpostamte für Niederbayern 57	„
„ „ „ die Pfalz 56	„
„ „ „ „ Oberpfalz und Regensburg . . . 52	„
„ „ Oberpost- und Bahnamte für Oberfranken . . . 58	„
„ „ „ „ „ „ Mittelfranken 55	„
„ „ Oberpostamte für Unterfranken und Aschaffenburg . 71	„
„ „ Oberpost- und Bahnamte für Schwaben und Neuburg . 55	„

zugeteilt wurden

Das Verhältnis der General-Direktion der k. Verkehrs-Anstalten als einer Sektion des Staatsministeriums des Handels und der öffentlichen Arbeiten wurde in Berücksichtigung der grofsen Ausdehnung der Verkehrsanstalten zwar am 6. August 1858 aufgehoben, und aus derselben eine selbständige, dem genannten Ministerium untergeordnete Central-Verwaltungsstelle gebildet, hierdurch aber in Bezug auf die Organisation und das Verhältnis der Stelle zu den untergeordneten äufseren Vollzugsorganen eine wesentliche Änderung nicht herbeigeführt.

c) Vom Jahre 1858 bis 1892.

Dem durch die immer weitere Ausdehnung der Eisenbahnen und Telegraphen gesteigerten Verkehre wurde durch vermehrte Anlagen von Postanstalten und Postverbindungen Rechnung getragen, so dafs im Jahre 1858 die Zahl der den 8 Bezirksämtern untergeordneten Postämter und Expeditionen 632, im Jahre 1868 dagegen 1051 betrug. Die Organisation der Verkehrsanstalten erlitt im Etats- und zugleich Kalender-Jahre 1868 wesentliche Veränderungen. Während die unmittelbare Leitung und Verwaltung der sämtlichen Verkehrs-Anstalten der durch allerhöchste Verordnung vom 16. Februar 1851 gebildeten ›General-Direktion der Königlichen Verkehrs-Anstalten‹ als einer dem Staatsministerium des Handels und der öffentlichen Arbeiten untergeordneten Centralstelle übertragen blieb, trat infolge der grofsen Ausdehnung und Verschiedenartigkeit der in der Generaldirektion vereinigten Aufgaben innerhalb derselben gemäfs allerhöchster Verordnung vom 16. September 1868 vom 1. Oktober 1868 an eine Ausscheidung der Geschäfte in der Art ein, dafs der bereits seit 1865 für den Bau neuer Bahnen bestehenden Bau-Abteilung zugleich auch die Unterhaltung sämtlicher bleibenden Einrichtungen und Baulichkeiten, welche für den Betriebsdienst bestimmt sind, einer besonderen Betriebs-Abteilung die spezielle Leitung des Eisenbahn-Verkehrs in allen seinen Teilen, der Betrieb des Kanals und der Bodensee-Dampfschiffahrt, einer besonderen Post-Abteilung die Leitung des gesamten Postwesens und einer besonderen Telegraphen-Abteilung unter Aufhebung des bisherigen Telegraphenamtes die Leitung des gesamten Telegraphenwesens übertragen wurde, während der General-Direktor als Vorstand der Anstalt vor allem die Einheit und das Zusammenwirken aller einzelnen, ihm untergeordneten Organe zu überwachen hatte.

Im Anschlusse hieran wurden Ende des Jahres 1868 die bisher vereinigten .5 Oberpost- und Bahn Amts-Bezirkskassen in Post- und Eisenbahn-Bezirkskassen getrennt. Eine weitere organisatorische Änderung fand durch die bereits vom 1. März 1868 an verfügte Auflösung des bisherigen Oberpostamtes Landshut unter Zuteilung des betreffenden Postbezirkes an das Oberpostamt Regensburg unter gleichzeitiger Errichtung eines Lokal-Postamtes in Landshut statt.

Demgemäß war am Ende des Jahres 1868 die Organisation der k. b. Verkehrs-Anstalten folgende:

General-Direktion der königlichen Verkehrsanstalten:

   1. Bau-Abteilung,
   2. Betriebs-Abteilung,
   3. Post-Abteilung,
   4. Telegraphen-Abteilung.

Als äußere Vollzugs-Organe und Aufsichts-Behörden sind untergeordnet worden:

  5 Oberpost- und Bahnämter für den Post- und Bahnbetrieb zu München, Augsburg, Nürnberg, Bamberg und Würzburg,

  2 Oberpostämter zu Regensburg und Speyer,

  1 Kanalamt zu Nürnberg,

  1 Betriebsamt der Bodensee-Dampfschiffahrt zu Lindau.

Mit der am 1. Dezember 1871 erfolgten Auflösung des seit 11. November 1848 bestandenen Handels-Ministeriums wurde die obere Leitung und Aufsicht über sämtliche Verkehrs Anstalten dem Staatsministerium des königlichen Hauses und des Äußern unterstellt, und der Geschäftszweig der Bahn-Unterhaltung vom 9. Juli 1872 an von der Bau- an die Betriebs Abteilung übertragen.

Nach der unterm 10. Mai 1875 stattgefundenen Erwerbung der vormaligen Bayerischen Ostbahnen für den Staat, beziehungsweise durch die definitive Vereinigung der Staats- und Ostbahnen am 1. Januar 1876, hat die Organisation der k. b. Verkehrsanstalten eine Änderung in der Weise erfahren, daß der Post- und Bahndienst in den Mittelstellen vollständig getrennt wurde; infolge hiervon entstanden statt der bisherigen Oberpost- und Bahnämter und der Betriebsinspektionen der früheren Bayerischen Ostbahnen als äußere Vollzugsorgane und Aufsichtsbehörden der Generaldirektion der Königlich Bayerischen Verkehrsanstalten besondere Oberämter, getrennt für den Post- und für den Eisenbahnbetrieb, von welchen ersteren die Bezeichnung „Oberpostämter" und letzteren die Bezeichnung „Oberbahnämter" beigelegt wurde.

Die Bezirke der Oberpostämter schlossen sich, wie dies bisher mit jenen der Oberpost- und Bahnämter der Fall war, den Regierungsbezirken an mit Ausnahme der Regierungsbezirke für Niederbayern und die Oberpfalz, für welche nur ein Oberpostamt in Regensburg besteht.

Die Bezirke der Oberbahnämter dagegen wurden, unabhängig von der Kreiseinteilung, aus Zweckmäßigkeitsgründen nach Eisenbahnlinien in der Weise gebildet, daß, soweit nur immer thunlich, die Sitze derselben an den Hauptknotenpunkten gelegen sind, um so die Überwachung des gesamten Dienstes nach allen Richtungen hin zu ermöglichen.

Den Oberpostämtern wurden besondere Oberpost-Bezirkskassen, den Oberbahnämtern eigene Oberbahnamtskassen unterstellt. Ebenso wurde die bisher
bei der Generaldirektion der Königlich Bayerischen Verkehrsanstalten für den
Post- und Eisenbahnbetrieb bestandene Centralkasse in zwei getrennte Central-
kassen für den Post- und für den Eisenbahnbetrieb umgestaltet.

Demgemäfs waren im Jahre 1876 als äufsere unmittelbare Vollzugsorgane
und Aufsichtsbehörden der Generaldirektion untergeordnet:

    7 Oberpostämter zu Augsburg, Bamberg, München, Nürnberg, Regens-
        burg, Speyer und Würzburg,

   10 Oberbahnämter zu Augsburg, Bamberg, Ingolstadt, Kempten, München,
        Nürnberg, Regensburg, Rosenheim, Weiden und Würzburg,

    1 Kanalamt zu Nürnberg,

    1 Betriebsamt der Bodensee-Dampfschiffahrt zu Lindau.

Die Zahl der 1876 bestandenen Postanstalten betrug 1243.

Im Jahre 1880 trat eioe Änderung in der Organisation der Verkehrsanstalten in der Weise ein, dafs die Abteilung für die Telegraphen-Anstalt, vom
1. Oktober 1880 angefangen, mit der Abteilung für die Post vereinigt, und der
neu errichteten Abteilung für Post und Telegraphen die Leitung des gesamten
Post- und Telegraphenwesens einschliefslich der Herstellung neuer Telegraphen-
Linien übertragen wurde.

Eine wesentliche Veränderung der Organisation trat im Jahre 1886 ein.
Durch Königliche allerhöchste Verordnung vom 17. Juli 1886 traten an die Stelle
der bisherigen Generaldirektion der k. b. Verkehrsanstalten, welche aus den drei
Abteilungen für den Eisenbahn-Neubau, für den Eisenbahnbetrieb und für Post
und Telegraphen bestand, zwei selbständige, dem k. Staatsministerium des
k. Hauses und des Äufsern unmittelbar untergeordnete Stellen mit der Bezeichnung

„Generaldirektion der k. b. Staatseisenbahnen"

und

„Direktion der k. b. Posten und Telegraphen".

Stand der Postanstalten im Jahre 1886: 1531.

   ,,   ,,   ,,   ,,   ,,   1887: 1560.
   ,,   ,,   ,,   ,,   ,,   1888: 1590.
   ,,   ,,   ,,   ,,   ,,   1889: 1604.
   ,,   ,,   ,,   ,,   ,,   1890: 2172.
   ,,   ,,   ,,   ,,   ,,   1891: 2269.

2. Eisenbahnwesen.

Das Königreich Bayern kann sich rühmen, dafs innerhalb seiner Grenzen
die erste deutsche Eisenbahn gebaut und dem öffentlichen Betriebe übergeben
worden ist. Am 7. Dezember 1835 wurde das Zeitalter der Eisenbahnen in
Deutschland durch die 6,05 km lange Lokomotiveisenbahn von Nürnberg nach
Fürth eröffnet. Dieselbe wurde als Aktienunternehmen gebaut und ist heute
die einzige noch übrige Privatbahn in Bayern rechts des Rheines; denn ein
zweiter Ruhm des bayerischen Staates besteht darin, dafs er zuerst in Deutschland zum Staatsbahnsystem übergegangen ist. Die zweite bayerische Bahn von
München nach Augsburg (37,05 km) wurde zwar in der Zeit von 1837—1840
gleichfalls von einer Aktiengesellschaft gebaut, indessen bereits im Jahre 1844
vom Staate angekauft und vom 1. Oktober 1844 an in staatlichen Betrieb genommen. Bis gegen Ende des folgenden Jahrzehntes sehen wir darauf die
systematische Fortentwickelung eines bayerischen Staatseisenbahnsystems. Erst

mit den vormaligen Ostbahnen erscheint im Jahre 1856 innerhalb des Staatsbahn-
netzes wiederum eine Privatbahn, welche indessen bereits am 1. Januar 1875
durch Kauf in das Eigentum des Staates übergeht. Auch in Bayern war es
ein Zusammentreffen der sehr bald eintretenden völligen Lähmung des Privat-
unternehmungsgeistes mit der Erkenntnis des Königs Ludwig I. und seiner damaligen Berater, „dafs die Eisenbahnen als das, was sie wirklich sind und sein
sollen: als Staatsunternehmungen zu betrachten seien", was die Staatsbahnpolitik
einleitete und einleiten konnte, weil Bayern sich in der glücklichen Lage befand,
durch keinerlei auf anderen Gebieten liegende Schwierigkeiten behindert zu sein,
der richtigen Erkenntnis gemäfs auch zu handeln.

Gegen Ende des Jahres 1840 beschlofs König Ludwig I. die Erbauung einer
Bahn von der Reichsgrenze bei Hof über Bamberg nach Nürnberg und von da
bis Augsburg bezw. Lindau auf Staatskosten. Zur Ausführung dieser Bahn
wurde im Juli 1841 eine unter dem k. Staatsministerium des Innern stehende
Eisenbahnbaukommission mit dem Sitze in Nürnberg gebildet, die anfänglich
aus einem technischen Vorstande für die Bahnabteilung Nürnberg-Hof, einem
solchen für die Bahnabteilung Augsburg-Nürnberg und aus einem administrativen
Vorstande für die Gesamtbahn bestand. Die k. Eisenbahnbaukommission Nürnberg
wurde im September 1847 aufgelöst und beendete ihre Funktion im März 1848.
Gleichzeitig mit der Auflösung derselben wurde am 14. September 1847 durch
kgl. Verordnung eine ebenfalls dem Ministerium des Innern untergeordnete
Eisenbahnbaukommission mit dem Sitze in München gebildet, welche im Juni 1853
mit der k. obersten Baubehörde vereinigt und im August 1860 aufgelöst wurde
unter Übertragung des Ausbaues der in Betrieb gesetzten Bahnen, sowie des
Neubaues weiterer Linien an die Generaldirektion. — Die Oberleitung des Eisenbahnbetriebes wurde am 7. April 1845 dem Staatsministerium des kgl. Hauses
und des Äufsern überwiesen.

Am 27. Mai 1847 wurden die Centralstellen für die Leitung des Postwesens
und des Eisenbahnbetriebes vereinigt, und die Generalverwaltung der kgl. Posten
und Eisenbahnen gebildet, worauf alsbald eine Trennung vom Ministerium des
Äufsern und die Zuteilung zum Ministerium der Finanzen erfolgte, bis endlich
am 11. November 1848 das Staatsministerium des Handels und der öffentlichen
Arbeiten geschaffen wurde, und an dieses Ministerium die Oberaufsicht über
sämtliche Verkehrsanstalten, somit auch jene über die Posten und Eisenbahnen,
überging.

Für die Verwaltung des Ludwigskanals[1]) damals noch auf Rechnung
der 1834 gebildeten Aktiengesellschaft, war am 9. Januar 1842 eine den beiden
Ministerien des Innern und der Finanzen gemeinsam untergeordnete Verwaltungsbehörde in Nürnberg aufgestellt worden Sie wurde am 4. Oktober 1846 dem
Ministerium des Äufsern, am 29. November 1847 dem Ministerium der Finanzen
und zuletzt am 15. November 1851 der Generaldirektion der bayerischen Verkehrsanstalten unterstellt.

Für die Dampfschiffahrt auf der Donau, welche anfänglich
1837 ebenfalls Privatunternehmen einer Aktiengesellschaft unter Aufsicht des
Ministeriums des Innern gewesen, aber 1846 durch Kauf in das Staats-Eigentum
übergegangen ist, war am 8. Juli 1846 eine eigene Verwaltungsbehörde in

---

[1]) Derselbe verbindet zwischen Kelheim und Bamberg die Donau mit dem
Main für die Schiffahrt, ein Werk, von Karl dem Grofsen versucht, durch
Ludwig I., König von Bayern, 1834 neu begonnen und vollendet 1846.

Regensburg aufgestellt und dem Ministerium des Äufsern unmittelbar untergeordnet worden. Am 29. November 1847 wurde sie zugleich mit der Kanal-
verwaltung dem Finanzministerium, am 15. November 1851 der Generaldirektion
der königlichen Verkehrs-Anstalten unterstellt. Am 5. Juli 1862 wurde der
Betrieb der Donau-Dampfschiffahrt von der bayerischen Staatsregierung an die
I. k. k. priv. österr. Donau-Dampfschiffahrtsgesellschaft durch Vertrag abgetreten.

Die Unternehmung der Lindauer Bodensee-Dampfschiffahrt — im
Jahre 1836 unter Beteiligung der Postanstalt gegründet — wurde mit Beginn
des Jahres 1872 von der Staatsregierung käuflich erworben, nachdem infolge
vorläufiger Vereinbarung die Anstalt bereits für das Jahr 1861 von dem Ver-
waltungsrate für Rechnung des Staates geleitet worden war Die provisorische
Verwaltung wurde mit dem Post- und Bahnamte in Lindau verbunden.

Unter Rückbezug auf die am 1. Oktober 1868 erfolgte Ausscheidung der
Geschäfte der Generaldirektion ist hier zu erwähnen, dafs an den Oberamts-
sitzen München, Augsburg, Nürnberg, Bamberg und Würzburg gleichzeitig selbständige Lokalbahnämter mit je einem Inspektor geschaffen wurden, und dafs
Ende 1868 im ganzen 246 Eisenbahnanstalten bestanden.

Am 1. Oktober 1872 wurde eine Staatseisenbahn-Centralwerkstätte errichtet,
welche unmittelbar der kgl. Generaldirektion ›Betriebs-Abteilung‹ unterstellt
wurde.

Der mit 1. August 1886 geschaffenen, dem Staatsministerium des Königlichen
Hauses und des Äufsern unmittelbar untergeordneten Generaldirektion der kgl.
bayer. Staatseisenbahnen obliegt die obere Leitung und Verwaltung sämtlicher
in Bau oder Betrieb befindlichen kgl. bayer. Staatseisenbahnen, sowie der Bodensee
Dampfschiffahrt und des Ludwigs-Donau-Main-Kanals. Bei dieser Generaldirektion
wurden fünf Abteilungen gebildet:

1. Verwaltungs-Abteilung:
für die allgemeine Verwaltung, für sämtliche Personalangelegenheiten und Rechts-
sachen;

2. Betriebs-Abteilung:
für den Fahrdienst, für das gesamte Maschinenwesen und die Betriebsmaterialien-
Verwaltung;

3. Verkehrs-Abteilung:
für Tarifsachen des Personenverkehrs, sowie für das Güter-, Tarif- und Transport-
wesen und den kommerziellen Dienst überhaupt;

4. Finanz-Abteilung:
für das gesamte Etats-, Kassa- und Rechnungswesen;

5. Bau-Abteilung:
für den Eisenbahnneubau und die Bahnunterhaltung einschliefslich der Bau-
materiallieferung.

Jede Abteilung erhielt einen Vorstand, die nötige Zahl von Referenten und
das erforderliche Hilfspersonal zugeteilt.

In der Geschäftsverteilung für die Generaldirektion der
kgl. Staatseisenbahnen traten vom 1. Januar 1892 an nachstehende
Änderungen ein: I. An Stelle des bautechnischen Bureaus und des Weichen-
centralisierungsbureaus wurden bei der Bauabteilung der kgl. Generaldirektion
die nachbezeichneten Bureaus mit der angegebenen Geschäftsaufgabe errichtet:
a) Ingenieurbureau: 1. Herstellung genereller Projekte neuer Bahnen;

2. Ausarbeitung von Projekten für die Bauprojekte des Ingenieurfachs; 3) Detailrevision der eingehenden Projekte und Kostenanschläge des Ingenieurfaches; 4. technische Prüfung der Rechnungen für ingenieurtechnische Bauten und Bahnunterhaltung mit Ausnahme der Oberbaumaterialbeschaffung und ohne Schlußverfügung; 5. Bearbeitung von Normalien; 6. Instandhaltung des ingenieurtechnischen Katasters; 7. Korrespondenzen mit den äußeren Dienststellen in den bezeichneten Angelegenheiten. b) Hochbaubureau: 1. Herstellung genereller Projekte für Hochbauten; 2. Ausarbeitung von Projekten einzelner Bauobjekte des Hochbaufaches, Aufstellung der Entwürfe, Bearbeitung der Kostenanschläge; 3. Detailrevision der eingehenden Projekte für Hochbau; 4. technische Prüfung der Rechnungen für Hochbauprojekte und Unterhaltung derselben mit Ausnahme der Schlußverfügung; 5. Ausarbeitung von Normalien; 6. Überwachung und Instandhaltung des hochbautechnischen Katasters; 7. Korrespondenzen mit den äußeren Dienststellen in den bezeichneten Angelegenheiten. II. Die Untersuchung der Reklamationen aus der Anwendung der Tarife wird dem bei der Verkehrsabteilung der kgl. Generaldirektion errichteten Tarifbureau zugewiesen.

Der Generaldirektion wurde ein Fiskal zugeteilt, welchem die Behandlung der streitigen Rechtsangelegenheiten und die Erstattung von Rechtsgutachten übertragen ist.

Bezüglich der Führung der Prozesse findet die Verordnung vom 27. November 1825, die Auflösung des Generalfiskalates betreffend, analoge Anwendung. Der Fiskal der Generaldirektion der kgl. bayer. Staatseisenbahnen ist zugleich Fiskal der Direktion der kgl. Posten und Telegraphen und führt die Benennung: »Fiskal der kgl. bayerischen Verkehrsanstalten.«

Als äußere Vollzugs- und Aufsichtsbehörden sind der Generaldirektion der kgl bayer. Staatseisenbahnen unmittelbar untergeordnet:

a) die Oberbahnämter in Augsburg, Bamberg, Ingolstadt, Kempten, München, Nürnberg, Regensburg, Rosenheim, Weiden und Würzburg,

b) die Eisenbahnbau-Sektionen,

c) die Centralwerkstätten und Centralmagazins-Verwaltungen in München, Nürnberg und Regensburg, das Betriebsamt der Bodensee-Dampfschiffahrt in Lindau und das Kanalamt in Nürnberg.

Am Ende des Jahres 1888 bestanden 804 Stationen der kgl. bayer. Staatseisenbahnen und 5 Einnehmereien des Kanalamtes.

Mit allerhöchster Verordnung vom 16. März 1891 erfolgte die Bildung eines Eisenbahnrates für Bayern als regelmäßige Vertretung der hauptsächlichsten Gruppen der Verkehrsinteressenten bei der kgl. bayer. Staatseisenbahn-Verwaltung. Der Eisenbahnrat besteht aus 25 Mitgliedern, von denen jede Handels- und Gewerbekammer diesseit des Rheins zwei, jedes diesseit des Rheins bestehende Kreiskomitee des landwirtschaftlichen Vereins ein Mitglied in Vorschlag zu bringen hat. Derselbe wird von der Generaldirektion nach Bedürfnis, mindestens aber zweimal jährlich berufen.

3. Telegraphenwesen.

Bayern ist die eigentliche Geburtsstätte des elektrischen Telegraphen, des »Königs der Verkehrsmittel«. In der Geschichte der elektrischen Telegraphie stehen die Namen Samuel Thomas von Sömmering (1809), Dr. G. S. Ohm (1826) und Karl August Steinheil (1837) obenan. In Deutschland entwickelte sich zuerst ein großes Telegraphennetz mit gleichförmigen System der

Verwaltung und des Betriebs, das bald der Mittelpunkt für ganz Europa war. Die bayerische Regierung, welche es stets für eine Ehrenpflicht gehalten hat, keinen Fortschritt auf dem Gebiete des Verkehrswesens zu vernachlässigen, ist dem Publikum durch Eröffnung neuer Stationen, Anlage neuer Linien und Einführung verbesserter Apparate stets entgegengekommen.

Am 23. November 1849 wurde für den Betrieb der zu erbauenden Staats-telegraphen ein dem Ministerium des Handels und der öffentlichen Arbeiten unmittelbar untergeordnetes Telegraphenamt mit dem Sitze in München gebildet.

Von der Ansicht ausgehend, daß die Verkehrsanstalten, welche einem und demselben Zwecke zu dienen haben und sich gegenseitig ergänzen, nur unter einheitlicher Leitung ihre wirtschaftliche Aufgabe vollkommen zu lösen im stande sind, wurden im Jahre 1851 Post, Telegraph, der Bau und Betrieb der Eisenbahnen, der Donau-Dampfschiffahrt und des Kanals unter der Generaldirektion der kgl. bayer. Verkehrsanstalten vereinigt.

Ende 1851 bestanden 17 bayerische Telegraphenstationen, wovon acht in den Kreishauptstädten zur gleichzeitigen Benutzung der Kreisregierungen und die übrigen in den bedeutenden Handelsplätzen oder an den Auswechslungspunkten sich befanden.

Durch die Organisation vom 1. Oktober 1868 wurde unter Aufhebung des bisherigen Telegraphenamtes die Leitung des gesamten Telegraphenwesens einer besonderen Telegraphen-Abteilung übertragen.

Ende 1868 bestanden 421 inländische Staats-, Staatsbahn-, und Ostbahn-Telegraphenstationen.

Zur Verminderung der Verwaltungs- und Betriebskosten der Staats-Telegraphenstation wurde die seit 1868 bestandene Telegraphen-Abteilung mit 1. Oktober 1880 mit der Abteilung für die Post vereinigt, und der neuen Abteilung für Post und Telegraphen die Leitung des gesamten Post- und Telegraphenwesens einschließlich der Herstellung neuer Telegraphenlinien übertragen mit der Bestimmung, daß nach Erfordernis mit Zustimmung des Staatsministeriums des k. Hauses und des Äußern bei dieser Abteilung die Bildung einer oder mehrerer Unterabteilungen stattfinden kann. Vom gleichen Zeitpunkte an wurden im Anschlusse an die Organisation der Mittelstellen der kgl. Verkehrsanstalten die Telegraphenstationen dem Oberpostamte, in dessen Bezirke sie gelegen sind, untergeordnet, und die vorhandenen Telegraphen-Inspektoren den Oberpostämtern nach Bedürfnis zugeteilt. Vorbehalten blieb, wo die dienstlichen und lokalen Verhältnisse es gestatten, die Vereinigung der selbständigen Telegraphenstationen mit den betreffenden Orts-Postanstalten. Vom 1. Januar 1881 an gingen die Geschäfte der Telegraphenkasse an die Centralpostkasse und die Oberpostamtskassen über.

Die Zahl der Ende 1880 bestandenen Telegraphenstationen betrug 1112.

An Stelle der bisherigen Generaldirektion, Abteilung für Post- und Telegraphen, trat mit 1. August 1886 eine selbständige, dem k. Staatsministerium des k. Hauses und des Äußern unmittelbar untergeordnete Direktion der kgl. bayer. Posten und Telegraphen, welcher die obere Leitung und Verwaltung des gesamten Post- und Staatstelegraphenwesens, sowie die Leitung des Telegraphenunterrichtskurses für die Adspiranten des Eisenbahndienstes obliegt. Nach Erfordernis kann mit Zustimmung des Staatsministeriums des kgl. Hauses und des Äußern die Bildung einer oder mehrerer Abteilungen oder Bureaus nach Maßgabe einer zu erlassenden Geschäftsordnung stattfinden.

Die Anzahl der bayerischen Telegraphenanstalten betrug Ende 1886 im ganzen 1302 und Ende 1887 zusammen 1325 und Ende 1891 in Summa 1647.

4. Telephonwesen.

Das Telephon oder der Fernsprecher, das modernste Mittel des Nachrichtenaustausches, ist bekanntlich eine Erfindung von Philipp Reis aus Gelnhausen, der 1861 zuerst einen Apparat konstruierte, mit welchem man Töne in die Ferne übertragen konnte. Im Jahre 1863 trat Reis mit seinem verbesserten Apparate — Telephon genannt — an die Öffentlichkeit. In der Wissenschaft ist allgemein anerkannt, daſs die erste Idee von Deutschland ausgegangen ist. Allerdings hat nach Reis' Tode (14. Januar 1874) erst der Amerikaner Graham Bell den Apparat brauchbar gemacht (1876). In Deutschland wurden die ersten Versuche mit dem Fernsprecher bei der obersten Post- und Telegraphen-Verwaltung zu Berlin am 24. Oktober 1877 angestellt. Das Fernsprechwesen hat seitdem einen groſsen Aufschwung genommen, und das Telephonnetz in Berlin ist jetzt das weitaus gröſste der ganzen Welt. In Bayern wurde die Telephonie nach dem Vorgehen der deutschen Reichspostverwaltung als eine technische Verzweigung der Telegraphie ausschlieſslich der Staatsverwaltung einverleibt. Gegen Ende des Jahres 1881 schritt die bayerische Telegraphenverwaltung zu umfassenden Versuchen mit den neuesten Apparaten.

Nachdem das Bedürfnis von Telephonanlagen erkannt worden war, wurde im Jahre 1882 zur Ausführung geschritten. Die elektrotechnische Ausstellung vom Jahre 1881 in Paris war in Bezug auf die Feststellung der technischen Grundzüge für die bayerischen Telephonanlagen entscheidend geworden.

Am 1. Oktober 1891 hatten 14 bayerische Städte Telephoneinrichtungen: Ludwigshafen a. Rhein, München, Nürnberg, Fürth, Augsburg, Bamberg, Würzburg, Roth a. S., Schwabach, Hof, Kaiserslautern, Ansbach, Erlangen und Bayreuth. Die Zahl der Teilnehmer beträgt 3779, darunter 315 Behörden, der Telephonapparate 5861, Länge der Drahtleitungen 6555 km.

Im Bau begriffen sind die Telephonleitungen in Kulmbach, Kempten, Neustadt a./H. mit Lambrecht, Pirmasens, Regensburg, Passau, Lindau, Speyer, ferner die Städteverbindungen: Kaiserslautern-Pirmasens, Ludwigshafen-Neustadt a/H., Ludwigshafen-Speyer, Nürnberg-Hof und Lindau-Bregenz bezw. Lindau-Landesgrenze bei Lindau.

Im Betrieb sind folgende Städteverbindungen:

1) München mit Pasing-Augsburg-Nürnberg-Fürth-Roth-Schwabach-Ansbach-Würzburg mit Rimpar;
2) München, Nürnberg, Fürth, Würzburg einerseits und Frankfurt a/Main anderseits;
3) München und Augsburg einerseits und Ulm, Stuttgart anderseits;
4) Ludwigshafen a/Rhein-Kaiserslautern einerseits und Mannheim-Heidelberg anderseits,

Gesammtlänge der für die Städteverbindungen nöthigen Telephonlinien: 836,8 km.

Auſserdem bestehen in Bayern z. Z. 85 Telegraphenstationen mit Telephonbetrieb mit etwa 470 km Leitung.

Die Verbindungen zwischen den Telephonnetzen in München und Augsburg, dann in Nürnberg-Fürth und Bamberg waren nach dem System Rysselberghe zur Ausführung gebracht worden, welches System ab 1892 auſser Gebrauch ist.

Die Zahl der öffentlichen Telephonstationen betrug Ende 1891: 91.

Zeitfolge der Generaldirektoren der kgl. bayer. Verkehrsanstalten.
1808—1892.

1. März 1808. D r e c h s e l Karl Joseph Frhr. v., Generaldirektor der kgl. Posten.
21. März 1808. do. do. zugleich Vorstand und Direktor des Postwesens in Tirol und Vorarlberg.
1. Juli 1808. D r e c h s e l Karl Joseph Frhr. v., übernimmt die Gesammtverwaltung des Postwesens des Königreichs Bayern.
31. Juli 1817. S c h ö n h a m m e r Sebastian Philipp, Direktor der General-Postadministration.
21. Febr. 1829. L i p p e Philipp Ferdinand v., General-Postadministrator.
1. Juli 1841. G ö b Karl, General-Postadministrator
1. Juni 1847. do. v., Generalverwalter der Posten und Eisenbahnen.
1. März 1851. B r ü c k Ludwig Frhr. v., Vorstand der Generaldirektion der kgl. bayer Verkehrsanstalten.
31. Aug. 1871 H o c h e d e r Adolf, Generaldirektor der kgl. bayer. Verkehrsanstalten.
1. Aug. 1886. S c h n o r r v. C a r o l s f e l d Karl, Generaldirektor und Vorstand der Generaldirektion der kgl. bayer. Staatseisenbahnen, mit dem Range eines kgl. Regierungspräsidenten.
1. Aug. 1886. S c h a m b e r g e r Adolf Ritter v., Generaldirektor und Vorstand der Direktion der kgl. bayer. Posten und Telegraphen.

Postwesen:

1. März 1808. D r e c h s e l Karl Frhr. v., Generaldirektor der kgl. Posten.
31. Juli 1817. S c h ö n h a m m e r Sebastian Philipp, Direktor der General-Postadministration.
21. Febr. 1829. L i p p e Philipp Ferdinand, Direktor der General-Postadministration.
1. Juli 1841. G ö b Karl, Direktor der General-Postadministration.
1. März 1851. B r ü c k Ludwig Frhr. v, Generaldirektor der kgl. bayer. Verkehrsanstalten.
1. Okt. 1868. B a u m a n n Joseph, Vorstand der Generaldirektion (Postabteilung).
1. Aug. 1886. S c h a m b e r g e r Adolf Ritter v., Generaldirektor und Vorstand der Direktion der kgl. bayer. Posten und Telegraphen.

Eisenbahnwesen:
1. Eisenbahnbau:

1. Juli 1841. D e n i s Paul, kgl. Kreisbaurat und technischer Vorstand der kgl. Eisenbahnbaukommission Nürnberg
1. Juli 1841 P a u l i Friedrich August, kgl. Oberingenieur und technischer Vorstand der Augsburg-Nürnberger Bahnabteilung.
1. Juni 1842. P a u l i Friedrich August, technischer Oberleiter des gesamten Bahnbaues.
1. Aug. 1860. B r ü c k Ludw. Frhr. v., Generaldirektor der kgl. bayer. Verkehrsanstalten.
29. Juli 1865. D y c k Karl v, Eisenbahnbaudirektor.
16. März 1874. R ö c k l Alois, Eisenbahnbaudirektor.
1. Juli 1881. S c h n o r r v o n C a r o l s f e l d, Karl, Eisenbahnbaudirektor.
1 Aug. 1886. G y s s l i n g Franz, Direktor und Vorstand der Bauabteilung.
1. Jan. 1890. E b e r m a y e r Gustav, Oberregierungsrat und Vorstand der Bauabteilung.

2. Eisenbahnbetrieb:

1. Okt. 1868. Fischer Hermann, Vorstand der Generaldirektion der kgl. bayer. Verkehrsanstalten (Betriebsabteilung).

1. Dez. 1875. Badhauser Heinrich, Vorstand der Generaldirektion der kgl. bayer. Verkehrsanstalten (Betriebsabteilung).

1. Juli 1881. Schamberger Adolf Ritter v., Vorstand der Generaldirektion der kgl. bayer. Verkehrsanstalten (Betriebsabteilung).

1. Aug. 1886. Pernwerth von Bärnstein Adolf, Vorstand der General-direktion der kgl. Staatseisenbahnen (Betriebsabteilung).

3. Eisenbahn-Verwaltungsabteilung.

1. Aug. 1886. Lippl Dr. Oskar, kgl. Oberregierungsrat und Vorstand.

4. Eisenbahn-Verkehrsabteilung.

1. Aug. 1886. Böhm Otto, Ritter von, kgl. Regierungs-Direktor und Vorstand.

5. Eisenbahn-Finanzabteilung.

1. Aug. 1886. Höchtlen Heinrich Christian, kgl. Oberregierungsrat und Vorstand.

Telegraphenwesen:

23. Nov. 1849. Dyck Karl, Vorstand des Telegraphenamtes.

1. Jan. 1866. Gumbart Heinrich, Vorstand des Telegraphenamtes.

1. Okt. 1868.   do.   do.   Vorstand der Generaldirektion (Abteilung für Telegraphen).

10. Febr. 1880. Müller Jakob, Oberinspektor, interimistischer Vorstand der Generaldirektion (Abteilung für Telegraphen).

1. Okt. 1880. Baumann Joseph v., Vorstand der Generaldirektion (Abteilung für Post und Telegraphen).

1. Aug. 1886. Schamberger Adolph Ritter v., Generaldirektor der Direktion der kgl. Posten und Telegraphen.

Fiskalat:

2. Juni 1851. Fischer Hermann, Fiskal der Generaldirektion der kgl. Verkehrs-anstalten.

1. Aug. 1886. Rutz Ernst, kgl. Oberregierungsrat und Fiskal der kgl. Verkehrs-anstalten.

K. Oberbahnämter:

Augsburg.	Vorstand: Wimmer Ludwig, Oberbahnamtsdirektor (Gen.-Dir.-Rat).	
Bamberg.	› Strobl Joseph,	›
Ingolstadt.	› Bodack Robert,	›
Kempten.	› Seitz Anton,	›
München.	› Färber Georg,	›
Nürnberg.	› Louis Wilhelm,	›
Regensburg.	› Kreitner Karl,	›
Rosenheim.	› Muffat Peter,	›
Weiden.	› Göbel Lorenz,	›
Würzburg.	› Eickemeyer Karl,	›

K. Oberpostämter:

Augsburg.	Vorstand: v. Axthelm Moriz, Oberpostrat.
Bamberg.	› Frh. v. Gumppenberg Karl, Oberpostmeister.
München.	› Zimmermann Jakob, Oberpostrat.

Nürnberg.   Vorstand: **Treu** Anton, Oberpostrat.
Regensburg.   »   **Wiedemann** Friedrich, Oberpostmeister.
Speyer.   »   **Hafner** Joseph, Oberpostmeister.
Würzburg.   »   **Benker** Wilhelm, Oberpostmeister.

Gesetzliche Bestimmungen.

In Bezug auf die Sicherung der Telegraphenanlagen im Deutschen Reiche gegen Beschädigungen sind durch die §§ 317 bis 330 des Reichs-Strafgesetzbuchs die nachstehenden Bestimmungen getroffen:

§ 317. Wer gegen eine zu öffentlichen Zwecken dienende Telegraphen-anstalt vorsätzlich Handlungen begeht, welche die Benutzung dieser Anstalt verhindern oder stören, wird mit Gefängnis von einem Monat bis zu drei Jahren bestraft.

§ 318. Wer gegen eine zu öffentlichen Zwecken dienende Telegraphen-anstalt fahrlässigerweise Handlungen begeht, welche die Benutzung dieser Anstalt verhindern oder stören, wird mit Gefängnis bis zu einem Jahre oder mit Geldstrafe bis zu 900 Mk. bestraft.

Gleiche Strafe trifft die zur Beaufsichtigung und Bedienung der Telegraphen-anstalten und ihrer Zubehörungen angestellten Personen, wenn sie durch Ver-nachlässigung der ihnen obliegenden Pflichten die Benutzung der Anstalt ver-hindern oder stören.

§ 319. Wird einer der in den §§ 316 und 318 erwähnten Angestellten wegen einer der in den §§ 315 bis 318 bezeichneten Handlungen verurteilt, so kann derselbe zugleich für unfähig zu einer Beschäftigung im Eisenbahn- oder Telegraphendienste oder in bestimmten Zweigen dieser Dienste erklärt werden.[1]

§ 320. Die Vorsteher einer Eisenbahngesellschaft, sowie die Vorsteher einer zu öffentlichen Zwecken dienenden Telegraphenanstalt, welche nicht sofort nach Mitteilung des rechtskräftigen Erkenntnisses die Entfernung der Verurteilten bewirken, werden mit Geldstrafe bis zu 300 Mk. oder mit Gefängnis bis zu drei Monaten bestraft.

Gleiche Strafe trifft denjenigen, welcher für unfähig zum Eisenbahn- oder Telegraphendienste erklärt worden ist, wenn er sich nachher bei einer Eisen-bahn- oder Telegraphenanstalt wieder anstellen läfst, sowie diejenigen, welche ihn wieder angestellt haben, obgleich ihnen die erfolgte Unfähigkeitserklärung bekannt war.

Stellung der Telegraphie im Reiche.

Die Verfassung des Deutschen Reiches, d. d. 16. April 1871, enthält in den Art 48—52 die Bestimmungen über das Post- und Telegraphenwesen, welche aber für Bayern und Württemberg keine Anwendung finden. Diese beiden Bundesstaaten behalten als Sonderrecht die selbständige Verwaltung ihres Post- und Telegraphenwesens. Dagegen steht die Gesetzgebung über die Vor-rechte der Post und Telegraphie, über die rechtlichen Verhältnisse beider An-stalten zum Publikum, über die Portofreiheiten und das Posttaxwesen, jedoch ausschliefslich der reglementarischen und Tarifbestimmungen für den internen Verkehr innerhalb Bayerns bezw. Württembergs, sowie, unter gleicher Be-schränkung, die Feststellung der Gebühren für die telegraphische Korrespondenz dem Reiche ausschliefslich zu.

---

[1] Die Bestimmungen der §§ 315 und 316 beziehen sich ausschliefslich auf den Eisenbahndienst.

Ebenso steht dem Reiche die Regelung des Post- und Telegraphenverkehrs mit dem Auslande zu, ausgenommen den eigenen unmittelbaren Verkehr Bayerns bezw. Württembergs mit seinen dem Reiche nicht angehörenden Nachbarstaaten (Österreich und Schweiz), wegen dessen Regelung es bei der Bestimmung im Art. 49 des Postvertrages vom 23. November 1867 bleibt. (Es ist dies der Vertrag zwischen Bayern, Württemberg, Baden und dem Norddeutschen Bunde, sodann zwischen diesen Staaten und Österreich.)

Der bayerischen Regierung bleibt demnach vorbehalten:

a) die Erlassung der Reglements und der Tarifbestimmungen für den Verkehr im Lande selbst;

b) die Feststellung der Gebühren für Telegramme des internen Verkehrs;

c) die Regelung des nachbarlichen Verkehrs mit außerdeutschen Staaten nach Maßgabe des Art. 49 des angeführten Postvertrages;

d) die Erhebung und Verwendung des Postportos und der Telegraphengebühren durch ihre Behörden, die Handhabung der Kontrolle über diese.

An den zur Reichskasse fließenden Einnahmen des Post- und Telegraphenwesens haben Bayern und Württemberg keinen Teil. (Reichsverf. Art. 52.)

Telegraphen-Verwaltungsbehörden.

Am 23. November 1849 wurde ein für den Betrieb der zu erbauenden Staatstelegraphen dem Ministerium des Handels und der öffentlichen Arbeiten unmittelbar untergeordnetes Telegraphenamt in München gebildet, welches mit der am 16. Februar 1851 erfolgten Umwandlung der Generalverwaltung der Posten und Eisenbahnen in eine Generaldirektion der Verkehrsanstalten dieser unterstellt wurde. Am 1. Januar 1869 wurde das bisherige Telegraphenamt zu einer selbständigen Abteilung der Generaldirektion der Verkehrsanstalten erhoben und am 1. Oktober 1880 mit der Postabteilung vereinigt, welcher am 1. August 1886 als „Direktion der k. Posten und Telegraphen" die Oberleitung und Verwaltung des gesamten Post- und Staatstelegraphenwesens übertragen wurde.

Die den Oberpostämtern, sowie den Oberbahnämtern unterstellten Telegraphen- und Telephonstationen haben zwar den Charakter von Staatsbehörden, sind jedoch vorzugsweise Betriebsstellen, deren Vorstände nur neben den übrigen Aufgaben auch die mit dem Betriebe unumgänglich verknüpften Verwaltungsgeschäfte zu erledigen haben.

Eisenbahnbetriebstelegraphen und ihr Verhältnis zur Staatstelegraphie.

Sämtliche Bahntelegraphenstationen sind mit dem Eisenbahndienste vereinigte Staatstelegraphenstationen und vermitteln den Staats- und Privattelegrammverkehr, soweit es die Bahnbetriebsverhältnisse gestatten, gleich den übrigen Staatstelegraphenanstalten (mit selbständigem Personal- oder mit dem Postdienst vereinigt) und stehen daher hinsichtlich der Wahrnehmung des Telegraphendienstes unter Aufsicht der kgl. Oberpostämter, welche hiernach befugt sind, den Geschäftsbetrieb, das Kassa- und Rechnungswesen etc. regelmäßigen Visitationen zu unterwerfen und die technischen Einrichtungen zu prüfen, insoweit deren Wirkung auf den Staatstelegraphenbetrieb in Frage kommt.

Angelegenheiten der Disziplin über das Personal der Bahntelegraphenstationen, sofern sie dessen Funktion im Staatstelegraphendienste berühren,

16*

werden von den Oberpostämtern im Einvernehmen mit den Oberbahnämtern geregelt.

Alle Telegraphenneuanlagen der bayerischen Staatseisenbahnen, demnach die Herstellung der Leitungen und Stationseinrichtungen, werden nach Anordnung der Direktion der kgl. Post und Telegraphen durch die technischen Beamten der Oberpostämter und durch die Telegraphenwerkstätte à conto der Eisenbahnbau-fonds ausgeführt; spätere wesentliche Abänderungen an den Telegraphen-apparaten, Batterien und Zimmerleitungen der Bahntelegraphenstationen dürfen von den Oberbahnamtsmechanikern nur nach Anordnung der genannten Direktion vorgenommen werden. Die Unterhaltung sämtlicher Leitungen für die Tele-graphen- und Signaleinrichtungen des Eisenbahndienstes besorgt ebenfalls die Staatstelegraphenverwaltung.

Den der Generaldirektion der kgl. Staatseisenbahnen als äufsere Vollzugs-organe und Aufsichtsbehörden untergeordneten 10 Oberbahnämtern sind eigene Telegraphenmechaniker (Oberbahnamtsmechaniker mit Mechanikergehilfen) zu-geteilt, welchen lediglich die Instandhaltung sämtlicher an den Eisenbahnlinien stehenden Signalapparate sowie der auf den Eisenbahnstationen befindlichen Bahndiensttelegraphenapparate und Batterien, endlich der Zimmerleitungen bis zu den Einführungsträgern übertragen ist.

Diese Oberbahnamtsmechaniker sind als die einzigen, ausschliefslich für den Bahntelegraphenbetriebsdienst aufgestellten Organe zu betrachten; dieselben stehen nur insofern mit der Staatstelegraphenverwaltung in Verbindung, als sie angewiesen sind, auch die bei den Bahntelegraphenstationen in Staatstelegraphen-leitungen eingeschalteten Apparate und Batterien in Stand zu halten, ferner, wenn es sich um Beseitigung von Leitungsstörungen handelt, den kgl. Oberpostämtern bezw. den Telegrapheninspektoren und Telegraphenwärtern Anzeige zu erstatten, endlich die Reparaturen der Bahntelegraphenapparate nur in der kgl. Telegraphen-werkstätte zu München, welche der Direktion der kgl. Posten und Telegraphen unmittelbar unterstellt ist, ausführen zu lassen.

Das übrige Personal des Bahntelegraphendienstes: Stationsvorsteher und Manipulanten, dient zugleich dem Telegraphen für den öffentlichen Verkehr, wie aus obigem näher hervorgeht.

Auch bezüglich der Benutzung der Einrichtungen der Bahntelegraphen-stationen findet keine Ausscheidung statt; es werden die Bahntelegraphen-leitungen und Apparate wohl in erster Linie für Zwecke des Bahnbetriebs, gleichzeitig aber auch für den Staats- und Privattelegrammverkehr benutzt, wie umgekehrt auf den in die Eisenbahnstationen eingeführten und dort mit Apparaten besetzten Staatstelegraphenleitungen auch Eisenbahndiensttelegramme befördert werden.

Telegraphenunterrichtskurs.

Nach den Bestimmungen über die Aufnahme der Adspiranten für den kgl. bayerischen Verkehrsdienst ist der Nachweis über Kenntnis der Telegraphie als eine der vor Praxiszulassung zu erfüllenden Eintrittsbedingungen gefordert. Um den Adspiranten Gelegenheit zur Erfüllung dieser Bedingung zu geben, werden nach Bedarf am Sitze der Direktion der kgl. Posten und Telegraphen in München Telegraphenunterrichtskurse von mindestens sechswöchentlicher Dauer abgehalten, welchem alle Adspiranten ohne Ausnahme zu besuchen haben.

Der Zweck des Unterrichtes ist:

die theoretische Ausbildung der Schüler in den Grundlehren der Naturwissenschaften mit besonderer Berücksichtigung der Elektrizitätslehre
durch Vorträge, Experimente und physikalische Übungen;

die Vermittelung eingehender Kenntnisse über die in Bayern in Verwendung stehenden Telegraphen- und Telephoneinrichtungen;

die praktische Ausbildung in der Handhabung der betreffenden Apparate
und deren Zubehör.

die Ausbildung im administrativen Telegraphendienst.

Zur Erlernung des Hughes-Dienstes wird nach Bedarf ein eigener Kurs von
längerer Dauer für die Telegraphenadspiranten abgehalten.

Nach erfolgreichem Bestehen der Telegraphenschlußprüfung treten die
Adspiranten in die Praxis zur Erlernung des Post- und Telegraphen- oder des
Eisenbahndienstes nach freier Wahl des Dienstzweiges.

Die Post- und Telegraphenadspiranten haben die Verpflichtung, sich in den
für den Telegraphendienst notwendigen und nützlichen Gegenständen fortzubilden
und werden von ihren Stationsvorständen genau überwacht. Besonders ist das
Studium der neueren Sprachen zu pflegen.

Amtsbibliotheken.

Am Sitze der Direktion der kgl. Posten und Telegraphen nnd der 7 Oberpostämter befinden sich Amtsbibliotheken.

Die zunächst für den dienstlichen Gebrauch der Direktion bestimmte und,
soweit dieser es gestattet, auch den äußeren Behörden sowie jedem Beamten des
Post- und Telegraphendienstes zur Benutzung freistehende Amtsbibliothek zählt
nach dem neuesten Kataloge 1814 Werke mit 5490 Bänden sowie an 460 Karten.

Unter den auf Elektrotechnik bezüglichen Werken und Zeitschriften — 379
an Zahl — befinden sich fast sämtliche in 265—266 aufgeführten Erscheinungen.

Generalien und Dienstbefehle.

Das kgl. bayer. Telegraphenamt bezw. die Generaldirektion der kgl. bayer.
Verkehrsanstalten, Telegraphenabteilung, hat seit 1854 alle Erlasse, welche nicht
in das Verordnungs- und Anzeigeblatt aufgenommen wurden, durch allgemeine
Ausschreiben — Generalien — an die kgl. Telegraphenstationen und kgl. Tele-
grapheningenieure bekannt gegeben. Ebenso hat die kgl. Generaldirektion, Post-
abteilung, seit Juli 1876 die den Postdienst betreffenden Ausschreiben, deren
Veröffentlichung nicht im Verordnungs- und Anzeigeblatte erfolgte, den Postexpeditionen durch Generalien mit fortlaufenden Nummern bekannt gegeben.

Infolge der Vereinigung der Telegraphenabteilung mit der Postabteilung
wurden, vom 1. Oktober 1880 an, den Telegraphenstationen alle Erlasse durch
die bisher für die Postanstalten allein ausgegebenen Generalien öffentlich bekannt
gemacht. Diejenigen Telegraphenstationen, welche nicht zugleich Postexpeditionen
sind, erhalten jedoch nur jene Generalien, welche Ausschreiben enthalten, die
entweder den Telegraphendienst ausschließlich, oder den Post- und den Telegraphendienst betreffen. Wegen der Kontrolle sind die Generalien, welche den Telegraphendienst ausschließlich oder den Post- und Telegraphendienst betreffen,
außer mit der fortlaufenden Nummer in arabischen Ziffern noch mit einer

zweiten fortlaufenden Nummer in römischen Ziffern versehen, z. B. Generale Nr. $\frac{126}{I}$. Mit dem 1. August 1886 traten an Stelle der Generalien die Dienst-befehle nach dem Muster der Dientbefehle der kgl. bayer. Staatseisenbahnen.

Die für den Abfertigungsdienst wichtige Sammlung der Generalien und Dienstbefehle der Direktion der kgl. bayer. Posten und Telegraphen ist gleich dem Verordnungs- und Anzeigeblatt Inventargegenstand. Die Post- und Tele-graphenanstalten sind daher für deren Vollständigkeit verantwortlich und dem-nach gehalten, bei Empfaug jeder Nummer die richtige Reihenfolge zu kontrollieren. Ein hierbei sich etwa ergebender Abgang vorausgegangener Nummern ist sofort bei der kgl. Hauptzeitungsexpedition in München rückzumelden, und kann nur in diesem Falle die Nachlieferung kostenfrei erfolgen.

Zweites Kapitel.

Telegraphenbetrieb.

Allgemeine Bestimmungen.

Die Grundlage für die Regelung des Telegraphenbetriebes i n n e r h a l b
B a y e r n s sowie des W e c h s e l v e r k e h r s zwischen B a y e r n einerseits, dann
dem d e u t s c h e n R e i c h s t e l e g r a p h e n g e b i e t und W ü r t t e m b e r g anderseits, bildet die Telegraphenordnung vom 5. Juli 1891 (Veordn.- u. Anz.-Bl. Nr. 42).

Der telegraphische Verkehr m i t d e m A u s l a n d e ist durch Verträge und
durch Übereinkommen geregelt. Es bestehen zur Zeit:

a) d e r i n t e r n a t i o n a l e T e l e g r a p h e n v e r t r a g d. d. St. Petersburg
10/22. Juli 1875 nebst Ausführungsübereinkunft für den internationalen
Telegraphenverkehr (Pariser Revision vom 21. Juli 1890) und Tarif-
tabellen.

Dieser Vertrag hat Gültigkeit für die Gebiete der Staatstelegraphenverwal-
tungen in Europa, für das asiatische Rußland, die asiatische Türkei, Japan,
Persien, Algier, Tunis, Ägypten, Brasilien, Britisch- und Niederländisch-Indien,
die französischen Besitzungen in Cochinchina, die britische Kolonie Neu-Süd-Wales
in Australien und Siam — für zusammen 41 Staaten.

Aufserdem haben die Telegraphenverwaltungen anderer Länder und 14 Tele-
graphenkabelgesellschaften die Bestimmungen dieses Vertrages für ihre Linien
ganz oder zum Teil angenommen.

Die Vorschriften des internationalen Vertrages gelten für denjenigen Telegrammverkehr, welcher die Linien von mindestens zwei der vorstehend aufgeführten Staaten bezw. derjenigen Staaten und Privattelegraphengesellschaften
berührt, welche dem Vertrage beigetreten sind.

b) B e s o n d e r e V e r t r ä g e u n d Ü b e r e i n k o m m e n:

1. mit Belgien vom 15. September 1890;
2. mit Dänemark vom 19./27. Dezember 1876 und 19./22. Januar 1886;
3. mit Frankreich vom 20. Juni 1890;
4. mit Grofsbritannen und Irland vom 30. Oktober 1888;
5. mit Luxemburg vom 13. Juni 1890;
6. mit den Niederlanden vom 13./16. März 1891;
7. mit Norwegen vom 14. Juni 1890;
8. mit Österreich-Ungarn vom 15. Dezember 1891;
9. mit Rufsland vom 5./17. Juni 1890;

10. mit Schweden vom 18./28. Dezember 1876 und vom 15. September 1885;
11. mit der Schweiz vom 13. Juni 1890.

Diese Verträge und Übereinkommen enthalten vornehmlich solche Tarif-bestimmungen, welche zur Erleichterung des unmittelbaren Verkehrs mit den betreffenden Staaten vereinbart und in die Zusammenstellung der Gebührentarife aufgenommen worden sind.

Telegraphennetz.

Das bayerische Telegraphennetz ist eingeteilt in:

1. Staats-Telegraphenleitungen.

Abteilung A.   I. Klasse: Hauptleitungen für den Verkehr mit aufserbayerischen Telegraphenanstalten;

                II. Klasse: Leitungen für den grofsen inneren bayerischen Verkehr: — von Nr. 1—199.

Abteilung B. III. Klasse: Nebenleitungen für den kleineren Verkehr: — von Nr. 200—299, 2000—2599.

II. Bahnbetriebs-Telegraphenleitungen.

Leitungen für den unmittelbaren Verkehr zwischen gröfseren Bahnstationen; — von Nr. 300—399.

Leitungen für den kleineren Verkehr:

        mit Morsebetrieb — von Nr. 400—499,

        mit Zeigerapparat — oder Telephonbetrieb — von Nr. 500—599.

Läutewerksleitungen (und Leitungen zur Controle der Fahrgeschwindigkeit) — von Nr. 600—699,

Privatbahnleitungen mit Morse-, Zeiger- oder Läuteapparaten — von Nr. 700—799, 7000 etc.

Unter regelmäfsigen Verhältnissen dürfen die Leitungen nicht anders ver-bunden und geschaltet werden, als es durch die Karte des Telegraphennetzes und das Leitungsverzeichnis oder durch besondere Verfügungen vorgeschrieben ist.

Ausnahmsweise können in ganz dringenden Fällen, bei Unterbrechung oder Störung von Hauptleitungen, durch Verbindung verschiedener Leitungszweige oder durch anderweitige Schaltung die erforderlichen Abflufswege für die Korrespondenz hergestellt werden. Diese Verbindungen sind jedoch sofort aufzuheben und die regelmäfsigen Schaltungen wieder herzustellen, sobald die Betriebsstörung gehoben ist.

Die Vereinbarungen über derartige aufsergewöhnliche Leitungsverbindungen und etwa bedingte Umleitung der Korrespondenz erfolgt unter denjenigen An-stalten bezw. Endstationen, welchen die betreffenden Leitungen zum Gebrauche zugewiesen sind.

Der Telegraphendienst in Bayern wird ausgeübt:

    a) durch selbständige Staatstelegraphenstationen (bei welchen das Personal sich lediglich mit dem Telegraphendienste zu befassen hat);

    b) durch Staatstelegraphenstationen, welche:

        α) mit dem Postdienste, oder

        β) mit dem Eisenbahndienste vereinigt sind.

    c) durch die Privat-Bahntelegraphenstationen

        α) der Pfälzer Eisenbahnen,

        β) der Elm-Gemündener und

        γ) der hessischen Ludwigs-Eisenbahn.

Das allgemeine Verzeichnis der Telegraphenanstalten, für dessen fortwährende Ergänzung von den Stationen Sorge zu tragen ist, enthält in der Reihenfolge des Alphabets die Namen aller Anstalten, welche unter sich und mit dem gesamten Telegraphennetz in Verbindung stehen, nebst den reglementsmäfsigen Bezeichnungen für die Art ihres Dienstes (siehe Vorbemerkung zum allgemeinen Verzeichnis der Telegraphenanstalten). Zu demselben erscheint alle zwei Monate ein Nachtrag und alljährlich ein Ergänzungsheft.

Die hauptsächlichsten direkten Anschlufspunkte des bayerischen Telegraphennetzes an die benachbarten fremden Telegraphenlinien sind folgende:

a) Vom diesseitigen Bayern:

gegen Österreich: Selb, Passau, Simbach am Inn, Salzburg, Kufstein, Kreuth, Füssen, Lindau;

gegen die Schweiz: Lindau;

gegen Württemberg: Lindau, Kellmünz, Neuulm, Nördlingen, Schnelldorf, Röttingen;

gegen das Reichstelegraphengebiet: Kirchheim in Unterfranken, Kreuzwertheim, Amorbach, Stockstadt, Kahl, Zeitlofs, Bischofsheim, Fladungen, Mellrichstadt, Sesslach, Lichtenfels, Ludwigsstadt, Hof.

b) Von der Rheinpfalz:

gegen das Reichstelegraphengebiet: Obermoschel, Ebernburg, Morschheim, Bobenheim, Budwigshafen am Rhein, Maximiliansau, Kapsweyer, Hornbach, Schaidt.

Die hauptsächlichsten direkten Anschlufspunkte des deutschen Telegraphennetzes an die benachbarten aufserdeutschen Telegraphenlinien sind folgende:

gegen Dänemark: Haderslaben, Kolding, Alsen — submarin — Fünen;

gegen Norwegen: Hoyer, Arendal;

gegen Schweden: Arcona, Trelleborg;

gegen Rufsland: Polangen bei Memel, Eydtkuhnen, Thorn, Ostrowo, Myslowitz;

gegen Österreich: Myslowitz, Oderberg, Ziegenhals, Hirschberg, Seidenberg, Zittau, Schandau, Annaberg, Selb, Passau, Simbach am Inn, Salzburg, Kufstein, Kreuth, Füssen, Lindau;

gegen die Schweiz: Lindau, Friedrichshafen, Konstanz;

gegen Frankreich: Alt-Münsterol, Wesserling, Markkirch, Deutsch-Avricourt, Chambrey, Metz, Diedenhofen;

gegen Luxemburg: Diedenhofen, Conz bei Trier;

gegen Belgien: Malmedy, Eupen, Herbesthal;

gegen die Niederlande: Aachen, Kaldenkirchen, Cleve, Emmerich, Gronau, Bentheim, Lingen, Leer;

gegen Grofsbritannien und Irland: 1. Kabel von Emden über die Insel Norderney (deutsch) nach Lowestoft (engl.). 2. Kabel von Emden über die Insel Borkum (deutsch) nach Lowestoft (engl.). 3. Kabel von Borkum nach Bacton.

Die Telegraphenlinien der Welt.

Zwischen Nordamerika und Europa sind augenblicklich zehn Kabel in Thätigkeit. Das erste derselben wurde im Jahre 1869 gelegt, das zweite 1873,

das dritte 1874, das vierte 1875, das fünfte 1879, das sechste 1880, das siebente
und achte 1882 und das neunte und zehnte 1884. Sechs dieser Kabel laufen von
Valentia (Irland) aus, zwei von Brest und zwei von Penzance. Die letztgenannten
wurden von der Mackay Bennet-Company gelegt, welche auch mit Havre und
Emden Verbindung haben.

Zwischen Südamerika und Europa liegen zwei Kabel, die in Lissabon und
Pernambuco in Brasilien ihren Ausgangs- bezw. Endpunkt haben.   England und Indien stehen ebenfalls durch zwei Kabel in Verbindung; dieselben
gehen von Bombay aus, berühren Aden und Suez, gehen wieder von Alexandria
aus, durchkreuzen das Mittelmeer bis Marseille, und berühren Malta und Bona
(Algier). Ein anderes Kabel läuft über Lissabon und Gibraltar und verbindet
Malta und Falmouth.

Das Hauptverdienst an der Entwickelung des submarinen Kabelnetzes hat
England. Grofsbritannien hat jetzt Verbindung mit Frankreich durch acht Kabel,
welche zwischen Dover und Calais liegen; mit Portugal durch ein Kabel, welches
Vigo berührt und nach Lissabon führt; mit Spanien durch zwei Kabel zwischen
Falmouth und Bilbao; mit Deutschland durch vier Kabel zwischen Emden und
Lowestoft, mit Norwegen durch zwei Kabel zwischen Arendal und Eckernsund;
mit Schweden durch ein Kabel, welches nach Gothenburg führt; mit Dänemark
durch ein Kabel zwischen Sonderwig und Newcastle; mit Holland durch zwei
Kabel zwischen London und Haag; und endlich mit Belgien durch ein Kabel von
London nach Ostende.

England, oder richtiger gesagt, englische Kapitalisten besitzen ferner Kabel
zwischen Malta und Tripolis, zwischen Malta und Sizilien, zwischen Alexandria
und Otranto, Kandia und Zante berührend; zwischen Alexandria und Aleppo,
Cypern berührend, zwischen Alexandria und Port Said, zwischen Suez und Aden
Suakin am Roten Meere berührend, zwischen Suakin und Jedda durchs Rote
Meer, und zwischen Madras und Australien durch den Indischen Ozean; diese
Linie verbindet Penang, Singapore und Java. Durch letzteres Kabel erhielt
Frankreich, mit Hilfe einer andern Linie zwischen Singapore, Saigon, Hüe und
Haiphong, welche 1885 gelegt wurde, die Nachricht von dem Kriege zwischen
Tonkin und Cochinchina. Das Kabel Perim-Obock in Ostafrika ist am 3. August
1889 eröffnet worden.

In der chinesischen See besitzen englische Gesellschaften Kabel, welche
Saigon, Hongkong, Futschau und Shanghai auf der einen Seite und Haiphong,
Hongkong, Amoy und Shanghai auf der andern verbinden. Zwei Kabel zwischen
Sanghai, Japan (Nagasaki) nach Korea und Sibirien sind ebenfalls englisches
Eigentum. An der afrikanischen Küste läuft ein englisches Kabel von Cadiz
nach Senegal und eines von Aden über das Kap der guten Hoffnung über
Sansibar, Mozambique und St. Laurent-Marquez. Australien ist durch ein Kabel
mit Neu-Seeland zwischen Sydney und Nelson verbunden.

Frankreich hat mit Algier durch drei Linien zwischen Marseille und Algier
telegraphische Verbindung, während ein anderes Kabel über Marseille und
Barcelona Frankreich mit Spanien verbindet. Rufsland ist mit Dänemark durch
ein Kabel zwischen Libau und Kopenhagen verbunden; mit Schweden durch drei
Linien zwischen Nystad und Stockholm, und mit Konstantinopel durch ein Kabel
zwischen letzterer Stadt und Odessa. Dieses Kabel, durch das Marmarameer
fortgesetzt nach dem griechischen Archipel, verbindet Konstantinopel mit Salonichi.
Österreich besitzt ein Kabel von Triest nach Korfu und Zante. Ein kleines Kabel
zwischen Otranto und Vallona setzt Italien mit der Türkei in Verbindung

Korsika und Sardinien sind durch kurze Kabel einmal mit Frankreich und einmal mit Italien verbunden.

Es ist noch ein englisches Kabel zu erwähnen, welches Kurrachee in Britisch-Indien mit der Türkei in Asien verbindet. Diese Linie läuft am Persischen Meerbusen entlang und berührt Bushire und Jask. Im westlichen Erdteil werden die Antillen mit den Vereinigten Staaten durch ein Kabel verbunden, welches in Georgetown, in Britisch-Guyana, beginnt. Ein anderes Kabel vereinigt Jamaika mit Colon auf dem Isthmus von Panama. An der östlichen Küste Südamerikas beginnt ein Kabel in Para, läuft nach Buenos-Ayres, berührt St. Louis, Para, Pernambuco, Bahia, Rio de Janeiro, Santos, Desterro, Rio do Sul, Chuy und Montevideo. An der Westküste Südamerikas sind die hauptsächlichsten Plätze ebenfalls durch ein Kabel verbunden, welches in Tehuantepec in Mexico beginnt und in Valparaiso (Chili) endet. Im Golf von Mexico verbindet ein Kabel Vera Cruz, Tehuantepec und Galveston. Auch das Kaspische Meer hat ein Kabel, welches zwischen Baku und Krasnowodosk liegt.

Die Gesamtlänge der 950 submarinen Kabel beträgt zur Zeit 113 031 Seemeilen oder 209 000 km oder 27 919 geographische Meilen, was dem vierfachen Erdumfange gleichkommt. Der Wert dieser Kabel wird auf 1000 Millionen Mark geschätzt.

Für den Dienst der internationalen Telegraphenlinien wird in Europa neben dem Morse-Apparate auch der Hughes-Apparat verwendet. Der Dienst der übrigen Linien wird mit Morse-Apparaten, jener der Bahntelegraphenlinien auch mit Zeigerapparaten und Telephonen versehen.

Drittes Kapitel.

Telegraphenordnung.

§ 1.
Benutzung des Telegraphen.

I. Die Benutzung der für den öffentlichen Verkehr bestimmten Telegraphen steht jedermann zu. Die Verwaltung hat jedoch das Recht, ihre Linien und Telegraphenanstalten zeitweise ganz oder zum Teil für alle oder für gewisse Gattungen von Korrespondenz zu schließen.

II. Der Absender eines Privattelegramms ist verpflichtet, auf desfallsiges Verlangen sich über seine Persönlichkeit auszuweisen. Es steht demselben seinerseits frei, in sein Telegramm die Beglaubigung seiner Unterschrift aufzunehmen.

III. Privattelegramme, deren Inhalt gegen die Gesetze verstößt oder aus Rücksichten des öffentlichen Wohles oder der Sittlichkeit für unzulässig erachtet wird, werden zurückgewiesen. Die Entscheidung über die Zulässigkeit des Inhalts steht dem Vorsteher der Aufgabeanstalt, bezw. der Zwischen- oder Ankunftsanstalt oder dessen Vertreter, in zweiter Instanz dem dieser Anstalt vorgesetzten Oberpostamte und in letzter Instanz der Direktion der k. Posten und Telegraphen zu, gegen deren Entscheidung eine Berufung nicht stattfindet. Bei Staatstelegrammen steht den Telegraphenanstalten eine Prüfung der Zulässigkeit des Inhalts nicht zu.

§ 2.
Wahrung des Telegraphengeheimnisses.

Die Telegraphenverwaltung wird Sorge tragen, daß die Mitteilung von Telegrammen an Unbefugte verhindert, und daß das Telegraphengeheimnis auf das strengste gewahrt werde.

§ 3.
Dienststunden der Telegraphenanstalten.

Die Telegraphenanstalten zerfallen rücksichtlich der Zeit, während welcher sie für den Verkehr mit dem Publikum offen zu halten sind, in vier Klassen, nämlich:

a) Anstalten mit ununterbrochenem Dienst (Tag und Nacht),
b) Anstalten mit verlängertem Tagesdienst (bis Mitternacht),
c) Anstalten mit vollem Tagesdienst (bis 9 Uhr abends),
d) Anstalten mit beschränktem Tagesdienst.

Die Dienststunden der Anstalten unter b und c beginnen in der Zeit vom 1. April bis Ende September um 7 Uhr morgens, in der Zeit vom 1. Oktober bis Ende März um 8 Uhr morgens. Die Dienststunden der Anstalten unter d werden, den örtlichen Bedürfnissen entsprechend, für jeden Ort besonders festgestellt. Bei Telegraphenstationen mit beschränktem Tagesdienst, welche mit Postanstalten vereinigt sind, findet an Sonntagen die für den Schalterdienst eingeführte Beschränkung auch auf den Telegraphendienst Anwendung. (Generale $\frac{297}{XXIX}$.)

§ 4.
Orte, nach welchen Telegramme gerichtet werden können.

I. Telegramme können nach allen Orten aufgegeben werden, nach welchen die vorhandenen Telegraphenverbindungen auf dem ganzen Wege oder auf einem Teile desselben die Gelegenheit zur Beförderung darbieten. Ist am Bestimmungsorte eine Telegraphenanstalt nicht vorhanden, so erfolgt die Weiterbeförderung von der äufsersten bezw. der seitens des Aufgebers bezeichneten Telegraphenanstalt entweder durch die Post, oder durch Eilboten, oder durch Post und Eilboten, oder durch Estafette. Der Aufgeber eines Telegramms kann verlangen, dafs dasselbe bis zu einer von ihm bezeichneten Telegraphenanstalt telegraphisch und von dort bis zum Bestimmungsorte durch die Post befördert werde. Die Verwendung von Eilboten zur Beförderung von Telegrammen zwischen Orten, in welchen Telegraphenanstalten bestehen, ist dagegen ausgeschlossen. Ist keine Bestimmung über die Art der Weiterbeförderung getroffen, dann wählt die Ankunfts-Telegraphenstation die zweckmäfsigste Art derselben nach ihrem besten Ermessen. Das Gleiche findet statt, wenn die vom Aufgeber angegebene Art der Weiterbeförderung sich als unausführbar erweist.

II. Die Aufgabe der Telegramme mit der Bezeichnung „telegraphenlagernd", „postlagernd" oder „bahnhoflagernd" ist zulässig.

§ 5.
Einteilung der Telegramme.

I. Die Telegramme zerfallen rücksichtlich ihrer Behandlung in folgende Gattungen:

1. Staatstelegramme,
2. Telegraphen-Diensttelegramme,
3. a) dringende $\left.\right\}$ Privattelegramme.
   b) gewöhnliche

Bei der Beförderung geniefsen die Staatstelegramme, welche als solche bezeichnet und durch Siegel oder Stempel beglaubigt sein müssen, vor den übrigen Telegrammen, die Telegraphen-Diensttelegramme vor den Privattelegrammen und die dringenden Privattelegramme vor den gewöhnlichen Privattelegrammen den Vorrang. (Dienstbefehl No. $\frac{11}{II}$ v. 1890.)

II. In Bezug auf die Abfassung sind zu unterscheiden:

1. Telegramme in offener Sprache,
2. Telegramme in geheimer Sprache,

Die geheime Sprache scheidet sich in

a) verabredete Sprache,
b) chiffrierte Sprache,
c) eine Sprache, welche aus Buchstaben mit geheimer Bedeutung besteht.

III. **Privattelegramme**, deren Text entweder ganz oder teilweise aus **Buchstaben** mit **geheimer Bedeutung** besteht, werden zum telegraphischen Verkehr nicht zugelassen. Auf **Staats-** und **Diensttelegramme** findet diese Bestimmung dagegen keine Anwendung, ebensowenig auf die in Zeichen des allgemeinen Handelskodex abgefaſsten **Seetelegramme** (vgl. § 17).

IV. Unter „**Telegramme in offener Sprache**" werden solche Telegramme verstanden, welche in einer der für den telegraphischen Verkehr zugelassenen Sprachen derart abgefaſst sind, daſs sie einen verständlichen Sinn geben. Welche Sprachen neben der deutschen für Telegramme in offener Sprache gestattet sind, wird von der Telegraphenverwaltung bekannt gemacht. Für Telegramme, welche streckenweise oder ausschlieſslich durch Telegraphen der innerhalb des Deutschen Reiches gelegenen Eisenbahnen zu befördern sind, ist jedoch die Fassung in deutscher Sprache Bedingung, soweit nicht für einzelne Bahnen und Stationen der Gebrauch fremder Sprachen ausdrücklich nachgegeben wird.

V. Als „**Telegramme in verabredeter Sprache**" werden diejenigen Telegramme angesehen, in denen Wörter angewendet sind, welche, obwohl jedes für sich eine sprachliche Bedeutung hat, keine für die beteiligten Dienststellen verständlichen Sätze bilden.

Diese Wörter werden aus Wörterbüchern, welche für die Korrespondenz in verabredeter Sprache zugelassen sind, oder aus dem vom Internationalen Bureau der Telegraphenverwaltungen amtlich aufgestellten Wörterbuch entnommen. Der Gebrauch dieses amtlichen Wörterbuches ist nach Ablauf einer Frist von drei Jahren, welche auf den Tag der Veröffentlichung desselben folgt, verbindlich. Die Wörter der verabredeten Sprache dürfen höchstens 10 Buchstaben enthalten und müssen einer oder mehreren der nachgenannten Sprachen, nämlich der deutschen, englischen, spanischen, französischen, holländischen, italienischen, portugiesischen und lateinischen Sprache entnommen sein. Eigennamen dürfen bei Zusammenstellung der Wörterbücher, mit Ausnahme des vom Internationalen Bureau der Telegraphenverwaltungen amtlich aufgestellten Wörterbuches, nicht verwendet werden. Sie werden in den in verabredeter Sprache abgefaſsten Telegrammen, in welchen Wörter aus anderen Wörterbüchern gebraucht sind, nur mit ihrer Bedeutung in offener Sprache zugelassen.

Die Aufgabeanstalt kann die Vorlegung des Wörterbuchs fordern, um die Ausführung der vorstehenden Vorschriften einer Prüfung zu unterziehen und die Rechtmäſsigkeit der benutzten Wörter zu prüfen.

VI. Unter „**Telegrammen in chiffrierter Sprache**" versteht man diejenigen Telegramme, deren Text gänzlich oder zum Teil aus Gruppen oder aus Reihen von Ziffern mit geheimer Bedeutung besteht. Der chiffrierte Text der Privattelegramme muſs ausschlieſslich aus arabischen Ziffern zusammengesetzt sein.

In Staatstelegrammen kann der Text durch Ziffern oder durch Buchstaben mit geheimer Bedeutung gebildet werden (vgl III); dagegen ist eine Mischung von Ziffern und Buchstaben nicht zulässig.

§ 6.
Allgemeine Erfordernisse der zu befördernden Telegramme.

I. Die Urschrift jedes zu befördernden Telegramms muſs in solchen lateinischen oder deutschen Buchstaben bezw. in solchen Zeichen, welche sich durch den Telegraphen wiedergeben lassen, leserlich geschrieben sein. Einschaltungen, Randzusätze, Streichungen oder Überschreibungen müssen vom Aufgeber des Telegramms oder von seinem Beauftragten bescheinigt werden.

II. Die einzelnen Teile, aus welchen ein Telegramm besteht, müssen in folgender Ordnung aufgeführt werden:

1. die besonderen Angaben,
2. die Aufschrift,
3. der Text und
4. die Unterschrift.

III. Die etwaigen besonderen Angaben bezüglich der Bestellung am Bestimmungsort, der bezahlten Antwort, der Empfangsanzeige, der Dringlichkeit, der Vergleichung, der Nachsendung, der Weiterbeförderung, der offenen oder der eigenhändigen (nur an den Empfänger selbst zu bewirkenden) Bestellung des Telegramms etc. müssen vom Aufgeber in der Urschrift, und zwar unmittelbar vor die Aufschrift niedergeschrieben werden. Für diese Vermerke sind folgende, zwischen Klammern zu setzende Abkürzungen zugelassen·

(D) für „dringendes Telegramm“, `
(ST) für „gebührenpflichtige Dienstnotiz“,
(RP) für „Telegramm mit bezahlter Antwort“,
(RPD) für „Telegramm mit dringender bezahlter Antwort“,
(TC) für „Telegramm mit Vergleichung“,
(CR) für „Telegramm mit Empfangsanzeige“ uud für „Empfangsanzeige“,
(FS) für „nachzusendendes Telegramm“,
(PP) für „Post bezahlt“,
(PR) für „Post eingeschrieben“,
(XP) für „Eilbote bezahlt“,
(RXP) für „Antwort und Bote bezahlt“,
(EP) für „Estafette bezahlt“,
(RO) für „offen zu bestellendes Telegramm“,
(MP) für „eigenhändig zu bestellendes Telegramm“. (Generale $\frac{149}{X}$ und $\frac{262}{XXIV}$·)

IV. Die Aufschrift muſs alle Angaben enthalten, welche nötig sind, um die Übermittelung des Telegramms an dessen Bestimmung zu sichern, und ferner so beschaffen sein, daſs die Bestellung an den Empfänger ohne Nachforschungen und Rückfragen erfolgen kann. Sie muſs für die groſsen Städte die Straſse und die Hausnummer nachweisen oder in Ermangelung dieser Angaben Näheres über die Berufsart des Empfängers oder andere zweckentsprechende Mitteilungen enthalten. Selbst für kleinere Orte ist es wünschenswert, daſs dem Namen des Empfängers eine solche ergänzende Bezeichnung beigefügt wird, um im Falle einer Entstellung des Eigennamens der Bestimmungsanstalt für die Ermittelung des Empfängers einen Anhalt zu gewähren. Die genaue Bezeichnung der geographischen Lage des Bestimmungsortes ist erforderlich, sofern ein Zweifel über die dem Telegramm zu gebende Richtung bestehen kann, namentlich bei gleichlautenden Ortsbezeichnungen.

V. Die Anwendung einer abgekürzten Aufschrift ist zulässig, wenn dieselbe vorher seitens des Empfängers mit der Telegraphenanstalt seines Wohnortes vereinbart worden ist. Demjenigen Korrespondenten, welcher eine mit der Telegraphenanstalt vereinbarte abgekürzte Aufschrift hinterlegt hat, ist gestattet, diese Aufschrift in den für ihn bestimmten Telegrammen an Stelle des vollen Namens und der Wohnungsangabe anwenden zu lassen. Der Name der Bestimmungs-Telegraphenanstalt muſs auſserdem angegeben werden.

VI. Für die Hinterlegung und Anwendung einer abgekürzten Aufschrift bei einer Telegraphenanstalt ist eine Gebühr von 30 Mark für das Kalenderjahr im Voraus zu entrichten. Diese Vergünstigung erlischt, falls die Verabredung nicht verlängert wird, mit dem Ablauf des 31. Dezember des Jahres, für welches die Gebühr entrichtet worden ist.   (Generale $\frac{300}{XXX}$.)

VII. Als eine Abkürzung der Aufschrift wird auch angesehen, wenn der Empfänger verlangt, dafs an ihn gerichtete Telegramme, ohne diesbezügliche nähere Angaben in der Aufschrift, zu gewissen Zeiten in bestimmten Lokalen, z. B. an Wochentagen in dem Geschäftslokal, an Sonntagen in der Wohnung, oder zu gewissen Stunden in dem Comptoir, zu anderen in der Wohnung oder der Börse regelmäfsig bestellt werden sollen. Die hierfür im voraus zu entrichtende Gebühr beträgt ebenfalls 30 Mark für das Kalenderjahr; sie kommt auch dann zur Erhebung, wenn der betreffende Korrespondent für die an ihn gerichteten Telegramme mit der Telegraphenanstalt eine abgekürzte Aufschrift vereinbart hat.

VIII. Telegramme, deren Aufschrift den in vorstehenden Punkten vorgesehenen Anforderungen nicht entspricht, sollen zwar dennoch zur Beförderung angenommen werden, jedoch nur auf Gefahr des Absenders. Der Absender kann eine nachträgliche Vervollständigung des Fehlenden nur gegen Aufgabe und Bezahlung eines neuen Telegramms beanspruchen.

IX. Die Aufgabe von Telegrammen ohne Text ist zulässig. Die Unterschrift kann in abgekürzter Form geschrieben oder weggelassen werden. Die etwaige Beglaubigung der Unterschrift ist hinter dieselbe zu setzen.

§ 7.
Aufgabe von Telegrammen.

I. Die Aufgabe von Telegrammen kann bei jeder für den Telegraphenverkehr eröffneten Telegraphenanstalt (auch brieflich) erfolgen.

II. Telegramme können auch bei den Bahnposten, und zwar in der Regel mittels der an den Bahnpostwagen befindlichen Briefeinwürfe, zur Beförderung an die nächste Telegraphenanstalt eingeliefert, sowie den Telegraphenboten und den Landbriefträgern bei der Bestellung von Telegrammen oder Postsendungen zur Besorgung der Aufgabe übergeben werden.

III. An gröfseren Verkehrsorten können sämtliche Postanstalten, auch wenn mit diesen eine Telegraphenbetriebsstelle nicht verbunden ist, zur Annahme von Telegrammen ermächtigt, auch kann die Benutzung der Briefkasten zur Auflieferung von Telegrammen gestattet werden.

IV. Bei der Mitnahme der Telegramme durch die Telegraphenboten und die Landbriefträger kommt eine Zuschlagsgebühr von 10 Pfg. für jedes Telegramm zur Erhebung.

§ 8.
Wortzählung.

Bei Ermittelung der Wortzahl eines Telegramms gelten die folgenden Regeln:

a) Alles, was der Aufgeber in die Urschrift seines Telegramms zum Zwecke der Beförderung niederschreibt, wird bei der Berechnung der Gebühren mitgezählt, mit Ausnahme der Angabe des Beförderungsweges, der Unterscheidungszeichen, Bindestriche, Apostrophe und Absatzzeichen.

b) Der Name der Abgangsanstalt, der Tag, die Stunde und Minute der Aufgabe werden von amtswegen in die dem Empfänger zuzustellende Ausfertigung eingeschrieben. Nimmt der Aufgeber diese Angaben ganz oder teilweise in den Text seines Telegramms auf, dann werden sie bei der Wortzählung mitgerechnet.

c) Die gröfste Länge eines Taxwortes in offener Sprache ist auf 15 Buchstaben nach dem (durch die Ausführungs-Übereinkunft zu dem jeweilig gültigen internationalen Telegraphenvertrage eingeführten) Morse-Alphabet festgesetzt. Der Ueberschufs, je bis zu weiteren 15 Buchstaben, wird für ein Wort gezählt.

d) Die gröfste Länge eines Taxwortes in verabredeter Sprache ist auf 10 Buchstaben festgesetzt. — Die Wörter, welche in offener Sprache im Text eines gemischten, aus Wörtern der offenen und der verabredeten Sprache zusammengesetzten Telegramms enthalten sind, werden bis zur Höhe von 10 Buchstaben für ein Wort gezählt. Vom etwaigen Überschufs wird jede Reihe bis zu 10 Buchstaben für ein weiteres Wort gezählt. Wenn dieses gemischte Telegramm aufserdem einen chiffrierten Text enthält, so werden die chiffrierten Stellen nach den Bestimmungen unter h gezählt.

Wenn das gemischte Telegramm nur einen Text in offener und einen solchen in chiffrierter Sprache enthält, so werden die in offener Sprache abgefafsten Stellen den Bestimmungen unter c, und der in chiffrierter Sprache abgefafste Text den Vorschriften unter h entsprechend gezählt.

e) Als je ein Wort werden gezählt:
1. der Name der Bestimmungsanstalt, des Bestimmungslandes und der Unterabteilung des Gebiets, aber nur in der Telegrammaufschrift, ohne Rücksicht auf die Zahl der zu ihrem Ausdruck gebrauchten Wörter und Buchstaben, unter der Bedingung, dafs diese Wörter so geschrieben sind, wie sie in den amtlichen Verzeichnissen erscheinen,
2. jedes einzeln stehende Schriftzeichen (Buchstabe oder Ziffer),
3. das Unterstreichungszeichen,
4. die Klammer (die beiden Zeichen, welche zu ihrer Bildung dienen),
5. die Anführungszeichen (die besonderen Zeichen am Anfang und Ende einer einzelnen Stelle),
6. die nach § 6 III zugelassenen Abkürzungen für die besonderen Angaben vor der Telegrammaufschrift.

f) Die durch einen Bindestrich verbundenen Ausdrücke werden für so viele Wörter gezählt, als zu ihrer Bildung dienen. Die durch einen Apostroph getrennten Wörter werden für eben so viele einzelne Wörter gezählt. Es können jedoch die in der englischen und französischen Sprache vorkommenden zusammengesetzten Wörter, deren Gebräuchlichkeit nötigen Falles durch Vorzeigung eines Wörterbuches nachgewiesen werden mufs, als ein Wort geschrieben und den Bestimmungen unter c entsprechend taxiert werden.

g) Dem Sprachgebrauch zuwiderlaufende Zusammenziehungen oder Veränderungen von Wörtern werden nicht zugelassen. Es werden jedoch die Eigennamen von Städten und Ländern, die Geschlechtsnamen, die Namen von Ortschaften, Plätzen, Boulevards, Strafsen u. s. w., die Namen von Schiffen, ebenso wie die ganz in Buchstaben geschriebenen Zahlen nach der Anzahl der zum Ausdruck derselben vom Aufgeber gebrauchten Wörter gezählt.

h) Die in Ziffern geschriebenen Zahlen werden für so viele Wörter gezählt, als sie je 5 Ziffern enthalten, nebst einem Wort mehr für den etwaigen Überschufs. Dieselbe Regel findet Anwendung auf die Zählung von Buch-

staben-Gruppen in Staatstelegrammen, ebenso auch auf Gruppen von Buchstaben und Ziffern, welche entweder als Handelsmarken oder in den
Seetelegrammen angewendet werden (vgl §§ 5 III und 17 I).

i) Für je e i n e Ziffer werden gezählt: die zur Bildung der Zahlen benutzten
Punkte und Kommata, sowie die Bruchstriche, ferner die Buchstaben,
welche den Ziffern angehängt werden, um sie als Ordnungszahlen zu
bezeichnen.

k) Sofern ein Privattelegramm, den Bestimmungen des § 5 VI entgegen, zu-
fällig eine Gruppe von nicht anwendbaren Buchstaben oder ein Wort
enthält, welches keiner der für den internationalen Verkehr zulässigen
Sprachen angehört, so wird diese Buchstabengruppe oder dieses Wort
gemäfs den Bestimmungen unter h des gegenwärtigen Paragraphen gezählt.

l) Die Wortzählung der Aufgabeanstalt ist für die Gebührenberechnung dem
Aufgeber gegenüber entscheidend. (Generale $\frac{238}{XXI}$, Dienstbefehl $\frac{60}{XI}$ und
$\frac{88}{XIII}$ von 1887.)

§ 9.
Gebühren für gewöhnliche Telegramme.

I. Für das gewöhnliche Telegramm wird auf alle Entfernungen eine Gebühr
von 5 Pfennig für jedes Wort, mindestens jedoch der Betrag von 50 Pfennig
erhoben.

II. Für gewöhnliche Stadttelegramme, welche in solchen Städten zugelassen
werden, innerhalb deren Weichbild mehrere unter sich durch Telegraphenleitungen
verbundene Telegraphenanstalten dem Verkehr geöffnet sind, wird eine Gebühr
von 3 Pfennig für jedes Wort, mindestens jedoch der Betrag von 30 Pfennig
erhoben.

III. Die für den telegraphischen Verkehr mit dem Auslande mafsgebenden
Tarife können bei den Telegraphenanstalten eingesehen werden.

IV. Ein bei Berechnung der Gebühren sich ergebender, durch 5 nicht teil-
barer Pfennigbetrag ist bis zu einem solchen aufwärts abzurunden.

§ 10.
Dringende Telegramme.

Der Aufgeber eines Privattelegramms kann den Vorrang bei der Beförderung
u n d d e r B e s t e l l u n g vor den gewöhnlichen Privattelegrammen erlangen, wenn
er das Wort „dringend" oder abgekürzt die Bezeichnung „(D)" vor die Aufschrift
setzt und die dreifache Gebühr eines gewöhnlichen Telegramms von gleicher
Länge erlegt. Für dringende Telegramme wird demnach eine Gebühr von
15 Pfennig, bei Stadttelegrammen eine Gebühr von 9 Pfennig für das Wort,
mindestens jedoch der Betrag von 1 Mark 50 Pfennig bezw. von 90 Pfennig erhoben (vgl. § 9).

§ 11.
Bezahlte Antwort.

I. Der Aufgeber kann die Antwort, welche er von dem Empfänger verlangt,
vorausbezahlen; die Vorausbezahlung darf indessen die Gebühr eines Telegramms
irgend einer Art von 30 Wörtern nicht überschreiten.

II. Will der Aufgeber die Antwort vorausbezahlen, so hat er in die Urschrift,
und zwar vor die Aufschrift, den Vermerk „Antwort bezahlt" oder „(RP)", eintretenden Falles unter Beifügung einer Angabe über die vorausbezahlte Wortzahl,
niederzuschreiben und den entsprechenden Betrag innerhalb der durch die Be-

stimmung zu I gezogenen Grenze zu entrichten. Hat der Aufgeber die Wortzahl nicht angegeben, so wird die Gebühr eines gewöhnlichen Telegramms von 10 Wörtern erhoben. Der Aufgeber, welcher eine dringende Antwort vorausbezahlen will, hat den unter Umständen durch die Angabe der Wortzahl zu ergänzenden Vermerk „dringende Antwort bezahlt" oder „(RPD)" vor die Aufschrift niederzuschreiben; es kommt alsdann die Gebühr eines dringenden Telegramms von entsprechender Wortzahl zur Erhebung.

III. Am Bestimmungsorte übersendet die Ankunftsanstalt dem Empfänger mit der Telegrammsausfertigung ein Antwortsformular, welches demselben die Befugnis erteilt, in den Grenzen der vorausbezahlten Gebühr ein Telegramm an eine beliebige Bestimmung innerhalb 6 Wochen, vom Tage der Ausstellung des Formulars ab gerechnet, unentgeltlich aufzugeben.

IV. Wenn die für ein Antwortstelegramm zu entrichtende Gebühr den Wert des für dasselbe vorausbezahlten Betrages übersteigt, so ist das Mehr der Gebühr bar zu entrichten. Im entgegengesetzten Falle verbleibt das Mehr des vorausbezahlten Betrages gegen die tarifmässige Gebühr der Telegraphenverwaltung.

V. Eine Rückzahlung der Antwortgebühr findet, abgesehen von dem im § 20 I erwähnten Falle, n i c h t statt.

VI. Kann das Ursprungstelegramm bei der Ankunft nicht bestellt werden, dann wird die im § 22 vorgesehene telegraphische Meldung über die Unbestellbarkeit an die Aufgabeanstalt sogleich erstattet. Wenn keine Berichtigung erfolgt, benachrichtigt die Ankunftsanstalt den Aufgeber von der Unbestellbarkeit durch eine dienstliche Meldung, welche die Stelle der Antwort vertritt, sobald die zur Auffindung des Empfängers unternommenen Nachforschungen sich als fruchtlos erwiesen haben, spätestens nach 8 Tagen. Verweigert der Empfänger ausdrücklich die Annahme des für die Antwort bestimmten Formulars, so gibt die Auskunftsanstalt dem Aufgeber ebenfalls Kenntnis durch eine dienstliche Meldung, welche gleichfalls die Stelle der Antwort vertritt. (Generale $\frac{137}{VI}$, $\frac{149}{X}$, $\frac{170}{XIV}$.)

§ 12.
Verglichene Telegramme.

I. Der Aufgeber eines jeden Telegramms hat die Befugnis, die Vergleichung desselben zu verlangen. In diesem Falle hat er vor die Aufschrift den Vermerk „Vergleichung" oder „(TC)" niederzuschreiben. Das Telegramm ist dann von den verschiedenen Anstalten, welche bei seiner Beförderung mitwirken, vollständig zu vergleichen.

II. Die Gebühr für die Vergleichung eines Telegramms ist gleich einem Viertel der Gebühr für ein gewöhnliches Telegramm von gleicher Länge.

§ 13.
Empfangsanzeigen.

I. Der Aufgeber eines jeden Telegramms kann verlangen, dass ihm der Tag und die Stunde, zu welcher das Telegramm dem Empfänger zugestellt worden ist, unmittelbar nach erfolgter Bestellung telegraphisch angezeigt werde. Er hat in diesem Falle vor die Aufschrift den Vermerk „Empfangsanzeige" oder „(CR)" zu schreiben.

II. Für die Empfangsanzeige ist dieselbe Gebühr, wie für ein gewöhnliches Telegramm von 10 Wörtern zu entrichten.

III. Kann das Telegramm bei der Ankunft nicht bestellt werden, dann wird die im § 22 vorgesehene Unbestellbarkeitsmeldung sogleich erassen. Die Empfangsanzeige wird später abgesandt, entweder nach erfolgter Bestellung des Telegramms, wenn sie möglich geworden ist, oder nach 24 Stunden, wenn sie nicht hat stattfinden können; in diesem Falle zeigt sie den Grund der Unbestellbarkeit an.

IV. Der Aufgeber kann verlangen, dass ihm die Empfangsanzeige nach einem andern Orte, als nach dem Aufgabeorte des Ursprungstelegramms übermittelt werde, insofern er die dazu erforderlichen Angaben in das Ursprungstelegramm aufnimmt. (Generale $\frac{148}{IX}$, $\frac{171}{XV}$.)

§ 14.
Telegraphische Postanweisungen.

I. Die Telegraphenanstalten an solchen Orten, an denen eine Postanstalt besteht, sind ermächtigt, in Vertretung der Orts-Postanstalt Beträge auf Postanweisungen, welche auf telegraphischem Wege überwiesen werden sollen, von den Absendern entgegenzunehmen. Auf Eisenbahn-Telegraphenstationen findet diese Bestimmung keine Anwendung.

II. Auch sind die Telegraphenanstalten, mit Ausnahme der Eisenbahn-Telegraphenstationen, ermächtigt, wenn bei ihnen Postanweisungen auf telegraphischem Wege eingehen, die Auszahlungen an den Empfänger in Vertretung der Ortspostanstalt vor geschehener Bestellung der telegraphischen Postanweisung an die Ortspostanstalt zu bewirken:

a) im Falle nach Inhalt des Telegramms der Absender den Wunsch ausgesprochen hat, dafs die Auszahlung durch die Telegraphenanstalt geschehe, was durch den Zusatz auf der Postanweisung: „telegraphenlagernd" auszudrücken ist;

b) im Falle der Geldempfänger, indem er die telegraphische Postanweisung erwartet, der Telegraphenanstalt den Wunsch ausgedrückt hat, die Zahlung gleich nach der Ankunft der Anweisung bei der Telegraphenanstalt in Empfang zu nehmen.

In beiden Fällen mufs der Auszahlung des Betrages der vollständige Ausweis des Empfängers, falls derselbe nicht persönlich und als verfügungsfähig bekannt ist, vorhergehen. Die telegraphische Postanweisung ist alsdann von der Telegraphenanstalt mit dem (vorzuschreibenden) Quittungsvermerk zu versehen, dieser vom Empfänger zu unterschreiben und die Unterschrift durch die Telegraphenanstalt mit dem Zusatze zu beglaubigen, dafs der Empfänger bekannt sei, oder dafs und in welcher Weise er den Ausweis geführt habe. (Generale $\frac{262}{XXIV}$, $\frac{369}{XXXIV}$. Dienstbefehle 31, 47, 48, 127 von 1887 und 5, 16, 53 von 1838, Postodnung § 14. Dienstbefehl 27 von 1891.)

§ 15.
Nachsendung von Telegrammen.

I. Der Aufgeber eines Telegramms kann, indem er vor die Aufschrift den Vermerk „nachzusenden" oder „(FS)" niederschreibt, verlangen, dafs dasselbe sofort nach der vergeblich versuchten Zustellung von der Bestimmungsanstalt an den neuen, ihr in der Wohnung des Empfängers bekannt gegebenen Bestimmungsort weiterbefördert werde.

II. Der Vermerk „nachzusenden" oder „(FS)" kann auch von mehreren hintereinander stehenden Bestimmungsangaben begleitet sein; das Telegramm wird dann nacheinander an jeden der angegebenen Bestimmungsorte, nötigenfalls bis zum letzten, befördert.

III. Bei der Aufgabe eines nachzusendenden Telegramms ist nur die auf die erste Beförderungsstrecke entfallende Gebühr zu entrichten, wobei die vollständige Aufschrift in der Wortzahl einbegriffen wird. Für jede Nachtelegraphierung au einen neuen Bestimmungsort wird die volle tarifmäfsige Gebühr berechnet und vom Empfänger erhoben.

IV. Jedermann kann nach gehörigem Ausweis verlangen, dafs die bei einer Telegraphenanstalt ankommenden und in deren Bestellbezirk ihm zuzustellenden Telegramme an eine von ihm angegebene Adresse bestellt oder weiterbefördert werden. Die bezüglichen Anträge sind schriftlich zu stellen.

V. Wenn der Empfänger seinen Aufenthaltsort verändert hat, so werden demselben die für ihn eingehenden Telegramme an den neuen Aufenthaltsort nachtelegraphiert, auch ohne dafs dies ausdrücklich verlangt worden ist, sofern dieser neue Aufenthalt des Empfängers unzweifelhaft bekanut ist, innerhalb Deutschlands liegt, und sich am ursprünglichen wie am neuen Aufenthaltsorte bayerische Telegraphenanstalten bezw. Anstalten der Reichs-Telegraphenverwaltung oder der Staats-Telegraphenverwaltung Württembergs befinden. (Dienstbefehl Nr. $\frac{48}{\text{VII}}$ von 1887.)

§ 16.
Vervielfältigung von Telegrammen.

I. Die Telegramme können gerichtet werden entweder an mehrere Empfänger in einer Ortschaft oder in verschiedenen, aber in den Bestellbezirk einer und derselben Telegraphenanstalt fallenden Örtlichkeiten oder an einen und denselben Empfänger nach verschiedenen Wohnungen in derselben Ortschaft mit oder ohne Weiterbeförderung durch Post, Eilboten oder Estafette.

II. Der Aufgeber eines zu vervielfältigenden Telegramms mufs je nach den Umständen vor die Aufschrift eines jeden Empfängers die besonderen Angaben (vgl. § 6 III.) niederschreiben; handelt es sich jedoch um ein dringendes oder zu vergleichendes Telegramm, welches zu vervielfältigen ist, so genügt es, wenn die Angabe der ersten Aufschrift voransteht.

III. Wenn ein zu vervielfältigendes Telegramm an mehrere Empfänger gerichtet ist, so darf jede Ausfertigung des Telegramms nur die ihr zukommende Aufschrift tragen, es sei denn, dafs der Aufgeber das Gegenteil verlangt hätte; dieses Verlangen mufs durch den vor die Aufschrift niederzuschreibenden gebührenpflichtigen Zusatz „sämtliche Aufschriften mitzuteilen" ausgedrückt werden.

IV. Das zu vervielfältigende Telegramm wird als ein einziges Telegramm taxiert, wobei alle Aufschriften in die Wortzahl eingerechnet werden. Als Vervielfältigungsgebühr werden daneben bei Telegrammen bis zu 100 Wörtern für die zweite und jede weitere Ausfertigung 40 Pfennig erhoben. Bei längeren Telegrammen erhöht sich diese Gebühr für jede weitere Reihe oder den Bruchteil einer Reihe von 100 Wörtern um je 40 Pfennig. In der Berechnung der Vervielfältigungsgebühr erscheint die Gesamtzahl der Wörter des Textes, der Unterschrift und der Aufschrift, und zwar wird die Gebühr für jede Abschrift besonders festgestellt. (Generale $\frac{271}{\text{XXVI}}$.)

§ 17.
Seetelegramme.

I. Telegramme, welche mit den Schiffen in See mittels der an der Küste gelegenen Seetelegraphen gewechselt werden, müssen entweder in deutscher Sprache oder in Zeichen des allgemeinen Handelskodex abgefafst sein. In dem letzteren Falle werden sie als chiffrierte Telegramme behandelt.

II. Wenn sie für in See befindliche Schiffe bestimmt sind, mufs die Aufschrift aufser den gewöhnlichen Angaben den Namen oder die amtliche Nummer und die Nationalität des Bestimmungsschiffes enthalten.

III. Diejenigen Telegramme, welche durch die See-Telegraphenanstalten innerhalb 30 Tagen nach ihrer Aufgabe (den Tag der Aufgabe nicht inbegriffen) den Bestimmungsschiffen nicht haben übermittelt werden können, werden als unbestellbar zurückgelegt.

Ist das Schiff, für welches ein Seetelegramm bestimmt ist, innerhalb 28 Tagen nicht angekommen, so gibt die See-Telegraphenanstalt dem Aufgeber hiervon am Morgen des 29. Tages durch eine dienstliche Meldung Kenntnis. Der Aufgeber kann gegen Bezahlung eines Landtelegramms von 10 Wörtern verlangen, dafs die See-Telegraphenanstalt sein Telegramm während eines weiteren Zeitraums von 30 Tagen für die Zustellung bereit halte. Geht ein solches Verlangen nicht ein, so wird das Telegramm von der See-Telegraphenanstalt am 30. Tage als unbestellbar zurückgelegt.

IV. Die Gebühr für Telegramme, welche durch Vermittelung einer See-Telegraphenanstalt mit Schiffen in See ausgewechselt werden, beträgt 80 Pfg. für das Telegramm. Dieselbe wird den nach den sonstigen Bestimmungen zu erhebenden Gebühren hinzugerechnet. Die Gesamtgebühr für die an die Schiffe in See gerichteten Telegramme wird vom Aufgeber und für die von den Schiffen kommenden Telegramme vom Empfänger erhoben.

§ 18.
Weiterbeförderung.

I. Die Weiterbeförderung von Telegrammen über die Telegraphenlinien hinaus erfolgt nach Wunsch des Absenders entweder durch die Post oder durch Eilboten, oder durch Post und Eilboten, oder durch Estafette.

II. Der Aufgeber hat die Art der von ihm verlangten Weiterbeförderung in einem taxpflichtigen Zusatz vor der Aufschrift anzugeben (vgl. § 6 III).

III. Die Ankunfts-Telegraphenanstalt ist berechtigt, sich der Post zu bedienen:

a) wenn in dem Telegramm die Art der Weiterbeförderung nicht angegeben ist,

b) wenn es sich um eine von dem Empfänger zu bezahlende Weiterbeförderung handelt, und dieser sich früher geweigert hat, Kosten derselben Art zu bezahlen.

IV. Die Ankunftsanstalt ist verpflichtet, sich der Post zu bedienen:

a) wenn solches ausdrücklich vom Aufgeber (vgl. I) oder vom Empfänger (vgl. § 15 IV) verlangt worden ist,

b) wenn dieser Anstalt kein schnelleres Beförderungsmittel zu Gebote steht.

V. Telegramme jeder Art, welche durch Vermittelung der Post an ihre Bestimmung gelangen, also auch solche, welche postlagernd niedergelegt werden sollen, werden von der Ankunftsanstalt in der Regel ohne Kosten für den Aufgeber und für den Empfänger als gewöhnliche Briefe zur Post gegeben. Ausgenommen sind jedoch folgende Fälle:

1. Telegramme, welche als eingeschriebene Briefe zur Post gegeben werden sollen, sind mit der vor die Aufschrift niederzuschreibenden Angabe „Post eingeschrieben" oder „(P R)" zu versehen und unterliegen einer vom Aufgeber zu entrichtenden Einschreibgebühr von 20 Pfennig. Diese Einschreibgebühr von 20 Pfennig kommt auch bei der Auflieferung aller Telegramme mit Empfangsanzeige, welche mit der Post weiterbefördert, oder postlagernd niedergelegt werden sollen, zur Erhebung, da diese Telegramme stets als eingeschriebene Briefe zur Post gegeben werden.

2. Für Telegramme, welche von der deutschen Bestimmungsanstalt über das Meer weiterbefördert werden sollen, hat der Aufgeber die Postgebühr zu entrichten.

Dieselbe beträgt:

a) nach dem europäischen Auslande und nach denjenigen überseeischen Ländern, welche dem Weltpostverein angehören, 40 Pfennig;

b) nach den dem Weltpostverein nicht angehörigen überseeischen Ländern 60 Pfennig.

3. Telegramme, welche einer an der Grenze gelegenen deutschen Telegraphenanstalt zur Weiterbeförderung mit der Post nach dem Nachbargebiete und darüber hinaus übermittelt werden, ohne dass der Fall einer Unterbrechung der über die Grenze führenden Telegraphenverbindungen vorliegt, sind als unfrankierte Briefe zu behandeln; das Porto fällt dem Empfänger zur Last.

VI. Die Kosten für die Zustellung von Telegrammen mittels Eilboten an Empfänger aufserhalb des Ortsbestellbezirks der Bestimmungs-Telegraphenanstalt können vom Aufgeber durch Entrichtung einer festen Gebühr von 40 Pfennig für jedes Telegramm vorausbezahlt werden. Der Aufgeber hat in diesem Falle den Vermerk „Eilbote bezahlt" oder „(XP)" vor die Telegrammaufschrift zu setzen. Im weiteren steht es dem Aufgeber eines Telegramms mit bezahlter Antwort frei, die etwa entstehende Eilbestellgebühr für das Antwortstelegramm nach dem Satze von 40 Pfennig im voraus bei der Aufgabe des Ursprungstelegramms zu entrichten. Das Ursprungstelegramm ist in diesem Falle vor der Aufschrift mit dem taxpflichtigen Vermerk „Antwort und Bote bezahlt" oder „(RXP)" zu versehen.

Findet die Vorausbezahlung des Eilbotenlohnes nicht statt, so werden die wirklich erwachsenden Auslagen vom Empfänger oder vom Aufgeber eingezogen.

Die Kosten für die Weiterbeförderung durch Estafette sind stets vom Aufgeber zu entrichten. (Dienstbefehl $\frac{14}{\mathrm{II}}$ von 1889.)

VII. In Fällen der gleichzeitigen Abtragung mehrerer Telegramme durch denselben Boten an denselben Empfänger findet die vorstehende Bestimmung unter VI gleichmässig Anwendung. Werden im übrigen durch denselben Boten an denselben Empfänger gleichzeitig solche Telegramme abgetragen, für welche das Botenlohn im voraus bezahlt ist, und solche, bei welchen dies nicht der Fall ist, so ist vom Empfänger das erwachsene Botenlohn, abzüglich der im voraus bezahlten Beträge, zu entrichten. Die auf etwa gleichzeitig zur Abtragung gelangende Eilpostsendungen im voraus bezahlte Bestellgebühr bleibt hierbei ausser Betracht.

VIII. In geeigneten Fällen werden auf besonderes schriftliches Verlangen des Empfängers die für ihn eingehenden Telegramme seitens der Telegraphenanstalt nicht durch Eilboten bestellt, sondern den Boten des Empfängers gelegentlich der jedesmaligen Abholung von Postsendungen mitgegeben. Unzuträglichkeiten, welche etwa aus dieser Einrichtung entstehen, hat die Telegraphenverwaltung nicht zu vertreten. (Generale $\frac{178}{XVIII}$, Postordnung § 22.)

§ 19.
Entrichtung der Gebühren.

I. Sämtliche bekannte Gebühren sind bei Aufgabe des Telegramms im voraus zu entrichten.

II. Es werden jedoch vom Empfänger am Bestimmungsorte erhoben:

a) die Ergänzungsgebühr für nachzusende Telegramme (vgl. § 15),

b) eintretendenfalls die Weiterbeförderungsgebühren (vgl. § 18),

c) die Gebühren für die durch die See-Telegraphenanstalten vom Meere her beförderten Telegramme (vgl. § 17).

In allen Fällen, wo eine Gebührenerhebung bei der Bestellung stattzufinden hat, wird das Telegramm dem Empfänger nur gegen Erstattung des schuldigen Betrages ausgehändigt.

III. Die Entrichtung der Gebühren kann bei den Telegraphenanstalten mittels Wertzeichen oder bar — bei den Eisenbahn-Telegraphenstationen nur bar — erfolgen. Eine Bescheinigung über die erhobenen Gebühren wird nur auf Verlangen und gegen Entrichtung eines Zuschlags von 20 Pfennig erteilt. Bei gebührenfreien Staatstelegrammen ist auf Verlangen eine Bescheinigung über die Auflieferung unentgeltlich zu erteilen.

IV. Personen, welche sich des Telegraphen häufiger bedienen, kann auf ihren Antrag gestattet werden, die Gebühren für die von ihnen bei Telegraphenanstalten aufgegebenen Telegramme monatlich zu entrichten. Sie haben alsdann an die betreffende Verkehrsanstalt, bei welcher sie ihre Telegramme aufgeben wollen, einen entsprechenden Vorschufs einzuzahlen, und als besondere Vergütung für die durch die Buchung der Gebühren entstehende Mühewaltung eine Gebühr von 50 Pfennig für den Kalendermonat und aufserdem für jedes Telegramm, dessen Gebühren gestundet werden, 2 Pfennig zu entrichten. Auf Eisenbahn-Telegraphenstationen findet diese Bestimmung keine Anwendung.

§ 20.
Zurückziehung und Unterdrückung von Telegrammen.

I. Jedes Telegramm kann von dem Absender, welcher sich als solcher ausweist, zurückgezogen oder in der Beförderung aufgehalten werden, sofern es noch Zeit ist. Wenn in einem solchen Falle die Beförderung eines Telegramms noch nicht begonnen hat, so werden dem Absender die Gebühren nach Abzug von 20 Pfennig erstattet. Hat die Abtelegraphierung bereits begonnen, so verbleiben die Gebühren der Telegraphenverwaltung; vorausbezahlte Beträge für Weiterbeförderung, bezahlte Antwort, Empfangsanzeigen etc. werden jedoch dem Aufgeber zurückgezahlt, wenn die vorausbezahlte Leistung nicht ausgeführt worden ist.

II. Ein Telegramm, welches durch die Ursprungsanstalt bereits befördert worden ist, kann nur auf Grund eines besondern, von der Aufgabeanstalt nach den Bestimmungen im § 24 zu erlassenden Telegramms angehalten und vernichtet werden; für dieses Telegramm sind die tarifmäfsigen Gebühren zu zahlen. Von dem Erfolge wird der Aufgeber mittels unfrankierten Briefes Kenntnis gegeben. Verlangt der Aufgeber telegraphische Auskunft, so hat er die Gebühr für eine telegraphische Antwort vorauszubezahlen. Die erlegten Gebühren für das Tele-

gramm, dessen Bestellung auf Verlangen unterdrückt wird, werden nicht zurückgezahlt. Bei jedem derartigen Verlangen hat der Antragsteller das Ansuchen
schriftlich zu stellen und sich als Absender oder dessen Beauftragter auszuweisen.

§ 21.
Zustellung der Telegramme am Bestimmungsort.

1. Die Telegramme werden bei der Aufnahme bezw. gleich nach der Ankunft
bei der Bestimmungsanstalt, wenn die offene Bestellung nicht ausdrücklich verlangt ist, verschlossen.

II. Dieselben werden, ihrer Aufschrift entsprechend, entweder nach der
Wohnung, dem Geschäftslokale etc. des Empfängers bestellt bezw. auf sonstige
Weise weiterbefördert oder postlagernd oder telegraphenlagernd niedergelegt.
Im weiteren können die angekommenen Telegramme den Empfängern mittels
Fernsprechers nach den hierüber erlassenen besonderen Bestimmungen über-
mittelt werden,

III. Die Bestellung oder Weiterbeförderung der Telegramme geschieht mit
thunlichster Beschleunigung nach der Reihenfolge ihrer Aufnahme und ihres
Vorranges. (Wegen Übergabe der Telegramme an die Boten des Empfängers
vgl. § 18 VIII.)

IV. Staats-, sowie Dienst- und dringende Privattelegramme werden mit
Vorrang vor anderen Telegrammen bestellt. Die Aushändigung der Staatstelegramme und der Telegramme mit bezahlter Empfangsanzeige erfolgt gegen
Vollziehung eines demselben beizugebenden Empfangsscheines. (Dienstbefehl
$\frac{11}{II}$ von 1890.)

V. Zur Vollziehung des Empfangsscheines über eine an eine Behörde oder
deren Vorstand gerichtetes Staatstelegramm kann, wenn nicht eine besondere
schriftliche Verfügung darüber getroffen ist, nur der Vorstand der betreffenden
Behörde, oder, in dessen Abwesenheit, sein Stellvertreter als berechtigt angesehen werden.

VI. Privattelegramme, sowie die nicht an eine Behörde oder deren Vorstand
gerichteten dienstlichen Telegramme sind dagegen im Falle der Abwesenheit des
Empfängers an ein erwachsenes Familienmitglied oder, wenn auch ein solches
nicht zur Stelle ist, an die Geschäftsgehilfen, an die Dienerschaft, Haus- oder
Wirtsleute oder an den Thürhüter des Gasthofes bzw. des Hauses zu bestellen,
insofern der Empfänger für derartige Fälle nicht einen besondern Bevollmächtigten der Anstalt schriftlich namhaft gemacht, oder der Aufgeber durch den vor
die Aufschrift gesetzten Vermerk „eigenhändig zu bestellen" oder „(MP)" verlangt
hat, daß die Zustellung nur zu Händen des Empfängers selbst stattfinden soll.

VII. Sofern Privatbriefkasten oder Einwürfe sich an der Thür etc. der
Wohnung des Empfängers befinden, können die Telegramme, für welche Empfangs-
scheine nicht abzugeben sind, in jene Briefkasten etc. gesteckt werden. Telegramme, welche den Vermerk „eigenhändig zu bestellen" oder „(MP)" tragen,
sind jedoch stets an den Empfänger selbst zu bestellen, ebenso werden postlagernde oder telegraphenlagernde Telegramme nur dem Empfänger oder seinem
Bevollmächtigten nach gehörigem Ausweis ausgehändigt. Telegramme, welche
die Bezeichnung „bahnhoflagernd" tragen, werden an den Bahnhofsvorsteher oder
dessen Stellvertreter abgegeben.

VIII. Die an Reisende nach einem Gasthof gerichteten Telegramme werden,
wenn der Empfänger noch nicht eingetroffen ist, an den Wirt etc. des Gasthofes

mit dem Ersuchen abgegeben, das Telegramm vorläufig in Verwahrung zu nehmen
und dem Empfänger bei seinem Eintreffen auszuhändigen. Am Tage nach der
erfolgten Übergabe eines solchen Telegramms wird dasselbe, wenn die Übergabe an den Empfänger inzwischen nicht hat bewirkt werden können, durch
einen Boten gegen Hinterlassung eines Benachrichtigungszettels wieder abgeholt
und zur Verkehrsanstalt zurückgebracht. Diese erläfst nunmehr die Unbestellbarkeitsmeldung an die Aufgabeanstalt, im übrigen wird das Telegramm wie
alle sonstigen unbestellbaren Telegramme behandelt.

IX. Ist weder der Empfänger noch sonst jemand aufzufinden, der das
Telegramm annimmt, so hat der Bote, wenn es sich um ein Telegramm handelt,
für welches ein Empfangsschein ausgefertigt ist, oder wenn sich für die Bestellung
eines Telegramms ohne Empfangsschein ein Privatbriefkasten oder ein anderer
Weg der Bestellung nicht darbietet, einen Benachrichtigungszettel in der
Wohnung etc. des Empfängers zurückzulassen oder an die Eingangsthür anzu-
heften, das Telegramm selbst aber zur Anstalt zurückzubringen Mit den Telegrammen, welche mit dem Vermerk „eigenhändig zu bestellen" oder „(MP)"
versehen sind, ist in gleicher Weise zu verfahren, wenn der bezeichnete Empfänger
selbst nicht angetroffen wird.

X. Wenn der Bote bei der Bestellung von Telegrammen mit Empfangs-
scheinen den Empfänger nicht selbst antrifft und das Telegramm einem andern
aushändigt, hat der letztere in dem Empfangsschein seiner eigenen Unterschrift
das Wort ›für‹ und den Namen des Empfängers beizufügen.

XI. Dem Boten ist die Annahme von Geschenken untersagt. (Generale
$\frac{148}{IX}$, Dienstbefehl 55 von 1888.)

§ 22.
Unbestellbare Telegramme.

I. Von der Unbestellbarkeit eines Telegramms und den Gründen der Unbestellbarkeit wird der Aufgabeanstalt telegraphisch Meldung gemacht. Liegt
für die Unbestellbarkeit eines Telegramms ein Grund vor, welcher nicht ohne
weiteres aus dienstlicher Veranlassung beseitigt werden kann und mufs, und ist
der Absender des unbestellbaren Telegramms aus der Unterschrift oder auf andere
Weise mit genügender Sicherheit bekannt, dann wird die Unbestellbarkeitsmeldung
diesem so bald als möglich übermittelt. Der Aufgeber kann die Aufschrift des
unbestellbar gemeldeten Telegramms nur durch ein bezahltes Telegramm ver-
vollständigen, berichtigen oder bestätigen.

II. Ein Telegramm, welches von dem abtragenden Boten als unbestellbar
zur Anstalt zurückgebracht wird, ist bei der letzteren aufzubewahren. Hat sich
innerhalb sechs Wochen der Empfänger zur Empfangnahme des Telegramms
nicht gemeldet, so wird solches vernichtet. In gleicher Weise wird mit Telegrammen verfahren, welche die Bezeichnung: ›telegraphen-‹, ›post-‹ oder ›bahnhoflagernd‹ tragen. (Generale $\frac{148}{IX}$, Dienstbefehl 47 von 1887.)

§ 23.
Gewährleistung.

I. Die Telegraphenverwaltung leistet für die richtige Überkunft der Telegramme oder deren Überkunft und Zustellung innerhalb bestimmter Frist

keinerlei Gewähr und hat Nachteile, welche durch Verlust, Entstellung oder
Verspätung der Telegramme entstehen, nicht zu vertreten.

II. Die entrichtete Gebühr wird jedoch erstattet:

a) für ein Telegramm, welches durch Schuld des Telegraphenbetriebes gar
   nicht oder mit bedeutender Verzögerung in die Hände des Empfängers
   gelangt ist,

b) für ein verglichenes Telegramm, welches infolge Entstellung erweislich
   seinen Zweck nicht hat erfüllen können.

Die Beschwerden oder Rückforderungen sind bei der Aufgabeanstalt einzureichen. Als Beweisstück ist beizufügen:

eine schriftliche Erklärung der Bestimmungsanstalt oder des Empfängers,
wenn das Telegramm nicht angekommen ist,

die dem Empfänger zugestellte Ausfertigung, wenn es sich um Entstellung
oder Verzögerung handelt.

III. Bei Rückforderung wegen Entstellungen muſs nachgewiesen werden, daſs
und durch welche Fehler das Telegramm derart entstellt ist, daſs es seinen
Zweck nicht hat erfüllen können.

IV. Jeder Anspruch auf Erstattung der Gebühr muſs bei Verlust des
Anrechtes innerhalb zweier Monate, vom Tag der Erhebung an gerechnet, an-
hängig gemacht werden.

V. Die Erstattung bezieht sich lediglich auf die Gebühr einschlieſslich der
Nebengebühren der Telegramme selbst, welche verzögert, entstellt oder nicht
angekommen sind, und auf die Gebühren der im § 24 vorgesehenen Telegramme,
nicht aber auf die Gebühren solcher Telegramme, welche etwa durch die Verzögerung, Entstellung oder Nichtankunft jener Telegramme veranlaſst oder nutzlos
gemacht worden sind. (Generale $\frac{162}{XII}$.)

§ 24.
Berichtigungstelegramme.

I. Der Aufgeber und der Empfänger eines jeden Telegramms können innerhalb einer Frist von 72 Stunden, welche je nach dem Fall der Auflieferung oder
der Ankunft dieses Telegramms folgt, auf telegraphischem Wege Auskunft verlangen oder Erläuterungen geben, welche sich auf das in der Übermittelung
befindliche oder bereits beförderte Telegramm beziehen. Sie können auch zum
Zweck einer Berichtigung ein Telegramm, welches sie aufgegeben oder erhalten
haben, entweder durch die Bestimmungs- oder Ursprungs-Anstalt oder durch eine
Durchgangs-Anstalt vollständig oder teilweise wiederholen lassen Sie haben
folgende Beträge zu hinterlegen:

1. die Gebühr für das Telegramm, welches das Verlangen enthält,

2. die Gebühr für ein Antwortstelegramm, wenn eine telegraphische Antwort
gewünscht wird.

II. Jedes berichtigende, ergänzende oder die Beförderung aufhebende Telegramm (vgl. § 20) und jede aus Anlaſs eines bereits beförderten oder in der Beförderung begriffenen Telegramms auf Antrag des Auftraggebers oder des Empfängers
von Anstalt zu Anstalt ausgetauschte Mitteilung ist ein Diensttelegramm, welches
nach dem gewöhnlichen Tarif taxiert wird.

III. Die für die Berichtigungstelegramme erhobenen Gebühren werden auf
desfallsigen Antrag zurückgezahlt, wenn die Wiederholung erweist, dass das oder
die wiederholten Wörter im Ursprungstelegramm unrichtig wiedergegeben worden

sind. Wenn im Ursprungstelegramm einige Wörter richtig und einige andere Wörter
unrichtig wiedergegeben worden sind, so wird die Gebühr für diejenigen Wörter nicht
erstattet, welche in dem Auskunft verlangenden wie in dem Antworts-Dienst-
telegramm die im Ursprungstelegramm richtig wiedergegebenen Wörter bezeichnen.

IV. Die Gebühr für das Ursprungstelegramm, welches zu dem Antrage auf
Berichtigung Anlass gegeben hat, wird nicht zurückgezahlt.

V. Dem Antrage auf Berichtigung eines beförderten oder in der Beförderung
begriffenen Telegramms darf von den Telegraphenanstalten nur dann Folge
gegeben werden, wenn der Antragsteller sich als Aufgeber oder Empfänger des
betreffenden Ursprungstelegramms oder als Bevollmächtigter eines derselben aus-
gewiesen hat. (Generale $\frac{358}{XXXII}$, Dienstbefehl $\frac{77}{XII}$ von 1887.)

§ 25.
Nachzahlung und Erstattung von Gebühren.

I. Gebühren, welche für beförderte Telegramme zu wenig erhoben sind, oder
deren Einziehung vom Empfänger nicht erfolgen konnte, — sei es, dafs derselbe
die Bezahlung verweigert hatte, sei es, dass er nicht aufgefunden worden war, —
hat der Absender auf Verlangen nachzuzahlen. Irrtümlich zu viel erhobene
Gebühren werden dem Aufgeber zurückgezahlt.

II. Der Betrag der vom Aufgeber zu viel verwendeten Wertzeichen wird
jedoch nur auf seinen Antrag erstattet.

§ 26.
Telegrammabschriften.

I. Der Aufgeber und der Empfänger, falls sie sich als solche gehörig aus-
weisen, sind berechtigt, sich beglaubigte Abschriften der von ihnen aufgegebenen,
und der an sie gerichteten Telegramme ausfertigen zu lassen, wenn sie Ort und
Tag der Aufgabe genau angeben können und die Urschriften noch vorhanden
sind. Diese Urschriften werden in der Regel 6 Monate lang aufbewahrt.

II. Für jede Abschrift eines unter Angabe der Aufgabezeit und des Aufgabe-
ortes genau bezeichneten Telegramms sind bei Telegrammen bis zu 100 Wörtern
40 Pfennig, bei längeren Telegrammen 40 Pfennig mehr für jede Reihe von
100 Wörtern oder einen Teil derselben zu entrichten. Bei ungenau bezeichneten
Telegrammen sind ausser der Schreibgebühr die durch die Aufsuchung des Tele-
gramms entstehenden Kosten zu zahlen. (Generale $\frac{142}{VIII}$, Dienstbefehl $\frac{69}{III}$ von 1888.)

§ 27.
Nebentelegraphen und besondere Telegraphenanlagen. Fern-
sprecheinrichtungen.

Die Bedingungen für Nebentelegraphen und besondere Telegraphenanlagen,
sowie für die Fernsprecheinrichtungen werden besonders festgesetzt.

§ 28.
Geltungsbereich.

I. Die vorstehenden Bestimmungen gelten, soweit nicht Abweichungen ausdrücklich vorgeschrieben sind, auch für die Telegramme, welche unter Benutzung
von Eisenbahntelegraphen befördert werden.

II. In Bezug auf den telegraphischen Verkehr mit dem Auslande kommen
die Bestimmungen der bezüglichen Telegraphenverträge zur Anwendung.

§ 29.
Zeitpunkt der Einführung.

Gegenwärtige Telegraphenordnung tritt sofort in Kraft.

Abgeschlossen
den 6. Januar 1892. **Tarif für Telegramme.**

(Für den billigsten und gebräuchlichsten Weg berechnet.)

Vorbemerkungen.

1. Als Mindestbetrag für ein gewöhnliches Telegramm werden erhoben· im Verkehr mit Grofsbritannien und Irland 80 Pf., im übrigen Verkehr 50 Pf. (Für Stadt-Telegramme beträgt die Worttaxe 3 Pf., die Mindestgebühr 30 Pf.) Die Telegrammgebühren sind im voraus zu entrichten. Durch 5 nicht teil· bare Pfennigbeträge sind bis auf solche zu erhöhen. Soweit im Verkehr mit dem Ausland mehrere Beförderungswege sich darbieten, sind die Gebührensätze für den billigsten bzw. gebräuchlichsten Weg berechnet. Die Sätze für andere Wege sind bei den Telegraphenanstalten zu erfragen.

2. Unterscheidungszeichen, Bindestriche, Apostrophe und das Zeichen für den Absatz werden nicht gezählt; Punkte, Kommas und Bruchstriche, zur Bildung von Zahlen benutzt, gelten als je 1 Ziffer.

3. Für dringende Telegramme (D) (Dringend), d. s. solche, welche bei der Beförderung und Bestellung den Vorrang vor den übrigen Privattelegrammen haben, kommt die dreifache Gebühr eines gewöhnlichen Telegramms zur Er- hebung. Nach welchen Ländern dringende Telegramme zulässig sind, ist im Tarif durch ›(D)‹ angedeutet.

4. Für das vorauszubezahlende Antworts-Telegramm (RP) (Ant- wort bezahlt) wird die Gebühr eines gewöhnlichen Telegramms von 10 Wörtern berechnet. Wird eine dringende Antwort verlangt, so ist (RPD) zu setzen. Soll eine andere Wortzahl vorausbezahlt werden, so ist dies besonders anzugeben, z. B. (RP 16 Wörter). Die Vorausbezahlung darf die Gebühr eines Telegramms beliebiger Art von 30 Wörtern für denselben Weg nicht überschreiten, aus· genommen im Falle des Verlangens der Wiederholung eines vorangegangenen Telegramms.

5. Für die Vergleichung eines Telegramms (TC) (Vergleichung) ist ein Viertel der Gebühr für das gewöhnliche Telegramm von gleicher Wortzahl, für die Empfangsanzeige (CR) (Empfangsanzeige) die Gebühr für ein gewöhn- liches Telegramm von 10 Wörtern zu entrichten.

6. Für die Nachsendung eines Telegramms (FS) (Nachzusenden) — innerhalb des europäischen Vorschriftenbereichs zulässig — wird die volle Ge· bühr vom Empfänger eingezogen. Das Nachsenden findet auch ohne besonderes Verlangen statt, sofern der neue Aufenthaltsort des Empfängers unzweifelhaft bekannt ist, und sich am ursprünglichen wie am neuen Aufenthaltsorte Anstalten der Reichstelegraphenverwaltung bzw. der Staatstelegraphenverwaltung Bayerns oder Württembergs befinden.

7. Offen zu bestellende Telegramme (RO) oder eigenhändig zu bestellende Telegramme (MP) sind nach den mit (RO) bzw. (MP) bezeichneten Ländern zu- lässig.

8. Im Verkehr innerhalb Deutschlands kann die Vergütung für Weiter- beförderung durch Eilboten (XP) (Eilbote bezahlt) ohne Rücksicht auf die Entfernung mit 40 Pf. für jedes Telegramm durch den Aufgeber voraus- bezahlt werden; findet die Vorausbezahlung nicht statt, so werden die billigst bedungenen, wirklichen Botenlöhne vom Empfänger eingezogen. Die Kosten für die Weiterbeförderung der Telegramme im Auslande hat der Empfänger zu tragen. Für Telegramme mit Empfangsanzeige kann der Absender einen Betrag zur Deckung der Auslagen hinterlegen

9. Die Zeichen (*D*) (*RP*) (*TC*) u. s. w. (vgl. 3 bis 8) zählen als je 1 Wort und sind vor der Aufschrift in Klammern niederzuschreiben. Wenn diese vereinbarten Zeichen in den bezüglichen Telegrammen nicht zur Anwendung kommen, so müssen die gleichbedeutenden Ausdrücke in f r a n z ö s i s c h e r Sprache hierfür gesetzt werden, sofern in dem betreffenden Bestimmungslande nicht die deutsche Sprache gebräuchlich ist.

10. Die Gebühr für jede einzelne V e r v i e l f ä l t i g u n g eines Telegramms beträgt für je 100 Wörter oder einen Teil derselben 40 Pf. Das Telegramm wird, alle Aufschriften eingerechnet, als ein einziges Telegramm taxiert. Im Verkehr mit A m e r i k a s i n d z u v e r v i e l f ä l t i g e n d e T e l e g r a m m e u n z u l ä s s i g.

11. Eine Quittung über entrichtete Gebühren wird gegen Zahlung von 20 Pf. erteilt.

12. Für jedes Telegramm, welches einem T e l e g r a p h e n b o t e n oder L a n d b r i e f t r ä g e r zur Beförderung an das Telegraphenamt mitgegeben wird, kommen 10 Pf. zur Erhebung.

(Gebührentarif siehe S. 271.)

A. Die Wortlänge ist festgesetzt auf 15 Buchstaben oder 5 Ziffern im Verkehr mit:	Worttaxe	
	ℳ	₰
Deutschland (D) (RO) (MP)	—	5
Afrika, Westküste (westlicher Weg) (D) (RO), ausgenommen Senegal; (MP), ausgenommen canarische Inseln und Senegal:		
Benguela	9	80
Bissao und Bolama . . .	4	45
Canarische Inseln (via:		
Cadix	—	70
Gabon (Gaboon)	6	65
Grand Bassam	5	—
Konakry	4	50
Kotonou (Porto novo) . .	6	20
Loanda	8	45
Mossamedes	10	65
Principe	7	—
San Thome	6	45
Senegal (via: Teneriffa) .	1	40
übrige Länder s. unter B. Afrika.		
Algerien und Tunis (D) (RO) (MP)	—	20
Belgien (D) (RO) (MP) . .	—	10
Bosnien-Herzegowina (D) (RO) (MP)	—	20
Bulgarien und Ost-Rumelien (D) (RO) (MP)	—	20

A. Die Wortlänge ist festgesetzt auf 15 Buchstaben oder 5 Ziffern im Verkehr mit:	Worttaxe	
	ℳ	₰
Dänemark (D) (RO) (MP) . .	—	10
Frankreich (D) (RO) (MP) .	—	12
Gibraltar	—	25
Griechenland (D) (RO) (MP)	—	30
Grofsbritannien und Irland .	—	15
Italien (D) (RO) (MP) . . .	-	15
Luxemburg (D) (MP) . . .	—	5
Malta	—	40
Marokko: Tanger (D) (RO) .	—	40
Montenegro	—	20
Niederland (D) (RO) (MP) .	—	10
Norwegen (D) (RO) (MP) .	—	15
Österreich-Ungarn (D) (RO) (MP)	—	5
Portugal (D) (RO) (MP) . .	—	20
Rumänien (D) (RO) (MP) .	—	20
Russland (D) (MP), europäisches und kaukasisches .	—	20
Schweden (D) (RO) (MP) .	—	15
Schweiz (RO) (MP) . . .	—	10
Serbien (D)	—	20
Spanien und die spanischen Besitzungen an der nordafrikanischen Küste (D) (RO)	—	20
Tripolis (D) (RO) (MP) . .	1	5
Türkei, ausgeschlossen Ost-Rumelien (s. Bulgarien) (D) (RO) (MP)	—	45

B. Die Wortlänge ist festgesetzt auf 10 Buchstaben oder 3 Ziffern im Verkehr mit:	Worttaxe	
	ℳ	₰
Afrika, Süd- (D)(RO)(MP), ausgenommen engl. Kolonien:		
Durban in Natal (östlicher oder westlicher Weg)	8	70
Port Nolloth in der Kap-Kolonie (westlicher Weg)	8	85
Betschuanaland (Anstalten der British South African Tel. Comp.: Fort Tuli, Gaberones, Macloutsi, Mochuli, Nuanetsi, Palapye, Palla, Ramoutsa, (östl. oder westl. Weg)	9	10

B. Die Wortlänge ist festgesetzt auf 10 Buchstaben oder 3 Ziffern im Verkehr mit:	Worttaxe	
	ℳ	₰
übrige Anstalten in Betschuanaland, der Kap-Kolonie (mit West-Griqualand), Natal, Oranje-Freistaat und Süd-Afrik. Republik (Transvaal) (östl. oder westl. Weg) . . .	8	85
Afrika, Ostküste (östl. Weg) (RO) (MP), ausgenommen engl. Kolonien:		
Assab	3	65
Deutsch-Ostafrika . . .	7	85
Malindi	8	10

B. Die Wortlänge ist festgesetzt auf 10 Buchstaben oder 3 Ziffern im Verkehr mit:	Worttaxe		B. Die Wortlänge ist festgesetzt auf 10 Buchstaben oder 3 Ziffern im Verkehr mit:	Worttaxe	
	ℳ.	₰		ℳ.	₰
Massaua	3	75	Fortaleza, Maranham		
Mozambique und Lourenço-			u. s. w.	7	5
Marques (Delagoa-Bay) .	8	75	mittlere Region (zwischen		
Obock	3	70	Pernambuco und Rio de		
Zanzibar und Mombassa	7	65	Janeiro): Pernambuco(Re-		
Afrika, Westküste (westlicher			cife)	6	20
Weg):			Bahia u. s. w.	7	5
Accra (Goldküste) . . .	7	95	südliche Region: Rio de		
Addah, Cape-Coast-Castle,			Janeiro	7	20
Elmina, Pram-Pram, Quit-			übrige südlich davon ge-		
tah, Salt-Pond und Win-			legene Anstalten (Santos,		
nebah	8	15	Desterro, Rio Grande do		
Bathurst (Senegambien) .	5	90	Sul u. s. w.)	7	85
Bonny und Brass (Niger-			Cap-Verdische Inseln (D)(RO)		
delta)	9	55	(MP): St. Vincent, Insel	2	90
Lagos (Sklavenküste) . .	8	75	San Thiago, Insel . . .	3	80
Sierra Leone	6	70	Chile (via: Galveston) (RO) .	9	10
übrige Länder s. unter A.			China (D via: Amur) (RO)		
Afrika.			(MP): Hongkong, Amoy,		
Annam, ausgenommen die			Foochow, Gutslaff, Shang-		
unter Cochinchina ge-			hai	7	—
nannten Anstalten (via:			Canton, Fumen, Shameen,		
Bushire, Moulmein) (RO)			Sharppeak, Whampoo,		
(MP)	5	75	Wusung und Macao . .	7	40
Arabien (RO) (MP): Aden,			übrige Anstalten	8	20
Perim und Hedjaz . .	3	55	Cochinchina und den annami-		
Yemen	4	20	tischen Anstalten Phan-		
Argentinische Republik (via:			Tiet, Phan-Ry, Phan-Ranh,		
Pernambuco) (RO) . . .	7	25	Nha-Trang (via: Bushire,		
Australien (via: Bushire, Pe-			Moulmein) (RO) (MP) .	5	—
nang):			Columbien (via: Galveston)		
Süd-Australien (MP) und			(RO): Buenaventura . .	5	70
West-Australien . . .	4	10	übrige Anstalten . . .	5	95
Victoria (RO) (MP) . . .	4	20	Corea (D via: Amur) (RO)		
Neu-Süd-Wales	4	30	(MP):		
Tasmania	4	80	Séoul (Kjöng) (via: Amur,		
Queensland	9	45	Tsu-shima oder Amur,		
Neu-Seeland (RO) . . .	10	25	chines. Landlinien) . .	9	15
Balutschistan (via: Bushire)			Fusan (via: Amur, Tsu-		
(RO)(MP): Anstalten am			shima)	9	35
Golf von Oman . . .	3	65	Genzan (via: Amur, Tsu-		
Bolivien (via: Galveston)(RO)	7	80	shima)	10	40
Brasilien (via: Pernambuco)			Chemulpo (via: Shanghai,		
(D) (MP):			chines. Landlinien) . .	9	30
nördliche Region (nördlich			Echow (via: Shanghai, chi-		
von Pernambuco): Para,			nes. Landlinien) . . .	8	80

B. Die Wortlänge ist festgesetzt auf 10 Buchstaben oder 3 Ziffern im Verkehr mit:	Worttaxe		B. Die Wortlänge ist festgesetzt auf 10 Buchstaben oder 3 Ziffern im Verkehr mit:	Worttaxe	
	M.	*₰*		*M.*	*₰*
Pingyang (via: Shanghai, chines. Landlinien) . .	8	95	Bushire, Penang) (*RO*) (*MP*): Java	6	15
Costa Rica (*RO*)	5	40	übrige Inseln	6	65
Ecuador (via: Galveston) (*RO*)	8	45	Paraguay (via: Pernambuco) (*RO*)	7	25
Egypten (via: Triest) (*RO*) (*MP*)			Penang (via: Bushire) (*RO*) (*MP*)	5	10
I. Region: { Alexandrien	1	45	Persien, ausschliefslich der Anstalten am Persischen		
übrige Anstalten .	1	65	Golf	1	25
II. Region	1	85	Persischer Golf (via: Persien, Bushire) (*RO*) (*MP*):		
Suakim, via: Kabel Suez-Suakim	2	35	Bushire	2	45
Guatemala und Honduras (*RO*)	4	35	übrige Anstalten	4	10
Guyana, Britisch- (via: Key West, Jamaica) (*RO*) . .	12	50	Peru (via: Galveston) (*RO*) .	8	40
Guyana, Niederländisch- (via: Key West (*RO*) . . .	10	15	Philippinen-Inseln (*D* via: Amur) (*RO*): Luzon (Manila)	8	85
Guyana, Französisch- (via Key West, Haïti) (*RO*) . .	10	95	Russland, asiatisches (*D*) (*MP*):		
Indien, Britisch- (via: Bushire) (*RO*) (*MP*): BritischIndien	4	10	I. Region, westlich vom Meridian von Werkhne-Udinsk	1	40
Birma . . .	4	85	II. Region, östl. von demselben	2	35
Ceylon . . .	4	20	Bokhara	1	65
Isthmus von Panama (*RO*) .	5	15	Salvador (*RO*): Libertad . .	4	10
Japan (*D*) (*RO*)	7	70	übrige Anstalten	4	35
Madeira (*D*) (*RO*) (*MP*) . .	1	30	Siam (via: Bushire, Moulmein) (*RO*)	4	60
Malacca, Halbinsel (via: Bushire, Penang) (*RO*) (*MP*):			Singapore (via: Bushire, Penang) (*RO*) (*MP*) . . .	5	95
Jelebu	6	5	Tonkin (via: Bushire, Moulmein) (*RO*) (*MP*) . . .	6	15
Malacca, britisch	5	70	Uruguay (via: Pernambuco) (*RO*)	7	25
Perak	5	30	Venezuela (via: Haïti) (*RO*)	11	20
Selangor	6	10	Vereinigte Staaten von Amerika, Britisch Amerika (mit Bermuda-Ins.) und St. Pierre-Miquelon (*RO*):		
Sungei Ujong	5	95			
Mexico (*RO*): Chihuahua City, Guaymas, Hermosillo, Matamoros in Tamaulipas, Monterey, Sabinas, Saltillo, Sauz	1	85	1. Cape Breton, Connecticut, Maine, Massachusetts, New-Brunswick, Newfoundland, New-Hampshire, New-York (sämtliche Anstalten		
Mexico City, Tampico und Veracruz City	2	60			
übrige Anstalten	2	75			
Nicaragua (*RO*): San Juan del Sur	5	15			
übrige Anstalten	5	40			
Niederländisch Indien (via:					

B. Die Wortlänge ist festgesetzt auf 10 Buchstaben oder 3 Ziffern im Verkehr mit:	Worttaxe		B. Die Wortlänge ist festgesetzt auf 10 Buchstaben oder 3 Ziffern im Verkehr mit.	Worttaxe	
	ℳ	₰		ℳ	₰
von New - York City, Brooklyn und Yonkers), Nova Scotia, Ontario, Prince Edwards Isl., Quebec, Rhode Isl., St. Pierre-Miquelon Isl., Vermont	1	5	5. Arizona, California, Idaho Territ., Manitoba, Nevada, Oregon, Utah, Washington	1	60
			6. Key West (Florida) .	1	75
2. Columbia (Distrikt), Delaware, Maryland, New-Jersey, New-York (ausgen. sämtliche Anstalten von New - York City, Brooklyn und Yonkers), Pennsylvania	1	20	7. Columbia (Britisch), North-Western Territories, Vancouver Island	1	85
			8. Bermuda (Insel) . . .	4	20
			Westindien (RO): Antigua .	10	10
			Barbados	10	20
3. Alabama, Carolina (North- undSouth-), Pensacola auf Florida, Georgia, Illinois, Indiana, Kentucky, New-Orleans in Louisiana, Michigan, Minnesota(Duluth, Minneapolis und St. Paul), Mississippi, St. Louis in Missouri, Ohio, Tennessee, Virginia (East-), West-Virginia, Wisconsin	1	30	Cuba, und zwar:		
			Havana	2	75
			Cienfuegos	3	65
			Santiago de Cuba . .	4	90
			übrige Anstalten . . .	2	95
			Curaçao	9	40
			Dominica (kleine Antillen-Insel)	9	40
			Grenada	10	20
			Guadeloupe	9	25
			San Domingo:		
			Haïti, Republik: Môle St. Nicolas	7	5
4. Arkansas, Colorado, Dakota(North- und South-), Florida (ausgen Pensacola und Key West), Indian Territ., Jowa, Kansas, Louisiana (ausgen. New-Orleans), Minnesota (ausgen. Duluth, Minneapolis u. St. Paul), Missouri (ausgen. St. Louis), Montana, Nebraska, New - Mexico, OklahomaTerrit.,Texas, Wyoming	1	50	Cap Haïtien und Port au Prince	8	5
			San Domingo, Republik: sämtliche Anstalten .	9	15
			Jamaica	6	—
			Marie-Galante	9	60
			Martinique	9	25
			Porto-Rico	9	25
			St. Christoph (St. Kitts) .	10	10
			Ste. Croix	9	60
			St. Lucia	9	40
			St. Thomas	9	35
			St. Vincent, Westindien .	9	80
			Trinidad, Insel	10	75

Viertes Kapitel.

I. Telegraphen-Rechnungs- und Kassawesen.

Das Rechnungs- und Kassawesen bei den Telegraphenstationen umfaſst:
A. Die Gefällseinnahme.
B. Die Rechnungsstellung.
C. Die Abrechnung mit der Bezirkskasse.

A. Gefällseinnahme.

Die für das Ärar erhobenen Gefälle und sonstigen Dienstgelder jeder Art dürfen nicht mit Privatgeldern vermengt, sondern müssen unter besonderem sicheren Verschluſs gehalten werden.

Der Kassabestand darf nach Abzug der zur Auszahlung eingegangenen Postanweisungen und der sonstigen für die nächsten Tage fälligen Zahlungen 400 Mk. nicht übersteigen. Überschüsse sind an die Bezirkskasse abzuliefern.

B. Rechnungsstellung.

Die Rechnungsstellung über die Telegraphengefälle hat monatlich zu erfolgen.

1. Über die Einnahmen an Telegraphengebühren haben die P o s t a n s t a l t e n m i t T e l e g r a p h e n d i e n s t alle Monate eine Rechnung anzulegen, welche zugleich als Annahmeregister über die aufgegebenen Telegramme dient.

Die Telegraphenrechnung ist für je einen Monat anzulegen, zu heften und auf dem Titelblatt mit dem Namen der Postanstalt mit Telegraphendienst, dem Rechnungsmonat und Jahr handschriftlich zu versehen. Die Zahl der Einlagebögen ist nach dem Bedürfnisse zu bemessen und dabei Papierverschwendung soviel als möglich zu vermeiden. Erweist sich die angelegte Rechnung in einem Monat nicht für ausreichend, so ist ein Ergänzungsheft beizufügen und dies auf dem Titelblatt der Rechnung durch den Vermerk „mit einem Ergänzungsheft" anzuzeigen. Besteht die Rechnung aus mehreren Heften, so sind dieselben fortlaufend zu numerieren.

2. In die Telegraphenrechnung hat jede Postanstalt mit Telegraphendienst alle bei ihr zur Aufgabe gelangenden Telegramme sofort bei der Annahme nach der Reihenfolge ihrer Aufgabe mit Telegrammnummer, Bestimmungsort und Wortzahl einzutragen und die erhobenen Gebühren auszusetzen.

3. Die Einträge haben in deutlicher Schrift mit schwarzer Tinte zu geschehen. Ausschabungen sind unstatthaft und Berichtigungen irriger Einträge mittels Durchstreichens so vorzunehmen, daſs der ursprüngliche Eintrag stets ersichtlich bleibt.

18*

Der Gebührenbetrag ist für jedes Telegramm in einer Summe, somit ein-schließlich der allenfallsigen Nebengebühren für bezahlte Antwort (*RP*), Weiter-beförderung (*PP*, *XP*, *RXP*), Gebührenbescheinigung, Empfangsanzeige (*C R*), dringende (*D*), zu vergleichende (*TC*) oder zu vervielfältigende Telegramme an-zusetzen und dabei die betreffenden dienstlichen Zusätze in die hierfür bestimmte Spalte einzutragen. Ebenso sind die erhobenen Gebühren für Unbestellbarkeits-meldungen, Telegrammabschriften und abgekürzte Aufschriften zu verrechnen.

Die etwa verwendeten Postfreimarken sind mit einem deutlichen Abdruck des Poststempels zu entwerten.

Freimarken anderer Länder sind für in Bayern aufgegebene Telegramme ungültig.

Seitens der Post- und Telegraphenanstalten sind die Telegramme nicht zu markieren, sondern die erhobenen Gebühren bar zu verrechnen.

4. Die Seitensummen sind nicht überzutragen, sondern am Monatsschlusse zusammenzustellen.

5. Post- und Telegraphenanstalten, bei welchen eine monatliche Stundung von Gebühren für Privattelegramme nach § 18 Ziff. IV der Telegraphenordnung stattfindet, haben über diese Gebühren monatlich — unter Benutzung des Rech-nungsformulars — eine besondere Nachweisung als Anhang zur Rechnung zu führen. Der Summe der ermittelten Gebühren ist noch die Stundungsgebühr von 50 Pfennig für den Kalendermonat, sowie der Zuschlag von 2 Pfennig für jedes gestundete Telegramm hinzuzurechnen und die sich hiernach ergebende Gesamtschuldigkeit in der Telegraphenrechnung zu vereinnahmen.

In gleicher Weise haben die Post- und Telegraphenanstalten, welche Abonnements auf die Wettertelegramme (Prognosen) annehmen, die im voraus zu erhebenden Abonnementsgebühren in der Telegraphenrechnung summarisch in Einnahme zu stellen und mit einer Abschrift des an das Oberpostamt ein-zusendenden Verzeichnisses zu belegen.

6. Über die gestundeten Gebühren für die von den Allerhöchsten und Höchsten Herrschaften, Gesandtschaften und kgl. Staatsbehörden aufgegebenen Telegramme sind monatliche (für die Gesandtschaften in München dreimonat-liche) Verzeichnisse zur Feststellung der zu verrechnenden Beträge sofort nach Monatsschluß unmittelbar an das Rechnungs- und Revisionsbureau unter Um-schlag und kurzer Bezeichnung des Betreffs auf der Aufschrift einzusenden.

7. Die Weiterbeförderungskosten für angekommene Telegramme, welche nicht am Ankunftsorte zuzustellen, sondern auf Verlangen des Aufgebers ent-weder durch die Post oder durch Eilboten oder durch Estafette an den Empfänger weiter zu befördern sind, haben die Postanstalten für jeden Monat in ein Ver-zeichnis aufzunehmen.

Die ausbezahlten Beträge sind im Verzeichnisse durch Unterschrift be-scheinigen zu lassen.

8. Die zurückerstatteten Gebühren für zurückgezogene und unterdrückte Telegramme werden — abzüglich der Schreibgebühr von je 20 bezw. 40 Pfennig — an der Einnahme der Telegraphenrechnung gekürzt. Zu diesem Behufe werden die betreffenden Telegramme am Schlusse der Rechnung nach Nummer und Bestimmungsort mit den bezüglichen Gebühren einzeln vorgetragen und deren Gesamtbetrag von der Summe der bar erhobenen Gebühren in Abzug gebracht.

Der Abzug ist durch die mit der Bestätigung über den Rückempfang der Gebühren versehenen Telegramme zu belegen.

Bei gröfserer Anzahl ist über dieselben — an Stelle des Einzelvortrages in der Rechnung — ein besonderes Verzeichnis anzufertigen, und der Abzug mit diesem und den betreffenden Empfangsbestätigungen zu belegen.

Nach Ablauf des Monats ist die Telegraphenrechnung nach Zusammenstellung und Aufsummierung der einzelnen Seitensummen abzuschliefsen, vom Rechnungssteller amtlich zu unterfertigen und in der Urschrift mit der monatlichen Abrechnung an die Bezirkskasse einzusenden.

Die für Weiterbeförderung von Telegrammen ausbezahlten Beträge sind der Bezirkskasse unter Anlage des Verzeichnisses aufzurechnen.

10. Aufserdem haben die Postanstalten mit Telegraphendienst mit der Monatsrechnung noch einzusenden:

a) eine summarische Übersicht über die abgesandten und angekommenen Telegramme und die für erstere erhobenen Gebühren unter Ausscheidung der Telegramme nach den Verkehrsrichtungen;

b) die abgesandten Telegramme nach der Nummernfolge der Aufgabe und dem Eintrag in der Telegraphenrechnung, ebenfalls ausgeschieden nach den Verkehrsrichtungen, sowie die Originalrollen in der bei der Abnahme von den Apparaten sich ergebenden Aufeinanderfolge;

c) die vorschriftsmäfsig ausgefüllten Coupons der angekommenen Telegramme, gleichfalls nach den Verkehrsrichtungen in Übereinstimmung mit den Vorträgen in der summarischen Übersicht ausgeschieden; endlich

d) die Durchgangstelegramme gesondert abgebunden.

11. Die Bunde oder Pakete der einzelnen Verkehre müssen haltbar mit breiten Papierbändern umgeben oder mit Bindfaden umschnürt, sodann mit dem Namen der Postanstalt und dem Rechnungsmonat überschrieben, die Apparatenrollen aber überdies noch mit den Nummern der Apparate und Leitungen, sowie mit der Zeit der Benutzung bezeichnet sein.

12. Die Bahn- und die selbständigen Telegraphenstationen haben die Telegraphenrechnung und das Verzeichnis der für Weiterbeförderung von Telegrammen ausbezahlten Beträge nach den gleichen Bestimmungen zu führen, wie die Postanstalten mit Telegraphendienst, und darüber monatlich mit der betreffenden Postbezirkskasse — unter Benutzung des gleichen Abrechnungsformulars, in welchem die nicht zutreffenden Vorträge unausgefüllt bleiben — längstens bis 7. nachfolgenden Monats abzurechnen.

Der Abrechnungsbogen ist gleichfalls doppelt einzusenden, da ein Exemplar mit der Bescheinigung der Bezirkskasse an die Telegraphenstation zurückgeht

13. Die für Weiterbeförderung von Telegrammen ausbezahlten Beträge und die weiteren Zahlungen für Rechnung der Post- und Telegraphenkasse werden hierbei der Postbezirkskasse unter Anlage der bezüglichen Belege als Bargeld aufgerechnet.

14. Aufserdem haben die gedachten Stationen mit der monatlichen Rechnung auch die unter vorausgehender Ziffer 10a—c aufgeführten Vorlagen, und die selbständigen Telegraphenstationen überdies noch die Leitungsregister hinsichtlich des abrechnungspflichtigen Auslandsverkehrs über das Gebiet der deutschen Reichstelegraphenverwaltung, über Österreich-Ungarn und die Schweiz gleichfalls an die Postbezirkskasse einzusenden.

Für die mit dem Post- und Bahndienst vereinigten Telegraphenstationen werden die fraglichen Leitungsregister im Rechnungs- und Revisionsbureau hergestellt.

Die Durchgangstelegramme sind von den selbständigen Telegraphenstationen, nach den einzelnen Leitungen ausgeschieden, in den gewöhnlichen und der Abrechnung unterliegenden Durchgangsverkehr zu trennen, und dabei die reinen Durchgangstelegramme stets nach dem Eingang zu legen.

C. Abrechnung mit der Bezirkskasse.

$$\left(\text{Generale}\; \frac{134}{\text{IV}},\; \frac{264}{\text{XXV}},\; \frac{361}{\text{XXXIII}}.\right)$$

1. Die Rechnungsergebnisse über die Telegraphengefälle werden unter Berücksichtigung der auf Gefälle im Laufe des Monats etwa gemachten Abschlagszahlungen in die Abrechnung mit der Bezirkskasse übertragen und wird alsdann durch deren Summierung die Gesamtablieferungsschuldigkeit hergestellt, welche — insoweit deren Deckung nicht durch gleichzeitig aufgerechnete Quittungen über Expeditionsbezüge, Weiterbeförderungskosten etc. erfolgt — bar einzusenden ist.

Die Einsendung dieses Betrages — Restsaldo — an die Bezirkskasse hat gleichzeitig mit der Abrechnung, jedoch von letzterer getrennt, unter eigener Verpackung mit einem Lieferschein zu geschehen, worin derselbe als Restsaldo für den betreffenden Monat bezeichnet und nach den einzelnen Münzsorten ausgeschieden ist.

2. Übersteigen die auf Gefälle gemachten Abschlagszahlungen oder die etwaige Mehrausgabe auf Postanweisungen oder endlich die für Rechnung der Bezirkskasse geleisteten Zahlungen die Rechnungseinnahmen der Expedition, so schließt die Rechnung mit einem Übersaldo oder einer Mehrausgabe ab, welche von der Bezirkskasse entweder im Baren oder durch Gutschein auf den laufenden Monat vergütet wird.

3. Die Kassascheine über die auf Gefälle gemachten Abschlagszahlungen sind der Abrechnung beizulegen.

4. Die Abrechnung mit der Bezirkskasse ist in doppelter Fertigung einzusenden, da ein Exemplar abquittiert an die Expedition zurückzugehen hat.

Die Auszahlung von Quittungen, sowie die Aufrechnung der für Rechnung der Bezirkskasse ausbezahlten Quittungen hat nach den gegebenen Vorschriften zu erfolgen.

Als Termin für die mit der Bezirkskasse zu pflegende monatliche Abrechnung ist

a) für die Expeditionen und Verwaltungen der 7.,

b) für die Ämter und Hauptexpeditionen der 14. des nachfolgenden Monats festgesetzt.

Die bezeichneten Termine sind im Interesse einer geregelten Abwickelung des Rechnungsgeschäftes von allen Anstalten auf das genaueste einzuhalten.

Die sämtlichen Abrechnungsbelege mit den in der Telegraphenrechnung allenfalls aufgerechneten Quittungen sind — nicht einzeln zusammengebogen, sondern ihrer ganzen Größe nach aufeinandergelegt und nach der Reihenfolge ihres Vortrages in der Abrechnung geordnet — mit letzterer in einem besonderen Pakete verpackt unter Einschreibung an die Bezirkskasse einzusenden. Auf den Rechnungen ist die Anzahl ihrer Beilagen nach Anleitung des Vordrucks in Zahlen vorzumerken. Hierbei ist jede Inlage für eine Beilage zu zählen.

Die Telegraphenstreifen und die übrigen unter Ziff. 10 auf Seite 277 bezeichneten Vorlagen für den Telegraphendienst müssen stets unter eigener fester

Verpackung und kurzer Bezeichnung des Inhalts auf den Sendungen und Paketadressen an die Bezirkskasse eingesendet werden.

Von den Bezirkskassen werden die in der angeordneten Weise einzusenden-
den Vorlagen unter der gleichen Ausscheidung der Belege für den Telegraphendienst — nach alphabetischer Reihenfolge der Stationen in haltbare Faszikel
verschnürt — in gesonderter Verpackung unter kurzer Bezeichnung des Betreffs
auf den Sendungen und Paketadressen als Telegraphenstreifen etc. an das Rech-
nungs- und Revisionsbureau eingesendet.

5. Die Rechnungen werden von dem Rechnungs- und Revisionsbureau auf
Grund der einschlägigen Belege geprüft und die darüber aufgenommenen Er-
innerungen (Revisionsprotokolle) den betreffenden Anstalten zur Beantwortung
durch die kgl. Oberpostämter zugeschlossen.

6. Die Beantwortung soll kurz, aber verständlich sein. Werden die Er-
innerungen als richtig anerkannt, so ist in der Beantwortung lediglich ›anerkannt‹
niederzuschreiben. Beanstandungen dagegen sind gehörig zu begründen, gegebenenfalls entsprechend zu belegen.

7. Nach erfolgter Beantwortung sind die Revisionsprotokolle mit den
etwaigen Beilagen längstens binnen sechs Tagen, vom Tage der Zusendung an,
lediglich unter Umschlag an das Oberpostamt bezw. an die Bezirkskasse zurückzusenden. Die unmittelbare Einsendung an das Rechnungs- und Revisionsbureau
seitens der Post- und Telegraphenanstalten ist unzulässig.

8. Ersatzbeträge dürfen bei Rücksendung der beantworteten Protokolle
weder in Barem noch in Marken beigefügt werden, da die Einziehung der Ersätze,
sowie die Vergütung der Guthaben erst nach erfolgter Ausgleichung durch die
Bezirkskassen stattfindet und die Verrechnung der Revisionsersätze durch Marken
sich nur auf die Revision der Paketadressen und Bestellungsnotizbücher durch
die Oberpostämter erstreckt.

Die pünktlichste Einhaltung der Vorschriften über die Abrechnung ist
Pflicht sämtlicher Telegraphenstationen.

Eine wirksame Kontrolle über die richtige Verrechnung der wirklich erhobenen Telegraphengebühren durch Vergleichung aller Coupons der Ankunfts-
telegramme mit den Ursprungstelegrammen erfolgt im Rechnungs- und Revisionsbureau für einzelne Monate. (Generale $\frac{362}{\text{XXXIV}}$.)

Eine weitere, wenigstens teilweise Kontrolle wird durch die Inspektions-
organe der Oberpostämter bei den Visitationen der Stationen vorgenommen.

Vom 1. Mai 1885 bezw. 1. März 1889 ab haben aufserdem 134 Kontroll-
stationen über die telegraphische Korrespondenz der von ihnen zu kontrollierenden
Telegraphenstationen Kontrollverzeichnisse zu führen, in welche jene Telegramme
einzutragen sind, die bei einer im Schliefsungsbogen gelegenen Station aufgegeben
und entweder für die Kontrollstation selbst bestimmt oder von derselben nach
weiterhin umzutelegraphieren sind, und zwar nach Tag der Aufgabe, Nummer
und Wortzahl.

Jedes Kontrollverzeichnis ist am ersten Tage eines jeden auf den Kontroll-
monat folgenden Monats unter Beisetzung des Datums durch den Stationsvorstand unterschriftlich abzuschliefsen.

Die Prüfung der monatlichen Telegraphenrechnungen wird auf Grund der
Kontrollverzeichnisse und der Ankunftscoupons im Rechnungs- und Revisionsbureau vollzogen.

Termins-Kalender
für die kgl. bayer. Telegraphenanstalten.

Nr.	Vorlagen	Gegenstand	Einzusenden an
1	monatlich: am 1. jeden Monats	Verzeichnis über kreditierte Telegraphengebühren mit Angabe des Betreffs auf dem Umschlage ohne Bericht. (§ 16 Ziff. 6 der Anweisung zur Behandlung des Rechnungs- und Kassawesens vom 1. Januar 1886)	Rechnungs- u. Revisions-Bureau d. Direktion der k. b. Posten u. Telegraph., Abt. C.
1a	am 1. jeden Monats	Kontrollverzeichnis der ein- und durchgelaufenen Telegramme	Oberpostamt.
2	spätestens am 7. von den Expeditionen u. Verwaltungen, spätestens am 14. von den Ämtern u. Hauptpostexpedit.	Abrechnung über die Rechnungsergebnisse der Telegraphengefälle. (§ 15 der Anweisung zur Behandlung des Rechnungs- und Kassawesens vom 1. Jan. 1886. Hinsichtlich der Einsendung des Restsaldos siehe § 29 Ziff. der vorgenannten Anweisung)	Post-Bezirkskasse.
3	spätestens am 7.	Die Abrechnungsbelege zu den unter Ziff. 2 bezeichneten Rechnungsergebnissen geordnet und ausgeschieden nach den §§ 33 und 34 der Anweisung zur Behandlung des Rechnungs- und Kassawesens vom 1. Januar 1886 gegebenen Bestimmungen	Post-Bezirkskasse.
4	2 Tg. vor Monatsablf.	Abonnements der täglichen Wetterprognose (Generale $\frac{151}{XI}$ u. V.-Bl. 1881 Nr. 27)	Oberpostamt.
5	vierteljährlich: 1. Jan., 1. Apr., 1. Juli u. 1. Oktober.	Bestellung von Batteriebestandteilen. (Dienstbefehl Nr. $\frac{7}{I}$ von 1886)	Telegraphen-Werkstätte.
6	halbjährlich: 1. Juni u. 15. Novbr.	Bestellung auf Telegraphendienstpapiere, Materialien für das nächste Halbjahr. (Generale $\frac{241}{XXII}$) . . .	Post-Materialverwaltung.
7	jährlich: 3. Januar.	Die Verzeichnisse der im abgelaufenen Jahre bar angefallenen Telegraphen-Emolumente nebst der Zusammenstellung von sämtlichen Telegraphenanstalten (§ 27 der Anweisung zur Behandlung des Rechnungs- und Kassawesens vom 1. Januar 1886 und Generaldirektions Entschließung Nr. 6011 vom 19. März 1883)	Post-Bezirkskasse.

Um auch jene Stationen, welche direkten Anschluſs an das Reichstelegraphengebiet, an Württemberg, Österreich und die Schweiz haben, nicht un-
kontrolliert zu lassen, haben die Kontrollbeamten der Oberpostämter bei Visitation
einer solchen Station eine eingehende Prüfung der Telegraphenrechnung auf
Grund der vorliegenden Telegramme und wenn notwendig durch Nachlesen der
Apparatenstreifen vorzunehmen.

Die Kontrolle über die Telegrapheneinnahmen bei den selbständigen Telegraphenstationen vollzieht sich im Revisionsbureau.

Die Bestellung von Dienstpapieren sowie von Batteriebestandteilen durch
die Telegraphenstationen hat vierteljährig nach den desfalls gegebenen besonderen
Vorschriften stattzufinden.

Im allgemeinen wird empfohlen, den Gebrauch von Fremdwörtern, welche
leicht durch entsprechende deutsche Ausdrücke ersetzt werden können, thunlichst
zu vermeiden. Selbstverständlich sind die bisher üblichen amtlichen Bezeichnungen, wie Direktion, Zentralkassier, Ingenieur, Inspektor, Sekretär, Offizial,
Station, Expedition etc. vorerst noch beizubehalten.

Rücksichtlich der Aufnahme von Verhandlungen in Administrativunter-
suchungen ist nach Maſsgabe der in den Generalien Nr. 48 und 92 gegebenen
Anordnungen zu verfahren.

II. Behandlung der Telegramm-Beschwerden und der Tax-Rückvergütungen.

a. bei den kgl. bayer. Oberpostämtern:

1. Interner bayerischer Telegrammverkehr sowie Wechselverkehr zwischen Württemberg und Anstalten des Reichstelegraphen-gebietes, Laufzettelerledigung betreffend.

Hinsichtlich der bei den kgl. bayer. Oberpostämtern unmittelbar oder durch
die betr. Aufgabeanstalt einlangenden Beschwerden über Telegramme des internen
bayerischen Verkehres haben die kgl. Oberpostämter zunächst die Beschaffung
der Beweisstücke — a) eine schriftliche Erklärung der Bestimmungsanstalt oder
des Empfängers, wenn das Telegramm nicht angekommen ist; b) die dem
Empfänger zugestellte Ausfertigung, wenn es sich um Verstümmelung oder Verzögerung handelt —, wenn solche der Beschwerde nicht beigefügt sein sollten,
zu veranlassen, sodann auf Grund dieser Schriftstücke und des von den betreffenden
Anstalten oder von der Telegraphen-Registratur der Direktion der kgl. bayer. Posten
und Telegraphen zu erhebenden Telegramm-Materials das betr. Telegramm vom
Aufgabe- bis zum Bestimmungsorte zu verfolgen, d. h. Laufzettel abzufertigen
bzw. die Einträge in die ihnen vorgelegten Laufzettel zu bewirken und letztere
demjenigen kgl. Oberpostamte bzw. derjenigen Kaiserlichen Oberpostdirektion zu
übermitteln, welchem bzw. welcher die Telegraphenanstalt unterstellt ist, von
welcher das Telegramm weiter zugeleitet, bzw. von welcher der Laufzettel abgefertigt worden war, auf diese Weise also den Thatbestand der Nichtankunft,
der Verzögerung oder Verstümmelung festzustellen und zugleich den etwa schuldigen Beamten zu ermitteln suchen.

Ist die Telegraphenanstalt, von welcher das Telegramm weiter zugeleitet
oder der Laufzettel abgefertigt wurde, in Württemberg gelegen, so hat die

Übermittelung an die Direktion der kgl. bayer. Posten und Telegraphen zu geschehen.

Die Verbescheidung aller Anträge auf Gebührenerstattung bei internen Telegrammen ist in die Zuständigkeit der königlichen Oberpostämter gelegt. Die königlichen Oberpostämter haben die Aufrechnung zurückvergüteter Telegraphengebühren für vorausbezahlte und nicht benutzte Antworten in der monatlichen Abrechnung mit der kgl. Zentralpostkasse neben den Quittungen über die Zurückzahlung auch mit der Entschließung zu belegen, wodurch die Zurückvergütung genehmigt worden ist. Die Zuweisung der Ersatzpflicht an den etwa schuldigen Beamten erfolgt durch dasjenige kgl. Oberpostamt, welches die Gebührenrückerstattung verfügt. Ist der betreffende Beamte einem anderen kgl. Ober. postamte unterstellt, so ist an letzteres der Antrag zu richten, die Ersatzzuweisung in Vollzug zu setzen. In allen Fällen, in welchen die Verbindlichkeit zur Rückerstattung von Gebühren zweifelhaft ist, ferner wenn der als ersatzpflichtig Bezeichnete die Ersatzverbindlichkeit nicht anerkennt, endlich in denjenigen Fällen, bei welchen die dem Beschwerdeführer gezahlte Gebühr auf das Ärar zu übernehmen Anlaſs gegeben ist, haben die königlichen Oberpostämter unter Vorlage der betreffenden Aktenstücke begründeten Antrag an die Direktion der kgl. bayer. Posten und Telegraphen zu richten.

2. Internationaler Verkehr.

Alle Beschwerden und Gebührenerstattungs-Anträge, welche Telegramme des internationalen und des deutschen Wechselverkehrs betreffen, bleiben der Verbescheidung der Direktion der kgl. bayer. Posten und Telegraphen vorbehalten. Ansuchen der kaiserlichen Oberpostdirektionen und der Generaldirektion der kgl. württ. Posten und Telegraphen, welche Thatbestandsfeststellungen in Bezug auf Telegramme betreffen, die dem deutschen Wechselverkehr und dem durch die Linien der vereinigten deutschen Telegraphengesellschaft via Greetsiel bei Emden—Borkum—Lowestoft mit England und Amerika vermittelten Verkehre angehören, sind von den kgl. Oberpostämtern im unmittelbaren Schriftenwechsel mit genannten Behörden zu erledigen. Dagegen sind alle Beschwerden und Ansuchen, welche Telegramme des internationalen Verkehrs betreffen, ohne weiteres der Direktion der kgl. bayer. Posten und Telegraphen vorzulegen, auch dann, wenn der betreffende Fall keinen Anspruch auf Erstattung der Gebühren gibt, und zwar sind die Verlangen und Laufzettel mit den Belegen und dem Telegramm-Material — soweit solches bei den kgl. Oberpostämtern vorliegt — zu versehen und mit gesonderten erörternden Berichten vorzulegen. (Entschl. Nr. 21768 vom 28. Dez. 1882 und Nr. 18255 vom 1. Nov. 1882.)

b. bei der Direktion der kgl. bayer. Posten und Telegraphen:

Die Direktion der kgl. bayer. Posten und Telegraphen hat sich die Verbescheidung aller Beschwerden und Gebührenerstattungs-Anträge vorbehalten, welche Telegramme des internationalen und des deutschen Wechselverkehrs betreffen.

Wegen der Entscheidung auf Beschwerden und Erstattungsanträge im Verkehre Deutschlands und im Verkehr via Borkum findet der Schriftenwechsel zwischen der Direktion der kgl. bayer. Posten und Telegraphen und den beteiligten Reichs-Oberpostdirektionen statt, und ist mit der erforderlichen Verrechnung der vorkommenden Gebührenerstattungen die kaiserl. Oberpostdirektion in Leipzig beauftragt. (Entschl. Nr. 15401 vom 27. Sept. 1881.)

Jede Verwaltung läfst ihre Forderungen — zurückerstattete beanspruchte Gebühren aus dem inneren deutschen und aus dem über Borkum geleiteten europäischen Telegrammverkehr, sowie die Gebühren für vorausbezahlte Antworten — in monatlichen Nachweisungen unter Angabe der Telegramme und der Vorgänge zusammenstellen und sendet diese Nachweisungen, nachdem sie von der anderseitigen Abrechnungsstelle geprüft und mit dem Anerkennungsvermerk versehen sind, zusammen mit den übrigen Hauptnachweisungen behufs rechnerischer Ausgleichung an das Reichspostamt, II. Abteilung, in Berlin ein.

Zur Ausgleichung der zwischen der kgl. bayerischen und kgl. württembergischen Telegraphenverwaltung entstehenden Forderungen und Guthaben an zurückerstatteten Gebühren werden den vierteljährigen Hauptnachweisungen C die Verzeichnisse über zurückerstattete Gebühren (vor der Übersendung an das Reichspostamt) behufs der Prüfung und Anerkennung beigeschlossen. (Entschl. Nr. 16909 vom 1. Nov. 1881.)

Im Verkehr mit der Schweiz können die Laufzettel durch die Direktion der kgl. bayer. Posten und Telegraphen zur Erledigung kommen, und sind für das schweizerische Gebiet die Laufzettel direkt zum Austausche mit der eidgenössischen Telegraphendirektion in Bern zu bringen. Zur Verrechnung der zwischen der bayerischen und schweizerischen Telegraphenverwaltung zur Ausgleichung kommenden Gebührenbeträge werden über diese Gebühren in bisheriger Weise Erstattungsanweisungen ausgefertigt und gegenseitig mitgeteilt.

Die von der schweizerischen Telegraphenverwaltung eingehenden Erstattungsanweisungen werden alsdann urschriftlich und die seitens der Direktion der kgl. bayer. Posten und Telegraphen ausgestellten in Abschrift an das Auslandbureau II des Reichspostamtes, welches mit der Rechnungslegung betraut ist, eingesendet.

Das k. k. österreichische Handelsministerium in Wien hat den Vorschlag des Reichspostamtes von 1881, betreffend die Vereinfachung des Verfahrens bei Rückzahlung von Gebühren für Berichtigungstelegramme und für nicht zur Aufgabe gelangte vorausbezahlte Antworttelegramme bis jetzt nicht angenommen.

Bei Beschwerden über die nach Italien via Österreich beförderten Telegramme werden die Laufschreiben mit den Belegen an das k. k. Handelsministerium, Sektion für Posten und Telegraphen, in Wien geleitet.

Fünftes Kapitel.

Internationaler Telegraphen-Vertrag
vom 10./22. Juli 1875.

(Pariser Revision vom 21. Juni 1890.)

Artikel 1.

Die Hohen vertragschliefsenden Teile gestehen jedermann das Recht zu, mittels der internationalen Telegraphen zu korrespondieren.

Artikel 2.

Sie verpflichten sich, alle Mafsregeln zu ergreifen, welche notwendig sind, um das Geheimnis der Korrespondenzen und deren gute Beförderung zu sichern.

Artikel 3.

Dieselben erklären jedoch, dafs sie in Bezug auf den internationalen Telegraphendienst keinerlei Verantwortlichkeit übernehmen.

Artikel 4.

Jede Regierung verpflichtet sich, für den internationalen Telegraphendienst besondere Leitungen zu verwenden, und zwar in genügender Anzahl, um eine rasche Übermittelung der Telegramme zu sichern.

Diese Leitungen sollen in der nach den Erfahrungen des Dienstes am meisten bewährten Weise hergestellt und verwendet werden.

Artikel 5.

Die Telegramme werden in drei Gattungen eingeteilt:

1. Staatstelegramme: d. h. solche, welche vom Staatsoberhaupte, von den Ministern, den Oberbefehlshabern der Land- oder Seemacht und den diplomatischen oder Konsular-Agenten der vertragschliefsenden Regierungen ausgehen, sowie die Antworten auf eben diese Telegramme.

2. Diensttelegramme: d. h. solche, welche von den Telegraphenverwaltungen der vertragschliefsenden Staaten ausgehen und sich entweder auf den internationalen Telegraphendienst oder auf solche Gegenstände von öffentlichem Interesse beziehen, über welche die genannten Verwaltungen sich verständigt haben.

3. Privattelegramme.

Bei der Beförderung geniefsen die Staatstelegramme den Vorzug vor den übrigen Telegrammen.

Artikel 6.

Die Staats- und Diensttelegramme können im gesamten Verkehr in geheimer Sprache abgefaßt werden.

Privattelegramme können in geheimer Sprache zwischen zwei Staaten gewechselt werden, welche diese Art der Korrespondenz zulassen.

Diejenigen Staaten, welche Privattelegramme in geheimer Sprache bei der Aufgabe und bei der Ankunft nicht zulassen, müssen dieselben im Transit gestatten, sofern nicht der im Artikel 8 bezeichnete Fall der Verkehrseinstellung vorliegt.

Artikel 7.

Die Hohen vertragschließenden Teile behalten sich die Befugnis vor, die Beförderung eines jeden Privattelegramms zu verhindern, welches für die Sicherheit des Staates gefährlich erscheint oder gegen die Landesgesetze, die öffentliche Ordnung oder die guten Sitten verstößt.

Artikel 8.

Jede Regierung behält sich ferner die Befugnis vor, den internationalen Telegraphendienst, wenn sie es für notwendig erachtet, entweder überhaupt oder nur auf gewissen Linien und für gewisse Arten von Korrespondenzen, auf unbestimmte Zeit einzustellen, wobei ihr jedoch die Verpflichtung obliegt, hiervon sofort jeder der übrigen vertragschließenden Regierungen Kenntnis zu geben.

Artikel 9.

Die Hohen vertragschließenden Teile verpflichten sich, jedem Aufgeber zu gestatten, die verschiedenen Einrichtungen, welche zum Zwecke der größeren Sicherung und Erleichterung der Beförderung und Zustellung der Korrespondenzen zwischen den Telegraphenverwaltungen der vertragschließenden Staaten übereinstimmend verabredet worden sind, zu benutzen.

Auch verpflichten sie sich, ihn in den Stand zu setzen, von den Vorkehrungen Gebrauch zu machen, welche durch irgend einen andern Staat hinsichtlich der Benutzung von besonderen Einrichtungen für die Beförderung und Zustellung getroffen und kundgegeben sind.

Artikel 10.

Die Hohen vertragschließenden Teile erklären, für die Aufstellung der internationalen Tarife nachstehende Grundlagen anzunehmen:

Die Gebühr soll für alle Telegramme, welche zwischen den Telegraphenanstalten von je zwei der vertragschließenden Staaten auf dem nämlichen Wege gewechselt werden, eine einheitliche sein. In Europa kann jedoch ein und derselbe Staat, hinsichtlich der Anwendung der einheitlichen Gebühr, in höchstens zwei große Gebiete eingeteilt werden.

Der Gebührensatz wird von Staat zu Staat im Einvernehmen zwischen den Regierungen der äußersten und der dazwischen gelegenen Staaten festgestellt.

Die auf den telegraphischen Verkehr zwischen den vertragschließenden Staaten anwendbaren Tarifsätze können zu jeder Zeit im gemeinsamen Einverständnis abgeändert werden.

Der Frank bildet die Münzeinheit für die Aufstellung der internationalen Tarife.

Artikel 11.

Die auf den internationalen Telegraphendienst der vertragschließenden Staaten bezüglichen Telegramme werden auf dem ganzen Netze der genannten Staaten gebührenfrei befördert

Artikel 12.

Die Hohen vertragschliefsenden Teile sind sich gegenseitig über die von jedem derselben erhobenen Gebühren Rechnung schuldig.

Artikel 13.

Die Bestimmungen des gegenwärtigen Vertrages werden durch eine Ausführungs-Übereinkunft[1]) ergänzt, deren Vorschriften von den Verwaltungen der vertragschliefsenden Staaten im gemeinsamen Einverständnis jederzeit abgeändert werden können.

Artikel 14.

Ein Zentralorgan, welches unter die Ober-Aufsicht der obersten Verwaltung einer der vertragschliefsenden Regierungen, und zwar der durch die Ausführungs-Übereinkunft hierzu bestimmten Regierung, gestellt ist, hat die auf die internationale Telegraphie bezüglichen Nachrichten jeder Art zu sammeln, zusammen-zustellen und zu veröffentlichen, die Anträge betreffend Abänderung der Tarife oder der Ausführungs-Übereinkunft, in die Wege zu leiten, die angenommenen Änderungen bekannt zu geben und im allgemeinen alle Fragen zu studieren und alle Arbeiten auszuführen, mit welchen es im Interesse der internationalen Telegraphie betraut werden sollte.

Die Kosten, welche aus dieser Einrichtung entstehen, werden von sämt-lichen Verwaltungen der vertragschliefsenden Staaten getragen.

Artikel 15.

Der Tarif und die Ausführungs-Übereinkunft, welche in Artikel 10 und 13 vorgesehen worden, sind dem gegenwärtigen Vertrage angeschlossen. Dieselben haben die gleiche Gültigkeit und treten zu gleicher Zeit in Kraft wie dieser letztere.[1])

Sie werden Revisionen unterworfen, wobei alle Staaten, welche daran teil-genommen haben, sich vertreten lassen können.

Zu diesem Behufe werden von Zeit zu Zeit Verwaltungs-Konferenzen statt-finden; jede Konferenz wird den Ort und die Zeit der nächstfolgenden Zusammen-kunft selbst festsetzen.

Artikel 16.

Diese Konferenzen werden aus Abgesandten gebildet, welche die Verwaltungen der vertragschliefsenden Staaten vertreten.

Bei den Beratungen hat jede Verwaltung Anrecht auf eine Stimme, unter dem Vorbehalt jedoch, dafs, sofern es sich um verschiedene Verwaltungen einer und derselben Regierung handelt, der bezügliche Antrag auf diplomatischem Wege bei der Regierung desjenigen Landes, wo die Konferenz sich versammeln soll, vor deren Eröffnungstermin eingebracht wird, und dafs jede dieser Ver-waltungen eine besondere und für sich bestehende Vertretung hat.

Die aus den Beratungen der Konferenzen sich ergebenden Abänderungen sind erst dann ausführbar, wenn sie die Bestätigung aller Regierungen der vertragschliefsenden Staaten erlangt haben.

Artikel 17.

Die Hohen vertragschliefsenden Teile behalten sich gegenseitig das Recht vor, abgesondert unter sich besondere Übereinkünfte jeder Art über solche

---

¹) Anmerk. Vgl. die Ausführungs-Übereinkunft zum Internationalen Telegraphen-Vertrage, Pariser Revision vom 21. Juni 1890.

Teile des Dienstes abzuschliefsen, an welchen nicht die Gesamtheit der Staaten beteiligt ist.

Artikel 18.

Den Staaten, welche an dem gegenwärtigen Vertrage nicht teilgenommen haben, wird auf ihr Verlangen der Beitritt zu demselben gestattet.

Von diesem Beitritt wird demjenigen der vertragschliefsenden Staaten, in dessen Bereich die letzte Konferenz stattgefunden hat, und durch diesen Staat allen übrigen Staaten auf diplomatischem Wege Kenntnis gegeben.

Der Beitritt schliefst von Rechts wegen die Zustimmung zu allen Klauseln und die Teilnahme an allen Vorteilen in sich, welche im gegenwärtigen Vertrage festgesetzt worden sind.

Artikel 19.

Die telegraphischen Beziehungen zu denjenigen Staaten, welche dem gegenwärtigen Vertrage nicht beigetreten sind, oder zu den Privatgesellschaften werden im allgemeinen Interesse der fortschreitenden Verkehrsentwickelung durch die im Artikel 13 des gegenwärtigen Vertrages vorgesehene Ausführungs-Übereinkunft geregelt.

Artikel 20.

Der gegenwärtige Vertrag tritt mit dem 1. Januar 1876 neuen Stils in Kraft und bleibt auf unbestimmte Zeit und bis zum Ablauf eines Jahres von dem Tage ab, an welchem er gekündigt worden ist, in Gültigkeit.

Die Kündigung kommt nur für den Staat zur Geltung, welcher sie ausgesprochen hat. Für die übrigen vertragschliefsenden Teile bleibt der Vertrag in Kraft.

21. und letzter Artikel.

Der gegenwärtige Vertrag soll ratifiziert werden, und sollen die Ratifikationen in möglichst kurzer Frist zu St. Petersburg ausgewechselt werden.

Urkundlich dessen haben die betreffenden Bevollmächtigten denselben unterzeichnet und mit beigedrucktem Insiegel versehen.

So geschehen zu St. Petersburg, den 10./22. Juli achtzehnhundert fünf und siebenzig.

Sechstes Kapitel.

Bestimmungen über die gebührenfreie Beförderung von Telegrammen.

I. Innerer bayerischer Verkehr.

Auf den bayerischen Telegraphenlinien geniefsen im inneren Verkehr die Gebührenfreiheit, d. h. die Befreiung von Telegraphierungsgebühren mit Ausschlufs der etwa für die Weiterbeförderung über die Telegraphenlinien hinaus erwachsenden und — falls nicht Vorausbezahlung erfolgt — zu kreditierenden Kosten:

1. Die Telegramme Sr. M. des Königs und Sr. Kgl. Hoheit des Prinz-Regenten, sowie die Telegramme, welche von den übrigen regierenden Fürsten der Staaten des Deutschen Reiches oder deren Gemahlinnen und Witwen aufgegeben werden.

   Die Gebührenfreiheit erstreckt sich auch auf jene Telegramme, welche im Auftrage der Allerhöchsten und Höchsten Herrschaften von den Beamten, der Umgebung, dem Gefolge oder den Hofstaaten derselben zur Aufgabe gelangen.

   Diese Telegramme sind, sofern über die Person des Aufgebers oder die Echtheit seiner Namensunterschrift bei den Telegraphen-anstalten kein Zweifel obwaltet, auch ohne Beglaubigung durch Siegel oder Stempel, sowie ohne weitere Bezeichnung zur Beförderung als „S" anzunehmen und mit Vorrang vor allen anderen Telegrammen zu befördern. (Dienstbefehl $\frac{22}{III}$ von 1889.)

2. Die amtliche telegraphische Korrespondenz der kgl. bayer. Civil-, Militär-, Gerichts- und Polizeibehörden mit Einschlufs der solche Behörden vertretenden einzelnen Beamten und Militärpersonen, dann der Ortsbehörden in reinen Staats- bzw. Militärdienst-Angelegenheiten, welche im Postverkehr nach der Allerhöchsten Verordnung vom 23. Juni 1829 — die Portofreiheit in Amtssachen betreffend — portofrei zu befördern wären, unter gleichmäfsiger Anwendung des in § 3 dieser Verordnung festgestellten Grundsatzes, dafs nur solche Staatstelegramme als gebührenfrei zu behandeln sind, für welche die Gebühren, wenn sie bezahlt werden müfsten, der Staatskasse zur Last fallen würden.

Diese Staatstelegramme (S) müssen als solche bezeichnet und durch Amtssiegel oder Stempel beglaubigt sein.

Ist der Aufgeber nicht im Besitze eines Siegels oder Stempels, so hat derselbe den Vermerk „In Ermangelung eines Dienstsiegels" beizusetzen und diesen Vermerk mit Namensunterschrift und Angabe der Amtseigenschaft zu bescheinigen. Ausnahmsweise kann von der Siegelung oder Stempelung abgesehen werden, wenn die Ächtheit des Telegramms und dessen Eigenschaft als Staatstelegramm unzweifelhaft feststeht.

Das Recht, eine Rückantwort als gebührenfreies Staatstelegramm aufzugeben, kann seitens einer Privatperson oder einer Behörde, welcher die Gebührenfreiheit nicht zusteht, nur durch Vorzeigung des veranlassenden Staatstelegrammes erlangt werden.

Eine Prüfung des Inhaltes der Staatstelegramme steht den Telegraphenanstalten nicht zu.

Die zur Aufgabe gebührenfreier Staatstelegramme befugten Behörden etc. etc. haben sich zu ihrer amtlichen Korrespondenz nur in wichtigen und dringenden Fällen und insbesonders nur dann des Telegraphen zu bedienen, wenn auf schriftlichem Wege der Zweck nicht erfüllt werden könnte. Die Telegramme sind in gedrängter Kürze mit Vermeidung aller entbehrlichen Titulaturen und Höflichkeitsformeln abzufassen.

Telegramme, welche von Gerichts- und Polizeibehörden im Laufe strafrechtlicher Untersuchungen aufgegeben werden, sind als kreditierte Telegramme zu behandeln, und ist für dieselben von Dienstwegen und ohne besonderes Verlangen ein Gebührenvormerkschein auszustellen.

In Fällen, in welchen aus dem Telegramm hervorgeht, daſs in materieller oder formeller Hinsicht eine miſsbräuchliche Benutzung des Telegraphen vorliegt, oder zu der Annahme Anlaſs gegeben ist, daſs die Gebührenfreiheit für dasselbe verordnungsgemäſs nicht begründet ist, müssen solche Telegramme nach ihrer Beförderung von der Telegraphenanstalt, bei welcher dieselben zur Aufgabe gelangten, an das vorgesetzte kgl. Oberpostamt abschriftlich eingesandt werden. In dem Begleitberichte sind die Gründe der Einsendung näher zu erörtern.

Telegraphisch gestellte Urlaubs- oder Dienstbefreiungsgesuche von Beamten, Offizieren oder sonstigen Angehörigen des Zivil- und Militärdienstes, sowie der Gendarmerie-Mannschaften sind als Privattelegramme, die telegraphischen Entscheidungen auf solche Gesuche jedoch als gebührenfreie Staatstelegramme zu behandeln. Bei der Aufgabe der Ursprungstelegramme ist daher von der Vorausbezahlung der Antwort abzusehen. Wird für derartige Gesuche die Vermittlung der nächst vorgesetzten Behörde bzw. der dieselben vertretenden Beamten oder Militär-Vorgesetzten in Anspruch genommen, also das treffende gebührenpflichtige Telegramm von dieser Behörde bzw. von den Vorgesetzten auf Veranlassung des Gesuchstellers aufgegeben, so ist dasselbe gleichfalls den Privattelegrammen zuzuzählen. Eine Kreditierung der Gebühren für derartige, persönliche Angelegenheiten der Beamten etc. betreffende Telegramme ist nur in besonders gelagerten Fällen zulässig.

In zweifelhaften Fällen sind diese Telegramme als „S" zu befördern, nach der Beförderung jedoch mit kurzer Angabe des Be-
anstandungsgrundes an das vorgesetzte kgl. Oberpostamt einzusenden.

3. Die Telegraphen-Diensttelegramme und zwar:
   a) die eigentlichen Diensttelegramme (A), welche — von den Telegraphen-
   dienststellen ausgehend — sich auf Angelegenheiten des Telegraphendienstes beziehen,
   b) die Dienst-Notizen, welche zwischen den Telegraphenstationen lediglich
   im Interesse des Telegramm-Beförderungsdienstes gewechselt werden.

   Die Diensttelegramme sind auf das dringendste Bedürfnis zu
   beschränken und möglichst kurz abzufassen.

   Die unentgeltliche Benutzung der Telegraphen in andern als
   rein dienstlichen Angelegenheiten ist dem Personale nicht gestattet,
   und demgemäfs die gebührenfreie Beförderung von Privatmitteilungen
   der Beamten und Bediensteten unter sich oder an andere Personen
   untersagt.

   Bezüglich telegraphischer Urlaubsgesuche gelten für die Beamten
   und Bediensteten der Verkehrsanstalten die gleichen Vorschriften
   wie für die übrigen Beamten des Civil- und Militärdienstes.

4. Die von den kgl. Postanstalten in Postdienstangelegenheiten aufgegebenen
Telegramme, welche als Staatstelegramme ›S‹ zu behandeln sind.

5. Die von den Eisenbahnbehörden aufgegebenen Telegramme in Eisenbahn-
betriebsangelegenheiten.

   Dieselben werden als Staatstelegramme ›S‹ behandelt, wenn sie
   den Bestimmungen des § 3 der Allerhöchsten Verordnung vom
   23. Juni 1829 entsprechen, aber auch dann auf den Staatstelegraphen-
   leitungen gebührenfrei befördert, wenn sie unter der Bezeichnung
   ›Bahndiensttelegramm‹ (B) aufgegeben werden.

6. Die Telegramme bei Brandfällen, Feuerberichte oder Mitteilungen zu
Löschzwecken enthaltend. (Dienstbefehl $\frac{2}{I}$ von 1891.)

   Zur Aufgabe derartiger Telegramme sind berechtigt: der Vertreter des Bezirksamtes oder der treffenden Gemeindebehörde und
   der Kommandant der Feuerwehr. Die Mitteilungen sind dem
   Stationsvorstande schriftlich zu übergeben, welcher für unverzügliche
   Beförderung derselben als ›S‹ zu sorgen hat.

   Die Annahme, Beförderung und Zustellung hat auch aufser der
   geschäftsmäfsigen Dienstzeit bei Tag wie bei Nacht unverzögert zu
   erfolgen.

   Ist die Beförderung aus irgend einem Grunde nicht sofort thunlich, so ist der Aufgeber hievon zu verständigen.

   Die Gebührenfreiheit erstreckt sich auch auf jene Fälle, in
   welchen Mitteilungen mittels staatlicher Telephonleitungen weiterbefördert werden sollen.

7. Die Telegramme bei Hochwasser und Eisgängen.

   Hieher gehören nicht allein die Anzeigen der Magistrate an die
   vorgesetzten Regierungen und die Meldungen der Strafsen- und
   Flufswärter an die Bau- oder Bezirksämter, sondern auch die

Benachrichtigungen der Magistrate unter sich. Diese Telegramme werden als ›S‹ befördert.

8. Die Diensttelegramme der Kontrolltierärzte in Kufstein, Reichenhall, Simbach, Passau, Regen, Grassau und Lindau an die Schlachtviehhofdirektion in München über Schlachtviehtransporte.

9. Die meteorologischen Telegramme, nämlich die von den bayer. Beobachtungsstationen Bamberg, Kaiserslautern, Passau und 20 besonders festgesetzten Stationen des Alpenlandes an die meteorologische Zentralstation München unter der Bezeichnung ›Obs‹ aufgegebenen Telegramme, welche als ›S‹ befördert werden.

(Die erwähnten 20 Stationen des Alpenlandes sind: Lindau, Immenstadt, Oberstdorf, Kempten, Oberdorf ʼb/Biessenhofen, Füssen, Steingaden, Partenkirchen, Heilbrunn b/Tölz, Kreuth, Miesbach, Bayerischzell, Rosenheim, Oberaudorf, Hohenaschau, Traunstein, Reichenhall, Berchtesgaden, Wendelsteinhaus, Hirschberghütte.)

10. Die Telegramme bei Reichs- und Landtagswahlen und zwar:

a) Die telegraphischen Korrespondenzen der Wahlkommissäre mit den kgl. Behörden, ferner jene Telegramme, welche die ersteren in Ausübung ihrer öffentlichen Funktion an die zum Reichs- oder Landtage Gewählten zur Aufgabe bringen.

Die Originaltelegramme müssen die Unterschrift des Wahlkommissärs und nebst dem Wahlorte die Bezeichnung ›Reichs- bzw. Landtagswahlsache‹ tragen.

b) Die Antworttelegramme der zum Reichs- oder Landtage Gewählten an die Wahlkommissäre auf Anfragen wegen Annahme der Wahl.

Bezeichnung: ›Antwort auf Nr. . . . . R T W (L T W)‹. Telegramme vorstehender Gattungen sind als ›S‹ zu behandeln.

II. Deutscher Wechselverkehr.

Im Wechselverkehr zwischen Bayern einerseits und dem Reichstelegraphengebiete und Württemberg andererseits geniefsen auf Grund der kaiserlichen Verordnung vom 2. Juli 1877 die Gebürenfreiheit mit Ausnahme der für die etwaige Weiterbeförderung über die Telegraphenlinien hinaus erwachsenden ʼbaaren Auslagen, welche gegebenenfalls, soferne nicht Vorausbezahlung erfolgt, zu kreditieren sind.

1. Die Telegramme der unter I, 1 des inneren bayerischen Verkehrs genannten Allerhöchsten und Höchsten Herrschaften und Personen.

(Bezüglich der Annahme solcher Telegramme ohne Beglaubigung durch Siegel etc. etc. gelten die gleichen Vorschriften.)

2. Die Telegramme, welche von den Bevollmächtigten zum Bundesrate während ihrer Anwesenheit in Berlin in Bundesrats Angelegenheiten aufgegeben werden, oder welche an diese Bevollmächtigten aus anderen Orten des Deutschen Reiches in Bundesrats-Angelegenheiten eingehen.

3. Telegramme von dem Reichstag und an denselben in reinen Reichsdienstangelegenheiten.

4. Telegramme von oder an Reichsbehörden in reinen Reichsdienstangelegenheiten.

5. Telegramme von oder an Militär- oder Marinebehörden des Deutschen Reiches mit Einschlufs der solche Behörden vertretenden einzelnen Offiziere und Beamten in reinen Militär- und Marine-Dienstangelegenheiten;

19*

im Falle einer Mobilmachung auch jene Telegramme, welche von einzelnen mit dienstlichen Aufträgen kommandierten Militärpersonen oder Beamten der Militär- und Marineverwaltung des Deutschen Reiches in reinen Militär- oder Marine-Dienstangelegenheiten ausgehen oder an solche Militärpersonen und Beamte gerichtet sind.

6. Telegramme der Eisenbahnverwaltungen, Eisenbahnstationen und Eisenbahnbeamten an vorgesetzte Behörden über vorgekommene Unglücksfälle und Betriebsstörungen.

Die dienstliche Bezeichnung der unter 1—6 angeführten Telegramme ist „S S".

Zur Anerkennung der Gebührenfreiheit durch die Telegraphenanstalten ist erforderlich, dafs die Telegramme

a) mit amtlichem Siegel oder Stempel,
b) mit einer die Berechtigung zur Gebürenfreiheit ausdrückenden Bezeichnung wie „Königliche Angelegenheit", „Grofsherzogl. Angelegenheit", Reichsdienstsache, Militaria etc. etc. versehen sind.

(Zu a. In Ermangelung eines Dienstsiegels hat der Aufgeber den sub I, 2 erwähnten Vermerk beizusetzen.)

Ferner geniefsen die Gebührenfreiheit:

7. Die von den kgl. Postanstalten in Postdienstangelegenheiten aufgegebenen Telegramme.

Dieselben sind als Staatstelegramme mit der Bezeichnung ›S‹ zu behandeln und in der Telegraphenrechnung lediglich mit Vormerkung der Gebühren vorzutragen.

8. Bahnbetriebstelegramme auf den Linien des Vereins deutscher Eisenbahnverwaltungen nach dem Übereinkommen vom 1. September 1881.

Diese Telegramme (B) werden in der Regel auf den Bahnbetriebsleitungen befördert. In Störungsfällen mufs die Beförderung derselben durch Vermittlung der Reichs- resp. Staatstelegraphen erfolgen.

Die von der bayerischen Eisenbahnverwaltung ausgehenden Telegramme obiger Gattung können von einer Staatstelegraphenstation bis zur bayerischen Grenz- bezw. Vermittlungsstation, ebenso die von der Nachbarbahn auf der bayerischen Grenz- bezw. Vermittlungsstation ankommenden Telegramme bis zum Bestimmungsorte in Bayern event. bis zum Bureau der Anschlufsbahn auf den Staatstelegraphenlinien befördert werden.

9. Die meteorologischen Telegramme bayerischer Beobachtungsstationen an die deutsche Seewarte in Hamburg.

Diese in München, Ansbach, Bamberg und Kaiserslautern mit der Bezeichnung (Obs) zur Aufgabe kommenden Telegramme werden als S S befördert.

10. Die meteorologischen Telegramme zwischen München und Stuttgart.

III. Internationaler Verkehr.

Auf dem ganzen Netze der dem Vertrage von St. Petersburg beigetretenen Staaten werden die auf den internationalen Telegraphendienst bezüglichen Telegramme gebührenfrei befördert:

a) die eigentlichen Diensttelegramme (A), welche von den Telegraphenverwaltungen der vertragschliefsenden Staaten ausgehen und den internationalen Telegraphendienst betreffen;

b) die dienstlichen Notizen der Telegraphenanstalten über Vorfälle bei der Übermittlung von Telegrammen.

Die Abfassung der Telegramme unter a) und b) in französischer Sprache ist Regel. Auch ist Geheim-Sprache zugelassen. Im Verkehr mit dänischen, englischen, niederländischen, norwegischen, österreichisch-ungarischen, russischen, schwedischen und schweizerischen Telegraphenanstalten werden sie in deutscher Sprache abgefafst.

Ferner werden im internationalen Verkehr gebührenfrei befördert:

Die meteorologischen Telegramme zwischen München und Wien sowie zwischen München und Zürich.

Die von den kgl. Postanstalten in Postdienstangelegenheiten aufgegebenen Telegramme sind als Staatstelegramme ›S‹ zu behandeln. Sind dieselben nach Anstalten in Österreich-Ungarn oder der Schweiz gerichtet, so sind sie in der Telegraphenrechnung lediglich mit Vormerkung der Gebühren vorzutragen, sind dieselben jedoch nach dem übrigen Auslande gerichtet, so werden sie wie die kreditierten Telegramme verbucht.

München, März 1891.

Direktion der kgl. bayer. Posten und Telegraphen.

Siebentes Kapitel.

Allgemeine Bestimmungen über die Herstellung und die Benutzung von Telephonanlagen.

Wir geben im folgenden eine Zusammenstellung der wichtigsten bisher erlassenen Bestimmungen über die Herstellung und Benutzung von Telephonanlagen und wählen für die Telephonnetze hinsichtlich der Anweisung zur Benutzung seitens der Abonnenten wieder die Telephonanlage München, welche sich übrigens von den Anweisungen für andere Städte nur bezüglich der Art des Anrufes und der Abgabe des Schlußzeichens unterscheidet.

Telephonanlage München.
Anweisung zur Benutzung der Anlage seitens der Abonnenten.
I. Allgemeine Bemerkungen.

Verbindung mit dem Umschalte-bureau.

Jeder Abonnent wird durch eine Leitung nebst den entsprechenden Apparaten mit einem der beiden Umschaltebureaux, von welchen sich das eine im Hauptpostgebäude (Residenzstraße 1), das andere im Haupttelegraphengebäude (Bahnhofplatz 1) befindet, verbunden.

Auf diese Weise wird für jeden Abonnenten die Möglichkeit geschaffen, sich mit jedem anderen Abonnenten in jedem Augenblicke verbinden zu lassen und mit ihm zu sprechen.

Sprechstellen-verzeichnis.

Jeder Abonnent erhält zu diesem Zwecke ein Verzeichnis der Sprechstellen sämtlicher Abonnenten, in welchem dieselben alphabetisch geordnet mit Angabe der Rufnummern aufgeführt sind.

Außerdem sind die Abonnenten in dem Sprechstellenverzeichnisse auch noch nach Berufsarten und Geschäftszweigen geordnet aufgeführt. In einem eigenen Abschnitte sind die amtlichen Abonnements angefügt.

Dieses Sprechstellenverzeichnis wird den Abonnenten mindestens einmal im Jahre in neuer Auflage geliefert, inzwischen eintretende Änderungen, Zugänge etc. werden in Zwischenräumen nach Bedarf bekannt gegeben.

Rufnummer.

Die in dem Sprechstellenverzeichnisse bei jedem Abonnenten angegebene Nummer muß bei den Aufforderungen genannt werden, welche an das Umschaltebureau wegen Herstellung der gewünschten Verbindungen gerichtet werden.

Reihenfolge bei Herstellung der Verbindungen.

Wird die Unterhaltung mit einem Abonnenten zu derselben Zeit von mehreren Abonnenten verlangt, so erfolgen die bezüglichen Verbindungen durch das Umschaltebureau nach und nach in der Reihenfolge, in welcher die einzelnen Abonnenten das Umschaltebureau angerufen haben.

Die Sprechstellen der einzelnen Abonnenten sind in folgender Weise aus- **Sprechstellen-**
gerüstet. **Ausrüstung.**

Die Hauptteile dieser Ausrüstung sind:

1. Der Sprech-Apparat mit dem Mikrophon oder Transmitter,
2. die beiden Hörtelephone,
3. die Batterie,
4. das Klingelwerk.

So lange kein Gespräch geführt wird, müssen die Hörtelephone **Ruhezustand.**
in den Haken des Sprechapparates hängen.

Von den beiden Haken ist der eine federnd, der andere feststehend.

Nur wenn der federnde Haken durch das daranhängende Telephon niedergedrückt ist, kann das Klingelwerk in Thätigkeit gesetzt und der Abonnent angerufen werden.

Beim Sprechen müssen die Telephone von den Haken genommen werden. **Verhalten beim**
Will ein Abonnent zum Hören nur ein Telephon verwenden, so muß er immer **Sprechen.**
dasjenige abnehmen, welches am federnden (linksseitigen) Haken hängt.

In der Regel sollen beide Telephone zum Hören benutzt werden.

Es muß in der Richtung gegen das Holzplättchen hin gesprochen werden.
Es ist nicht nötig, den Mund nahe an dieses Plättchen zu bringen, es genügt vielmehr, bei bequemer Haltung des Körpers aus einer Entfernung von
20—30 cm gegen das bezeichnete Holzplättchen hin zu sprechen. Weder sehr
langsames, noch sehr lautes, sondern nur sehr deutliches Sprechen wird erfordert.
Zu lautes Sprechen ruft Undeutlichkeit hervor.

Die Telephone sollen bei der Benutzung leicht an die Ohren gedrückt und
so gehalten werden, daß die Öffnung des Telephons sich genau dem Gehörgange
gegenüber befindet.

Wird mit einem Abonnenten der Telephonanlage Augsburg gesprochen, so
empfiehlt es sich, nicht nur möglichst deutlich, sondern auch möglichst laut zu
sprechen, den Mund möglichst nahe an das Holzplättchen des Mikrophons zu
bringen und die beiden Telephone recht dicht an die Ohren zu halten.

Die Telephone sollen während der ganzen Unterhaltung nicht
von den Ohren genommen werden, wenigstens eines, und zwar
das linksseitige, ist immer am Ohre zu behalten.

Wenn die beiden Personen, welche sich unterhalten wollen, beim Sprechen
gegen das Holzplättchen immer die Telephone an den Ohren behalten, so können
sie miteinander sprechen, als wenn sie sich unmittelbar gegenüber stünden.

II. Gespräch zwischen zwei Abonnenten.

a) Die beiden Abonnenten sind an das nämliche Umschaltebureau
angeschlossen.

Will ein Abonnent mit einem anderen Abonnenten sprechen, so drückt er **Aufruf des Um-**
den oben am Kästchen angebrachten Knopf etwa zwei Sekunden lang gegen die **schaltebureaus.**
Wand des Kästchens, nimmt hierauf die Telephone von den Haken und hält
dieselben an die Ohren.

Von diesem Zeitpunkte an dürfen die Telephone nicht mehr
von den Ohren genommen werden, bis das Gespräch beendigt ist.

Durch das Drücken auf den Knopf wird das Umschaltebureau von dem
Verlangen des Abonnenten, sprechen zu wollen, in Kenntnis gesetzt.

Der Beamte im Umschaltebureau schaltet auf diesen Anruf hin seinen
Apparat auf die betreffende Leitung und meldet sich mit dem Zuruf: „Bitte." **„Bitte."**

Der Abonnent nennt hierauf **Name und Rufnummer** des Abonnenten, mit welchem er zu sprechen wünscht.

Freie Leitung. Ist die Leitung des Abonnenten, mit welchem der anrufende Abonnent zu sprechen wünscht, frei, so stellt der Beamte die gewünschte Verbindung ohne weiteres her.

Aufrufen des anderen Abonnenten. Der Beamte ruft sodann mit Hilfe des Läutewerks den Abonnenten, mit welchem die Verbindung verlangt wird.

Auf diesen Anruf hin nimmt dieser letztere die Hörtelephone von den Haken, bringt sie an die Ohren und zeigt seine Gegenwart mit den Worten an:

»Hier N. N., wer dort?« „Hier N. N., wer dort?"

Mit Beantwortung dieser Frage durch den Abonnenten, welcher die Verbindung verlangte, ist das Gespräch zwischen den beiden beteiligten Abonnenten eingeleitet.

Am Schlusse des Gespräches hat jeder der beiden Beteiligten zum Zeichen

„Schlufs! Schlufs!" dafür, dafs er das Gespräch für beendet erachtet, das Wort „Schlufs" zu sprechen.

Auf diese Weise wird sowohl vergebliches Zuwarten, als auch verfrühtes Abbrechen des Gespräches vermieden werden.

Nach Beendigung des Gespräches sind die Telephone sofort wieder in die Haken zu hängen.

Abläuten. Beide Abonnenten haben nach Einhängung der Telephone nochmals ungefähr zwei Sekunden lang auf den Knopf zu drücken. Dies ist das Zeichen für das Umschaltebureau, dafs die Unterhaltung zu Ende ist und die Verbindung wieder aufgehoben werden soll.

Dieses Abläuten darf nicht unterlassen werden, weil sonst der Beamte des Umschaltebureaus nicht weifs, wann eine Unterhaltung beendigt ist, und infolge dessen die Leitung einem anderen anrufenden Abonnenten gegenüber als belegt bezeichnet, obwohl dies nicht zutrifft.

Belegte Leitung. »Schon belegt, werde melden, wenn frei.« Ist die Leitung des Abonnenten, mit welchem ein anderer Abonnent zu sprechen wünscht, nicht frei, so sagt der Beamte des Umschaltebureaus: „Schon belegt, werde melden, wenn frei".

»Verstanden.« Auf dieses hin antwortet der anrufende Abonnent: „Verstanden", hängt seine Telephone wieder in die Haken und wartet, bis er vom Umschaltebureau gerufen und mit dem verlangten Abonnenten verbunden wird.

Erfolgloses Aufrufen des anderen Abonnenten. Es kann auch vorkommen, dafs der Abonnent, mit welchem ein anderer sprechen will, trotzdem, dafs die Leitung frei ist, aus irgend einem Grunde keine Antwort gibt.

In einem solchen Falle wird das Umschaltebureau den Anruf in kurzen Zwischenräumen wiederholen und sodann, wenn diese Anrufe sich als fruchtlos erweisen, den anrufenden Abonnenten davon verständigen, dafs der andere Abonnent, mit welchem er zu sprechen wünscht, keine Antwort gibt. Der anzurufende Abonnent antwortet sodann „Verstanden" und hängt seine Telephone wieder an die Haken. Es bleibt diesem Abonnenten überlassen, ob und wann er die nämliche Verbindung nochmals verlangen will.

b) Die Abonnenten sind an verschiedene Umschaltebureaux angeschlossen.

Die gleichen Bestimmungen, wie sie sub Ziff. II a) aufgeführt sind, haben auch dann Anwendung zu finden, wenn jeder der beiden Abonnenten, welche mit einander sprechen wollen, an ein anderes Umschaltebureau angeschlossen ist. Eine Änderung tritt in diesem Falle nur insofern ein, als der Beamte des

Umschaltebureaus, an welches der anrufende Abonnent angeschlossen ist, sofort, nachdem er von dem anrufenden Abonnenten erfahren hat, mit wem er zu sprechen wünscht, die Verbindung mit dem zweiten Umschaltebureau herstellt und dann letzterem die verlangte Verbindung mitteilt. Dieses zweite Umschaltebureau teilt sodann dem anrufenden Abonnenten mit, ob die gewünschte Leitung frei ist, ruft den Abonnenten, mit welchem der anrufende Abonnent zu sprechen wünscht, auf, etc.

Mit anderen Worten: Die Obliegenheiten des ersten Umschaltebureaus gehen vollständig auf das zweite über.

Auch in dem Falle, wenn zwei Umschaltebureaus beteiligt sind, darf der **anrufende Abonnent von dem Zeitpunkte an, wo er das Umschaltebureau, an welches er angeschlossen ist, angerufen hat, die Telephone nicht eher von den Ohren nehmen, als bis er entweder** durch das zweite Umschaltebureau verständigt worden ist, daß die gewünschte Verbindung nicht hergestellt werden kann, oder bis er von dem angerufenen Abonnenten Antwort erhalten hat, bzw. bis das Gespräch mit diesem beendet ist.

An welches Umschaltebureau jeder Abonnent angeschlossen ist, ist in dem Sprechstellenverzeichnisse beim Vortrag eines jeden Abonnenten durch Beifügung der Ziffer I oder II angegeben. I bedeutet: Angeschlossen an das Umschaltebureau im Stadtpostgebäude, II bedeutet: Angeschlossen an das Umschaltebureau im Haupttelegraphengebäude.

c) **Ein Abonnent der Telephonanlage München wünscht mit einem Abonnenten der Telephonanlage Augsburg zu sprechen.**

Der rufende Abonnent hat, sobald er seinen Wunsch dem Umschaltebureau zu erkennen gegeben hat, die Telephone in die Haken zu hängen.

Das Umschaltebureau stellt nun sofort die Verbindung mit Augsburg her und veranlaßt bei dem dortigen Umschaltebureau den Anschluß und Anruf des Augsburger Abonnenten. Hat letzterer seine Anwesenheit angezeigt, so meldet ihm das Augsburger Umschaltebureau: ›Sie sind von München gerufen.‹ Hierauf läßt das erste Umschaltebureau, welches diese Vorgänge verfolgt hat, dem ersten Abonnenten einen Weckruf und die Mitteilung zukommen: ›Sie sind mit Abonnent N. in Augsburg verbunden.‹

Ist von der gerufenen Sprechstelle in Augsburg keine Antwort zu erlangen, so wird der rufende Abonnent hiervon mit den Worten verständigt: ›Abonnent N. in Augsburg nicht anwesend.‹

› Sie sind von München gerufen. ‹

› Sie sind mit Abonnent N. in Augsburg verbunden. ‹

› Abonnent N. in Augsburg nicht anwesend. »

III. Die Aufgabe von Telegrammen und anderen Nachrichten.

Die Telephoneinrichtung kann auch zur Aufgabe von Nachrichten, welche durch die Post oder den Telegraphen nach auswärts weiterbefördert oder an einen Nichtabonnenten in der Stadt zugestellt werden sollen, benutzt werden.

Die Aufnahme dieser Telegramme und anderer Nachrichten geschieht durch das im Haupttelegraphengebäude befindliche, an beide Umschaltebureaux angeschlossene ›Nachrichtenbureau‹.

Es können nur Nachrichten in deutscher oder französischer Sprache zur Aufgabe gebracht werden.

Die durch das Telephon aufgegebenen Telegramme werden sofort nach der Aufnahme in der nämlichen Weise zur Absendung gebracht, wie die am Schalter aufgegebenen.

Die durch die Post weiterzubefördernden Nachrichten erhalten je nach Wunsch des Aufgebers entweder die Form von Briefen oder von Postkarten.

Die als Briefe weiterzubefördernden Nachrichten werden bei der Aufnahme auf ähnlichen Formularien wie die Telegramme niedergeschrieben und sodann unter gestempeltem Briefumschlage an ihre Adresse abgesendet.

Die als Postkarten weiterzuleitenden Nachrichten werden auf gestempelten Postkarten niedergeschrieben.

Die Niederschrift aller Nachrichten geschieht mit Bleistift.

Die Absendung der Briefe und Postkarten erfolgt jedesmal mit nächster Gelegenheit.

Vor der Absendung werden diese Briefpostsendungen mit dem Stempel des Nachrichtenbureaus versehen.

Das Verlangen der Einschreibung kann nicht gestellt werden, wohl aber jenes der Bestellung durch eigenen Boten.

Die an Nichtabonnenten in der Stadt zu bestellenden Nachrichten werden in der gleichen Weise behandelt, wie die als Briefe nach auswärts weiterzubefördernden Nachrichten, nur kommen in diesem Falle ungestempelte Briefumschläge in Anwendung.

Die Zustellung der Nachrichten an Nichtabonnenten in der Stadt geschieht in der gleichen Weise wie jene der von auswärts einlangenden Telegramme.

Bei der Aufgabe von Telegrammen und anderen Nachrichten durch das Telephon ist zu verfahren, wie folgt:

»Telegramm« »Nachricht.« Der Abonnent, welcher ein Telegramm oder eine andere Nachricht aufzugeben wünscht, ruft vor allem das Umschaltebureau auf, an welches er angeschlossen ist, und teilt demselben seinen Wunsch einfach dadurch mit, dafs er auf den Zuruf »Bitte« antwortet: »Telegramm« oder »Nachricht«. Auf dieses hin stellt das Umschaltebureau sofort die Verbindung mit dem Nachrichtenbureau her und teilt demselben mit, welcher Abonnent gerufen hat.

Hier Nachrichtenbureau, wer dort?« Der Beamte des Nachrichtenbureaus meldet sich sodann beim Abonnenten, indem er demselben zuruft: »Hier Nachrichtenbureau, wer dort?«

»Hier N.N. Telegramm nach ...« »Brief nach ...« »Postkarte nach« »Nachricht nach hier.« »Sogleich.« Der Abonnent erwidert hierauf: »Hier N. N., Telegramm nach ......« oder: »Brief nach ....« oder: »Postkarte nach ....« oder: »Nachricht nach hier.«

Bitte bringen.« Der Beamte entgegnet: »Sogleich« und rüstet sich zum Schreiben. Sobald der Beamte zum Schreiben bereit ist, ruft er dem Aufgeber der Nachricht zu: »Bitte bringen«. Dieser fängt sodann zu diktieren an. Damit der Beamte mit der Niederschrift folgen kann, soll langsam und deutlich diktiert werden, insbesondere sollen die Endsilben deutlich ausgesprochen werden. Das Diktieren soll in Absätzen von 3—4 Worten geschehen; dann ist eine Pause zu machen,

»Weiter!« bis der aufnehmende Beamte ruft: »Weiter!« Auch zwischen den einzelnen Worten sind kleine Pausen zu machen. Eigennamen und andere Wörter, besonders in fremder Sprache, bezüglich deren Schreibweise Zweifel entstehen können, sind auf Verlangen des aufnehmenden Beamten zu buchstabieren.

»Zahl mit Worten.« Sollen in Telegrammen oder anderen Nachrichten Zahlen mit Worten geschrieben werden, so soll unmittelbar vor denselben die Bemerkung: »Zahl mit Worten« eingeschaltet werden, um dieselben von gewöhnlichen Ziffernzahlen zu unterscheiden.

Es ist selbstverständlich, dafs derartige Einschaltungen bei der Gebührenberechnung aufser Ansatz gelassen werden.

Interpunktionen, welche zum richtigen Verständnisse nötig erscheinen, werden mit ihren üblichen Benennungen (Punkt, Komma, Fragezeichen etc., Absatz) mitdiktiert. Unnötige Interpunktionen sind wegzulassen.

Sobald die ganze Nachricht diktiert ist, hat der Abonnent das Wort »Fertig« beizufügen. »Fertig.«

Auf dieses hin liest der Aufnahmebeamte die ganze Nachricht nochmal vor.

Stellt sich hierbei ein Fehler in der Aufnahme heraus, so hat die Berichtigung in der Weise zu geschehen, dafs der Aufgeber ruft: »Nicht richtig! Es heifst .... statt ....« »Nicht richtig! Es heifst . . .« statt . . .«

Der aufnehmende Beamte erwidert: »Verstanden«, berichtigt die betreffende Stelle, wiederholt dieselbe und liest dann weiter. Stellt sich beim Wiederholen der niedergeschriebenen Nachricht keine Unrichtigkeit heraus, so ruft der Aufgeber der Nachricht: »Richtig, Schlufs!« und hängt seine Telephone wieder an die Hacken. »Richtig! Schlufs!«

Aufgeber und Aufnahmebeamter haben sodann abzuläuten.

Nach der Beendigung der Aufnahme werden sofort die vom Aufgeber zu zahlenden Gebühren berechnet und verbucht. Diese Gebühren werden bis zum Schlusse des Monats gestundet und sodann auf Grund einer Rechnung eingehoben.

Für die Aufnahme der Telegramme wird keine Gebühr erhoben, wohl aber für die Aufnahme anderer Nachrichten. (Vergl. Ziff. VI und VII der dem Vertrage beigehefteten Bedingungen.)

Bei der Berechnung der Aufnahmegebühren für Nachrichten, welche durch die Post weiterzubefördern oder an einen Nichtabonnenten in der Stadt zuzustellen sind, kommen in Bezug auf Wortzählung dieselben Grundsätze zur Anwendung, wie bei der Gebührenberechnung für Telegramme.

IV. Die Übermittelung von auswärts eingehender Telegramme an die Abonnenten.

Gleichwie Telegramme mit Hilfe des Telephons aufgegeben werden können, kann auch die Empfangnahme von auswärts eingehender Telegramme durch das Telephon stattfinden. Abonnenten, welche dieses wünschen, haben eine diesbezügliche schriftliche Erklärung bei der k. Telegraphen-Centralstation abzugeben.

Bei der Übermittelung von eingegangenen Telegrammen an die Abonnenten wird in derselben Weise verfahren wie bei der Aufgabe von Telegrammen, nur ist in diesem Falle der Beamte eines Nachrichtenbureaus der Diktierende und der Abonnent der Abnehmende.

Die Niederschriften zu den durch das Telephon übermittelten Telegrammen werden den Adressaten mit dem nächsten regelmäfsigen Briefbestellgange überliefert.

Eine Gebühr für die Übermittelung der eingegangenen Telegramme an die Adressaten durch das Telephon, sowie für die Zustellung der Niederschriften durch die Briefträger wird nicht erhoben.

Erhält ein Abonnent ein Telegramm mit Rückantwortschein telephonisch übermittelt und gibt er die Rückantwort telephonisch auf, so hat er letztere dem Nachrichtenbureau lediglich als »bezahltes Antworttelegramm« zu bezeichnen.

Erhält dagegen ein Abonnent ein Telegramm mit Rückantwortschein durch den Boten zugestellt, und will er unter Benutzung des Rückantwortscheines ein Telegramm telephonisch aufgeben, so hat er zunächst, wie im ersteren Falle, dieses Telegramm dem Nachrichtenbureau als »bezahltes Antworttelegramm«

zu bezeichnen, aufserdem aber den Wortlaut des aufgegebenen Telegramms gleichlautend auf dem Rückantwortscheine niederzuschreiben und letzteren nach Ablauf des Monats bei der Zahlungsleistung an die Telegraphen-Centralstation als Zahlungsmittel zu verwenden.

V. Nachrichten mit bezahlter Antwort.

Jeder Abonnent kann, so oft er von seiner Sprechstelle aus an einen Nicht-abonnenten in der Stadt eine Telephonnachricht aufgibt, verlangen, dafs ihm die Antwort des Adressaten auf telephonischem Wege durch das Nachrichtenbureau übermittelt werde, sofern er im voraus die Bezahlung dieser Antwort übernimmt.

»Antwort
bezahlt.«

Der Abonnent hat in diesem Falle beim Diktieren der Nachricht unmittelbar nach der Adresse die Worte einzuschalten: »Antwort bezahlt.« Diese Worte werden bei der Gebührenberechnung mitgezählt.

Die Bezahlung der Antwort nur für eine bestimmte Wortzahl zu über-nehmen, ist nicht statthaft. Dahin abzielende Zusätze, wie z. B. »10 Wörter Antwort bezahlt«, werden daher nicht berücksichtigt.

Die Antwortnachricht unterliegt den gleichen Taxbestimmungen, wie die veranlassende Nachricht selbst. (Ziff. VI der Abonnementsbedingungen.)

Bei Zustellung einer Nachricht mit bezahlter Antwort wird dem Empfänger der Nachricht ein Antwortschein behändigt, auf dessen Rückseite die Antwort sogleich nach Empfang der Nachricht niederzuschreiben ist. Die Antwortnachricht wird alsdann vom Boten sofort zum Nachrichtenbureau zurückbefördert und von diesem dem Abonnenten telephonisch übermittelt.

»Antwort
zur Nachricht
an N. N.«

Die Übermittelung der Antwortnachricht wird vom Beamten des Nachrichten-bureaus mit den Worten eingeleitet: »Antwort zur Nachricht an N. N.«

War vom Adressaten aus irgend einem Grunde die sofortige Beantwortung der Nachricht nicht zu erlangen, so wird dies dem Abonnenten durch das Nach-richtenbureau gemeldet. Diese Meldung, welche die Stelle der Antwortnachricht vertritt, wird in allen Fällen einer Nachricht von fünf Worten gleichgeachtet und als solche taxiert.

VI. Anzeige von Störungen und Mängeln.

Etwa vorkommende Störungen und Mängel wollen gefälligst behufs deren Beseitigung entweder telephonisch dem Umschalterbureau II oder schriftlich unter Benutzung des Störungsanzeigeformulares dem k. Oberpostamte München angezeigt und wolle hierbei möglichst die Art der bemerkten Störung bezeichnet werden.

Die Störungsanzeigeformulare werden im Telephonbureau des k. Oberpost-amtes kostenfrei abgegeben.

München, im Oktober 1890.

Direktion der kgl. bayer. Posten und Telegraphen.

Zusammenstellung

der wesentlichsten Bestimmungen für die Teilnahme an der staatlichen
Telephonanlage München (mit Pasing),

soweit solche nicht in den Abonnementsbedingungen bezw. in der Anweisung für die Benutzung der Telephonanlage seitens der Abonnenten enthalten sind.

––––––––

1. Anmeldung zum Abonnement auf die Teilnahme an Orts-Telephonnetzen.

Die Anmeldung zum Abonnement geschieht in München entweder schrift-lich beim kgl. Oberpostamte München oder mündlich im Bureau des k. Oberpostamtes für Telephonsachen, Bahnhofplatz No. 1 (Haupttelegraphengebäude) Zimmer No. 42 im 2. Stock; in Pasing bei der k. Postexpedition daselbst.

Es ist hiebei genau der Geschäftszweig des zugehenden Teilnehmers anzugeben, sowie auch das Lokal zu bezeichnen (Strafse, Hausnummer, Stockwerk, Comptoir, Laden, Wohnung u. s. w.), in welchem der Telephonapparat aufgestellt werden soll. Die Bedingungen für das Abonnement auf die Teilnahme an der Telephonanlage München und Pasing liegen bei den betreffenden vorgenannten Dienstesstellen zur Einsicht auf. Einzelne Exemplare werden ebendort auf Verlangen abgegeben.

2. Anträge auf Änderung der Einrichtungen.

Anträge auf Änderung der Einrichtungen sind ausschliefslich schriftlich in München beim k. Oberpostamte, in Pasing bei der k. Postexpedition daselbst einzureichen.

Die Umschaltebureaux können unter keinen Umständen irgend welche Anträge bezüglich der technischen Einrichtungen der Anlage entgegennehmen.

Der Antrag hat die genaue Angabe des neuen Aufstellungsortes zu enthalten. Dem Antrage ist der Telephon-Abonnement-Vertrag beizugeben.

Die Apparatenverlegungen werden auf Kosten der Teilnehmer vorgenommen, hierfür aber nur die wirklich erwachsenen Arbeitslöhne, nicht aber Materialien zur Berechnung gebracht.

Anträge zur Aufstellung weiterer Apparate auf einem anderen Grundstücke werden wie Neuanmeldungen betrachtet und können daher in allen Fällen erst dann berücksichtigt werden, wenn eine eigene Leitung dafür zur Verfügung steht. Den darauf bezüglichen Anträgen ist ebenfalls der Abonnements-Vertrag beizulegen.

3. Firmen- und Besitzveränderungen.

Allenfallsige Firmen- und Besitzveränderungen sind in München dem k. Oberpostamte, in Pasing der k. Postexpedition daselbst, schriftlich anzuzeigen und ist der Abonnement-Vertrag behufs Feststellung des Firmen- oder Besitzwechsels beizugeben.

4. Anweisung für den Verkehr mit Teilnehmern anderer Orts-Telephonnetze.

Die Abwickelung des Verkehres mit Teilnehmern anderer Orts-Telephonnetze gestaltet sich, wie folgt:

Der Teilnehmer, welcher mit dem Teilnehmer einer anderen Telephonanlage zu sprechen wünscht, gibt zunächst dem Umschaltebureau, an welches er selbst angeschlossen ist, seinen Wunsch (unter Nennung der Telephonanlage, des Namens und der Rufnummer des Aufzurufenden) zu erkennen und hängt sodann die Telephone wieder in die Haken. Das Umschaltebureau stellt nun die Verbindung mit dem Umschaltebureau der anderen Telephonanlage, soferne die Verbindungsleitung frei ist, sogleich her und veranlasst das zweite Umschaltebureau, sich nun seinerseits mit dem anderen Teilnehmer zu verbinden und diesen anzurufen. Hat der Letztere seine Anwesenheit angezeigt, so meldet ihm das zweite Umschaltebureau: ›Sie sind von .... (Bezeichnung der Telephonanlage, welcher der anrufende Teilnehmer angehört)‹ gerufen.‹

Schliefslich läfst das erste Umschaltebureau dem ersten Teilnehmer einen Weckruf und die Mitteilung zukommen: ›Sie sind mit N. N. in ...... verbunden.‹

Zwischen den beiden Teilnehmern kann nun sofort die Unterredung beginnen.

Ist von der gerufenen Sprechstelle keine Antwort zu erlangen gewesen, so wird der rufende Teilnehmer hievon mit den Worten verständigt: »Teilnehmer N. N. in . . . . nicht anwesend.«

Kann eine Verbindung nicht sofort hergestellt werden, weil die Verbindungsleitung ganz oder streckenweise belegt ist, so meldet dies der Beamte des ersten Umschaltebureaus, sobald er hievon Kenntnis erlangt hat, also unter Umständen schon sogleich beim ersten Anruf, dem rufenden Teilnehmer mit den Worten: »Leitung nach . . . . belegt.«

Sobald dann die Leitung wieder frei geworden ist, wird ohne weiteres Zuthun des rufenden Teilnehmers die von diesem gewünschte Verbindung hergestellt und im Übrigen verfahren wie oben.

Bei den öffentlichen Telephonstationen steht die Einleitung von Gesprächen mit Teilnehmern anderer Telephonanlagen dem Beamten zu.

Nach Beendigung eines Gespräches haben beide Beteiligte in der gewöhnlichen Weise das Schlußzeichen zu geben.

5. Bedingungen für den Verkehr mit Teilnehmern an anderen Orten.

Der Verkehr mit

a) der Papierfabrik von Dr. Härlin in Gauting,
b) der Trottoirsteinfabrik von A. Wenz in Grofshesselohe,
c) dem Centralbureau der oberbayerischen Aktiengesellschaft für Kohlenbergbau in Miesbach oder deren Gruben in Hausham und Leitzach,
d) der öffentlichen Telephonstation in Perlach

ist an die Entrichtung einer Gebühr von je 50 Pfg., der Verkehr mit Teilnehmern anderer Ortstelephonnetze an die Entrichtung einer Gebühr von je 1 Mark für jedes bis zu 5 Minuten (3 Minuten im Verkehr mit Frankfurt a. M.) dauernde Gespräch gebunden. Für den Verkehr zwischen München und Pasing werden, wenn er von den Sprechstellen der Teilnehmer aus stattfindet, keine besonderen Gebühren erhoben.

Die Dauer eines Gesprächs wird von dem Zeitpunkt an gerechnet, in welchem der Anrufende von der Herstellung der verlangten Verbindung durch das Umschaltebureau in Kenntnis gesetzt wird. Dieselbe darf den Zeitraum von 5 Minuten (bzw. 3 Minuten im Verkehre mit Frankfurt a. M.) nur dann überschreiten, wenn bei Ablauf dieses Zeitraums niemand anderer für die Benutzung der betreffenden Verbindungsleitung oder einer Teilstrecke derselben vorgemerkt ist.

Für die Reihenfolge, in welcher mehrere, von verschiedenen Teilnehmern verlangte Verbindungen zur Herstellung gelangen, ist im allgemeinen die Reihenfolge maßgebend, in welcher die verschiedenen Teilnehmer das Umschaltebureau aufgerufen haben.

Soll eine Verbindung wegen besonderer Dringlichkeit der zu machenden Mitteilung mit Vorzug vor andern Verbindungen hergestellt werden, so hat der betreffende Teilnehmer dieses Verlangen dem Umschaltebureau beim Aufruf durch den Zusatz auszudrücken: »Dringendes Gespräch«. Die Gebühr für ein solches dringendes Gespräch beträgt das Dreifache der Gebühr eines gewöhnlichen Gesprächs.

Die telephonische Verbindung mit anderen Orten kann zur Übermittlung von Nachrichten an Nichtteilnehmer in diesen Orten nicht benutzt werden.

6. Bezahlung der Gebühren.

Die Bezahlung der gemäfs des Telephonabonnementsvertrages zu entrichtenden Gebühren geschieht seitens der Teilnehmer in vierteljährlichen Teilbeträgen im Voraus, die der nach obiger Ziffer 5 zu leistenden Gebühren, wie jener für aufgegebene Telegramme und Nachrichten am Schlusse eines jeden Monats auf Grund einer Rechnung, welche vom Teilnehmer, den Fall nachweislichen Irrtums ausgenommen, ohne jede Einrede anerkannt werden mufs, und zwar ist in München die Zahlung der Abonnementsgebühren an die kgl. Telegraphen-Spezialkassa (Telegraphengebäude, Bahnhofplatz 1/0, Zimmer No. 1), oder durch Übergabe des jeweiligen Betrags an den die Rechnung überbringenden Bediensteten der kgl. Telegraphen-Zentralstation, in Pasing die Zahlung sämtlicher Gebühren bei der kgl. Postexpedition daselbst zu leisten.

Die Gebühren für Benutzung öffentlicher Telephonstationen sind jeweils sofort durch Billetlösung zu entrichten (vgl. Ziffer 9).

7. Benutzung der Telephonanlage zu Feuermeldungen.

Jeder Teilnehmer an der Telephonanlage kann das Telephon zur Alarmierung der Feuerwehr bei einem in seinem Gebäude oder in dessen Nähe ausgebrochenen Brande benutzen.

Die städtische Hauptfeuerwache und die Feuerwache in der Schellingstrafse sind an das Umschaltebureau I, die Feuerwache in der Holzapfelstrafse an das Umschaltebureau II angeschlossen. Die Herstellung der Verbindung mit einer dieser Feuerwachen wird durch den Ruf ›Feuerwache‹ veranlafst.

Es ist dorthin die Strafse, Hausnummer sowie die Bezeichnung des Gebäudes zu melden, in welchem der Brand ausgebrochen ist.

Anfragen von Teilnehmern an die Feuerwachen um Auskunft über stattfindende Brände sind nicht zuläfsig, weil die Telegraphisten im Feuerhause bei einem Brandfalle vollauf beschäftigt sind.

Der Brand kann jedoch von jedem der beiden Umschaltebureaux erfragt werden, da dieselben von jedem ausgebrochenen Brande verständigt sind.

8. Benutzung der Telephonanlage zum Verkehre mit den Güterexpeditionen.

Die an das Telephonnetz München angeschlossenen Güterexpeditionen setzen auf Wunsch der Teilnehmer in München dieselben von der Ankunft der für sie bestimmten Güter auf telephonischem Wege in Kenntnis.

Teilnehmer, welche dies wünschen, haben sich hierwegen mit den Güterexpeditionen unmittelbar ins Benehmen zu setzen.

9. Öffentliche Telephonstationen.

Die Benutzung der öffentlichen Telephonstationen in München unterliegt einer Gebühr, welche

a) im Verkehre mit einem Teilnehmer in München . . . . .   25 Pfg.

b) im Verkehre mit einem Teilnehmer in Pasing, mit der öffentlichen Telephonstation in Perlach, mit der Papierfabrik von Dr. Härlin in Gauting, mit der Trottoirsteinfabrik von A. Wenz in Grofshesselohe und mit dem Centralbureau der oberbayerischen Aktiengesellschaft für Kohlenbergbau in Miesbach oder deren Gruben in Hausham und Leitzach . . . .   50 Pfg.

c) im Verkehre mit dem Teilnehmer eines andern Orts-
telephonnetzes . . . , ...   1 Mk.
für jedes bis zu 5 Minuten (3 Minuten im Verkehr mit Frankfurt a./M.) währende
Gespräch beträgt.

Bei Benutzung der öffentlichen Telephonstation in Ismaning und Pasing
ist im Verkehre mit einem Teilnehmer in Ismaning und Pasing der Betrag von
25 Pfg., im Verkehre mit einem Teilnehmer in München ein solcher von 50 Pfg.
zu entrichten; im übrigen gelten die vorstehenden Gebührensätze.

Die Benutzung der öffentlichen Telephonstation in Perlach unterliegt
einer Gebühr von 50 Pfg. im Verkehr mit den Sprechstellen der Telephonanlage
München (einschliefslich derjenigen in Miesbach, Hausham, Leitzach, Grofshesselohe und Gauting) sowie im Verkehre mit den an die öffentliche Telephonstation Pasing angeschlossenen Sprechstellen; einer Gebühr von 1 Mark im
Verkehr mit Sprechstellen anderer Ortstelephonnetze.

Die Entrichtung der Gebühr geschieht durch Billetlösung.

Benutzt jemand die öffentliche Telephonstation länger, als die Zeit, für
welche bezahlt wurde, so ist die betreffende Taxe nachzuzahlen.

Kann die Verbindung nicht zu stande kommen, weil der Aufgerufene
keine Antwort gibt, so wird die Gebühr gegen Rückgabe des Billetes zurückvergütet.

Im Übrigen gilt auch hier das in vorhergehenden Ziffern über den Verkehr
mit Teilnehmern anderer Telephonanlagen Gesagte. Bei den öffentlichen Telephonstationen werden Abonnementshefte, welche 50 Billete à 10 Pfg. enthalten, zum
Preise von 5 Mark für das Heft abgegeben. Jedes Billet berechtigt zur Benutzung einer öffentlichen Telephonstation im Ortsverkehr auf die Dauer von
fünf Minuten.

Das Abonnementheft ist ein Jahr lang giltig, gerechnet von dem Tage an,
an welchem es gelöst wurde. Von demselben kann bei jeder beliebigen zu
einem bayerischen Staatstelephonnetze gehörigen öffentlichen Telephonstation
Gebrauch gemacht werden.

10. Benutzung der öffentlichen Telephonstationen durch die Teilnehmer und deren Familien- und Geschäfts-Angehörigen.

Die Teilnehmer der Telephonanlage München, sowie deren Familien- und
Geschäftsangehörige können die öffentlichen Telephonstationen in München,
Bogenhausen und Thalkirchen zum Verkehre mit Teilnehmern in München,
die Teilnehmer in Ismaning und Pasing, sowie deren Familien- und Geschäftsangehörige können die öffentliche Telephonstation in Ismaning und Pasing und
die öffentlichen Telephonstationen in München, Bogenhausen und Thalkirchen
zum Verkehre mit Teilnehmern in Ismaning und Pasing und München gegen
eine ermäfsigte Gebühr von 10 Pfg. für je 5 Minuten Gesprächsdauer benutzen.

Dieselben haben sich, wenn sie dem Beamten nicht bekannt sind, durch
Vorzeigung von Berechtigungsscheinen zu legitimieren.

Ein derartiger Berechtigungsschein wird jedem neu eintretenden Teilnehmer
ohne vorher gestelltes Verlangen vom kgl. Oberpostamte verabfolgt; derselbe
kann auch durch Familienangehörige des Teilnehmers benutzt werden.

Auf besonderes Verlangen werden an einen und denselben Teilnehmer
auch mehrere solche Scheine abgegeben, welche auf den Teilnehmer bezw. die
Firma ausgestellt und für die einzelnen Familienangehörigen des Teilnehmers
bzw. die Teilhaber der Firma bestimmt sind.

Für die Geschäftsangehörigen werden Berechtigungsscheine nur auf schriftlichen Antrag ausgefertigt; dieselben lauten auf den Namen, geben aufserdem die Eigenschaft des Inhabers an, in welcher dieser dem Geschäfte angehört und dürfen nur von dem Inhaber selbst, nicht auch von dessen Familie benutzt werden.

Die Berechtigungsscheine werden durch das kgl. Oberpostamt kostenfrei abgegeben; der Empfang derselben mufs vom Teilnehmer bescheinigt werden.

Beim Austritte eines Geschäftsangehörigen aus dem Geschäfte ist dessen Berechtigungsschein an das kgl. Oberpostamt zurückzusenden; beim Rücktritte vom Abonnement hat der Teilnehmer sämtliche Berechtigungsscheine zurückzugeben.

11. Legitimation des bei der Herstellung und Unterhaltung von Telephonanlagen beschäftigten Personals.

Die Herstellung und Unterhaltung der Drahtleitungen staatlicher Telephonnetze, sowie die Aufstellung und Unterhaltung der für die angeschlossenen Sprechstellen erforderlichen Apparate und Batterien bringt es mit sich, dafs dem mit den bezeichneten Arbeiten befafsten Personale mehr oder minder häufig der Zutritt zu Dach-, Wohn- oder Geschäftsräumen gewährt werden mufs.

Um fern zu halten, dafs sich jemand betrüglicherweise und in unlauterer Absicht als beim Telephonbau beschäftigt ausgibt, wurde Nachstehendes angeordnet:

Jeder bei den Arbeiten zum Bau oder der Unterhaltung einer staatlichen Telephonanlage beschäftigte Bedienstete mufs sich während der Ausübung dieses Dienstes im Besitze einer vom kgl. Oberpostamte ausgefertigten und mit dem Dienstsiegel des kgl. Oberpostamtes versehenen Legitimationskarte befinden, welche auf seinen Namen lautet und seine dienstliche Eigenschaft ausweist, und mufs diese Karte, so oft ihn der Dienst zum Betreten von Dach-, Wohn- oder Geschäftsräumen in irgend einem Privat- oder öffentlichen Gebäude veranlafst, dem betreffenden Hausbesitzer oder dessen Stellvertreter, bzw. dem betreffenden Wohnungs- oder Geschäftsinhaber jedesmal, auch ohne ausdrücklich gestelltes Verlangen, vorzeigen.

Um die mifsbräuchliche Benutzung einer verloren gegangenen Karte von Seite eines unredlichen Finders möglichst einzuschränken, wird sämtlichen Legitimationskarten nur Gültigkeit für die Dauer e i n e s M o n a t e s verliehen; aufserdem wird sofort nach erfolgter Anzeige des Verlustes einer Legitimationskarte sämtlichen interessierten Hausbesitzern, sowie den Teilnehmern der Telephonanlage hierüber unter Bezeichnung der Person des Inhabers der abhanden gekommenen Karte, der Nummer der letzteren und der an den betreffenden Bediensteten verabfolgten neuen Karte mittels Rundschreiben Mitteilung gemacht.

12. Benutzung des Telephons während eines Gewitters.

Wenngleich sämtliche Telephonapparate mit Blitzschutzvorrichtungen versehen sind, welche etwaige Entladungen atmosphärischer Elektrizität sicher zur Erde ableiten, so empfiehlt es sich immerhin, bei nahen und schweren Gewittern die Telephonapparate und Leitungen nicht zu berühren.

Die Umschaltebureaux sind deshalb angewiesen, während der Dauer von G e w i t t e r n Verbindungen nicht herzustellen.

13. Benutzung der Telephonanlage zu Droschkenbestellungen.

Sämtliche Teilnehmer der Telephonanlage München können von ihren Sprechstellen aus durch Vermittelung der nachbezeichneten öffentlichen Telephonstationen während der beigesetzten Dienststunden Mietfuhrwerke von den in der Nähe dieser öffentlichen Telephonstationen belegenen Halteplätze bestellen.

Es nehmen Bestellungen entgegen die öffentlichen Telephonstationen:

a) im Hauptpostgebäude, Residenzstrasse, Ruf-Nr. 89 täglich von 7 Uhr morgens (vom 1. Oktober bis 31. März: 8 Uhr morgens) bis 11 Uhr abends;

b) im Haupttelegraphengebäude, Bahnhofplatz, Ruf-Nr. 1550 bezw. 1562 täglich von 6 Uhr morgens bis 12 Uhr nachts;

c) in der Theresienstr., Postexpedition München IV, Ruf-Nr. 1557;

d) am Stieglmayerplatz, Postexpedition München VI, Ruf-Nr. 1577;

e) im Akademiegebäude, Neuhauserstr, Postexpedition München XIII, Ruf-Nr. 94;

f) in der Rumfordstr. 39a, Postexpedition München XXVI, Ruf-Nr. 57. Die vier letztbenannten Postexpeditionen an Wochentagen: von 8 Uhr morgens bis 8 Uhr abends und an Sonn- und Feiertagen von 8—9 und 11—12 Uhr vormittags und 5—7 Uhr nachmittags.

Mit Rücksicht auf die ungleiche Besetzung der Halteplätze können durch Vermittelung der öffentlichen Telephonstationen im Hauptpostgebäude und im Haupttelegraphengebäude offene und geschlossene Einspänner (Droschken) sowie Zweispänner, durch Vermittelung der öffentlichen Telephonstationen Postexpedition München IV, Postexpedition München VI und Postexpedition München XIII und XXVI dagegen nur offene oder geschlossene Einspänner bestellt werden.

Wenn von einem Theilnehmer eine offene Droschke bestellt wird, jedoch nur geschlossene Einspänner sich am Platze befinden, so hat sich einer der letzteren zu dem Besteller zu begeben; ebenso hat im umgekehrten Falle eine offene Droschke für eine geschlossene einzutreten. Dagegen können Einspänner und Zweispänner sich gegenseitig n i c h t vertreten.

Will ein Teilnehmer von der telephonischen Bestellung eines Mietfuhrwerkes Gebrauch machen, so hat derselbe seine Absicht dem Umschaltebureau mit den Worten kund zu geben: ›Droschkenbestellung, öffentliche Telephonstation N. N., Ruf-Nr. . . .‹

Das Umschaltebureau antwortet: ›Verstanden‹ und stellt die verlangte Verbindung her, worauf sich alsbald der Beamte der öffentlichen Telephonstation meldet mit den Worten: ›Öffentliche Telephonstation N. N. hier.‹ Der Teilnehmer hat nun seinen Namen, seine Rufnummer, sowie seine Wohnung anzugeben und mitzuteilen, ob er eine offene oder geschlossene Droschke oder einen Zweispänner wünscht. Der angerufene Beamte hat sodann zu antworten: ›Verstanden, also eine . . . (folgt Wiederholung des gestellten Verlangens).‹

Zur Vermeidung von Irrungen ist es unerläßlich, daß telephonische Droschkenbestellungen mit möglichster Deutlichkeit abgegeben werden und bei Entgegennahme der unmittelbar folgenden Wiederholung des gegebenen Auftrages auf die r i c h t i g e W i e d e r g a b e der H a u s n u m m e r ganz besonders geachtet wird.

Nach erfolgter Wiederholung gibt der betreffende Beamte nach dem nächst gelegenen Droschkenplatze ein vereinbartes Glockenzeichen, auf welches hin das gerufene Mietfuhrwerk bei der öffentlichen Telephonstation vorfährt. Gegen

Erlag von 10 Pfennig nimmt der Kutscher einen mit einer Postmarke versehenen abgestempelten Bestellschein, der aufser der Bestellzeit die Adresse des Auftraggebers enthält, in Empfang und fährt nach dem Orte seiner Bestellung. Sobald der Bestellschein dem Kutscher ausgehändigt ist, wird der Auftraggeber von der die Bestellung ausführenden öffentlichen Telephonstation angerufen und ihm mitgeteilt: »Mietwagen soeben abgefahren«.

Kann aus irgend einem Grunde dem Ansuchen einer Droschkenbestellung nicht entsprochen werden, so wird der treffende Teilnehmer hiervon ebenfalls verständigt; die Gebühr von 10 Pfennig kommt in diesem Falle nicht zur Verrechnung.

Es ist Sache des Teilnehmers, sich zu entscheiden, welche der in Frage kommenden öffentlichen Telephonstationen er behufs Bestellung von Mietfuhrwerken in Anspruch nehmen will.

Die von dem Kutscher zu entrichtende Bestellgebühr von 10 Pfennig ist demselben zurückzuersetzen. Für die Berechnung der Fahrtaxe ist der Zeitpunkt, an welchem der Kutscher von seinem Warteplatze abgerufen wurde, mafsgebend; dieser Zeitpunkt wird seitens der öffentlichen Telephonstation auf dem Scheine vorgemerkt.

Wird infolge irgend eines Umstandes ein telephonisch bestelltes Fuhrwerk nicht benutzt, so ist der Teilnehmer, von dessen Sprechstelle die Bestellung ausging, für die Bezahlung haftbar, auch wenn im fraglichen Falle der Apparat von einer andern Person benutzt wurde.

Die k. Telegraphenverwaltung übernimmt keinerlei Haftung aus der telephonischen Bestellung von Mietfuhrwerken.

München, im August 1891.

Königliches Oberpostamt.

Bedingungen für das Abonnement auf die Teilnahme an der Telephonanlage in München.

I. Die im Vertrage näher bezeichneten Telephoneinrichtungen werden für Rechnung der kgl. Telegraphen-Verwaltung hergestellt und unterhalten, und bleiben die dafür nötigen Leitungen und Apparate Eigentum des Staates. Sache des Abonnenten jedoch ist es, dafür zu sorgen, dafs die Zuleitung der für seine Einrichtung bestimmten Drähte in die von ihm bezeichnete Räumlichkeit ungehindert und ohne Entschädigung stattfinden kann, soweit dies das Haus betrifft, in welchem seine Sprechstelle errichtet werden soll.

Die Verlegung einer Sprechstelle nach einem andern Grundstücke, etwa infolge Wohnungswechsels, sowie die Versetzung eines Apparates an einen andern Platz oder in eine andre Räumlichkeit kann auf Wunsch des Abonnenten während der Dauer des Abonnements gegen Erstattung der Selbstkosten erfolgen, und werden dabei lediglich Arbeitslöhne, nicht aber verwendete Materialien zur Berechnung gebracht. Verändert sich durch die Verlegung einer Sprechstelle die der Berechnung der Abonnementsgebühr zu Grunde zu legende Entfernung vom Umschaltebureau, so findet eine neue Feststellung der vom Tage der Verlegung an zu zahlenden Jahresgebühr statt.

Anträge auf Verlegungen sind ausschliefslich schriftlich an das kg. Oberpostamt zu richten.

Erweist sich der für die Aufstellung eines Telephonapparates ursprünglich gewählte Ort später als ungeeignet, so muß sich der Abonnent auf Verlangen der Telegraphenverwaltung mit der Aufstellung des Telephonapparates an einem andern Ort einverstanden erklären oder vom Abonnement zurücktreten.

II. Die Umschaltebureaux werden ohne Unterbrechung behufs Herstellung der gewünschten Verbindungen zur Verfügung stehen.

III. Die kgl. Telegraphenverwaltung wird dafür Sorge tragen, daß die Einrichtung fortwährend in betriebsfähigem Zustande sich befinde, und eintretende Betriebsstörungen innerhalb möglichst kurzer Frist gehoben werden.

Im Falle von Betriebsstörungen hat der Abonnent sofort entweder telephonisch oder schriftlich an das kgl. Oberpostamt Nachricht zu geben.

Während der Dauer der Störung kann der Abonnent die Apparate eines in der Nähe wohnenden Mitabonnenten benutzen, insofern der letztere hierzu seine Einwilligung gibt.

Dauert eine ohne Verschulden des Abonnenten eingetretene Störung länger als 8 Tage, von der Anmeldung an gerechnet, so wird dem Abonnenten für die weitere Dauer der treffende Teil des Abonnementspreises erlassen, bezw. zurückvergütet.

Es ist den Abonnenten etc. nicht gestattet, die Apparate auseinander zu nehmen oder an denselben, sowie an den Zuleitungen, irgend etwas zu verändern.

Für schuldhafte wie für fahrlässige Beschädigungen der Einrichtungen durch den Abonnenten, seine Angehörigen, Hausgenossen oder Dienstleute ist der Abonnent ersatzpflichtig.

IV. Jeder Abonnent erhält wenigstens alle 6 Monate, bei eintretenden Änderungen auch in der Zwischenzeit, ein vervollständigtes und berichtigtes Sprechstellen-Verzeichnis.

V. Der Abonnent darf die Einrichtung in der Regel nur für seinen eigenen familiären und geschäftlichen Verkehr mit den übrigen Abonnenten benutzen.

Ausnahmsweise ist es ihm jedoch gestattet, in dringenden Fällen die Einrichtung im Interesse der übrigen Hausbewohner oder der etwa bei ihm weilenden Gäste zu verwenden; er darf aber hierfür keinerlei Vergütung irgend welcher Art beziehen.

VI. Für die Aufnahme und Bestellung einer Nachricht an einen Nichtabonnenten in der Stadt wird eine Grundtaxe von 10 Pfennig ohne Rücksicht auf die Wortzahl und eine Worttaxe von 1 Pfennig für jedes Wort erhoben.

Die gleiche Gebühr wird für die telephonische Antwort auf eine solche Nachricht erhoben, wenn der betreffende Abonnent bei Aufgabe der Nachricht ausdrücklich Antwort verlangt und deren Bezahlung selbst übernommen hat.

VII. Für die Aufnahme und Weiterbeförderung einer Nachricht durch die Post werden außer den tarifmäßigen Postgebühren die in Ziff. VI aufgeführten Gebühren erhoben, dagegen sind für die Aufnahme und Weiterbeförderung von Nachrichten durch den Telegraphen außer den tarifmäßigen Telegraphen gebühren weitere Gebühren nicht zu entrichten.

Für die richtige Aufnahme der durch die Post oder den Telegraphen weiterzubefördernden Nachrichten wird keinerlei Gewähr geleistet.

VIII. Die nach Ziffer VI und VII zu bezahlenden, sowie jene Gebühren, welche für den Verkehr mit auswärts gelegenen, oder mit den Sprechstellen eines andern Telephonnetzes zu entrichten sind, werden bis zum Ende des Monats gestundet und dann vom Abonnenten unter Übersendung einer Rechnung eingehoben. Die Monatssumme wird auf den nächst höheren, in den Pfennigen durch 5 teilbaren Betrag aufgerundet.

Die Rechnungen der Telegraphenverwaltung müssen, den Fall nachweislichen Irrtums ausgenommen, vom Abonnenten ohne jede Einrede anerkannt werden.

IX. Wünscht ein Abonnent die für ihn eingehenden Telegramme auf telephonischem Wege zugestellt zu erhalten, so hat er eine diesbezügliche schriftliche Erklärung bei der Zentraltelegraphenstation abzugeben.

Besondere Gebühren werden für diese Art der Zustellung nicht erhoben. Die Zustellung der Niederschriften dieser Telegramme erfolgt mit dem nächsten, gewöhnlichen Briefbestellgange.

X. Die jährlichen Gebühren betragen:

    a) für eine Leitung mit einer Sprechstelle bis zu 5 km Entfernung vom Umschaltebureau, wobei die Entfernung nach der Luftlinie gemessen wird . . . . 150 Mk.

    für Anschlußleitungen, deren Endstelle weiter als 5 km vom Umschaltebureau entfernt ist, wird eine Zuschlaggebühr von jährlich 3 Mk. für je weitere, wenn auch nur angefangene 100 m Leitungslänge erhoben;

    b) für eine zweite Sprechstelle in derselben Leitung . . . . 75 Mk.

    c) für die Aufstellung eines zweiten und jedes weiteren Apparates in denselben Räumen oder auf demselben Grundstücke je 20 Mk.

    d) für die Aufstellung eines Apparates in Mietswohnungen im Anschlusse an die Sprechstelle des Hausbesitzers . . 50 Mk·

    e) für eine einzelne Weckvorrichtung gewöhnlicher Art, sofern die Aufstellung ebenfalls in denselben Räumen oder auf demselben Grundstücke erfolgt . . . . . . 5 Mk.

Sollen besondere, von den gewöhnlichen abweichende Einrichtungen getroffen, z. B. größere Weckvorrichtungen aufgestellt werden, so sind außerdem die hierdurch verursachten Mehrausgaben an Anschaffungs- und Unterhaltungskosten zu erstatten.

XI. Die nach Ziff. X zu zahlenden Gebühren müssen in vierteljährlichen Raten (2. Januar, 1. April, 1 Juli, 1. Oktober) im voraus entrichtet werden.

Zu diesen Gebühren treten die Selbstkosten hinzu, welche die k. Telegraphen-Verwaltung für diejenigen Entschädigungen aufzuwenden hat, welche etwa in einzelnen Fällen für die Benutzung von Privatgrundstücken zur Anbringung von Leitungsstützpunkten zu zahlen sein sollten. Tritt dieser Fall ein, so wird einem jeden der betreffenden Abonnenten vor Ausführung seiner Leitung bekannt gegeben, welcher Anteil von der zu leistenden Entschädigung ihn treffen würde. Erscheint dem Abonnenten der ihn treffende Anteil zu hoch, so steht es ihm frei, vom Vertrage zurückzutreten.

XII. Das Abonnement beginnt mit dem Tage, an welchem die betreffende Einrichtung in Betrieb genommen wird, sofern dieser Tag auf den Ersten eines Monats fällt. Andernfalls beginnt das Abonnement mit dem Ersten des nächstfolgenden Monats.

Dasselbe ist für den Abonnenten auf die Dauer von einem Jahre verbindlich bei Anschlußleitungen, deren Endstelle nicht mehr als 5 km vom Umschaltebureau entfernt ist, und auf zwei Jahre bei Anschlußleitungen mit Endstellen von weiterer Entfernung. Es bleibt jedoch vorbehalten, in besonderen Fällen eine längere Verbindlichkeitsdauer festzusetzen. Nach Ablauf dieser Zeit bleibt es dem Abonnenten freigestellt, jederzeit am Ende eines Abonnementsquartals zurückzutreten. Die Anmeldung des Rücktrittes hat bei dem kgl. Oberpostamte vier Wochen vor Quartalsschluß zu erfolgen.

Von Seite der kgl. Telegraphenverwaltung kann das Abonnement jederzeit ohne Entschädigungsleistung und ohne Rückvergütung des etwa bereits bezahlten Abonnementspreises aufgehoben werden, wenn der Abonnent eine der vorstehenden Bedingungen nicht erfüllt, insbesondere wenn die Zahlung nicht rechtzeitig geleistet oder die Einrichtung mißbräuchlich benutzt wird.

Mitteilungen, welche gegen die Gesetze oder den Anstand verstoßen, dürfen durch das Telephon nicht gemacht werden.

XIII. Die kgl. Telegraphenverwaltung ist befugt, aus Rücksichten des öffentlichen Wohles jederzeit die Verbindungen einzustellen. Dauert diese Einstellung länger als 4 Wochen, so wird die für den ganzen Zeitraum der Unterbrechung bezahlte Gebühr auf Verlangen zurückerstattet.

XIV. Im Falle der Aufhebung eines Abonnements übernimmt die kgl. Telegraphenverwaltung die Beseitigung der Apparate und Zuleitungen auf ihre Kosten; dagegen übernimmt der Abonnent diejenigen Reparaturen an der von ihm benutzten Gebäulichkeit, welche durch die Aufhebung seiner Einrichtung veranlaßt werden.

München, im Dezember 1891.

Direktion der kgl. bayer. Posten und Telegraphen.

Nummer der Anmeldung:
Rufnummer:

Königlich bayerische Posten und Telegraphen.

Telephon-Abonnements-Vertrag.

Zwischen dem kgl. Oberpostamte in .... und

....

....

wurde nachfolgender Vertrag abgeschlossen:

I.

....

tritt in das Abonnement für Benutzung der Telephonanlage in ....
unter rechtsverbindlicher Anerkennung der Bedingungen ein, welche über die Teilnahme an der bezeichneten Telephoneinrichtung allgemein festgestellt und dem gegenwärtigen Vertrage als wesentlicher Bestandteil angeheftet sind, und übernimmt auf Grund dieser Bedingungen:

Zeitpunkt der Inbetriebnahme der
betreffenden Einrichtung:

1. ein Abonnement nach Z. .... d. Bed. zu jährlich .... M. ....
2. ein Abonnement nach Z. .... d. Bed. zu jährlich .... M. ....
3. ein Abonnement nach Z. .... d. Bed. zu jährlich .... M. ....
4. ein Abonnement nach Z. .... d. Bed. zu jährlich .... M. ....

für nachbezeichnete Einrichtung . . .

Entfernung vom
Umschaltebureau

a) .... m
b) .... m
c) .... m
d) .... m

Die vom Abonnenten zu entrichtende jährliche Gesamtgebühr beträgt daher:

.... Mark.

II.

Gegen diese Abonnementsgebühr werden von der k. Telegraphen-Verwaltung in de........... unter Ziff. I bezeichneten Gebäude . die zum telephonischen Verkehre nötigen Apparate aufgestellt und mit dem Umschaltebureau durch eine entsprechende Drahtleitung verbunden.

Auf Wunsch des Abonnenten wird die besondere Einrichtung getroffen, daſs ....

Die hierfür nach Ziff. X Abs. 2 der Abonnementsbedingungen zu erstattenden Mehrausgaben an Anschaffungskosten betragen:

Gegenwärtiger Vertrag wird doppelt ausgefertigt. Das eine Exemplar wird an den Abonnenten ausgehändigt, das andere beim k. Oberpostamte aufbewahrt werden.

.... den ....ten .... 18 .

Kgl. Oberpostamt.

(L. S.)

Allgemeine Bestimmungen für die Herstellung und Benutzung von Nebentelegraphen mit Telephonbetrieb ohne Anschluſs an eine Telegraphenstation.

§ 1.

Die in den nachfolgenden Paragraphen enthaltenen Bestimmungen kommen zur Anwendung:

1. bei allen Telephonanlagen, welche das Besitztum des Antragstellers und die Ortsgrenze (Burgfrieden) überschreiten und zugleich eine gröſsere Leitungslänge als 5 Kilometer — nach der Luftlinie gemessen — erhalten;

2. in allen Fällen, in welchen es sich um die telephonische Verbindung zweier oder mehrerer Sprechstellen handelt, welche in verschiedenen Orten mit Telegraphenstationen oder doch so gelegen sind, daß die ihnen zunächst liegenden Telegraphenstationen zum Austausche von Telegrammen zwischen den zu verbindenden Sprechstellen mit Vorteil benutzt werden können, und

3. in jenen Fällen, in welchen an ein staatliches Telephonumschaltebureau eine außerhalb des Sitzes desselben und zugleich mehr als 5 Kilometer — nach der Luftlinie gemessen — vom Umschaltebureau entfernt liegende Sprechstelle angeschlossen werden soll.

§ 2.

Die Herstellung und Unterhaltung der Anlage hat durch die k. Telegraphen-Verwaltung zu geschehen.

Die ganze Anlage wird mit der größten Sorgfalt hergestellt und unterhalten werden, die Telegraphen-Verwaltung kann jedoch keine Verantwortung für allenfallsige Störungen übernehmen. Insbesondere wird keine Verantwortung dafür übernommen, daß nicht auf solchen Linien, wo mehrere Leitungen am nämlichen Gestänge angebracht sind, die Erscheinung des sogenannten Mithörens auftritt.

Bei der Auswahl der Apparate wird den Wünschen des Antragstellers möglichst Rechnung getragen, jedoch steht die Entscheidung darüber, welche Apparate zur Verwendung kommen sollen, der Telegraphen-Verwaltung zu.

§ 3.

Die für die Herstellung und Unterhaltung der Anlage erwachsenden Kosten müssen vorbehaltlich dessen, was in § 7 bestimmt ist, von dem Antragsteller, für dessen Gebrauch die Leitung hergestellt wird, der Telegraphen-Verwaltung zurückvergütet werden.

Die Telegraphen-Verwaltung wird nur ihre Selbstkosten in Aufrechnung bringen.

Die Zurückvergütung der für die Herstellung der Anlage erwachsenden Kosten hat auf Verlangen der Telegraphen-Verwaltung noch vor Inbetriebsetzung der Anlage zu geschehen. Zur Sicherstellung dieser Zurückvergütung hat der Antragsteller noch vor Beginn der Ausführungsarbeiten eine der Hälfte der voraussichtlichen Herstellungskosten gleichkommende Kaution zu erlegen.

Diese Kaution wird nach Vollendung der Herstellungsarbeiten zur Deckung des vom Antragsteller zurückzuvergütenden Gesamtkostenbetrages beigezogen.

Die Kosten der Unterhaltung der Anlage werden vom Antragsteller alle 6 Monate durch die einschlägige Postbezirkskassa auf Grund einer Rechnung eingehoben werden.

Die Kostenliquidationen der Staats-Telegraphenverwaltung müssen, den Fall des Irrtums ausgenommen, vom Antragsteller ohne jede Einrede anerkannt werden.

Es bleibt übrigens vorbehalten, statt der jedesmaligen Berechnung der Unterhaltungskosten die Zahlung einer Aversalvergütung zu vereinbaren.

§ 4.

Die ganze Anlage wird als eine staatliche Einrichtung angesehen. Die Leitung verbleibt Eigentum des Staates.

Die Apparate inkl. der Batterien werden vorbehaltlich dessen, was in § 7 bestimmt ist, Eigentum des Antragstellers.

Die Telegraphen-Verwaltung behält sich vor, an dem Gestänge der Leitung auch noch andere Leitungen anzubringen.

In den Fällen, in welchen zwei oder mehrere Leitungen an einem gemein-samen Gestänge angebracht werden, werden die Kosten der Herstellung und Unterhaltung dieses Gestänges auf die einzelnen Leitungen repartirt und vom Antragsteller nur der hiernach ihn treffende Anteil eingehoben.

Muſs bei der Anbringung von zwei oder mehreren Leitungen an einem gemeinsamen Gestänge bei einer Telephon-Verbindung zur Vermeidung der In-duktion eine Hin- und Rückleitung hergestellt werden, so werden diese beiden Leitungen in Bezug auf die Anteilnahme an den Herstellungs- und Unterhaltungs-kosten des Gestänges als eine Leitung angesehen.

Überhaupt müssen die Kosten aller Einrichtungen, welche zur Verbesserung der Anlage getroffen werden, von den Nutznieſsern der einzelnen Verbindungen gemeinsam getragen werden.

§ 5.

Die Anlage darf vom Antragsteller nur in seinen eigenen, privaten und ge-schäftlichen Angelegenheiten benutzt werden.

Der Telegraphenverwaltung steht das Recht zu, zu kontrollieren, daſs dieser Bestimmung nicht entgegen gehandelt werde.

Zur Ermöglichung der wirksamen Ausübung dieser Kontrolle muſs die Telephon-leitung durch ein geeignet gelegenes Telegraphenbureau hindurchgeführt werden. Die Bestimmung dieses Bureaus steht der Telegraphenverwaltung zu.

In jenen Fällen, in welchen die Leitung einen Ort berührt, an welchem sich ein Umschaltebureau befindet, muſs die Leitung durch das Umschaltebureau hindurchgeführt werden.

§ 6.

Für die Einräumung des Rechtes der Übermittelung von Nachrichten auf telephonischem Wege zwischen den Sprechstellen, welche die Anlage verbindet, und den Entgang von Telegraphengebühren, hat der Nutznieſser eine jährliche Gebühr an die Telegraphenverwaltung zu bezahlen, welche in der Weise bemessen wird, daſs für jede in die Anlage einbezogene Sprechstelle eine jährliche Gebühr von 25 Mk. und für jedes Kilometer Leitungslänge eine jährliche Gebühr von 10 Mk. zur Einhebung kommt.

Die Leitungslänge wird nach der Luftlinie von Mittelpunkt zu Mittelpunkt der Orte, zu welchen die Sprachstellen gehören, gemessen und dabei ein angefangenes Kilometer für voll gerechnet. Kommen mehr als zwei Orte in Betracht, so ergibt sich die Gesamtlänge der Leitung aus der Summe der Ent-fernungen zwischen den einzelnen Orten.

In jenen Fällen, in welchen es sich um die Einrichtung einer Sprechstelle in einem isoliert liegenden Anwesen oder in einem Anwesen handelt, welches zu einer isoliert liegenden Gruppe von Anwesen gehört, wird bei der Feststellung der Leitungslänge nicht die Lage des Mittelpunktes des bezüglichen gröſseren Ortes, zu welchem das betreffende Anwesen oder die betreffende Gruppe von Anwesen gerechnet wird, in Betracht gezogen, sondern die Lage des betreffenden Anwesens selbst, beziehungsweise der Mittelpunkt der betreffenden Gruppe von Anwesen. Die Entscheidung darüber, was im vorstehenden Sinne als ein isoliert gelegenes Anwesen, oder als eine isoliert liegende Gruppe von Anwesen anzu-sehen ist, verbleibt der Telegraphenverwaltung, und es steht dem Antragsteller hiergegen ein Einspruch nicht zu.

Sollten an einem Orte, an welchem sich ein staatliches Telephonnetz befindet, mehrere Sprechstellen in die Leitung eingeschaltet werden, so wird nur für eine Sprechstelle die Gebühr von 25 Mk., für jede weitere Sprechstelle aber eine Gebühr von 75 Mk. erhoben.

Sollte der Anschluß von mehreren auf dem nämlichen Grundstücke befindlichen Sprechstellen verlangt werden, so werden diese Sprechstellen in Bezug auf die Berechnung der Gebühr nur als eine Sprechstelle angesehen.

In jenen Fällen, in welchen der Entgang von Telegrammgebühren ein größerer wäre, als die nach den vorhergehenden Absätzen zu zahlende Gesamtgebühr, ist nicht diese, sondern eine Gebühr zu erheben, welche dem nachweisbaren Entgang an Telegrammgebühren unter Hinzurechnung eines Zuschlags von 10 Prozent entspricht.

§ 7.

In jenen Fällen, in welchen es sich nicht um die Verbindung von zwei in verschiedenen Orten liegenden Sprechstellen, sondern um die Verbindung einer außerhalb des Ortsbezirks und mehr als 5 Kilometer vom Umschaltebureau entfernt liegenden Sprechstelle mit dem Umschaltebureau handelt, kommen folgende Gebühren zur Erhebung:

1. Eine Abonnementsgebühr, wie sie sich für den Anschluß einer 5 Kilometer vom Umschaltebureau entfernt liegenden Sprechstelle berechnet, und
2. für jedes weitere Kilometer der übrigen Leitung — wobei die Leitungslänge nach der Luftlinie berechnet und ein angefangenes Kilometer als voll gerechnet wird — eine Gebühr von 10 Mk.

Die ersten 5 Kilometer Leitung, vom Umschaltebureau aus gerechnet, hat die Telegraphenverwaltung auf eigene Kosten herzustellen und zu unterhalten.

Die Herstellung und Unterhaltung des übrigen Teiles der Leitung geschieht durch die Telegraphenverwaltung auf Kosten des Antragstellers.

Für die anzuschließende Sprechstelle wird außer den unter Ziff. 1 erwähnten Gebühren keine besondere Gebühr mehr erhoben.

Der bei dieser Sprechstelle zur Aufstellung kommende Apparat und die dazu gehörige Batterie bleiben Eigentum der k. Telegraphenverwaltung.

Die Kosten für die Unterhaltung und Einrichtung dieser Sprechstelle hat die Telegraphenverwaltung zu tragen.

Die Einschaltung einer Zwischenstelle am Orte des Umschaltebureaus ist nicht zulässig.

Von der anzuschließenden Sprechstelle aus dürfen, sofern die technische Ausführung der Anlage dies gestattet, alle Sprechstellen aufgerufen werden, welche an das gleiche Telephonnetz angeschlossen sind.

Liegen diese Sprechstellen aber nicht im Bezirke des Ortes, an welchem sich das Umschaltebureau befindet, so muß für jede nicht über 5 Minuten während Verbindung eine Gebühr von 1 Mk. entrichtet werden.

Die gleiche Gebühr muß entrichtet werden, wenn die hier in Betracht kommende Sprechstelle von einer anderen Sprechstelle, gleichviel ob dieselbe im Bezirke des Ortes des Umschaltebureaus liegt oder nicht, gerufen werden soll.

Die Telegraphenverwaltung wird nach ihrem Ermessen unter Umständen die in den vorstehenden beiden Absätzen erwähnte Gebühr auf 50 Pf herabsetzen, wenn die in Betracht kommende Sprechstelle nicht mehr als 10 Kilometer vom Umschaltebureau entfernt ist.

Die Entrichtung dieser Gebühr kommt jedoch in Wegfall, wenn die aufrufende Sprechstelle ebenfalls dem Eigentümer der hier in Betracht kommenden Sprechstelle gehört.

Für die Aufnahme und Zustellung einer Nachricht, welche bei der anzuschliefsenden Sprechstelle an einen Nichtabonnenten am Orte des Umschaltebureaus aufgegeben wird, ist die Taxe für ein internes, über den Aufgabeort hinaus bestimmtes Telegramm zu entrichten.

Die sub Ziff. 1 aufgeführte Abonnementsgebühr mufs mindestens 5 Jahre lang bezahlt werden, es sei denn, dafs die Auflösung des Vertrages auf Veranlassung der Telegraphenverwaltung geschieht.

§ 8.

· Die nach § 6 oder § 7 Ziff. 1 und 2 treffenden Gebühren sind in vierteljährlichen Raten (1. Januar, 1. April, 1. Juli und 1. Oktober) im voraus zu entrichten.

Die Berechnung dieser Gebühren geschieht von dem Tage an, an welchem die Einrichtung in Betrieb genommen wird.

Fällt dieser Tag nicht auf den Ersten eines Monats, so beginnt die Berechnung erst mit dem Ersten nächstfolgenden Monats.

Bleibt der Betrieb der Telephonleitung aus irgend einem Grunde länger als 4 Wochen unterbrochen, so wird für die ganze Zeit der Unterbrechung keine Rekognitionsgebühr erhoben.

§ 9.

Zwischen dem Antragsteller, für welchen die Telephonanlage hergestellt werden soll, und der Telegraphenverwaltung wird ein Vertrag abgeschlossen.

Der Vertrag hat auf unbestimmte Zeit Gültigkeit. Wünscht der Nutzniefser der Anlage vom Vertrage zurückzutreten, so hat diesem Rücktritte eine vierteljährige Kündigung vorauszugehen.

Erfolgt diese Kündigung nicht am Ersten eines Monats, so wird dieselbe erst vom Ersten des darauffolgenden Monats an wirksam.

§ 10.

Der Telegraphenverwaltung bleibt das Recht vorbehalten, den Betrieb des Nebentelegraphen jederzeit einzustellen oder auch die Einrichtung ganz aufzuheben, wenn Staats- oder anderweitige öffentliche Interessen dies erheischen sollten.

Die Telegraphenverwaltung ist jederzeit berechtigt, solche Anlagen, deren Leitungen auf eine Strecke zusammenlaufen, zu einem Netze zu vereinigen und den Betrieb dieses Netzes selbst zu übernehmen.

In diesem Falle steht der Telegraphenverwaltung das Recht zu, die infolge dieser Änderung erwachsenden Herstellungs-, Unterhaltungs- und Betriebskosten auf die Beteiligten entsprechend zu verteilen und eine Neuregulierung der von der letzteren für die Benutzung der Anlage zu entrichtenden Gebühren vorzunehmen.

Jenen Beteiligten, welche sich mit den von der Telegraphenverwaltung getroffenen Veränderungen nicht sollten einverstanden erklären können, steht es frei, unter den in § 11 festgesetzten Bedingungen vom Vertrage zurückzutreten.

§ 11.

Nach Auflösung des Vertrages ist es Sache der Telegraphenverwaltung, die getroffenen Einrichtungen inkl der Leitung wieder zu entfernen.

Die Kosten dieses Abbruches hat der Nutzniefser der Anlage zu tragen.

Erfolgt die Auflösung des Vertrages vor Ablauf von 10 Jahren nach Inbetriebsetzung der Anlage, so wird dem Nutzniefser der Anlage der Wert der aus dem Abbruche anfallenden Materialien von der Telegraphenverwaltung zurückvergütet; erfolgt aber die Auflösung des Vertrages später, so findet eine solche Rückvergütung, aber auch eine Aufrechnung der Abbruchkosten, nicht statt.

Den Wert der anfallenden Materialien hat im gegebenen Falle auschliefslich die Telegraphenverwaltung zu bestimmen.

Diese Wertbestimmung, sowie die Liquidation der Abbruchkosten mufs vom Nutzniefser der Anlage — den Fall des Irrtums ausgenommen — ohne Einrede anerkannt werden.

Erfolgt die Auflösung des Vertrages vor Ablauf von 10 Jahren nach Inbetriebsetzung der Anlage, und wird die bezügliche Leitung oder ein Teil derselben für eine andere Staatsanlage Verwendung finden, so wird nicht nur der Wert der in Verwendung bleibenden Materialien, sondern auch der Betrag der für die Herstellung der bezüglichen Leitung verausgabten Arbeitslöhne unter Abrechnung einer mit 10 Prozent des ursprünglichen Betrages für jedes Jahr zu berechnenden Amortisationsquote zurückvergütet.

Die in den vorstehenden Abs. 2 mit 7 enthaltenen Bestimmungen finden auf Telephonanlagen der in § 7 erwähnten Art nur insoweit Anwendung, als der mehr als 5 Kilometer vom Umschaltebureau entfernte Teil der Leitung in Frage kommt.

§ 12.

Für den Fall, dafs in Bezug auf die Herstellung von Telephonverbindungen für Private und den Betrieb solcher Telephonverbindungen allgemein gültige Bestimmungen erlassen werden sollten, welche mit den Festsetzungen der in den vorausgehenden Paragraphen enthaltenen Bestimmungen nicht übereinstimmen, tritt eine entsprechende Abänderung der letzteren ein.

Allgemeine Bestimmungen für die Herstellung und Benutzung von Nebentelegraphen mit Telephonbetrieb im Anschlusse an eine staatliche Telephonstation.

§ 1.

Die Herstellung und Unterhaltung der Anlage hat durch die k. Telegraphenverwaltung zu geschehen.

Die Festsetzung des Leitungsweges, die Auswahl des zu verwendenden Materials und die Konstruktion der Leitungen — namentlich was die Frage anlangt, ob einfache oder Doppelleitungen anzuwenden sind — bleibt der Telegraphenverwaltung vorbehalten.

Die ganze Anlage wird mit Sorgfalt hergestellt und unterhalten werden, die Telegraphenverwaltung kann jedoch keine Verantwortung für allenfallsige Störungen übernehmen. Insbesondere wird keine Verantwortung dafür übernommen, dafs nicht auf solchen Linien, wo mehrere Leitungen am nämlichen Gestänge angebracht sind, die Erscheinung des sogenannten Mithörens auftritt.

§ 2.

Die für die Herstellung und Unterhaltung der Anlage erwachsenden Kosten müssen, mit Ausnahme der in § 3 Abs. 2 aufgeführten, von dem Antragsteller der Telegraphenverwaltung zurückvergütet werden.

Die Telegraphenverwaltung wird nur ihre Selbstkosten in Aufrechnung bringen.

Die Zurückvergütung der für die Herstellung der Anlage erwachsenden Kosten hat auf Verlangen der Telegraphenverwaltung noch vor Inbetriebsetzung der Anlage zu geschehen.

Zur Sicherstellung dieser Zurückvergütung hat der Antragsteller noch vor Beginn der Ausführungsarbeiten eine der Hälfte der voraussichtlichen Herstellungskosten gleichkommende Kaution zu hinterlegen.

Diese Kaution wird nach Vollendung der Herstellungsarbeiten zur Deckung des vom Antragsteller zurückzuvergütenden Gesamtkostenbetrages beigezogen.

Die Kosten der Unterhaltung der Anlage werden, insoweit sie vom Antragsteller zu tragen sind, alle 6 Monate von diesem durch Vermittelung der Telegraphenstation, an welche die Telephonleitung angeschlossen ist, auf Grund einer von der einschlägigen k. Postbezirkskasse ausgestellten Rechnung eingehoben werden.

Die Kostenrechnungen der Staatstelegraphenverwaltung müssen, den Fall nachweislichen Irrtums ausgenommen, vom Antragsteller ohne jede Einrede anerkannt werden.

Es bleibt übrigens vorbehalten, statt der jedesmaligen Berechnung der Unterhaltungskosten die Zahlung einer Aversalsumme zu vereinbaren.

§ 3.

Die herzustellende Leitung wird als eine Fortsetzung des Staatstelegraphennetzes angesehen und verbleibt daher im Eigentum des Staates.

Die Kosten für Anschaffung, Aufstellung und Unterhaltung des bei der Telegraphenstation aufzustellenden Apparates trägt die Telegraphenverwaltung.

Dieser Apparat, einschließlich der Batterie, bleibt im Eigentum des Staates, dagegen geht der bei der Sprechstelle des Antragstellers aufzustellende Apparat mit Batterie in das Eigentum des letzteren über.

§ 4.

Die Telegraphenverwaltung behält sich vor, am Gestänge der Leitung auch noch andere Leitungen anzubringen.

In den Fällen, in welchen zwei oder mehrere Leitungen an einem gemeinsamen Gestänge angebracht werden, werden die Kosten der Herstellung und Unterhaltung dieses Gestänges auf die einzelnen Nutznießer dieser Leitungen, im Verhältnisse zur Länge der bezüglichen Leitungen, verteilt und von einem jeden derselben nur der hiernach ihn treffende Anteil eingehoben.

Muß bei der Anbringung von zwei oder mehreren Leitungen an einem gemeinsamen Gestänge bei einer Telephonverbindung zur Vermeidung der Induktion eine Hin- und Rückleitung hergestellt werden, so werden diese beiden Leitungen in Bezug auf die Anteilnahme an den Herstellungs- und Unterhaltungskosten des Gestänges als eine Leitung angesehen.

Überhaupt müssen die Kosten aller Einrichtungen, welche zur Verbesserung der Anlage getroffen werden, von den Nutznießern der einzelnen Verbindungen gemeinsam getragen werden.

§ 5.

Für die Bedienung des bei der Sprechstelle des Nutzniefsers der Anlage aufgestellten Apparates hat dieser auf eigene Kosten und Verantwortung Sorge zu tragen.

Es ist auch Sache des Nutzniefsers der Anlage, dafür zu sorgen, dafs sein Apparat von keinem Unberechtigten benutzt werde.

Die Bedienung des bei der Telegraphenstation zur Aufstellung kommenden Apparates hat durch das Personal der Station zu geschehen. Eine Vergütung ist hierfür von Seite des Nutzniefsers der Anlage nicht zu leisten.

§ 6.

Die Einrichtung darf für folgende Zwecke benutzt werden:
   a) Zur Übermittelung der bei der Telegraphenstation von weiterher eingehenden, für den Nutzniefser der Einrichtung bestimmten Telegramme an diesen.
   b) Zur Aufgabe von nach weiterhin bestimmten Telegrammen bei der Telegraphenstation von der Sprechstelle des Nutzniefsers aus.
   c) Zur Beförderung von Nachrichten zwischen der Telegraphenstation und der Sprechstelle des Nutzniefsers.
   d) Zur Aufgabe von Nachrichten, von der Sprechstelle des Nutzniefsers aus, welche als Brief oder Postkarte von der Telegraphenstation aus weiter befördert werden sollen.

§ 7.

   a) Im Falle des § 6 lit. a kommt für die Übermittelung des Telegrammes von der Telegraphenstation zur Sprechstelle des Nutzniefsers der Anlage keine Gebühr zur Erhebung.
   b) Im Falle des § 6 lit. b sind ebenfalls lediglich die Telegrammgebühren zu entrichten, wie sie sich von der Telegraphenstation aus berechnen.
   c) Im Falle des § 6 lit. c kommt eine Gebühr zur Erhebung, welche sich zusammensetzt aus einer Grundtaxe von 20 Pf. und einer Worttaxe von 1 Pf.

      Mufs von Seite der Telegraphenverwaltung für die Zustellung der Nachricht ein höherer Betrag als 20 Pf. aufgewendet werden, so hat diese Mehrkosten der Nutzniefser der Telephonanlage zu tragen.

      Befindet sich die Telegraphenstation, an welche die Telephonanlage angeschlossen ist, auf einem Bahnhofe oder in der Nähe eines Bahnhofes, so kann die Gebührenerhebung für den Verkehr mit der Eisenbahn (Stationsvorstand, Güterexpedition etc.) auf Wunsch des Nutzniefsers der Anlage in der Weise geregelt werden, dafs nicht die Gebühr für jedes einzelne Gespräch berechnet, sondern für den gesamten Verkehr mit der Eisenbahn eine jährliche Aversalvergütung von 25 Mk. erhoben wird.

      Ist die Ermittelung der Nachrichten zwischen der Telegraphenstation und der Eisenbahn mit einer besonderen Mühewaltung oder mit Kosten verbunden, so mufs für diese Mühewaltung und den Aufwand der Kosten noch eine besondere Entschädigung geleistet werden.

      Diese Entschädigung wird in jedem einzelnen Falle eigens festgesetzt.

Besteht die besondere Mühewaltung in der Bedienung eines Umschalters, so mufs hierfür eine jährliche Gebühr von 50 Mk. entrichtet werden.

Diese Gebühr kann entsprechend erhöht werden, wenn der Umschalter auch zu einer Zeit bedient werden muss, welche aufserhalb der gewöhnlichen Dienststunden der Telegraphenstation fällt.

Wenn von Seite der Eisenbahn noch eine besondere Entschädigung verlangt werden sollte, so fällt auch diese dem Nutzniefser der Anlage zur Last.

d) Im Falle des § 6 lit. d wird für die Aufnahme einer jeden Nachricht eine Grundtaxe von 10 Pf. und eine Worttaxe von 1 Pf. erhoben; aufserdem kommen noch die tarifmäfsigen Postgebühren zur Erhebung.

Die Gebühren für die in jedem Monate von der Privattelephonstelle aus zur Aufgabe kommenden Telegramme und anderen Nachrichten werden bis zum Schlusse des Monats gestundet und sodann durch die Telegraphenstation vom Inhaber der Telephonstelle unter Übersendung einer Rechnung eingehoben. Die Monatssumme wird auf den nächst höheren, in den Pfennigen durch 5 teilbaren Betrag aufgerundet.

Die Rechnungen der Telegraphenverwaltung müssen, den Fall nachweislichen Irrtums ausgenommen, vom Inhaber der Telephon stelle ohne jede Einrede anerkannt werden.

§ 8.

Dem Nutzniefser der Anlage steht es frei, seine Apparate auch von Personen, welche nicht zu seinen Angehörigen oder Hausgenossen gehören, zur Aufgabe von Telegrammen und Nachrichten benutzen zu lassen.

Die in solchen Fällen nach § 7 lit. b, c, d zu entrichtenden Gebühren werden aber von dem Ersteren in der gleichen Weise zur Einhebung gebracht, wie wenn die Telegramme und Nachrichten von ihm selbst aufgegeben worden wären.

§ 9.

Für die richtige Aufnahme der durch das Telephon bei der Telegraphenstation zur Aufgabe kommenden Telegramme und anderen Nachrichten, sowie für die richtige Übermittelung von Telegrammen durch die Telegraphenstation zur Sprechstelle des Nutzniefsers der Anlage wird keinerlei Gewähr geleistet.

Die Zustellung der Niederschriften zu den letztgenannten Telegrammen erfolgt mit dem nächsten Bestellgange.

§ 10.

Die Zeit der Benutzung des Nebentelegraphen ist auf die Dienststunden der Telegraphenstation eingeschränkt, an welche die Telephonleitung angeschlossen ist.

§ 11.

Zwischen dem Antragsteller, für welchen die Telephonanlage hergestellt werden soll, und der Telegraphenverwaltung wird ein Vertrag abgeschlossen. Derselbe hat auf unbestimmte Zeit Gültigkeit.

Wünscht der Nutzniefser der Anlage vom Vertrage zurückzutreten, so hat diesem Rücktritt eine vierteljährige Kündigung vorauszugehen.

Erfolgt diese Kündigung nicht am Ersten eines Monats, so wird dieselbe erst vom Ersten des darauffolgenden Monats an wirksam.

§ 12.

Der Telegraphenverwaltung bleibt das Recht vorbehalten, den Betrieb des Nebentelegraphen jederzeit einzustellen oder auch die Einrichtung ganz auf-zuheben, wenn Staats- oder anderweitige öffentliche Interessen, insbesondere das Interesse des Telegraphendienstes, dies erheischen sollten.

§ 13.

Nach Auflösung des Vertrages ist es Sache der Telegraphenverwaltung, die getroffenen Einrichtungen einschließlich der Leitung wieder zu entfernen.

Die Kosten dieses Abbruches hat der Nutznießer der Anlage zu tragen.

Erfolgt die Auflösung des Vertrages vor Ablauf von 10 Jahren nach Inbetriebsetzung der Anlage, so wird dem Nutznießer der Anlage der Wert der aus dem Abbruche anfallenden Materialien von der Telegraphenverwaltung zurückvergütet; erfolgt aber die Auflösung des Vertrages später, so findet eine solche Rückvergütung, aber auch eine Aufrechnung der Abbruchkosten nicht statt.

Den Wert der anfallenden Materialien hat im gegebenen Falle ausschließ lich die Telegraphenverwaltung zu bestimmen.

Diese Wertbestimmung, sowie die Rechnung über die Abbruchkosten, muß vom Nutznießer der Anlage — den Fall nachweislichen Irrtums ausgenommen — ohne jede Einrede anerkannt werden.

Erfolgt die Auflösung des Vertrages vor Ablauf von 10 Jahren nach Inbetriebsetzung der Anlage, und findet die bezügliche Leitung oder ein Teil derselben für eine andere Staatsanlage Verwendung, so wird nicht nur der Wert der in Verwendung bleibenden Materialien, sondern auch der Betrag der für die Herstellung der bezüglichen Leitung verausgabten Arbeitslöhne unter Abrechnung einer mit 10 Prozent des ursprünglichen Betrages für jedes Jahr zu berechnenden Amortisationsquote zurückvergütet.

§ 14.

Für den Fall, daß in Bezug auf die Herstellung von Telephonverbindungen für Private und den Betrieb solcher Telephonverbindungen allgemein gültige Bestimmungen erlassen werden sollten, welche mit den Festsetzungen der in vorausgehenden Paragraphen enthaltenen Bestimmungen nicht übereinstimmen, tritt eine entsprechende Abänderung der letzteren ein.

München, im August 1888.

Direktion der kgl. bayer. Posten und Telegraphen.

Allgemeine Bestimmungen für die Gebührenerhebung bei Neben-telegraphen mit Telephonbetrieb, welche die Sprechstellen verschiedener Teilnehmer verbinden.

Bei Nebentelegraphen mit Telephonbetrieb, welche die Sprechstellen ver-schiedener Teilnehmer verbinden, haben die letzteren nachfolgende Gebühren zu entrichten:

1. Haben auf die bezügliche Anlage oder einen Teil derselben die allge-meinen Bestimmungen für die Herstellung und Benutzung von Nebentelegraphen

mit Telephonbetrieb ohne Anschluſs an eine Telegraphenstation Anwendung zu finden, so hat jeder Teilnehmer an der Anlage für jede ihm gehörige, in die Anlage einbezogene Sprechstelle jährlich zu entrichten:

    a) die in § 6 Abs. 1 der Allgemeinen Bestimmungen für die Herstellung von Nebentelegraphen mit Telephonbetrieb ohne Anschluſs an eine Telegraphenstation für jede Sprechstelle festgesetzte Gebühr von 25 Mk.;

    b) auſserdem noch eine Gebühr, gleich dem Betrage, welcher sich ergibt, wenn die sub a erwähnte Gebühr von 25 Mk. mit der Anzahl der übrigen Teilnehmer an der Anlage vervielfältigt wird. Die nach § 6 Abs. 1 der Allgemeinen Bestimmungen für die Herstellung und Benutzung von Nebentelegraphen mit Telephonbetrieb ohne Anschluſs an eine Telegraphenstation nach Maſsgabe der Länge der Leitung zu entrichtende Gebühr ist von sämtlichen Teilnehmern zu gleichen Teilen zu tragen.

Bei Anlagen, welche aus mehreren Leitungen bestehen, wird die Leitungslänge der gesamten Anlage durch Aufsummierung der Längen der einzelnen Leitungen gefunden.

2. Haben auf die bezügliche Anlage die Allgemeinen Bestimmungen für die Herstellung und Benutzung von Nebentelegraphen mit Telephonbetrieb ohne Anschluſs an eine Telegraphenstation keine Anwendung zu finden, so hat jeder Teilnehmer an der Anlage für jede ihm gehörige und in die Anlage einbezogene Sprechstelle nur die sub 1 b festgesetzte Gebühr zu entrichten.

Die sub 1 a erwähnte, sowie die nach § 6 Abs. 1 der Allgemeinen Bestimmungen für die Herstellung und Benutzung von Nebentelegraphen mit Telephonbetrieb ohne Anschluſs an eine Telegraphenstation nach Maſsgabe der Leitungslänge zu entrichtende Gebühr kommt in diesem Falle nicht zur Erhebung.

3. Befinden sich mehrere Sprechstellen desselben Teilnehmers an der Anlage auf dem nämlichen Grundstücke, so werden diese Sprechstellen in Bezug auf die Gebührenrechnung nach Ziff. 1 und 2 als **eine** Sprechstelle angesehen.

Die nach Ziff. 1 a und b zu erhebende Gebühr wird in maximo auf 150, die nach Ziff. 2 zu erhebende Gebühr in maximo auf 100 Mk. für die einzelne Sprechstelle festgesetzt.

4. In jenen Fällen, in welchen es sich um die telephonische Verbindung einer oder mehrerer Privatsprechstellen mit einer Eisenbahnstation (Güterexpedition etc.) handelt, wird die Eisenbahnstation (Güterexpedition etc.) zwar bei der Berechnung der für jede Sprechstelle treffenden Gebühr als Teilnehmer an der Anlage mitgezählt, die auf die Sprechstelle der Eisenbahnstation (Güterexpedition etc.) treffende Gebühr wird jedoch nicht zur Einhebung gebracht.

5. Die Nachrichtenvermittelung wird den Teilnehmern an der Anlage überlassen. Dieselben haben daher in jenen Fällen, in welchen die Einrichtung eines Umschaltedienstes notwendig werden sollte, die hierdurch etwa erwachsenden Kosten selbst zu tragen.

In jenen Fällen, in welchen der Umschaltedienst einer Postexpedition oder einer Telegraphenstation übertragen wird, ist für die Besorgung dieses Dienstes für jede Anschluſsleitung eine jährliche Gebühr von 50 Mk. zu entrichten.

Wenn zur Vermitteldung des Verkehrs der an eine Postexpedition oder Telegraphenstation angeschlossenen Sprechstellen mit einer Eisenbahnstation oder einer Abteilung derselben eine besondere Leitung hergestellt ist, so wird

dieselbe weder bei der Bestimmung der Anzahl der Anschlußleitungen mitgerechnet, noch wird hierfür überhaupt eine Gebühr erhoben.

6. Die nach Ziff. 1, 2 oder 4 treffenden Gebühren sind in vierteljährigen
Raten (1. Januar, 1. April, 1. Juli, 1. Oktober) im voraus zu entrichten.

Die Berechnung dieser Gebühren geschieht von dem Tage an, an welchem
die Einrichtung in Betrieb genommen wird.

Fällt dieser Tag nicht auf den Ersten eines Monats, so beginnt die
Berechnung erst mit dem Ersten des nächstfolgenden Monats.

7. Wird die Anlage von den Beteiligten wieder aufgelassen, und waren auf
diese Anlage die Allgemeinen Bestimmungen für die Herstellung und Benutzung
von Nebentelegraphen mit Telephonbetrieb ohne Anschluß an eine Telegraphenstation nicht zur Anwendung zu bringen, so erlischt die Verpflichtung zur
Gebührenzahlung mit Ablauf des Kalendervierteljahres, in welchem die Auf-
lassung erfolgt.

Wenn dagegen auf die bezügliche Anlage die Allgemeinen Bestimmungen
für die Herstellung und Benutzung von Nebentelegraphen mit Telephonbetrieb
ohne Anschluß an eine Telegraphenstation anzuwenden waren, so kommen die
in § 9 der erwähnten Bestimmungen festgesetzten Termine zur Anwendung.

Die in nachfolgendem Vertrage niedergelegten Bestimmungen beziehen sich
auf Telephonverbindungen auf Kosten von Gemeinden, welche einen telephonischen Anschluß an eine Telegraphenstation anstreben.

Vertrag.

Zwischen der Direktion der kgl. bayerischen Posten und Telegraphen zu
München und der .... kgl. Bezirksamtes ....
wurde wegen Herstellung einer telephonischen Verbindung zwischen dem Orte
.... und der Telegraphenstation .... nachfolgender Vertrag abgeschlossen:

§ 1.

Auf Antrag der Gemeinde .... übernimmt die kgl. Staatstelegraphenverwaltung die Herstellung und Unterhaltung einer telephonischen
Verbindung zwischen dem Orte .... und der Telegraphenstation

§ 2.

Die für die Herstellung und die Unterhaltung der in § 1 bezeichneten
Anlage erwachsenden Kosten werden, mit Ausnahme der in § 4 aufgeführten,
von der Gemeinde .... der kgl. Staatstelegraphenverwaltung zurückvergütet.

Die Zurückvergütung der für die Herstellung der Anlage erwachsenden
Kosten hat auf Verlangen der Telegraphenverwaltung noch vor Inbetriebsetzung
der Anlage zu geschehen. Zur Sicherstellung dieser Zurückvergütung erlegt die
Gemeinde .... noch vor Beginn der Ausführungsarbeiten bei der
kgl. Postbezirkskasse .... eine Kaution, welche der Hälfte der
Summe gleichkommt, auf welche sich die Gesamtherstellungskosten nach dem
von der Staatstelegraphenverwaltung aufzustellenden Kostenvoranschlage voraussichtlich belaufen werden.

Die kgl. Staatstelegraphenverwaltung wird bei der Kostenliquidation nur
ihre Selbstkosten in Anrechnung bringen.

Insofern für die herzustellende Leitung ein Gestänge benutzt werden sollte, an welchem sich auch andere Leitungen befinden oder, insofern an dem für die telephonische Verbindung des Ortes .... herzustellenden Gestänge auch andere Leitungen angebracht werden sollten, werden die Kosten der Herstellung und Unterhaltung des gemeinsamen Gestänges auf die einzelnen Leitungen repartiert werden und wird nur der hiernach auf die Gemeinde .... treffende Anteil von dieser eingehoben werden.

Die Kosten der Unterhaltung der Anlage werden — insoweit sie von der Gemeinde .... zu tragen sind — alle sechs Monate von dieser durch die Vermittelung der kgl. Telegraphenstation .... auf Grund einer von der kgl. Postbezirkskasse .... ausgestellten Rechnung eingehoben werden.

Es bleibt vorbehalten, statt der jedesmaligen Berechnung der Unterhaltungs-kosten die Zahlung einer Aversalvergütung zu vereinbaren.

Die Kostenliquidation der Staatstelegraphenverwaltung müssen, den Fall des Irrtums ausgenommen, von der Gemeinde .... ohne Einrede anerkannt werden.

§ 3.

Die herzustellende Leitung wird als eine Ergänzung des Staatstelegraphen-netzes angesehen und ist gleich den bei den Telephonstationen aufzustellenden Apparaten und Batterien Eigentum des Staates.

§ 4.

Die Kosten für die Anschaffung, Aufstellung und Unterhaltung der bei der Telegraphenstation .... sowie bei der öffentlichen Telephonstation in .... aufzustellenden Apparate und Batterien trägt die Tele-graphenverwaltung.

§ 5.

Die Gemeinde .... verpflichtet sich, ein passendes Lokal für die Einrichtung der Telephonstation im Orte .... unentgeltlich zur Verfügung zu stellen.

Die Entscheidung darüber, ob das Lokal passend sei oder nicht, steht aus-schließlich der Telegraphenverwaltung zu. Muß das Lokal aus irgend einem Grunde gewechselt werden, so fallen die Kosten für die Verlegung der Telephon-station der Gemeinde .... zur Last.

Hat die Gemeinde .... zu diesem Zwecke ein Lokal zu mieten, so müssen die Mietsvereinbarungen mit dem Eigentümer so getroffen werden, daß der letztere wenigstens an eine vierteljährliche Kündigungsfrist gebunden ist.

§ 6.

Es ist Sache der Gemeinde ...., der kgl. Telegraphen-verwaltung für die Besorgung des Dienstes bei der in .... zu errichtenden öffentlichen Telephonstation eine geeignete Persönlichkeit in Vor-schlag zu bringen.

Die Entscheidung darüber, ob die betreffende Persönlichkeit geeignet sei oder nicht, steht ausschließlich der kgl. Telegraphenverwaltung zu.

Die als geeignet befundene Persönlichkeit wird von der kgl. Telegraphen-verwaltung förmlich für den Dienst verpflichtet. Diese Verpflichtung erstreckt sich insbesondere auch auf die Wahrung des Amtsgeheimnisses.

Die für den Dienst verpflichtete Persönlichkeit untersteht der Disziplin der kgl. Telegraphenverwaltung, wie jeder andere Telegraphenbeamte.

Die kgl. Telegraphenverwaltung bestimmt den Umfang des Dienstes bei der in .... zu errichtenden öffentlichen Telephonstation; derselben a l l e i n steht das Recht zu, der mit der Ausübung des Dienstes bei der in .... zu errichtenden Telephonstation betrauten Persönlichkeit Vorschriften in Bezug auf die Ausübung des Dienstes zu geben.

Die kgl. Telegraphenverwaltung kann der aufgestellten Persönlichkeit den Dienst jederzeit wieder abnehmen, wenn dienstliche Rücksichten dies verlangen sollten.

Wird hierdurch oder aus irgend einem anderen Grunde eine Dienstesaushilfe notwendig, so hat die Kosten dieser Dienstesaushilfe die Gemeinde .... zu tragen.

Insoweit die für den Dienst bei der öffentlichen Sprechstelle in .... aufgestellte Persönlichkeit mit der Perzeption von Geldern für die Telegraphenkasse betraut werden mufs, haftet die Gemeinde .... für die richtige Ablieferung dieser Gelder. Die mit dem Dienste bei der öffentlichen Sprechstelle zu .... zu betrauende Persönlichkeit mufs sich zur Ausübung dieses Dienstes mindestens auf die Dauer eines Jahres verpflichten. Wenn dieselbe vom Dienste zurücktreten will, so kann dies nur nach vorhergehender sechsmonatlicher Kündigung geschehen.

Es ist Sache der Gemeinde ...., mit der auszuwählenden Persönlichkeit über die Entschädigung, welche dieselbe für die Besorgung des Dienstes zu erhalten hat, Vereinbarung zu treffen.

Diese Vereinbarung, sowie eine jede Änderung derselben ist zur Kenntnis des kgl. Oberpostamtes .... zu bringen, worauf sodann die Auszahlung der vereinbarten Entschädigung an den Bezugsberechtigten in monatlichen Raten durch die kgl. Postbezirkskasse .... erfolgt.

Die an den Bezugsberechtigten ausbezahlten Monatsbeträge müssen der kgl. Telegraphenverwaltung von Seite der Gemeinde .... am Schlusse eines jeden Kalenderhalbjahres in Einer Summe wieder zurückvergütet werden.

§ 7.

Die Bedienung des bei der Telegraphenstation .... aufzustellenden Apparates geschieht durch das Personal dieser Station.

Eine Vergütung ist hierfür von Seite der Gemeinde .... nicht zu leisten.

§ 8.

Die in Rede stehende Telephonanlage darf für nachfolgend aufgeführte Zwecke benutzt werden:

a) Zur Übermittelung der bei der Telegraphenstation .... für die Bewohner des Ortes .... von weiterher eingehenden Telegramme nach diesem Orte.

b) Zur Aufgabe von nach weiterhin bestimmten Telegrammen bei der öffentlichen Telephonstation in ....

c) Zur Beförderung von Nachrichten zwischen den beiden Orten ....

d) Zur Aufgabe von Nachrichten bei der öffentlichen Telephonstation in ...., welche von .... aus als Brief oder Postkarte weiterbefördert werden sollen.

e) Für den Fall, dafs sich auch noch andere Orte mit der Telegraphenstation .... in telephonische Verbindung bringen lassen.

sollten, zum Austausche von Nachrichten zwischen diesen Orten und

    f) Zur Übermittelung von bei der Station .... von weiter-
her eingehenden Telegrammen an solche Adressaten, welche zwar nicht
in .... wohnen, deren Telegramme aber von diesem
Orte aus schneller und billiger bestellt werden können, als von der
Station .... aus.

§ 9.

Die in .... zu errichtende öffentliche Sprechstelle wird einer
staatlichen Telegraphenstation gleichgeachtet. Es ist daher jedermann berechtigt,
gleichviel ob er Angehöriger der Gemeinde .... ist oder nicht,
bei dieser Telephonstation Nachrichten aufzugeben.

§ 10.

Für die Benutzung der in Rede stehenden Telephoneinrichtung kommen
folgende Gebühren zur Erhebung:

    a) Im Falle des § 8 a wird für die Übermittelung der Telegramme von
.... nach .... und die Zustellung an den
Adressaten keine Gebühr erhoben.

    b) Im Falle des § 8 b sind ebenfalls nur die Telegrammgebühren zu ent-
richten, wie sie sich von der Telegraphenstation ....
aus berechnen.

    c) Im Falle des § 8 c kommt eine Gebühr zur Erhebung, welche sich
zusammensetzt aus einer Grundtaxe von 20 Pf. und einer Worttaxe
von 1 Pf.

    d) Im Falle des § 8 d muſs für die Aufnahme einer jeden Nachricht eine
Grundtaxe von 10 Pf. und eine Worttaxe von 1 Pf. entrichtet werden.
Auſserdem sind noch die tarifmäſsigen Postgebühren zu entrichten.

    e) Im Falle des § 8 e kommen die gleichen Gebühren zur Erhebung wie
für ein internes über den Aufgabeort hinaus bestimmtes Telegramm.

    f) Im Falle des § 8 f ist vom Adressaten — sofern die Zustellgebühr
nicht bereits vom Absender vorausbezahlt worden ist — jene Gebühr
zu zahlen, welche die Telegraphenverwaltung selbst an den zustellenden
Boten zu zahlen hat.

§ 11.

Für die richtige Aufnahme von per Telephon übermittelten Telegrammen
und Nachrichten wird von Seite der kgl Telegraphenverwaltung keinerlei Gewähr
geleistet.

§ 12.

Die nach § 10 lit. a mit f zu entrichtenden Gebühren flieſsen in die
kgl. Telegraphenkasse.

Bezüglich der Einhebung, Verrechnung und Ablieferung dieser Gebühren
hat sich die mit der Besorgung des Dienstes bei der öffentlichen Telephonstation
in .... betraute Persönlichkeit genau nach den Vorschriften zu
halten, welche ihr in dieser Beziehung durch das kgl. Oberpostamt ....
werden gegeben werden.

§ 13.

Die mit der Besorgung des Dienstes bei der Telephonstation in
betraute Persönlichkeit ist verpflichtet, auch für die schleunigste Zustellung der

für .... und darüber hinaus bestimmten Telegramme Sorge zu tragen.

Für die Zustellung der nach .... selbst bestimmten Telegramme wird von Seite der kgl. Telegraphenverwaltung eine Vergütung von 10 Pf. für jedes Telegramm geleistet werden.

Die Festsetzung der Vergütung für die Zustellung von nach anderen Orten bestimmten Telegrammen wird gesonderter Vereinbarung vorbehalten.

§ 14.

Die Dienststunden bei der Telephonstation in .... sind die gleichen, wie jene bei der Telegraphenstation ....

§ 15.

Die Direktion der kgl. bayer. Posten und Telegraphen behält sich das Recht vor, mit der Telephonstation in .... jederzeit eine Postablage in Verbindung zu bringen.

Die Gemeinde .... ist deshalb gehalten, auf Verlangen der Direktion der kgl. bayer. Posten und Telegraphen bei Auswahl des Lokales für die Telephonstation und der mit der Besorgung des Dienstes bei dieser Station zu betrauenden Persönlichkeit auch auf die Einrichtung einer Postablage Rücksicht zu nehmen.

Inwieweit in diesem Falle die Direktion an den Kosten für die Beschaffung des Lokales und die Besorgung des Dienstes teilzunehmen hat, wird besonderer Vereinbarung vorbehalten.

§ 16.

Der Direktion der kgl. bayer. Posten und Telegraphen bleibt das Recht vorbehalten, den Betrieb der Telephonleitung jederzeit einzustellen oder auch die Einrichtung ganz aufzuheben, wenn Staats- oder anderweitige öffentliche Interessen dies erheischen sollten.

§ 17.

Gegenwärtiger Vertrag wird auf unbestimmte Zeit abgeschlossen.

Wünscht die Gemeinde .... vom Vertrage zurückzutreten, so hat diesem Rücktritte eine vierteljährliche Kündigung vorauszugehen.

Erfolgt diese Kündigung nicht am Ersten eines Monats, so wird dieselbe erst vom Ersten des darauffolgenden Monats an wirksam.

§ 18.

Nach Auflösung des Vertrages ist es Sache der Telegraphenverwaltung, die getroffenen Einrichtungen inkl. der Leitung wieder zu entfernen.

Die Kosten dieses Abbruches hat die Gemeinde .... zu tragen.

Erfolgt die Auflösung des Vertrages vor Ablauf von 10 Jahren nach Inbetriebsetzung der Anlage, so wird der Wert der aus dem Abbruche anfallenden Materialien von der Telegraphenverwaltung zurückvergütet, erfolgt aber die Auflösung des Vertrages erst später, so findet eine solche Rückvergütung und ebenso eine Aufrechnung der Abbruchkosten nicht statt.

Den Wert dieser Materialien hat im gegebenen Falle ausschließlich die Telegraphenverwaltung zu bestimmen. Diese Wertbestimmung sowie die Liquidation der Abbruchkosten muß von der Gemeinde .... — den Fall des Irrtums ausgenommen — ohne Einrede anerkannt werden.

Eine Zurückvergütung des Wertes der zum Baue der Telephonanlage verwendeten Materialien von Seite der Telegraphenverwaltung findet auch dann statt, wenn die Gemeinde .... vor Ablauf von 10 Jahren nach Inbetriebsetzung der Anlage vom Vertrage zurücktritt, die Telegraphenverwaltung aber die Leitung fortbestehen und für eigene Zwecke oder für die Zwecke einer anderen Gemeinde oder eines Privaten in Verwendung nimmt.

§ 19.

Sollten in Bezug auf die Herstellung von Telephonverbindungen allgemein gültige Bestimmungen erlassen werden, welche mit den Bestimmungen des gegenwärtigen Vertrages nicht übereinstimmen, so wird eine entsprechende Abänderung des gegenwärtigen Vertrags vorbehalten.

§ 20.

Differenzen zwischen der Direktion der kgl. bayer. Posten und Telegraphen und der Gemeinde .... über die Ausführung und Anwendung dieses Vertrages im einzelnen unterliegen der endgültigen Entscheidung des kgl. Staatsministeriums des kgl. Hauses und des Äufsern.

München, den .... 189......

Direktion der kgl. bayer. Posten und Telegraphen.

Der kgl. Generaldirektor.

Anhang.

Prüfungsfragen aus den Schlufsprüfungen der Telelegraphenunterrichtskurse.
Administrativer Teil.

Welche Beschränkungen können in der allgemeinen Benutzung der für den öffentlichen Verkehr bestimmten Telegraphen eintreten?

In welchen Fällen wird der Annahmebeamte den Absender eines Privattelegramms zum Ausweise über seine Persönlichkeit veranlassen?

Welchen Telegrammen ist wegen des Inhalts die Beförderung zu verweigern: wie ist in solchen Fällen bei Annahme und Gebühren-Erhebung zu verfahren?

Wie unterscheidet sich eine reine Telegraphenstation von einer gemischten? Welche Aufgabe hat jede derselben?

Wie hat sich ein Telegraphenbeamter zu verhalten:
    a) wenn er von einem Gerichte in einer strafrechtlichen Untersuchung oder in einer bürgerlichen Rechtssache als Zeuge vernommen werden soll;
    b) wenn von ihm die Mitteilung eines Telegramms seitens der Gerichtsbehörde gefordert wird;
    c) wenn Ur- oder Abschriften von Telegrammen seitens der Aufgeber oder Empfänger verlangt werden?

Nach welchen verschiedenen Gesichtspunkten können die Telegramme eingeteilt werden?

Welchen Erfordernissen mufs ein aufgegebenes Telegramm entsprechen, und worin bestehen die verschiedenen Dienstverrichtungen des Annahmebeamten bei Aufgabe eines Telegramms?

Welche Regeln bestehen für die Wortzählung bei Telegrammen in offener und in verabredeter Sprache?

Welche besonderen Angaben kann der Aufgeber eines Telegramms vor die Aufschrift setzen, und wie lauten die vorgeschriebenen Abkürzungen dieser Angaben?

Was versteht man unter dringenden Telegrammen, und wie sind dieselben zu behandeln.

Welche Vorschriften gelten für bezahlte Antworten?

Welche Vorschriften gelten für die Behandlung eines Telegramms mit dem Vermerk „(TC)":

    a) bei der Aufgabe,

    b) bei der Beförderung?

Welche Vorschriften bestehen für die Behandlung telegraphischer Postanweisungen, nach welchen Ländern und bis zu welchen Beträgen sind solche Anweisungen zulässig, und welche Gebühren kommen für dieselben in Anwendung?

Welche Vorschriften gelten für die Nachsendung von Telegrammen?

Wie ist ein Telegramm mit gleichem Texte zu behandeln und zu tarifieren:

    a) an mehrere Empfänger in einem Orte,

    b) an einen und demselben Empfänger in verschiedenen Wohnungen in demselben Ort,

    c) an mehrere Empfänger in verschiedenen Orten?

Was versteht man unter Seetelegrammen, und wie sind dieselben zu behandeln und zu tarifieren?

Welche Bestimmungen gelten für die Weiterbeförderung von Telegrammen an Empfänger aufserhalb des Ortsbezirkes der Bestimmungsanstalt?

Welche Telegramme sind gebührenpflichtig, welche geniefsen Gebührenfreiheit im internen, im Reichs- und internationalen Verkehr?

Welche Telegramme werden im inländischen und welche im ausländischen Verkehre als Staatstelegramme behandelt?

Welche Vorschriften gelten für Stundung von Telegraphengebühren?

In welchen Fällen kann ein bereits aufgegebenes Telegramm zurückgezogen werden, und wie ist hierbei zu verfahren?

Welche Vorschriften bestehen bezüglich der Zurückziehung oder Unterdrückung von Telegrammen, und in welcher Weise sind die zurückgehaltenen Telegramme rechnerisch zu behandeln?

Wer ist zur Empfangnahme eines Telegramms berechtigt?

Wie ist die Bestellung von Telegrammen an Reisende in einem Gasthofe zu bethätigen?

In welchem Falle darf der Bote die Telegramme in Privatbriefkästen einlegen?

Wie ist mit MP-Telegrammen zu verfahren?

Es ist das Verfahren anzugeben, welches bei der Unbestellbarkeit eines Telegramms

    a) seitens der Bestimmungsanstalt,

    b) seitens der Aufgabeanstalt einzuhalten ist.

Wie ist bei Unbestellbarkeitsmeldungen zu verfahren, wenn der Telegrammaufschrift „Bote" oder (CR) oder (RP) vorgesetzt war?

In welchen Fällen wird die entrichtete Gebühr erstattet?

Innerhalb welcher Frist sind Beschwerden zulässig?

Welches Verfahren ist bezüglich der Behandlung von Beschwerden vorgeschrieben?

Welche Nachweisungen gehören zur Begründung einer Beschwerde auf Rückerstattung der Beförderungsgebühren eines Telegramms?

Was versteht man unter Berichtigungstelegrammen, in welchen Fällen ist die Abfassung eines solchen erforderlich, und wie hat die Gebührenerhebung und Verrechnung zu erfolgen?

Welche Vorschriften bestehen über Nachzahlung und Erstattung von Gebühren?

Wer ist berechtigt, sich beglaubigte Abschriften von Telegrammen ausfertigen zu lassen?

Worin besteht die monatliche Telegraphen-Abrechnung?

Beschreibung der Kassen und Buchführung bei den Telegraphenstationen unter Erläuterung des von den letzteren bei Legung ihrer Abrechnungen mit der Postbezirkskasse, Behörden, Korrespondenten etc. zu beobachtenden Verfahrens.

Was ist bei Aufnahmen und Ausfertigen von Telegrammen, insbesondere in Betreff der verschiedenen Weiterbeförderungen zu beobachten, und welches sind die Pflichten eines Aufsichtsbeamten?

Meiningen
Fladungen
Nordheim
Ritschenhausen
Untermassfeld
Ostheim
Stockheim
Obereisbach
Mellrichstadt
Rentwertshausen
Bischofsheim
Unsleben
Römhild
Kreuzberg
Heustreu
Jemels hausen
Steinach Neustadt
Bhf
Saal a/S
Bocklet
Königshofen
Niederlauer
Bickenau
Gerolda
Aschach
Münnerstadt
Sulzdorf
Coburg
Mü
Ebersd
Kissingen
Pappen dither Oberlauringen
Eaerdorf
Rotter hausen
Massbach
Bundorf
Sesslach
Lichtenfels
B.
Michelau
Hammelburg
Stadtlauringen
Ermershausen
Maroldsweisach
Pfarrweisach
Merzbach
Burgk
Altroi
Eberhausen
Aidhausen
Hofheim
Burgpreppach
Pappenhausen
Königsberg
Ebern
Staffelstein
Ebensfeld
W.
Gössenheim
Bonnland
Oberndorf
Oberwerrn
Schonungen
Rentweinsdorf
Wern
Schweinfurt
Bergrhein feld
Oberthres
Hassfurt
Beckendorf
Zapfendorf
Gochsheim
Zeil
Ebels Baunach
Schessli
Gössenhein
Eussenhein
Arnstein
Wernek
Eltmann
Stett Breitbrunn nissbach
Thüngen
Mühlhausen
Weigolshausen
Staffelbach
Hallstadt
Müdsheim
Ess chen
Schonfeld
Gerolzhofen
Oberhaid
Heiligensta
Bergheim
Wipfeld
Zeilitzheim
Neuses
Kloster Ebrach
Bamberg
Strullendorf
Rampar
Seligenstadt
Volkach
Prichsen stadt
Burgwindheim
Burgebrach
Hirschaid
Ebernau
Würzburg
Sommeracht
Rotten bach
Stadt Schwarzach
Altwind
Finkenhausen
Aschbach
Mühlhausen
Eggolsheim
Zell
Höchberg
Dettel bach
Wiesentheid
Pommersfelden
Adelsdorf
Forchheim
Hettstadt
Grossy
Kleinlangheim
Kitzingen
Iphofen
Castell
Schlüsselfeld
Wiesen bronn
Höchstadt A.
Baiersdorf
Mainbernheim
Mainsondhein
Scheinfeld
Uehlfeld
Lamer stadt
Kirchheim
Marktsteft
Hellmitzheim
Burgbernheim
Darbsbach
Diespeck
Neunkir
Ochsenfurt
Marktbreit
Marktbibart
Sugenheim
Langenfeld
Neustadt A.
Herzogenaurach
Eltersdorf
Erlangen
Euerhausen
Herrnbergtheim
Einkirchen
Buchbart
Dottenheim
Bruck
Aub
Uffenheim
Bhf
Ipsheim
Hogenbuchach
Vach
Rottingen
Windsheim
Markterlbach
Baindloch
Siegelsdorf
Fürth
Ermetzhofen
Mkt Bergl
Wilhermsdorf
Langenzenn
Cadolzburg
Steinach
Burgbernheim
Obernzenn
Oberdachstetten
Zirndorf
Schwabach
Hartershofen
Rosstall
Libach
Rothenburg
Bhf
Rosenbach
Raitersaich
Reichelsdorf
Mindels
Kolmberg
Lehrberg
Bhf
Heilsbronn
Leutershausen
Ansbach
Sachsen
Wicklesgreuth
Schwabach
Richt
Schillingsfürst
Lichtenau
Neuendettelsau
Abenberg
Roth
Büchelberg
Winter schneidbach
Donbühl
Herrieden
Windsbach
Wassertrüd
ngenau
Hilpol
Schnelldorf
Dorf
gidingen
Triesdorf
Bhf
Wieseth
Birkhhofen
Eschenbach
Spalt
Georgensgm
Ellrichshausen
Baumhaus
Altenmuhr
Absberg
Langlau
Heid
Crailsheim
Feuchtwangen
Dennenlohe
Gunzenhausen
Pleinfeld
Thab
Schopfloch
Dürrwangen
Kronheim
Windsfeld
Ellingen
Dinkelsbühl
Wassertrüdingen
Heidenheim
Mannheim
Wilburgstetten
Weiltingen
Berolzheim
Bhf
Weissenburg
Mundenheim
Mönchsroth
Auhausen
Wettelsheim
Biironhard
Fremdingen
Hainsfarth
Treuchtlingen
Oettingen
Pappenheim
Marktoffingen

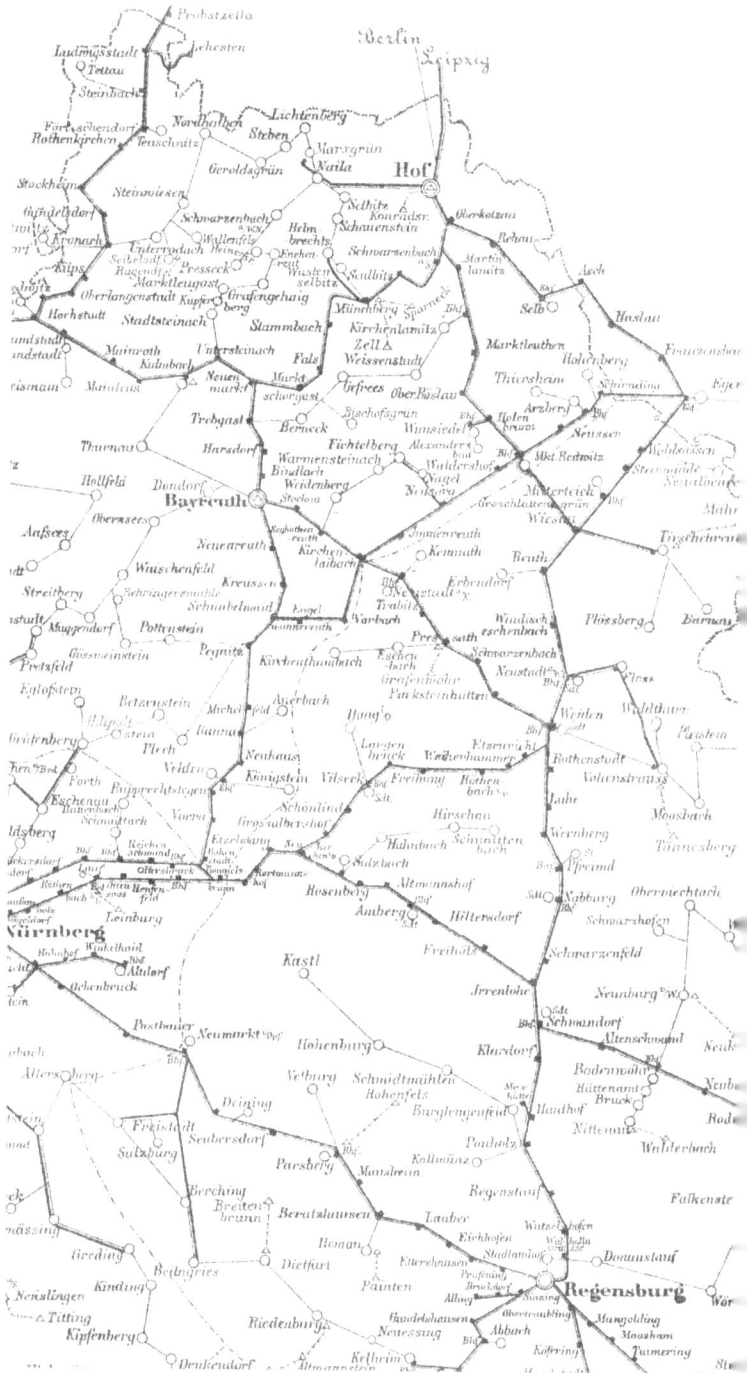

Uebersicht

des

TELEGRAPHEN-NETZES

von

BAYERN

Verlag von Piloty & Loehle in München.

Stand vom 1ten April 1892.

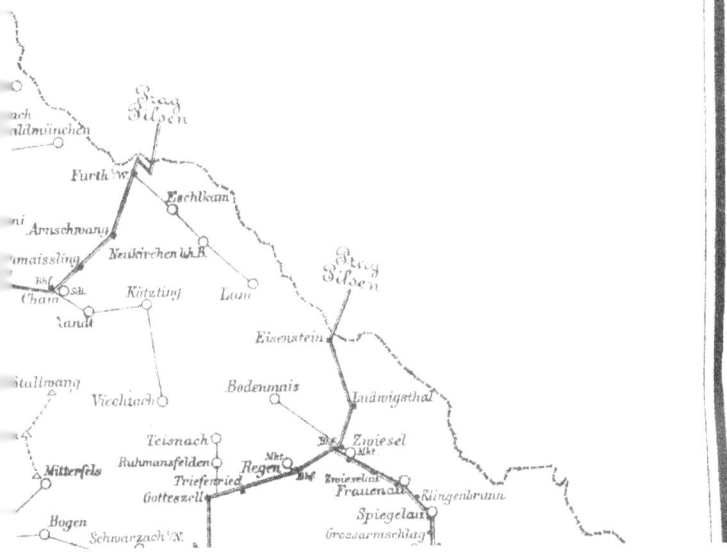

Mittelbexbach · Ober · Homburg · Trippstadt · Elmstein · Lambrecht · Neustadt

St.Ingbert · Schwarzenacker · Einöd · Wallhalben · Waldfischbach · Heltersberg · Maikammer

Niedermürnbach · Hassel · Bier · Zweibrücken · Edenkoben · Rhodt · Edes heim · Heil

Einhein · Blieskastel · Brückenweiler · Biedermühle · Gleisweiler · Ramberg · Hodalben

Breitfurth · Hochspeier · Hauenstein · Albersweiler · Annweiler · Landau

Gersheim · Hornbach · Pirmasens · Kaltenbuch · Münch weiler · Wilgartswiesen · Hersheim

Reinheim · Dahn · Klingen münster · Jugenheim · Rohr Rhein bach · Kandel

Bitsch · Rumbach · Bergzabern · Winden · Schönau

Schaidt · Wörth

Weissenburg · Kaps weyer · Hagenbach · Neuburg Berg

Strassburg Paris

Basel

Zeichenerklärung:

○ Selbständige Telegraphenstation.

○ Gemischte, d.h. mit Postdienst vereinigte Telegraphenstation.

■ Staatsbahn
□ Privatbahn } Telegraphenstation.

—— Eisenbahnen.   △ Telephonstation.

——— Telegraphenleitung. — · — · — Telephonleitung.

—— Eisenbahn
— · — Telegraphenleitung } im Bau.

— · — · — Landes
— · — · — Oberpostamts } Grenzen.

Friedrichs hafen · Oberrei

St.Gallen

Lindau

Stuttgart

Wallerstein · Wemding · Sohnhofen · Dolnstein
Nördlingen
Möttingen · Hoppingen · Monheim · Kaisheim
Harburg
Wörnitzstein · Kaisheim
Neub
Donauwörth · Unterhausen
Tapfheim · Baumen·heim · Rain · Burgheim
Blindheim · Mertingen
Höchstädt · Battenwiesen · Nordendorf
Steinheim · Unter·bach · Vottmes
Dillingen · Thierhaupten
Lauingen · Meitingen
Gundelfingen · Binswangen · Wertingen
Aindling · Bad·
Langweid · Aichach
Neuoffingen · Uffingen
Günzburg · Overshofen · Obergriesbach
Leipheim · Dusing
Kersingen · Zusmarshausen · Westheim · Lechhausen
Burlafingen · Burgau · Gabel·bach
Pfaffen·hofen · Jettingen · Dinkelscherben · Ober·hausen · Augsburg · Friedber
Ichenhausen · Dieder · Göggingen
Neuulm · Burtenbach · Besserss·hausen
Senden · Münsterhsn · Moos·hofen · Inningen · Kissing
Witzighausen · Ziemetshausen · Fischach · Mering
Weissenhorn · Thannhausen · Bobingen · Al
Vöhringen · Neuburg·a · Ottmars·hausen
Bellenberg · Roggenburg · Althegnenberg · Od
Illertissen · Krumbach · Grossaitingen · Haspelmoor
Langenneufnach
Altenstadt · Kirchheim · Schwabmünchen · Lager Lechfeld
Babenhausen · Kloster Lechfeld
Kellmünz · Westererringen · Graf
Pfaffenhausen · Russenhausen · Schwab·hausen
Fellheim · Mindelheim · Kaufering · Epfen·hausen · Tür
Sontheim · Türkheim · Igling · Steg
Heimertingen · Ungerhausen · Stetten · Niederss·ttingen · Landsberg · Greifenber
Memmingen · Berkstetten · Bachloe · Se
Wörishofen · Waal · Herrschu·
Leutkirch · Buch · Ottobeuren · Pforzen · Asch · Diessen
Lautrach · Rettenbach · Esser · Denklingen · Dierr
Grönenbach · Honsberg · Kauf Beuren · Wilzh
Legau · Obergünzburg · Weilher
Thermannsried · Günzach · Ruderats·hofen · Biessenhofen · Schongau · Peissenberg · Po
Altusried · Aitrang · Unter Eben·hofen · Peiting · Hohen · Hu
Heising · Wildpoldsried · thingau · Oberdorf · peissenberg · Uff
Kimratshofen · Betzigau · Lauterschach · Lechbruck · Rottenbuch
Buckenbg · Lautrerotenss·d · Stötten
Kempten · Sulzbrunn · Nesselhaupten · Steingaden
Wetzgen · Langenwang
Wallhofen · Oy · Nesselwang · Kuhgrub · Bad
Westnau · Waizern · Klopf · Trauchgau · Oh
Heimenkirch · Oberdorf · Pfronten · Unterammergau
Röthenbach · Weetach · Pfronten · Füssen · Oberammergau
Gass · Scholz · Harbatzhofen · Seifen · Ried · Ettal
Weiler · Somer·berg · Rettenberg · Hohenschwangau · Oberau
Scheidegg · Thal·kirch·dorf · Immenstadt · Badersee
Oberstaufen · Garmisch
Blaichach · Hindelang · Innsbruck
Aach · Sonthofen
Fischen · Hinterstein
Oberstdorf

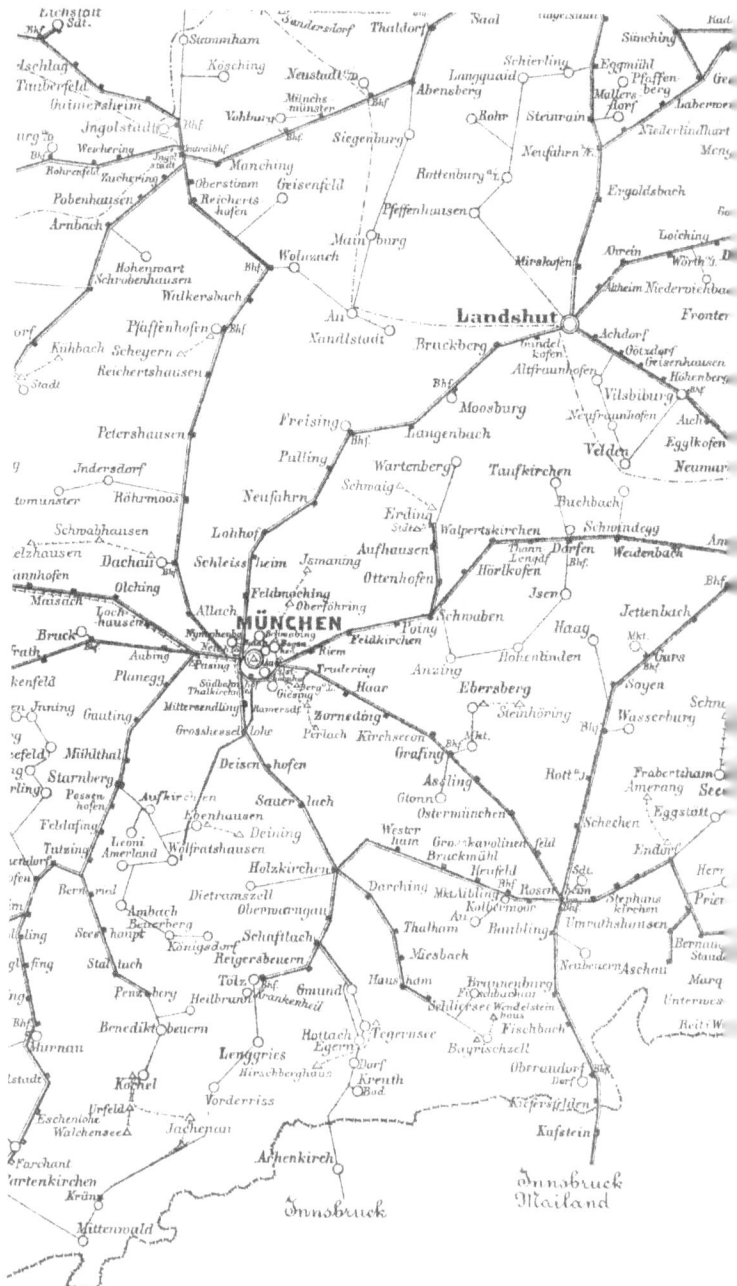

MÜNCHEN

Landshut

Ingolstadt

Innsbruck
Mailand

Innsbruck

Eichstätt
Bhf. Sdt.

Sandersdorf Thaldorf Saal Rad.
Stammham Schierling Simbach
Kösching Langquaid Eggmühl
Ischlag Neustadt Abensberg Pfaffen-
Timberfeld Münchs- berg
Unterschein münster Rohr Steinrain Müllers- Labermx
Ingolstadt Vohburg Siegenburg Neufahrn b. L. dorf Niederlindhart
urg Weichering Hauptbhf Mon.
Rohrenfeld Zuchering Manching Rottenburg a. L. Ergoldsbach
Pobenhausen Oberstimm Geisenfeld Pfeffenhausen Leiching
Reicherts- Mainburg Ahrein Wörth a. D.
Arnbach hofen Wolnzach Mirskofen Altheim Niederviehbach

Hohenwart Bhf. Fronter
Schrobenhausen An Landshut Achdorf Götzdorf Geisenhausen
Wulkersbach Landstadt Bruckberg Gündel- Altfraunhofen Hohenberg
orf Pfaffenhofen Bhf. kofen Vilsbiburg
Kuhbach Scheyern Bhf. Moosburg Neufraunhofen Aich
Reichertshausen Freising Langenbach Velden Egglkofen
Stadt Pulling Bhf. Neumar
Petershausen Wartenberg Taufkirchen
Indersdorf Schwaig Buchbach
tmunster Röhrmoos Neufahrn Erding Schwindegg
Schwabhausen Lohhof Sdt. Walpertskirchen Am.
elzhausen Dachau Schleissheim Ismaning Aufhausen Thann Dorfen Bhf. Weidenbach Bhf.
annhofen Olching Feldmoching Ottenhofen Hörlkofen Lengdf. Bhf.
Maisach Loch- Oberföhring Isen
Bruck hausen Allach Potzing Schwaben Jettenbach
rath kenfeld Aubing MÜNCHEN Feldkirchen Haag Mkt.
Planegg Trudering Anzing Hohenlinden Gars
Inning Gauting Mittersendling Haar Ebersberg Steinhöring Sayen Wasserburg
Grosshesselohe Perlach Kirchseeon Bff. Schn
cefeld Mühlthal Deisenhofen Grafing Frabertsham
Starnberg Assling Rott a. J. Amerang See
rling Pessen Aufkirchen Sauerlach Glonn Eggstätt
hofen Ebenhausen Ostermünchen Schechen Endor
Feldafing Deining Westar- Scheren
Tutzing Leoni Wolfratshausen ham Gross-kavolinen feld Herr
etdorf Amerland Holzkirchen Bruckmühl Stephans Prie
Bernried Dietramszell Darching Bhf. Aibling Rosen heim kirchen Bern
ing Ambach Obermarbach Mkt. Aibling Kolbermoor Umrathshausen Staud
ling Beuerberg An Thalham Baubling Marq
gl fing Seehaupt Königsdorf Schaftlach Miesbach Neubeuern Aschau
Stadtlach Reigersbeuern Brannenburg Unterwex
Penzberg Tölz Gmund Hausham Schliersee Wendelstein Reiti W
Heilbrunn Bhf. Frankenheid haus Fischbach
Benediktbeuern Bad Tölz Rottach Tegernsee Bayrischzell
Hurnan Lenggries Egern Oberaudorf Sdt.
lstadt Hirschberghaus Dorf Kreuth Bad Kiefersfelden
Kochel Vorderriss Krenth Kufstein
Urfeld Bad
Eschenlohe Walchensee Jachenau
Forchant
artenkirchen Achenkirch
Krün
Mittenwald Innsbruck